# 变分方法与交叉科学

丁彦恒　余渊洋　李同玥　著

科学出版社

北　京

## 内 容 简 介

本书讨论强不定变分问题, 抛砖引玉, 以期深入变分理论与交叉科学研究领域. 从自然法则出发论及变分与交叉的联系: 引入规度空间上的 Lipschitz 单位分解、Lipschitz 正规性, 建立规度空间上的常微分方程流的存在唯一性, 从而得到局部凸拓扑向量空间上的形变理论; 在此基础上, 获得系列的处理强不定问题的临界点理论. 在交叉科学中的应用, 主要介绍了 Hamilton 系统的同宿轨、非线性 Schrödinger 方程、反应-扩散方程, 以及(平坦空间或自旋流形上的) Dirac 方程等系统的解, 并展开了对这四部分的讨论.

本书可作为大学本科高年级学生或研究生教材.

**图书在版编目(CIP)数据**

变分方法与交叉科学/丁彦恒, 余渊洋, 李同玥著. —北京: 科学出版社, 2022.2

ISBN 978-7-03-070503-7

Ⅰ. ①变⋯ Ⅱ. ①丁⋯ ②余⋯ ③李⋯ Ⅲ.①变分法-研究

Ⅳ. ①O176

中国版本图书馆 CIP 数据核字 (2021) 第 224852 号

责任编辑: 胡庆家 李 萍 / 责任校对: 彭珍珍
责任印制: 吴兆东 / 封面设计: 无极书装

科学出版社 出版
北京东黄城根北街 16 号
邮政编码: 100717
http://www.sciencep.com

北京中石油彩色印刷有限责任公司 印刷
科学出版社发行 各地新华书店经销
\*

2022 年 2 月第 一 版 开本: 720×1000 B5
2024 年 2 月第三次印刷 印张: 19
字数: 380 000
**定价: 128.00 元**
(如有印装质量问题, 我社负责调换)

# 前　　言

　　变分原理是事物遵从的普遍法则, 基于这一原理的变分方法是探索客观世界的重要手段. 它历史悠久, 自 17 世纪开始, 激励科学的发展, 助力经典理论, 孕育新的学科, 对人们认识世界、改造世界发挥着日益重要的作用.

　　浩瀚无际的宇宙本是一整体. 不畏浮云遮望眼, 从全局看待世界方能清醒地认同存在即合理, 理解何谓自然. 同时, 无始无终的星辰大海闪烁着颗颗悬浮的星星, 科学行程出难以计数的分支. 游走于科学间的个人好比沧海一滴水, 随风而起, 黏附并融润于一草一木中. 经历若干年代, 科学自然而然地呼吁交叉发展, 因为后者既易于解决大局问题, 又益于产生新的研究方向.

　　历史的昨天与行进的今天, 大量事实说明变分理论在交叉科学研究中闪现着靓丽的身影. 有理由相信在期待的明天, 变分方法与交叉方向的亲密融合势必让科学更加灿烂.

　　如书名所言, 我们尝试以几个数学力学问题浅说用变分方法研究交叉科学, 抛砖引玉, 以期领悟到同行们的深刻思想. 内容开场于陈述一些与变分法有关的交叉科学问题, 然后着重于强不定变分问题, 从源头出发建立变分框架, 引入 (强不定) 泛函的形变理论, 得到系列的临界点定理, 应用于研究 Hamilton 方程的同宿轨、Schrödinger 方程的整体解、反应-扩散系统的全局解、Dirac 系统的同宿型解 (包括 Dirac-Maxwell 和 Dirac-Klein-Maxwell 系统、自旋流形上的非线性 Dirac 问题等). 全书相对系统地叙述作者和合作者这些年在国家自然科学基金项目 (10831005 (2009—2012), 12031015 (2021—2025), 11331010 (2014—2018)) 的部分支持下获得的原创性结果, 整理自本人于 2020 年度在湖北省武汉市中南民族大学 "非线性分析" 讲习班 (国家自然科学基金数学天元基金资助项目 (11926311)) 上的同名系列讲座. 同时, 研究工作得到了中国科学院大学的支持.

　　在本书的撰写过程中, 中国科学院数学与系统科学研究院的博士研究生郭琪和董晓婧也付出了辛勤劳动, 在此表示感谢.

丁彦恒

2021 年 3 月于北京

# 目　　录

# 第 1 章 绪 论

## 1.1 变分原理——自然法则

变分原理是自然界事物遵从的客观法则. 世界是由物质组成的, 万物处于永不停息的运动中. 运动是物质的根本属性和存在方式. 运动自然地和力及能量紧密联系. 运动的能量泛函的变分对应着事物的 Lagrange 方程, 即所谓的数学模型, 它描述事物的状态, 诸如存在性、演化性等等. 简约地, 这些关系可如下勾画:

$$事物 (物质) \quad \Longleftrightarrow \quad 运动 (力、能量 \Phi)$$
$$描述事物 \quad \Longleftrightarrow \quad 方程 (Au = N(u))$$
$$事物状态 \quad \Longleftrightarrow \quad \Phi 的临界点 = 解 (\nabla\Phi(u) = 0).$$

因此, 变分理论是研究事物的重要方法.

变分学历史悠久. 早在 16 世纪, Bernoulli 兄弟就注意到并提出了最速降线问题, Euler 首先详细地阐述了这个问题, 赋予了这门学科名字 "变分原理". 史上许多大数学家都在这一领域做出了非常大的贡献, 如 Cauchy, Lagrange, Newton, Leibniz, Poincaré 和 Hilbert 等等.

毫不夸张地说, 变分学是含着金钥匙出生的, 它激励着数学的发展——助力经典理论、孕育新的学科. 特别, 如实分析 (Lebesgue 测度和积分)、泛函分析 (强 (弱) 拓扑、单调算子、Sobolev 空间)、偏微分方程 (椭圆型方程, 存在性和正则性)、几何变分 (测地线、极小曲面、调和映射, Finsler 几何: 代表人物有 Garding, Vishik, Agmon, Douglise, Nirenberg, De Giorgi)、几何测度 (极小子流形: 代表人物有 J. Nash)、变分不等式 (自由边值问题: 代表人物有 J. Moser, Stampacchia, Lions, Ladyzenskaya Uraltseva)、优化控制 (代表人物有 R. Bellman, L. S. Portryagin, J. L. Lions)、大范围变分 (临界点理论、Morse 理论、Floer 同调、辛容量)、有限元方法等等.

变分学的发展犹如奔腾不息的江河延绵不绝, 对科学特别是自然科学发挥着重要的作用. 譬如, 物理学中的变分问题: Newton 方程、Hamilton 系统、Maxwell 方程 (电磁场)、Einstein 方程 (重力场)、Yang-Mills 方程 (规范场); 几何学中的变分问题: 测地线、极小曲面、调和映射; 其他学科如: Dirchlet 原理、电流分布、Riemann 映射定理、Weierstrass 反例、Schwarz 方法、Neumann 方法、Poincaré 方法. 1990 年, Hilbert 在国际数学家大会上宣布著名的 23 个数学问题中有 3 个涉及变分问题, 即第 19 (正则性)、第 20 (存在性)、第 23 (发展变分理论).

## 1.2　交 叉 科 学

前述例子及大量的事实让人们看到, 变分学在交叉科学研究中发挥着十分重要的作用.

以往人们常常谈交叉学科, "所谓交叉学科是指自然科学和社会科学相互交叉地带生长出的一系列新生学科" (钱学森), 通常指两个或多个学科之间跨学科的综合研究, 是不同领域和不同学科在认识世界过程中, 用不同角度和方法为解决共同问题产生的学科交融, 经过反复论证和试验而形成的新的科学领域. 20 世纪下半叶, 各类交叉学科的应用和兴起为科学发展带来了一股新风, 许多科学前沿问题和多年悬而未解的问题在交叉学科的联合攻关中都取得了可喜的进展. 随着越来越多交叉学科的出现及其在认识世界和改造世界中发挥作用的不辩事实, 交叉学科在科学领域中的生产力得到了充分的证明.

交叉科学则是指更为广泛的科学交叉, 即自然科学和社会科学的大交叉, 探讨的主题是自然科学与社会科学之间的结合和渗透问题. 1985 年 4 月, 在钱学森、钱三强、钱伟长等学者的倡导下, 在北京召开了全国首届交叉科学学术讨论会, 提出了激动人心的口号: "迎接交叉科学的新时代!"

一般而言, 交叉科学分为四个层次:

**学科的 "内部" 交叉**　交叉科学的最基本的类型就是一个学科内的各个方向的内部交叉. 当学科发展到一定程度, 子学科的建设呈现一定规模时, 学科内部方向的融合交叉可以拓展更多的研究领域, 提示整个学科的科学水平.

**学科间的 "近距离" 交叉**　其是在不同子学科背景下的合作. 如数学与统计学、数学和力学等的交叉, 这均属于在一类的学科间的交叉. 数学应用于其他学科是 20 世纪科学发展的突出特点, 定量的方法被广泛地应用于几乎所有的学科 (自然科学、社会科学), 不断实现真正的科学整体化发展.

**学科间的 "远距离" 交叉**　如数学与中文、人口学与物理学、医学与地质学等等, 也出现了学科交叉. 学者在研究和探索过程中, 有意或无意地发现原来相距很远的学科间有一种可以相互推理或是互为所用的极妙关系. 交叉往往会解决一些辣手和尖端的科学问题.

**学界间的交叉**　我们以往所认识的交叉学科, 大多是在自然科学学界内和社会科学学界内的研究. 近年来, 研究两界间交叉合作日益增多, 逐步体现出 "把握学科前沿, 促进学科交叉" 的导向, 在思想上把社会科学和自然科学放在同等重要的位置.

交叉科学的重要性主要体现在:

(1) 社会进步、科学发展需要加强交叉学科.

(2) 学科交叉点往往对应科学新的生长点、新的科学前沿, 这里最有可能产生重大的科学突破, 使科学发生革命性的变化.

(3) 有利于综合性地解决人类面临的重大问题. 交叉科学是自然科学、社会科学、人文科学、数学科学与哲学等大门类科学之间发生的外部交叉以及本门类科学内部众多学科之间发生的内部交叉所形成的综合性、系统性的知识体系, 因而有利于有效地解决人类社会面临的重大科学问题和社会问题, 尤其是全球性的复杂问题. 这是交叉科学所能发挥的社会功能.

(4) 国家对交叉科学的高度重视.

下面列举一些交叉科学领域. 变分理论在研究这些领域的某些方面已经表现出重要作用及强大的生命力, 而在某些方面则期待着原始的创造性的工作出现.

### 1.2.1 社会科学方面

**经济学** 数学在经济学发展中起着重要作用. 统计显示, 截至 2008 年的 62 位诺贝尔经济学奖中有 20 位获得过数学学位. 大范围变分是研究经济学的一个重要手段.

**上层建筑学** 经济基础决定上层建筑. 数学和经济学的交叉自然延展为数学与上层建筑的交叉.

**系统控制** 如优化管理、国防指挥系统、运筹博弈等.

**复杂系统** 复杂系统理论、预测科学、金融数学与风险管理、信息学、不确定性决策理论与方法.

**哲学** 数学和哲学同是高度抽象的学问, 有相同的思考方式, 用数学去描述哲学大有可为. 例如 "无数偶然蕴含必然", 用大数据描述偶然, 经数学分析可前瞻必然或掌控必然的趋势.

**文学艺术** 设想把各种描述感情的词藻集成文库, 当写诗词小说时输入该感情符号, 让计算机自动组合输出成文该多美妙啊. 数学的思想、方法和精神对于绘画、作诗具有十分重要的意义. "越往前走, 艺术越要科学化, 同时科学也要艺术化"(福楼拜). "数学到了最后阶段就要遇到想象 …… 于是数学也成了诗"(雨果).

### 1.2.2 自然科学方面

**宇宙学** 宇宙起源、中微子、暗物质与暗能量、多体问题、自旋流形.

**无界 Hamilton 系统** 反应-扩散系统、优化控制论.

**力学系统** 钱伟长曾说过力学就是变分. 19 世纪前历史上最著名的数学家同时也是顶尖的力学家, 例如 Archimedes, Newton, Euler, Lagrange, Cauchy 等.

在 20 世纪, 科学日益成为专门家在愈来愈窄的领域内进行着的事业, 鲜有 Poincaré, Hilbert, Kolmogorov 等同时是数学家和力学家.

(1) 量子力学. 研究微观粒子的运动规律的物理学分支学科, 主要研究原子、分子、凝聚态物理, 以及原子核和基本粒子的结构、性质的基础理论, 量子世界的调控与信息、能源、材料等技术的新突破, 特别, 如 Schrödinger 方程、Dirac 系统的驻波与行波, 描述 Bose-Einstein 凝聚及光在非线性介质的传播等.

(2) 理论力学. 用 Lagrange 力学和 Hamilton 力学的观点处理力学问题, 并加入混沌等较新的内容.

(3) 电动力学. 主要研究电磁场的基本属性、运动规律以及电磁场和带电物质的相互作用, 包括: 介质中的场方程和边值问题, 有介质存在时电磁波的传播, 以及电动力学对超导体、等离子体和晶体的电磁性质的描述.

(4) 相对论. 关于时空和引力的理论, 主要由 Einstein 创立. 奠定了现代物理学的基础. 相对论极大地改变了人类对宇宙和自然的"常识性"观念, 提出了"同时的相对性""四维时空""弯曲时空"等全新的概念.

(5) 热力学和统计物理. 研究热运动的规律和热运动对物质宏观性质的影响. 热力学是热运动的宏观理论, 统计物理是热运动的微观理论. 宏观量是微观量的某种统计平均值.

(6) 材料力学. 研究材料在各种外力作用下产生的应变、应力、强度、刚度、稳定和导致各种材料破坏的极限.

(7) 流体力学. 变分法在研究流体力学方程中的 Rayleigh-Taylor 线性不稳定问题中起着重要的作用. 针对具有重力场的三维非齐次不可压 Navier-Stokes 方程组, 利用经典的变分法得到解的存在性. 其方法还被推广运用到其他更复杂的流体运动, 如磁流体、粘弹性流体、分层可压磁流体、无磁扩散效应的不可压缩磁流体等等.

**生态学**    以数学的理论和方法研究生态学, 包括生态数学模型、生态系统分析、统计生物学、生态模拟等内容. 而今它在理论、实验和应用研究方面都有着很大的进展.

**生命科学**    生命起源、进化和人造生命.

**认知科学**    脑与认知科学及其计算建模.

**随机微分方程**    变分结构、分析框架.

**大数据科学**    建立与应用相应的山路定理.

**杨-米尔斯 (Yang-Mills) 理论**    又称规范场理论, 是研究自然界四种相互作用 (电磁、弱、强、引力) 的基本理论, 是由物理学家杨振宁和 R.L. 米尔斯在 1954 年首先提出来的. 杨-米尔斯提出了杨-米尔斯作用量 (规范势的泛函). 作它的变分, 就得到纯杨-米尔斯方程. 杨-米尔斯联络是在给定机构群的联络空间上有曲率的平方模定义的泛函的临界点.

在本书后面, 我们将以一些半线性问题为例, 演示变分方法在交叉科学研究中的应用, 权当抛砖引玉.

## 1.3 半线性变分问题

就变分学直面的泛函而言, 通常分为如下两类予以处理.

**\* (下方) 有界泛函的变分方法** 典型例如下.

**直接方法** 经典的变分理论表现在研究泛函的极值问题. 相当长时间内常用直接变分方法, 其中一个代表性定理是说:

设 $X$ 是一个可分 Banach 空间的共轭空间 (例如, 自反 Banach 空间). 又设 $E \subset X$ 是一个弱 \* 序列闭非空子集. 若 $f : E \to \mathbb{R}$ 是弱 \* 序列下半连续且强制的 (即, $\forall x \in E$, 当 $\|x\| \to \infty$ 时, $f(x) \to \infty$), 则 $f$ 在 $E$ 上有极小值.

**Ekeland 变分原理** 设 $(X, d)$ 是一个完备的度量空间, $f : X \to \mathbb{R} \bigcup \{\infty\}$, $f \not\equiv \infty$, 下方有界且下半连续. 若存在 $\varepsilon > 0$, $x_\varepsilon \in X$ 使得 $f(x_\varepsilon) < \inf\limits_X f + \varepsilon$, 则存在 $y_\varepsilon \in X$ 满足

(1) $f(y_\varepsilon) \leqslant f(x_\varepsilon)$;

(2) $d(x_\varepsilon, y_\varepsilon) \leqslant 1$;

(3) $f(x) > f(y_\varepsilon) - \varepsilon d(y_\varepsilon, x)$, $\forall x \in X \setminus \{y_\varepsilon\}$.

**\* 无界泛函的变分原理** 典型例如下.

近代变分法——临界点理论 (参阅 [1,4,9,13,18,25,40,81,91,102,112] 及其文献), 始于: 1973 年; 着力点: 上下方均无界的泛函的临界点 (非极值问题). 重要内容包括:

(1) 极小极大方法;

(2) 指标理论;

(3) (无穷维) Morse 理论;

(4) 标志性工作: 山路定理 (1973), Hamilton 系统周期解 (1978), 对偶变分法 (1978), 集中紧性原理 (1984), 对偶摄动方法 (1984), Floer 同调 (1988);

(5) 强不定问题的变分问题.

**半线性问题** 在变分理论及其应用中, 人们感兴趣于下述形式的抽象方程的能量泛函:

$$Au = N(u), \quad u \in H, \tag{1.3.1}$$

其中 $H$ 为 Hilbert 空间, $A$ 是自伴算子, 其定义域 $\mathscr{D}(A) \subset H$, $N : \mathscr{D}(A) \to H$ 是 (非线性) 梯度型映射, 换言之, 存在函数 $\Psi : \mathscr{D}(A) \subset H \to H$ 使得 $N(u) = \nabla \Psi(u)$.

分别以 $\sigma(A), \sigma_e(A)$ 记 $A$ 的谱集和本质谱. 一般而言, $\sigma(A)$ 的结构是复杂的, 这导致方程 (1.3.1) 有相当的难度. 人们常称它为正定的、半定的、强不定的、非常强不定的 (或本质强不定的), 如果对应地 $A \geqslant 0$、$A$ 具有有限多个负特征值、$\sigma(A) \cap (-\infty, 0)$ 是无限集、$A$ 同时具有负的和正的本质谱.

形式上, (1.3.1) 的解是泛函

$$\Phi(u) = \frac{1}{2}(Au, u)_H - \Psi(u) \tag{1.3.2}$$

的临界点, 其中 $(\cdot, \cdot)_H$ 记 $H$ 的内积 (其对应的范数记作 $\|\cdot\|_H$). 一般而言, 形式 (1.3.2) 没有提供足够的信息. 注意到, $\Phi$ 仅定义在 $H$ 的一个真子空间上, 应用中很难对 $\Psi$ 给出可验证的条件以保证 (1.3.1) 的解的存在. 例如, 如何处理量子力学中的非线性 Dirac 系统、力学中的无穷维 Hamilton 系统、反应-扩散系统? 于是需要选择合适的工作空间 $E$ (既不能 "太大" 也不能 "太小"), 在 $E$ 上重新恰当地表示 $\Phi$ 使得它的临界点对应问题 (1.3.1) 的解, 且具有易于研究的表达形式. 这就是建立变分框架 (或变分原理). 我们将在第 2 章介绍这方面的一些工作. 那里所谈到的变分框架是作者及其合作者针对强不定问题建立的, 但它对半定问题自然也是适用的. 其原创点: 利用自伴算子的绝对值构造工作空间; 利用线性算子插值理论研究空间的嵌入性质, 利用算子的谱进行空间分解, 进而给出非线性条件, 得到泛函的规范结构以适合应用临界点理论[4,40,48].

现代临界点理论初期, 大都处理半定或不定问题, 20 世纪 90 年代以来, 人们越来越对强不定问题感兴趣. 下面举几个本质强不定问题的例子, 限于篇幅, 我们不具体讨论例子中的非线性项需满足的条件 (可参阅本书后面几章).

△ **Hamilton 系统的同宿轨**   考虑 Hamilton 系统[26,43,44,48,56,116]

$$\begin{cases} \dot{z} = JH_z(t, z), \\ z(t) \to 0 \ (|t| \to \infty). \end{cases} \tag{1.3.3}$$

(1) $z = (p, q) \in \mathbb{R}^{2N}, J = \begin{pmatrix} 0 & -I \\ I & 0 \end{pmatrix}$ ($\mathbb{R}^{2N}$ 上的标准辛结构);

(2) Hamilton 函数 $H(t, z) = L(t)z \cdot z / 2 + R(t, z)$, 这里 $L(t)$ 是连续的对称矩阵值函数;

(3) $A := -J\partial_t + L(t)$ ($L^2(\mathbb{R}, \mathbb{R}^{2N})$ 上的自伴算子);

(4) $\Psi(z) := \int_{\mathbb{R}} R(t, z)dt, N(z) = \nabla\Psi(z)$.

系统 (1.3.3) 可表示为 (1.3.1) 的形式:

$$Az = N(z).$$

△ **Schrödinger 方程**   考虑

$$-\Delta u + V(x)u = f(x,u), \quad u \in H^1(\mathbb{R}^n, \mathbb{R}). \tag{1.3.4}$$

设 $V \in C(\mathbb{R}^n)$ 且周期地依赖于 $x \in \mathbb{R}^n$, $g(x,u) \in C(\mathbb{R}^n \times \mathbb{R}, \mathbb{R})$. 方程 (1.3.4) 具有抽象形式 (1.3.1), 其中 $H = L^2(\mathbb{R}^n, \mathbb{R})$, 在 $H$ 中算子 $A = -\Delta + V$ 是自伴的, $\Psi(u) = \int_{\mathbb{R}^n} G(x,u)dx$, $G(x,u) = \int_0^u g(x,s)ds$, $\nabla\Psi(u) = N(u)(= g(\cdot, u))$ [14,45,50,51,54,55]. 在 $\inf V < 0$ 的条件下, 当 $0 \notin \sigma(A)$ 时, (1.3.4) 是本质强不定的.

△ **反应-扩散系统**   考虑下述 (时间依赖) 非线性系统[16,46,52,57,63,115,119]

$$\begin{cases} \partial_t u + Lu = G_v(t,x,u,v), \\ \partial_t v - L^*v = -G_u(t,x,u,v), \end{cases} \tag{1.3.5}$$

其中 $(t,x) \in \mathbb{R} \times \mathbb{R}^n$, $G: \mathbb{R}^n \times \mathbb{R}^{2m} \to \mathbb{R}$, $L$ 是 $L^2(\mathbb{R} \times \mathbb{R}^n, \mathbb{R}^{2m})$ 中的对称稠定算子. 求解 $z = (u,v): \mathbb{R} \times \mathbb{R}^n \to \mathbb{R}^{2m}$, 使得 $z(t,x) \to 0$ (当 $|t| + |x| \to \infty$). 令

$$\mathcal{L} = \begin{pmatrix} L & 0 \\ 0 & L^* \end{pmatrix}, \quad J = \begin{pmatrix} 0 & -I \\ I & 0 \end{pmatrix}, \quad J_0 = \begin{pmatrix} 0 & I \\ I & 0 \end{pmatrix}.$$

令

$$A := -J\frac{d}{dt} - J_0\mathcal{L},$$

$$\Psi(z) := \int_{\mathbb{R}} \int_{\mathbb{R}^n} G(t,x,z)dtdx, \quad N(z) = \nabla\Psi(z).$$

则 (1.3.5) 可表示为 (1.3.1) 的形式:

$$Az = N(z).$$

特别地, 当 $L = (-\Delta)^s$ 时就是所谓的分数阶反应-扩散系统[42]

$$\begin{cases} \partial_t \psi + (-\Delta)^s \psi + V(x)\psi = G_\phi(t,x,\phi,\psi), \\ -\partial_t \phi + (-\Delta)^s \phi + V(x)\phi = G_\psi(t,x,\phi,\psi), \\ \psi(t,x) \to 0, \ \phi(t,x) \to 0 \ (|t| + |x| \to \infty). \end{cases} \tag{1.3.6}$$

△ **Dirac 系统**   考虑稳态 Dirac 方程

$$-i\hbar \sum_{k=1}^{3} \alpha_k \partial_k u + a\beta u + V(x)u = G_u(x,u), \tag{1.3.7}$$

方程中的 $\hbar$ 是 Planck 常数, $a$ 是与光速及带电粒子的质量有关的常数, $\alpha_1$, $\alpha_2$, $\alpha_3$ 以及 $\beta$ 是 $4 \times 4$ 的 Pauli 矩阵:

$$\beta = \begin{pmatrix} I_2 & 0 \\ 0 & -I_2 \end{pmatrix}, \quad \alpha_k = \begin{pmatrix} 0 & \sigma_k \\ \sigma_k & 0 \end{pmatrix}, \quad k = 1, 2, 3,$$

其中

$$\sigma_1 = \begin{pmatrix} 0 & 1 \\ 1 & 0 \end{pmatrix}, \quad \sigma_2 = \begin{pmatrix} 0 & -i \\ i & 0 \end{pmatrix}, \quad \sigma_3 = \begin{pmatrix} 1 & 0 \\ 0 & -1 \end{pmatrix},$$

以及 $I_2$ 是 $2 \times 2$ 单位矩阵. 令 $H = L^2(\mathbb{R}^3, \mathbb{C}^4)$,

$$A := -i\hbar \sum_{k=1}^3 \alpha_k \partial_k u + a\beta u + V(x)u, \quad N(u) := \nabla\Psi(u),$$

其中

$$\Psi(u) := \int_{\mathbb{R}^3} G(x, u)dx,$$

而 $N(u)$ 由下述关系确定:

$$(N(u), v) = \int_{\mathbb{R}^3} G_u(x, u) \cdot vdx.$$

于是把方程 (1.3.7) 描述成 (AS):

$$Au = N(u). \tag{AS}$$

此时, $\sigma(A)$ 既无上界又无下界, 且一般而言 $\sigma_e(A) \cap (-\infty, 0) \neq \varnothing, \sigma_e(A) \cap (0, \infty) \neq \varnothing$. 这表明 (AS) 是本质强不定的.

**注 1.3.1** 观察对于本质强不定问题 (1.3.1), 一方面由于 $\sigma_e(A) \cap (-\infty, 0) \neq \varnothing$ 且 $\sigma_e(A) \cap (0, \infty) \neq \varnothing$, 从而 $E^\pm$ 都是无穷维的子空间, 另一方面通常被用以处理无界区域上的变分问题, 而无界区域的 Sobolev 型嵌入是非紧的, 因此 $\Phi$ 一般不具有紧性 (即常说的 Palais-Smale 条件), 所以问题十分复杂. 特别是不能应用 Leray-Schauder 度来判断所谓的 "相交数" 问题. 在这方面我们做了系统的工作, 其原创点: 引入 "gauge space"(规度空间) 的 Lipschitz 正规性概念, 建立 Lipschitz 单位分解; 建立局部凸拓扑线性空间上的常微分方程的 Cauchy 问题流的存在唯一性这一基础理论; 获得新的形变理论, 把无穷维水平集依弱拓扑局部形变到有限维空间中. 基于此我们得到了一系列新的 Minimax 方法, 发展了指标、畴数理论及其他几何拓扑方法[16,38,40].

本书的后续内容中, 我们将安排以下系列:

(1) 拓扑与变分框架;

(2) 临界点理论;

(3) Hamilton 系统的同宿轨;

(4) 非线性 Schrödinger 方程;

(5) 反应-扩散系统;

(6) 非线性 Dirac 方程.

# 第 2 章   拓扑与变分框架

本章的目的有两个: 一个是摘要地陈述一些来自泛函分析的相关概念和知识, 涉及拓扑空间以及无界算子谱的性质等, 读者可参见 [2, 3, 29, 70, 76, 94, 108]; 另一个是建立半线性方程 (1.3.1) 的变分框架, 参见 [4, 40, 48].

## 2.1   拓 扑 空 间

### 2.1.1   定义

**定义 2.1.1**   设 $X$ 是一个非空集合. $X$ 的一个子集族 $\tau$ 称为 $X$ 的一个拓扑, 如果它满足下面的三条拓扑公理:

(1) $\varnothing, X$ 都包含在 $\tau$ 中;

(2) $\tau$ 中任意多个成员的并集仍在 $\tau$ 中;

(3) $\tau$ 中有限多个成员的交集仍在 $\tau$ 中.

集合 $X$ 和它的一个拓扑 $\tau$ 一起称为一个拓扑空间, 记作 $(X, \tau)$. 称 $\tau$ 中的成员为这个拓扑空间的开集.

几种特殊的拓扑:

**离散拓扑**   设 $X$ 为一非空集合, 显然 $X$ 的幂集 $2^X$ 构成 $X$ 的拓扑 $\tau_s$, 称为 $X$ 上的离散拓扑. 显然 $X$ 的任意拓扑 $\tau \subset \tau_s$.

**平凡拓扑**   $\{X, \varnothing\}$ 也是 $X$ 上的拓扑, 称为 $X$ 上的平凡拓扑 $\tau_t$. 同样, 对于 $X$ 的任意拓扑 $\tau$, 有 $\tau_t \subset \tau$.

**有限补拓扑**   设 $X$ 是无穷集合, $\tau_f = \{A^c : A$ 是 $X$ 的有限子集$\} \cup \{\varnothing\}$, 不难验证, $\tau_f$ 是 $X$ 的一个拓扑, 称为 $X$ 上的有限补拓扑.

**可数补拓扑**   设 $X$ 是不可数无穷集合, $\tau_c = \{A^c : A$ 是 $X$ 的可数子集$\} \cup \{\varnothing\}$, 不难验证, $\tau_c$ 也是 $X$ 的一个拓扑, 称为 $X$ 上的可数补拓扑.

**欧氏拓扑**   设 $\mathbb{R}$ 是全体实数的集合, 规定 $\tau_e = \{U : U$ 是若干个开区间的并集$\}$, 这里 "若干个" 可以是无穷、有限, 也可以是 0, 因此 $\varnothing \in \tau_e$, 进一步可以验证 $\tau_e$ 是 $\mathbb{R}$ 上的拓扑, 称为 $\mathbb{R}$ 上的欧氏拓扑.

### 2.1.2   度量空间

**定义 2.1.2**   设 $X$ 是一个集合, $\rho : X \times X \to \mathbb{R}$, 如果对于任意的 $x, y, z \in X$, 有

(1) (正定性)   $\rho(x,x) \geqslant 0$, 并且 $\rho(x,y) = 0$ 当且仅当 $x = y$;

(2) (对称性)   $\rho(x,y) = \rho(y,x)$;

(3) (三角不等式)   $\rho(x,y) \leqslant \rho(x,z) + \rho(z,x)$,

则称 $\rho$ 是集合 $X$ 的一个度量 (距离), 而称 $\rho(x,y)$ 为 $x$ 和 $y$ 之间的距离. 又称偶对 $(X,\rho)$ 是一个度量空间或距离空间. 通常, 我们略去 $\rho$, 而简称 $X$ 是一个度量空间.

度量概念是欧氏空间中两点间距离的抽象. 事实上, 如果对任意的 $x = (x_1, x_2, \cdots, x_n), y = (y_1, y_2, \cdots, y_n) \in \mathbb{R}^n$, 令

$$\rho(x,y) = \left[(x_1 - y_1) + \cdots + (x_n - y_n)\right]^{\frac{1}{2}},$$

容易验证满足 (1),(2),(3).

**定义 2.1.3**   若 $\rho : X \times X \to \mathbb{R}$ 满足 (2) 和 (3) 以及

(1′) (非负性)   $\rho(x,x) \geqslant 0$,

则称 $\rho$ 是集合 $X$ 的一个半度量.

显然, 度量一定是半度量.

设 $(X,\rho)$ 是一个度量空间, $x \in X$. 对于任意给定的实数 $\varepsilon > 0$, 置

$$B(x,\varepsilon) := \{y \in X : \rho(x,y) < \varepsilon\},$$

并称其为一个以 $x$ 为中心的, 以 $\varepsilon$ 为半径的球形邻域, 简称为 $x$ 的一个球形邻域, 有时也称为 $x$ 的一个 $\varepsilon$-邻域. 容易验证: $(X,\rho)$ 的任意两个球形邻域的交集是若干个球形邻域的并集. 定义 $X$ 的子集族

$$\tau_\rho = \{U : U \text{ 是若干个球形邻域的并集}\},$$

则可见如下结论.

**命题 2.1.4**   $\tau_\rho$ 是 $X$ 上的一个拓扑.

称 $\tau_\rho$ 为 $X$ 上由度量 $\rho$ 决定的度量拓扑. 因此每个度量空间都能自然地看成具有度量拓扑的拓扑空间, 或者给定一个集合 $X$, 规定其度量 $\rho$ 后, 就能自然有度量空间, 有度量拓扑.

**注 2.1.5**   完全类似, 集合 $X$ 上的每个半度量 $\rho$ 决定 $X$ 的一个拓扑 $\tau_\rho$ (半度量拓扑). 易见 $X$ 上任一族半度量 $\{\rho_\alpha : \alpha \in \mathscr{A}\}$ 也决定 $X$ 的一个拓扑, 它由 $\{\tau_{\rho_\alpha} : \alpha \in \mathscr{A}\}$ 生成.

### 2.1.3   拓扑属性

**子空间**   设 $A$ 是拓扑空间 $(X,\rho)$ 的一个非空子集. 规定 $A$ 的子集族

$$\rho_A := \{U \cap A : U \in \tau_\rho\}$$

(容易验证 $\rho_A$ 是 $A$ 上的一个拓扑), 称为 $\rho$ 导出的 $A$ 上的子空间拓扑, 并称 $(A, \tau_A)$ 为 $(X, \rho)$ 的子空间. 以后拓扑空间的子集都将看作拓扑空间, 即子空间.

**积拓扑**　设 $\{X_1, \tau_1\}$ 和 $\{X_2, \tau_2\}$ 为拓扑空间, $X = X_1 \times X_2$, 定义 $X$ 的拓扑为: $\tau = \{O \subset X : O$ 可表示为形如 $O_1 \times O_2$ 的子集之并, $O_1 \in \tau_1, O_2 \in \tau_2\}$, 则称 $\tau$ 为 $X$ 的乘积拓扑.

**序列收敛性**　设 $\{x_n\}$ 是拓扑空间 $X$ 中点的序列, 如果点 $x_0 \in X$ 的任一邻域 $U$ 都包含 $\{x_n\}$ 的几乎所有项 (即只有有限个 $x_n$ 不在 $U$ 中; 或者说存在正整数 $n_0$, 使得当 $n > n_0$ 时, $x_n \in U$), 则说 $\{x_n\}$ 收敛到 $x_0$, 记作 $x_n \to x_0$. 要注意的是与数学分析不一样的地方, 序列可能收敛到多个点. 例如 $(\mathbb{R}, \tau_f)$ 中, 只要 $\{x_n\}$ 的项两两不同, 则任一点 $x \in \mathbb{R}$ 的邻域 (有限集的余集) 包含 $\{x_n\}$ 的几乎所有项, 从而 $x_n \to x$.

**映射连续性**　设 $X, Y$ 是两个拓扑空间, $f : X \to Y$. 如果 $Y$ 中的每一个开集 $U$ 的原像 $f^{-1}(U)$ 是 $X$ 中的一个开集, 则称 $f$ 是从 $X$ 到 $Y$ 的一个连续映射, 或简称映射 $f$ 连续. 易见对于任何的拓扑空间 $Y$ 和映射 $f : Y \to X_1 \times X_2$, $f$ 连续 $\Leftrightarrow f$ 的分量都连续.

**分类**　设 $X$ 为一拓扑空间.

$(\mathrm{T}_1)$ 对任意的 $x, y \in X$ 且 $x \neq y$, 存在开集 $\mathcal{O}$ 使得 $y \in \mathcal{O}$, $x \notin \mathcal{O}$, 则称 $X$ 是 $T_1$ 空间.

$(\mathrm{T}_2)$ 对任意的 $x, y \in X$ 且 $x \neq y$, 存在两个不相交的开集 $\mathcal{O}_1, \mathcal{O}_2$ 使得 $x \in \mathcal{O}_1$, $y \in \mathcal{O}_2$, 则称 $X$ 是 Hausdorff 空间 (或 $T_2$ 空间).

$(\mathrm{T}_3)$ 对任意的闭子集 $A$ 和任意的 $x \notin A$, 存在两个不相交的开集 $\mathcal{O}_1$ 和 $\mathcal{O}_2$ 使得 $A \subset \mathcal{O}_1$, $x \in \mathcal{O}_2$, 则称 $X$ 是正则的 (或 $T_3$ 空间).

$(\mathrm{T}_4)$ 对任意两个不相交的闭子集 $A$ 和 $B$, 存在两个不相交的开集 $\mathcal{O}_1$ 和 $\mathcal{O}_2$ 使得 $A \subset \mathcal{O}_1, B \subset \mathcal{O}_2$, 则称 $X$ 是正规的 (或 $T_4$ 空间).

显然, $(\mathrm{T}_4) \Rightarrow (\mathrm{T}_3) \Rightarrow (\mathrm{T}_2) \Rightarrow (\mathrm{T}_1)$.

**类别推论**　设 $X$ 为一拓扑空间.

(1) 设 $X$ 是正则的. 如果 $U$ 是 $X$ 的开子集以及 $x \in U$, 则存在 $X$ 的开子集使得 $a \in V \subset \bar{V} \subset U$.

(2) 设 $X$ 是正规的. 如果 $A$ 是闭子集以及 $U$ 是开子集满足 $A \subset U$, 则存在开子集 $V$ 使得 $A \subset V \subset \bar{V} \subset U$.

**Urysohn 引理**　$X$ 是正规的当且仅当对任意的两个不相交的闭集 $A$ 和 $B$, 都存在连续映射 $f : X \to [0, 1]$ 满足 $f|_A = 0$ 以及 $f|_B = 0$.

**完全正则性**　如果对任意的闭子集 $A$ 以及任意元素 $x \in A$, 都存在连续映射 $f : X \to [0, 1]$ 满足 $f(x) = 0$ 以及 $f(y) = 1$, $\forall y \in A$, 则称 $X$ 是完全正则的.

### 2.1.4 紧致性

**紧致性** 设 $X$ 为一拓扑空间, $\{O_\alpha\}$ 是 $A \subset X$ 的开覆盖, 若 $\{O_\alpha\}$ 的有限个元素构成的子集 $\{O_{\alpha_1}, O_{\alpha_2}, \cdots, O_{\alpha_n}\}$ 也覆盖 $A$, 则说 $\{O_\alpha\}$ 有有限子覆盖. 称 $A$ 是紧致的, 若它任一开覆盖都有有限子覆盖.

**局部有限覆盖** 设 $X$ 是一个拓扑空间, $\mathscr{A}$ 是 $X$ 的子集 $A$ 的一个覆盖. 如果对于每一个 $x \in A$, 点 $x$ 有一个邻域 $U$ 仅与 $\mathscr{A}$ 中的有限个元素的交非空, 即

$$\{A \in \mathscr{A} : A \cap U \neq \varnothing\}$$

是一个有限集, 则称 $\mathscr{A}$ 是集合 $A$ 的一个局部有限覆盖. 有限覆盖当然是局部有限的覆盖. 例如, 在实数空间 $\mathbb{R}$ 中, 令

$$\mathscr{A} = \{(n-1, n+1) : n \in \mathbb{Z}_+\},$$
$$\mathscr{B} = \{(-n, n) : n \in \mathbb{Z}_+\},$$

则 $\mathscr{A}$ 和 $\mathscr{B}$ 都是 $\mathbb{R}$ 的开覆盖, 并且 $\mathscr{A}$ 是 $\mathscr{B}$ 的一个加细 (即 $\mathscr{A}$ 中的每一个元素包含在 $\mathscr{B}$ 中的某一个元素之中), 而 $\mathscr{B}$ 却不是 $\mathscr{A}$ 的加细. 此外, $\mathscr{A}$ 是一个局部有限的覆盖, 然而 $\mathscr{B}$ 却不是局部有限的.

**仿紧致空间** 设 $X$ 是一个拓扑空间, 如果 $X$ 的每一个开覆盖都有一个局部有限的开覆盖是它的加细, 则称拓扑空间 $X$ 是一个仿紧致空间. 例如, 紧致空间自然是仿紧致空间. 离散空间也是仿紧致空间, 因为所有单点集构成的集族是离散空间的一个开覆盖并且是它的任何一个开覆盖的局部有限的加细.

### 2.1.5 拓扑基

**定义 2.1.6** 设 $X$ 是一个非空集合. 如果 $X$ 有一个子集族 $\mathscr{B}$ 满足下列条件:
(1) $\mathscr{B}$ 是 $X$ 的覆盖, 即 $\bigcup_{U \in \mathscr{B}} U = X$;
(2) 若 $U, V \in \mathscr{B}$, 则 $U \cap V$ 必是 $\mathscr{B}$ 中若干成员的并集,
则称 $\mathscr{B}$ 为 $X$ 的一个拓扑基.

**例 2.1.1** 考虑 $\mathbb{R}$ 的子集族

$$\mathscr{B} = \{[a, b) : a < b\}.$$

显然, 定义 2.1.6 的条件 (1) 成立. 设 $[a_1, b_1), [a_2, b_2)$ 是 $\mathscr{B}$ 中的任意两个成员. 如果 $x \in [a_1, b_1) \cap [a_2, b_2)$, 令 $a = \max\{a_1, a_2\}, b = \max\{b_1, b_2\}$, 则 $x \in [a, b)$, 因此, $[a, b) = [a_1, b_1) \cap [a_2, b_2)$, $\mathscr{B}$ 是 $\mathbb{R}$ 的拓扑基.

# 2.2　赋范线性空间和线性算子

## 2.2.1　赋范线性空间

设 $X$ 为实数域或复数域 $F$ 上的线性空间.

**范数**　称函数 $\|\cdot\|: X \to \mathbb{R}$ 为 $X$ 上的范数, 如果它满足下面的条件:

(1) $\|x\| \geqslant 0, \forall x \in X, \quad \|x\| = 0 \iff x = 0$;

(2) $\|\alpha x\| = |\alpha|\|x\|, \ \forall \alpha \in F, x \in X$;

(3) $\|x + y\| = \|x\| + \|y\|, \ \forall x, y \in X$.

**赋范空间**　称赋有范数的空间 $(X, \|\cdot\|)$ 为赋范线性空间 (常略去 $\|\cdot\|$, 而把 $X$ 简称为赋范线性空间).

**度量**　在赋范线性空间 $X$ 引入距离: $\forall x, y \in X$, 令

$$d(x, y) = \|x - y\|,$$

则 $d$ 是 $X$ 上的距离函数. 因此, 我们自然地把 $X$ 看成是度量空间.

**Banach 空间**　称完备的赋范线性空间称为 Banach 空间.

**可分性**　如果 $X$ 有可数稠密的子集, 则称 $X$ 是可分的.

**内积空间**　如果范数 $\|\cdot\|$ 满足平行四边形等式

$$\|x + y\|^2 + \|x - y\|^2 = 2\|x\|^2 + 2\|y\|^2, \quad \forall x, y \in X,$$

则称 $(X, \|\cdot\|)$ 为内积空间, 其内积为

$$\langle x, y \rangle = \left\|\frac{x+y}{2}\right\|^2 + \left\|\frac{x-y}{2}\right\|^2, \qquad 若 F = \mathbb{R},$$

$$\langle x, y \rangle = \left\|\frac{x+y}{2}\right\|^2 - \left\|\frac{x-y}{2}\right\|^2 + i\left\|\frac{x+iy}{2}\right\|^2 - i\left\|\frac{x-iy}{2}\right\|^2, \qquad 若 F = \mathbb{C}.$$

人们习惯先定义内积再从它出发得到平行四边形等式. 以 $F = \mathbb{C}$ 为例, 称具有以下性质的映射 $\langle\cdot\rangle: X \times X \to \mathbb{C}$ 为内积: $\forall x_1, x_2, x_3 \in X, \ \lambda \in \mathbb{C}$,

(a) $\langle x_1, x_2 \rangle = \overline{\langle x_2, x_1 \rangle}$;

(b) $\langle \lambda x_1, x_2 \rangle = \lambda \langle x_1, x_2 \rangle$;

(c) $\langle x_1 + x_2, x_3 \rangle = \langle x_1, x_3 \rangle + \langle x_2, x_3 \rangle$.

**Hilbert 空间**　完备的内积空间称为 Hilbert 空间.

### 2.2.2 有界算子

设 $X, Y$ 为实数域或复数域 $F$ 上的两个赋范线性空间, $T : X \to Y$ 是线性映射, 即

$$T(\alpha x + \beta y) = \alpha T(x) + \beta T(y), \quad \forall \alpha, \beta \in F, \ x, y \in X.$$

**有界性**　如果 $T$ 映 $X$ 中的有界集为 $Y$ 中的有界集, 则称 $T$ 是有界线性算子. 特别地, 当 $Y = F$ 时, 称 $T$ 是 $X$ 上的有界线性泛函. 容易看出, $T$ 是有界线性算子 $\Longleftrightarrow$ 存在常数 $M > 0$ 使得对任意 $x \in X$, 都有

$$\|Tx\| \leqslant M\|x\|.$$

因此, 由 $T$ 的线性性可知, $T$ 是有界线性算子 $\Longleftrightarrow$ $T$ 在零点连续 $\Longleftrightarrow$ $T$ 在每一点连续.

**有界线性算子空间**　以 $\mathscr{L}(X, Y)$ 记从 $X$ 到 $Y$ 中的所有有界线性算子构成的集合. 容易看到, $\mathscr{L}(X, Y)$ 是 $F$ 上的线性空间, 对每个 $T \in \mathscr{L}(X, Y)$, 令

$$\|T\| = \sup_{x \neq 0} \frac{\|Tx\|}{\|x\|}, \tag{2.2.1}$$

则 $\|\cdot\|$ 是 $\mathscr{L}(X, Y)$ 上的范数. 因此, $\mathscr{L}(X, Y)$ 是赋范线性空间. 此外, 我们还知道, $\mathscr{L}(X, Y)$ 是 Banach 空间的充要条件是 $Y$ 是 Banach 空间. 注意, 在 (2.2.1) 定义的范数等价于

$$\|T\| = \sup_{\|x\|=1} \|Tx\| = \sup_{\|x\| \leqslant 1} \|Tx\| = \sup_{\|x\| < 1} \|Tx\|.$$

**共轭或对偶空间**　特别地, 当 $Y = F$ 时, 我们记 $\mathscr{L}(X, Y) = X^*$, 称为 $X$ 的共轭空间或对偶空间, 由于 $F$ 是完备的, 故共轭空间 $X^*$ 总是 Banach 空间.

**典则嵌入**　$\forall x \in X, f \in X^*$, 令

$$x(f) = f(x),$$

则容易推得 $x$ 是 $X^*$ 上的有界线性泛函, 并且 $x$ 的范数与其作为泛函的范数相等. 因此, 我们自然地把 $x$ 看成 $(X^*)^* = X^{**}$ 中的元素.

**自反**　如果在上述典则嵌入意义下 $X = X^{**}$, 则称 $X$ 是自反的.

**弱收敛**　设 $X$ 是赋范线性空间, $X^*$ 是它的对偶空间, $\{x_n\} \subset X, x_0 \in X$, 如果对每一个 $f \in X^*$, 有

$$\lim_{n \to \infty} f(x_n) = f(x_0),$$

则称 $\{x_n\}$ 弱收敛于 $x_0$, 记为 $(\text{弱}) \lim_{n \to \infty} x_n = x_0$, 或 $x_n \rightharpoonup x_0$.

**注 2.2.1**　关于弱极限需注意下述几点:

(1) 点列 $\{x_n\}$ 的弱极限存在, 则其弱极限必唯一;

(2) 若 $x_n \to x_0$(按范数收敛), 则 $x_n \rightharpoonup x_0$;

(3) 若 $X$ 是一个有限维的赋范线性空间, 则点列的弱收敛与强收敛是等价的; 但反过来, 当 $\dim X = \infty$ 时, 弱极限存在未必有强极限. 例如, 在 $L^2[0,1]$ 中, 设 $x_n = x_n(t) = \sin n\pi t$, 则根据 Riemann-Lebesgue 定理, 显然有

$$\langle f, x_n \rangle = \int_0^1 f(t) \sin n\pi t dt \to 0 \quad (\forall f \in L^2[0,1]),$$

即在 $L^2[0,1]$ 中 $x_n \rightharpoonup 0$, 但 $|x_n|_2 = \left( \int_0^1 |x_n(t)|^2 dt \right)^{\frac{1}{2}} = \sqrt{2}/2$, 点列 $x_n(t) = \sin n\pi t$ 并不强收敛于 0. 事实上, 点列 $x_n(t) = \sin n\pi t$ 没有强极限, 因为

$$|x_n - x_m|_2 = 1 \quad (m \neq n).$$

**定理 2.2.2**　设 $X$ 是自反的 Banach 空间, $\{x_n\}$ 是 $X$ 中的有界序列, 则 $\{x_n\}$ 有弱收敛的子列.

在分析学和数学物理中许多重要的线性算子并不是有界的. 例如, $L^2(\Omega)$ 上的微分算子, 其中 $\Omega \subset \mathbb{R}^n$, 又如, 量子力学中的 Schrödinger 算子: $-\Delta + V(x)$, 其中 $\Delta$ 是 $\mathbb{R}^3$ 中 Laplace 微分算子, 它们都不是有界的. 下面回忆两类算子 (可以是有界的或无界的).

### 2.2.3　闭算子

**定义 2.2.3**　设 $X$ 与 $Y$ 都是 Banach 空间, $A$ 是定义在 $X$ 的线性子空间 $\mathscr{D}(A)$ 上并取值于 $Y$ 中的线性算子, 我们把乘积空间 $X \times Y$ 中的集合 $G_A = \{(x,y) \in X \times Y : x \in \mathscr{D}(A), y = Ax\}$ 称为算子 $A$ 的图像. 如果 $G_A$ 在乘积空间 $X \times Y$ 中为闭集, 则称 $A$ 是闭线性算子或闭算子.

由定义知, 线性算子 $A$ 是闭算子的充要条件为: 若 $x_n \in \mathscr{D}(A), x_n \to x$ 且 $Ax_n \to y$, 则 $y \in \mathscr{D}(A)$ 且 $y = Ax$. 在验证一个线性算子 $A$ 是否为闭算子时, 我们常常使用这个充要条件. 这也等价于 $\mathscr{D}(A)$ 关于下面的图模是完备空间

$$\|x\|_A = \sqrt{\|x\|_X^2 + \|Ax\|_Y^2}. \tag{2.2.2}$$

值得注意的是, 当叙述一个算子 $A$ 的时候, 其定义域 $\mathscr{D}(A)$ 不一定是全空间, 即使有界线性算子也是如此. 显然, 定义在全空间上的有界线性算子必为闭线性算子, 但是, 定义域不是全空间的有界线性算子不一定是闭算子, 但当有界线性算子 $A$ 的定义域 $\mathscr{D}(A)$ 是 $X$ 中的闭集合时, 容易看出它也是闭算子. 一般来

说, 闭线性算子不一定是有界线性算子. 下面的例子说明十分重要的无界线性算子——微分算子是无界算子.

**例 2.2.1** $X = C[a,b]$, $\mathscr{D}(A) = C^1[a,b] \neq X$, 定义

$$A : \mathscr{D}(A) \to C[a,b], \ A = \frac{d}{dt},$$

则 $A$ 是无界的闭算子.

**证明** 首先我们证明 $T$ 是无界线性算子. 事实上, 取 $x_n(t) = \sin nt$. 则 $x_n \in C[a,b]$, $\|x_n\| = \max_{t \in [a,b]} |x_n(t)| = 1$ 以及 $A(\sin nt) = n \cos nt$, 于是

$$\|Ax_n\| = n \to \infty.$$

因此, $A$ 是无界线性算子. 下证 $A$ 是闭算子. 设 $x_n \in \mathscr{D}(A)$, $x_n \to x$ 以及 $Ax_n = dx_n/dt \to y$. 我们的目标是证明: $x \in \mathscr{D}(A)$ 以及 $Ax = y$.

事实上, 由于

$$\int_a^t x_n'(s)ds = \int_a^t dx_n(s) = x_n(t) - x_n(a),$$

此外, 由 $x_n \to x$ 可知, $x_n(t) \to x(t)$, $\forall t \in [a,b]$ (因为 $C[a,b]$ 中的收敛是一致收敛), 因此,

$$\lim_{n \to \infty} \int_a^t x_n'(s)ds = \lim_{n \to \infty} \left( x_n(t) - x_n(a) \right) = x(t) - x(a). \tag{2.2.3}$$

因为 $x_n'(s) \to y(s)$ 是一致收敛, 所以积分和极限可以交换顺序, 结合 (2.2.3), 我们有

$$x(t) - x(a) = \lim_{n \to \infty} \int_a^t x_n'(s)ds = \int_a^t \lim_{n \to \infty} x_n'(s)ds = \int_a^t y(s)ds,$$

即

$$x(t) = x(a) + \int_a^t y(s)ds.$$

于是 $x'(t) = y(t) \in C[a,b]$. 因此, $x(t) \in C^1[a,b]$ 且

$$\frac{d}{dt}x(t) = y(t), \ \text{也就是} \ Ax = y.$$

即证得 $A$ 是无界的闭算子. $\qquad\qquad\qquad\qquad\qquad\qquad\qquad\qquad \square$

尽管一般的闭线性算子不是有界的, 但对一些特殊的闭算子, 它可以是有界的, 这就是下面的重要的闭图像定理.

**定理 2.2.4** (闭图像定理)  设 $X, Y$ 为 Banach 空间, $A$ 为从 $X$ 到 $Y$ 的闭线性算子, 其定义域为 $\mathscr{D}(A)$ 是 $X$ 中的闭子空间, 则它也是有界线性算子, 即存在常数 $C > 0$ 使得

$$\|Ax\|_Y \leqslant C\|x\|_X, \quad \forall x \in \mathscr{D}(A).$$

**注 2.2.5**  设 $X, Y$ 为 Banach 空间, $A$ 为从 $X$ 到 $Y$ 的闭线性算子, 其定义域为 $\mathscr{D}(A)$. 则 $(\mathscr{D}(A), \|\cdot\|_A)$ 为 Banach 空间. 一个闭线性算子 $A : \mathscr{D}(A) \subset X \to Y$ 能够被看作从 $(\mathscr{D}(A), \|\cdot\|_A)$ 到 $Y$ 的有界线性算子.

**定义 2.2.6**  设 $A, B$ 是两个 $X$ 到 $Y$ 的线性算子, 如果 $G_A \subset G_B$, 则称 $B$ 是 $A$ 的扩张算子, 记为 $A \subset B$. 等价地, $A \subset B$ 当且仅当 $\mathscr{D}(A) \subset \mathscr{D}(B)$ 且满足 $Bx = Ax$, $x \in \mathscr{D}(A)$.

**定义 2.2.7**  对于线性算子 $A$, 若存在扩张算子 $A \subset B$, 使得 $\overline{G_A} = G_B$, 则称 $A$ 是可闭的, $B$ 称为 $A$ 的闭包, 记作 $B = \bar{A}$.

**注 2.2.8**  并不是每个线性算子 $A$ 都是可闭的, 因为 $\overline{G_A}$ 未必是另一个线性算子的图像. 事实上, 线性算子 $A$ 是可闭的充要条件为: 若 $x_n \in \mathscr{D}(A), x_n \to 0$ (在 $X$ 中) 且 $Ax_n \to y$ (在 $Y$ 中), 则 $y = 0$ (即若 $(0, y) \in \overline{G_A}$, 则 $y = 0$).

**定理 2.2.9**  若 $A$ 是可闭的, 则 $G_{\bar{A}} = \overline{G_A}$.

下面我们给出非闭算子, 但是可闭的例子.

**例 2.2.2**  设 $X = C[-1, 1]$, $\mathscr{D}(B) = C^\infty[-1, 1] \neq X$, 定义

$$B : \mathscr{D}(B) \to C[-1, 1], \ B = \frac{d}{dt},$$

则 $B$ 不是闭算子, 但 $B$ 是可闭的.

**证明**  首先我们证明 $B$ 不是闭算子. 事实上, 取函数

$$x_n(t) = \frac{1}{2} t \sqrt{t^2 + \frac{1}{n}} + \frac{1}{2n} \ln\left(t + \sqrt{t^2 + \frac{1}{n}}\right).$$

则 $x_n \in C^\infty[-1, 1]$. 令 $x_0(t) = t|t|/2$, 不难验证, $x_n$ 在 $C[-1, 1]$ 中收敛于 $x_0$. 另一方面, $x_n'(t) = \sqrt{t^2 + 1/n}$ 以及 $x_n'$ 在 $C[-1, 1]$ 中收敛于 $y_0 = Bx_0$. 但是 $t|t|/2$ 不是光滑函数. 因此, $B$ 在 $C^\infty[-1, 1]$ 上不是闭算子. 最后, 由 $C^\infty[-1, 1]$ 在 $C^1[-1, 1]$ 中是稠密的, 不难验证 $\overline{G_B} = G_A$, 其中算子 $A$ 是由例 2.2.1 给出的, 从而 $B$ 是可闭的.                                                                                                                                                                  □

### 2.2.4　自伴算子

这部分总假设 $H$ 是一个 (可分) Hilbert 空间, $A$ 是 $H$ 上的线性算子, 其定义域为 $\mathscr{D}(A)$. 首先回忆下述概念.

**稠定算子**　若 $\mathscr{D}(A)$ 在 $H$ 中是稠密的, 也就是 $\overline{\mathscr{D}(A)} = H$, 则称算子 $A$ 是稠定的.

**伴随算子**　令

$$\mathscr{D}(A^*) = \big\{ y \in H : \text{存在唯一的 } x^* \in H \text{ 使得 } (Ax, y) = (x, x^*),\ \forall\, x \in \mathscr{D}(A) \big\},$$

对每一个 $y \in \mathscr{D}(A^*)$, 定义 $A^*y = x^*$. $A^*$ 称为 $A$ 的伴随算子. 由 Riesz 引理可知, $y \in \mathscr{D}(A^*)$ 当且仅当 $|(Ax, y)| \leqslant C\|x\|,\ \forall\, x \in \mathscr{D}(A)$.

从定义很容易看到, $B \subset A \Rightarrow A^* \subset B^*$. 值得注意的是, $x^*$ 的唯一性需要用到 $\mathscr{D}(A)$ 在 $H$ 中的稠密性. 不像有界线性算子, $A^*$ 的定义域不一定是稠密的. 例如: 设 $f$ 是有界可测函数且 $f \notin L^2(\mathbb{R})$. 定义

$$\mathscr{D}(A) = \left\{ \psi \in L^2(\mathbb{R}) : \int_{\mathbb{R}} |f(x)\psi(x)| dx < \infty \right\}.$$

则 $\mathscr{D}(A)$ 在 $L^2(\mathbb{R})$ 中是稠密的, 因为 $\mathscr{D}(A)$ 包含所有具有紧支集的 $L^2$-函数. 固定 $\psi_0 \in L^2(\mathbb{R}) \setminus \{0\}$ 且定义 $A\psi = (f, \psi)\psi_0, \psi \in \mathscr{D}(A)$. 对任意的 $\varphi \in \mathscr{D}(A^*)$, 我们有

$$(\psi, A^*\varphi) = (T\psi, \varphi) = ((f, \psi)\psi_0, \varphi) = (\psi, (\psi_0, \varphi)f), \quad \forall\, \psi \in \mathscr{D}(A).$$

因此, $A^*\varphi = (\psi_0, \varphi)f$. 由于 $f \notin L^2(\mathbb{R})$, 则 $(\psi_0, \varphi) = 0$. 由 $\varphi$ 的任意性可知 $\mathscr{D}(A^*)$ 在 $L^2(\mathbb{R})$ 中不是稠密的. 事实上, 我们可以得到 $\mathscr{D}(A^*) = \{0\}$.

此外, 易见伴随算子 $A^*$ 具有下述性质:

(i) $A^*$ 是闭的;

(ii) 如果 $A$ 是闭的, 则 $\mathscr{D}(A^*)$ 是稠密的, 即 $A^*$ 是稠定的;

(iii) 如果 $A$ 是闭的, 则 $A^{**} = A$.

余下, 我们集中陈述有关自伴算子的概念和谱性质.

**定义 2.2.10** (自伴算子)　设 $A$ 是定义在 Hilbert 空间 $H$ 上稠定的线性算子. $A$ 称为对称的如果 $A \subset A^*$, 即如果 $\mathscr{D}(A) \subset \mathscr{D}(A^*)$ 且 $T\varphi = T^*\varphi,\ \forall\, \varphi \in \mathscr{D}(A)$. 等价地, $A$ 是对称的当且仅当

$$(A\varphi, \psi) = (\varphi, A\psi), \quad \forall\, \varphi, \psi \in \mathscr{D}(A).$$

进一步, 如果 $A = A^*$, 则称算子 $A$ 为自伴算子.

**例 2.2.3**   设 $-\infty \leqslant a < b \leqslant \infty$, 考虑 $L^2(a,b)$. 令 $K(s,t)$ 是复值可测函数使得

$$\int_a^b \int_a^b |K(s,t)|^2 ds dt < \infty.$$

对任意 $x(t) \in L^2(a,b)$, 定义算子如下:

$$K(x)(s) = \int_a^b K(s,t)x(t)dt.$$

由 Schwarz 不等式和 Fubini 定理可知

$$\int_a^b |K(x)(s)|^2 ds \leqslant \int_a^b \int_a^b |K(s,t)|^2 ds dt \int_a^b |x(t)|^2 dt.$$

因此, $K$ 是从 $L^2(a,b)$ 到 $L^2(a,b)$ 的有界线性算子且满足

$$\|K\| \leqslant \left( \int_a^b \int_a^b |K(s,t)|^2 ds dt \right)^{\frac{1}{2}}.$$

定义算子 $K^*$ 如下

$$K^*(y)(t) = \int_a^b \overline{K(t,s)} y(s) ds.$$

不难验证, $K$ 是自伴算子当且仅当 $K(s,t) = \overline{K(t,s)}$ 对几乎处处 $s, t$ 成立.

下面给出闭算子的核的概念. 这是一个十分有用的概念.

**定义 2.2.11** (核)   设 $A$ 是一个闭算子, $D \subset \mathscr{D}(A)$. 若 $A|_D$ 是可闭的且 $\overline{A|_D} = A$, 则称 $D$ 为 $A$ 的核.

注意到, 由定义可知如果 $A$ 是可闭算子, $D$ 是它的定义域, 则 $D$ 是闭包 $\bar{A}$ 的核.

**引理 2.2.12**   设 $A$ 是非负自伴算子, 则

(i) $\mathscr{D}(A)$ 是 $A^{\frac{1}{2}}$ 的核;

(ii) 若 $B \in \mathscr{L}(H)$ 与 $A$ 可交换, 则 $B$ 与 $A^{\frac{1}{2}}$ 也可交换.

## 2.2.5   自伴算子的谱族

**定义 2.2.13**   在 $H$ 上的正交投影族 $\{E_\lambda\}_{\lambda \in \mathbb{R}}$ 称为谱族, 如果满足下面的条件:

(i) $E_\lambda \cdot E_\mu = E_{\min\{\lambda,\mu\}}$   $\lambda, \mu \in \mathbb{R}$;

(ii) $E_{-\infty} = 0$, $E_\infty = I$, 其中 $E_{-\infty}x = \lim\limits_{\lambda \to -\infty} E_\lambda x$, $E_\infty x = \lim\limits_{\lambda \to \infty} E_\lambda x$, $\forall\, x \in H$;

(iii) $E_{\lambda+0} = E_\lambda$, 其中 $E_{\lambda+0}x = \lim\limits_{\substack{\varepsilon > 0 \\ \varepsilon \to 0}} E_{\lambda+\varepsilon}x$, $\forall\, x \in H$.

上面的极限是在 $H$ 上范数意义下. (iii) 说明 $E_\lambda$ 关于 $\lambda \in \mathbb{R}$ 是右连续的.

**引理 2.2.14** 设 $\{E_\lambda\}_{\lambda \in \mathbb{R}}$ 是谱族, 则对任意的 $x, y \in H$, 函数

$$\lambda \mapsto (E_\lambda x, y)$$

是有界变差函数且全变差 $V(\lambda; x, y)$ 满足

$$V(\lambda; x, y) \leqslant \|x\| \|y\|, \quad \forall x, y \in H, \ \lambda \in \mathbb{R}.$$

**引理 2.2.15** 设 $\lambda \mapsto f(\lambda)$ 是实值连续函数. 定义 $D \subset H$ 为

$$D = \left\{ x \in H : \int_{-\infty}^{\infty} |f(\lambda)|^2 d|E_\lambda x|^2 < \infty \right\}. \tag{2.2.4}$$

则 $D$ 在 $H$ 中是稠密的且可定义如下在 $H$ 上的自伴算子 $T$ 满足

$$(Tx, y) = \int_{-\infty}^{\infty} f(\lambda) d(E_\lambda x, y), \quad \forall x \in D, \ y \in H, \tag{2.2.5}$$

以及 $\mathscr{D}(T) = D$, 其中 (2.2.4) 和 (2.2.5) 中的积分为 Riemann-Stieltjes 积分. 此外, $E_\lambda T \subset T E_\lambda$, 也就是 $T E_\lambda$ 是 $E_\lambda T$ 的扩张算子.

**推论 2.2.16** 特别地, 如果 $f(\lambda) = \lambda$, 我们有

$$\begin{cases} (Ax, y) = \displaystyle\int_{-\infty}^{\infty} \lambda d(E_\lambda x, y), \quad x \in \mathscr{D}(A) \subset H, \ y \in H; \\ \mathscr{D}(A) = \left\{ x \in H : \displaystyle\int_{-\infty}^{\infty} \lambda^2 d|E_\lambda x|^2 < \infty \right\}. \end{cases}$$

我们记

$$A = \int_{-\infty}^{\infty} \lambda dE_\lambda \tag{2.2.6}$$

且称 (2.2.6) 为自伴算子 $A$ 的谱表示.

很容易看到, 下面的乘性算子:

$$Ax(t) = tx(t), \quad x \in L^2(-\infty, \infty)$$

具有谱表示 $A = \displaystyle\int_{-\infty}^{\infty} \lambda dE_\lambda$, 其中

$$E_\lambda x(t) = \begin{cases} x(t), & t \leqslant \lambda, \\ 0, & t > \lambda. \end{cases}$$

事实上,

$$\int_{-\infty}^{\infty}\lambda^2 d|E_\lambda x|^2 = \int_{-\infty}^{\infty}\lambda^2 d_\lambda \int_{-\infty}^{\lambda}|x(t)|^2 dt = \int_{-\infty}^{\infty} t^2|x(t)|^2 dt = \|Ax\|_2^2,$$

$$\int_{-\infty}^{\infty}\lambda d(E_\lambda x,y) = \int_{-\infty}^{\infty}\lambda d_\lambda \int_{-\infty}^{\lambda} x(t)\overline{y(t)}dt = \int_{-\infty}^{\infty} tx(t)\overline{y(t)}dt = (Ax,y).$$

我们已经说明了由谱族 $\{E_\lambda\}_{\lambda\in\mathbb{R}}$ 可定义由 (2.2.5) 给出的自伴算子. 下面的定理表明, 任意给定的自伴算子可以由谱族来表示.

**定理 2.2.17**　设算子 $A$ 是定义在 Hilbert 空间 $H$ 上的自伴算子, 则存在唯一谱族 $\{E_\lambda\}_{\lambda\in\mathbb{R}}$ 使得

$$(Ax,y) = \int_{\mathbb{R}}\lambda d(E_\lambda x,y),$$

以及

$$Ax = \int_{\mathbb{R}}\lambda d(E_\lambda x),$$

记为

$$A = \int_{-\infty}^{\infty}\lambda dE_\lambda.$$

**引理 2.2.18**　设 $A$ 是 $H$ 上的自伴算子且存在常数 $\alpha > 0$ 使得

$$(Ax,x) \geqslant \alpha\|x\|^2, \quad \forall x \in \mathscr{D}(A),$$

则 $A$ 的谱族满足

$$E_\lambda = 0, \quad \lambda < \alpha. \tag{2.2.7}$$

**引理 2.2.19**　设 $\{E_\lambda\}_{\lambda\in\mathbb{R}}$ 是定义在 $H$ 上的自伴算子 $A$ 的谱族, 则

$$F_\lambda = E_{\sqrt{\lambda}} - E_{-\sqrt{\lambda}-0} = E_{[-\sqrt{\lambda},\sqrt{\lambda}]} \quad (\lambda \geqslant 0)$$

是算子 $A^2$ 的谱族.

**定理 2.2.20** (极分解)　设 $A$ 是在 Hilbert 空间 $H$ 上的稠定闭无界算子, 则存在唯一的分解

$$A = U|A|,$$

其中 $|A|$ 是正的自伴算子以及 $\mathscr{D}(A) = \mathscr{D}(|A|)$, $U$ 是部分等距算子且满足 $U|_{\mathrm{Ran}^\perp(|A|)} = 0$. 特别地, 若 $A$ 是 $H$ 上的自伴算子, 则

$$A = (1 - E_0 - E_{-0})|A|,$$

以及 $A$ 和 $U := 1 - E_0 - E_{-0}$ 可交换. 在这种情况下,

$$|A| = \int_{\mathbb{R}} |\lambda| dE_\lambda.$$

之后, 我们通常称算子 $|A|$ 为算子 $A$ 的绝对值.

### 2.2.6 自伴算子谱的性质

**定义 2.2.21** 设 $A$ 是 Hilbert 空间 $H$ 上的线性算子, 其谱集 $\sigma(A)$ 可以分成互不相交的集合 $\sigma_p(A), \sigma_c(A)$ 与 $\sigma_r(A)$ 之并集, 其定义如下:

$\sigma_p(A) = \{\lambda \in \mathbb{C} : \ker(\lambda I - A) \neq \{0\}\}$;

$\sigma_c(A) = \{\lambda \in \mathbb{C} : \ker(\lambda I - A) = \{0\}, \overline{R(\lambda I - A)} = H, (\lambda I - A)^{-1} \text{ 无界}\}$;

$\sigma_r(A) = \{\lambda \in \mathbb{C} : \ker(\lambda I - A) = \{0\}, \overline{R(\lambda I - A)} \neq H\}$.

它们分别称为 $A$ 的点谱、连续谱和剩余谱.

**定理 2.2.22** 设 $A$ 是在 $H$ 上的自伴算子, 我们有

(i) $\sigma(A) \subset \mathbb{R}$ 以及 $\lambda \in \sigma(A)$ 当且仅当存在序列 $\{u_n\} \subset \mathscr{D}(A)$ 使得 $\|u_n\| = 1$ 以及 $\|(A - \lambda)u_n\| \to 0 \ (n \to \infty)$;

(ii) $\lambda_0 \in \sigma_p(A)$ 当且仅当 $E_{\lambda_0} \neq E_{\lambda_0 - 0}$, 对应的特征空间为 $V_{\lambda_0} = P_{\lambda_0}(H)$, 其中

$$P_{\lambda_0} = E_{\lambda_0} - E_{\lambda_0 - 0};$$

(iii) $\lambda_0 \in \sigma_c(A)$ 当且仅当 $E_{\lambda_0} = E_{\lambda_0 - 0}$ 且 $E_{\lambda_0 - \varepsilon} \neq E_{\lambda_0 + \varepsilon}, \forall \varepsilon > 0$;

(iv) $\sigma_r(A) = \varnothing$.

**定义 2.2.23** 设 $A$ 是 Hilbert 空间 $H$ 上的自伴算子, 令

$\sigma_e(A) = \{\lambda \in \sigma(A) : \lambda \in \sigma_c(A) \text{ 或者 } \lambda \in \sigma_p(A) \text{ 但是 } \dim \ker(\lambda I - A) = \infty\}$,

$\sigma_d(A) = \{\lambda \in \sigma_p(A) : 0 < \dim \ker(\lambda I - A) < \infty\}$.

显然, $\sigma_e(A) = $ 全体无穷重特征值 + 谱的聚点, $\sigma(A) = \sigma_e(A) \cup \sigma_d(A)$.

**定理 2.2.24** (Weyl 引理) 设 $A$ 是自伴算子, 则 $\lambda \in \sigma_e(A)$ 当且仅当存在序列 $\{u_n\} \subset \mathscr{D}(A)$ 使得 $\|u_n\| = 1, u_n \to 0$ 以及 $\|(A - \lambda)u_n\| \to 0 \ (n \to \infty)$.

**定义 2.2.25** 设 $A$ 和 $B$ 是 Hilbert 空间 $H$ 上的稠定算子, $\mathscr{D}(A)$ 上赋予图模 $\|x\|_A = \sqrt{\|x\|^2 + \|Ax\|^2}$, 如果

(i) $\mathscr{D}(A) \subset \mathscr{D}(B)$;

(ii) $B : (\mathscr{D}(A), \|\cdot\|_A) \to (H, \|\cdot\|)$ 是紧的,

则称 $B$ 关于 $A$ 是紧的, 或者说 $B$ 是 $A$ 紧的算子.

**引理 2.2.26** 设 $A$ 是 Hilbert 空间 $H$ 上的自伴算子, $B$ 是 $H$ 上的对称算子, 若 $B$ 是 $A$ 紧的, 则

$$\sigma_e(A + B) = \sigma_e(A).$$

### 2.2.7　插值理论

在给出插值理论之前, 我们先介绍关于严格正自伴算子的分数幂算子. 设 $A$ 是 $H$ 上的自伴算子且存在常数 $\alpha > 0$ 使得

$$(Ax, x) \geqslant \alpha\|x\|^2, \quad \forall\, x \in \mathscr{D}(A). \tag{2.2.8}$$

则从引理 2.2.18 可知, $A$ 的谱族 $\{E_\lambda\}_{\lambda \in \mathbb{R}}$ 满足 (2.2.7). 因此, 取 $\lambda_0 \in (0, \alpha)$ 以及 $\rho \in [0, 1]$, 函数 $\lambda \mapsto \lambda^\rho\ (\lambda \geqslant \lambda_0)$ 可定义如下算子 $A^\rho$:

$$A^\rho = \int_{\lambda_0}^{\infty} \lambda^\rho dE_\lambda,$$

其定义域

$$\mathscr{D}(A^\rho) = \left\{ x \in H : \int_{\lambda_0}^{\infty} \lambda^{2\rho} d|E_\lambda x|^2 < \infty \right\}.$$

对任意的 $x \in \mathscr{D}(A^\rho)$, $y \in H$, 我们有

$$(A^\rho x, y) = \int_{\lambda_0}^{\infty} \lambda^\rho d(E_\lambda x, y),$$

以及

$$\|A^\rho x\|^2 = \int_{\lambda_0}^{\infty} \lambda^{2\rho} d|E_\lambda x|^2.$$

记

当 $\rho = 0$, $\mathscr{D}(A^\rho) = H$, $A^\rho = I$;

当 $\rho = 1$, $\mathscr{D}(A^\rho) = \mathscr{D}(A)$, $A^\rho = A$.

我们有下面的定理.

**定理 2.2.27** 设 $A$ 是在 $H$ 上的自伴算子, 其定义域 $\mathscr{D}(A)$ 在 $H$ 中稠密且满足 (2.2.8). 则对 $\rho \in [0, 1]$, 我们有

(i) $\mathscr{D}(A) \subset \mathscr{D}(A^\rho)$, 从而可知 $\mathscr{D}(A^\rho)$ 在 $H$ 中也是稠密的.

(ii) 对 $x \in \mathscr{D}(A^\rho)$, 有

$$(A^\rho x, x) \geqslant \alpha^\rho \|x\|^2,$$

进一步, $(A^\rho)^{-1} = A^{-\rho} \in \mathscr{L}(H)$, $A^{-\rho}$ 和 $A^\rho$ 都是自伴算子.

(iii) (a) $\mathscr{D}(A^\rho)$ 在下面的图模下

$$\|x\|_\rho^2 = \|x\|^2 + \|A^\rho x\|^2, \quad x \in \mathscr{D}(A^\rho)$$

是一个 Hilbert 空间;

(b) 若 $0 \leqslant \rho_1 < \rho_2 \leqslant 1$, 则

$$\mathscr{D}(A^{\rho_2}) \hookrightarrow \mathscr{D}(A^{\rho_1})$$

且 $\mathscr{D}(A^{\rho_2})$ 在 $\mathscr{D}(A^{\rho_1})$ 中是稠密的.

(iv) 对任意的 $x \in \mathscr{D}(A)$, 有

$$\|A^\rho x\| \leqslant \|Ax\|^\rho \|x\|^{1-\rho}.$$

设 $X, Y$ 是两个可分的 Hilbert 空间, 假设:

$$X \hookrightarrow Y, \text{ 且 } X \text{ 在 } Y \text{ 中是稠密的.} \tag{2.2.9}$$

用 $(\cdot, \cdot)_X, (\cdot, \cdot)_Y$ 分别表示 $X$ 和 $Y$ 中的内积, $\|\cdot\|_X, \|\cdot\|_Y$ 分别表示 $X$ 和 $Y$ 中的范数. 令

$$a(u, v) = (u, v)_X, \quad u, v \in X.$$

设 $A$ 是在 $Y$ 上的自伴算子, 且定义域为

$$\mathscr{D}(A) = \{u \in X : v \mapsto a(u, v) \text{ 关于由 } Y \text{ 诱导的拓扑是连续的}\}.$$

则 $\mathscr{D}(A)$ 在 $Y$ 中是稠密的, 从而在 $X$ 中也是稠密的. 此外, 我们还知道 $A$ 是一个正的自伴算子且有有界逆 (因为 $0 \notin \sigma(A)$) 满足

$$(Au, u)_Y = a(u, u) = \|u\|_X^2 \geqslant \beta \|u\|_Y^2, \quad \forall u \in \mathscr{D}(A),$$

其中 $\beta > 0$ 为常数.

设 $\{E_\mu\}_{\mu \in \mathbb{R}}$ 为 $A$ 在 $Y$ 中的谱族, 可假设 $\sigma(A) \subset [\mu_0, \infty)$, 其中 $\mu_0 > 0$. 则对任意的 $u \in \mathscr{D}(A)$, 我们有

$$(Au, u)_Y = \int_{\mu_0}^\infty \mu d|E_\mu u|_Y^2 = \|u\|_X^2 = \int_{\mu_0}^\infty (\mu^{\frac{1}{2}})^2 d|E_\mu u|_Y^2,$$

因此,

$$\|u\|_X^2 = \|A^{\frac{1}{2}} u\|_Y^2, \quad \forall u \in \mathscr{D}(A).$$

由 $\mathscr{D}(A)$ 在 $\mathscr{D}(A^{\frac{1}{2}})$ 以及在 $X$ 中稠密可得

$$\mathscr{D}(A^{\frac{1}{2}}) = X.$$

定义 $\Lambda = A^{\frac{1}{2}}$, 则 $\Lambda$ 也是一个自伴算子, 其定义域为 $\mathscr{D}(\Lambda) = X$ 且满足

$$(\Lambda u, u)_Y \geqslant \beta^{\frac{1}{2}} \|u\|_Y^2, \quad \forall u \in \mathscr{D}(\Lambda) = X.$$

设 $\{F_\lambda\}_{\lambda \in \mathbb{R}}$ 为 $\Lambda$ 的谱族, 则

$$F_\lambda = E_{\lambda^2}.$$

**定义 2.2.28**   设 $X, Y$ 是两个可分的 Hilbert 空间满足, 对 $\theta \in (0, 1)$, 我们令

$$[X, Y]_\theta = \mathscr{D}(\Lambda^{1-\theta}).$$

$[X, Y]_\theta$ 是 Hilbert 空间, 其中 $[X, Y]_\theta$ 的内积定义为

$$(u, v)_\theta = (u, v)_Y + (\Lambda^{1-\theta} u, \Lambda^{1-\theta} v)_Y,$$

以及范数为算子 $\Lambda^{1-\theta}$ 的图模, 也就是

$$\|u\|_{[X,Y]_\theta} = \sqrt{\|u\|_Y^2 + \|\Lambda^{1-\theta} u\|_Y^2},$$

称 $[X, Y]_\theta$ 为 $X$ 和 $Y$ 的插值空间.

**引理 2.2.29**   设 $X = H^m(\mathbb{R}^n), Y = L^2(\mathbb{R}^n)$, $m$ 为正整数, 则在等价范数意义下, 我们有

$$[H^m(\mathbb{R}^n), L^2(\mathbb{R}^n)]_\theta = H^{(1-\theta)m}(\mathbb{R}^n).$$

**命题 2.2.30**   下面的结论成立.
(i) 对 $\theta \in [0, 1]$, 存在常数 $C(\theta) > 0$ 使得对任意的 $u \in X$, 有

$$\|u\|_{[X,Y]_\theta} \leqslant C(\theta) \|u\|_X^{1-\theta} \cdot \|u\|_Y^\theta;$$

(ii) 对 $0 \leqslant \theta_1 < \theta_2 \leqslant 1$,

$$[X, Y]_{\theta_1} \hookrightarrow [X, Y]_{\theta_2}, \text{ 且 } [X, Y]_{\theta_1} \text{ 在 } [X, Y]_{\theta_2} \text{ 中是稠密的.}$$

## 2.3 变分框架

我们现在回到抽象方程 (1.3.1)

$$Au = N(u), \quad u \in H,$$

其中 $H$ 为 Hilbert 空间, $A$ 是自伴算子, 其定义域 $\mathscr{D}(A) \subset H$, $N : \mathscr{D}(A) \to H$ 是 (非线性) 梯度型映射, 换言之, 存在函数 $\Psi : \mathscr{D}(A) \subset H \to H$ 使得 $N(u) = \nabla \Psi(u)$.

一般而言, 算子 $A$ 的谱集 $\sigma(A)$ 的结构是复杂的. 令 $\sigma^-(A) = \sigma(A) \cap (-\infty, 0)$, $\sigma^+(A) = \sigma(A) \cap (0, +\infty)$, 则 $\sigma^\pm(A)$ 至少有一个不是空集. 为明确起见, 下面总假设 $\sigma^+(A) \neq \varnothing$ 并令 $\lambda^+ = \inf \sigma^+(A)$, 而当 $\sigma^-(A) \neq \varnothing$ 时也令 $\lambda^- = \sup \sigma^-(A)$, 等价于前面给出的定义, 称 $A$ 为正定的、半定的、强不定的、非常强不定的 (或本质强不定的), 如果对应地 $\sigma^-(A) = \varnothing$ 且 $\lambda^+ > 0$, $\sigma^-(A)$ 只含有限多个特征值, $\sigma^\pm(A)$ 都是无限集, $\sigma^\pm(A) \cap \sigma_e(A) \neq \varnothing$.

根据算子理论, Hilbert 空间 $H$ 具有正交分解:

$$H = H^- \oplus H^0 \oplus H^+, \quad u = u^- + u^0 + u^-,$$

使得 $A$ 在 $H^-$ 和 $H^+$ 上分别是负定和正定的, $H^0$ 是 $A$ 的零空间. 事实上, 由自伴算子的极分解, $A = U|A|$, $H^\pm = \{x \in H : Ux = \pm x\}$. 取 $E = \mathscr{D}(|A|^{\frac{1}{2}})$, 并在 $E$ 上引入内积

$$(u, v)_E = (|A|^{\frac{1}{2}} u, |A|^{\frac{1}{2}} v)_H + (u, v)_H.$$

以 $\|\cdot\|_E$ 记 $(\cdot, \cdot)_E$ 导出的范数. 则 $E$ 有关于内积 $(\cdot, \cdot)_H$ 和 $(\cdot, \cdot)_E$ 都是正交的分解:

$$E = E^- \oplus E^0 \oplus E^+, \quad u = u^- + u^0 + u^+,$$

其中 $E^\pm = E \cap H^\pm$ 与 $E^0 = H^0$.

设 $\Psi \in C^1(E, \mathbb{R})$ 且 $\Psi'(u) = N(u)$(在应用中, 只要对非线性项作合适的假设, 就能满足这一要求). 在 $E$ 上定义泛函

$$\Phi(u) = \frac{1}{2}(\||A|^{\frac{1}{2}} u^+\|_H^2 - \||A|^{\frac{1}{2}} u^-\|_H^2) - \Psi(u), \quad \forall u = u^- + u^0 + u^+ \in E,$$

则 $\Phi \in C^1(E, \mathbb{R})$. 进一步, 当 $u \in \mathscr{D}(A)$ 是 $\Phi$ 的临界点时, 它就是方程 (1.3.1) 的解. 事实上, 对任意 $v \in E$,

$$0 = (|A|^{\frac{1}{2}}u^+, |A|^{\frac{1}{2}}v^+)_H - (|A|^{\frac{1}{2}}u^-, |A|^{\frac{1}{2}}v^-)_H - (N(u), v)_H$$
$$= (|A|(u^+ - u^-), v)_H - (N(u), v)_H$$
$$= (|A|Uu, v)_H - (N(u), v)_H$$
$$= (Au - N(u), v)_H.$$

**注 2.3.1**　当 0 至多是 $\sigma(A)$ 的孤立点时, 即存在 $\delta > 0$ 充分小使得 $(-\delta, \delta) \cap \sigma(A)$ 至多含有单点 0. 令

$$P^- = \int_{-\infty}^{-\delta} dE_\lambda, \quad P^+ = \int_{\delta}^{+\infty} dE_\lambda, \quad P^0 = \int_{-\delta}^{\delta} dE_\lambda,$$

则 $I = P^- + P^0 + P^+$, $E^\pm = P^\pm H$, $H^0 = P^0 H$. 此时为方便起见, 通常在 $E$ 上定义下述等价范数

$$(u, v) = (|A|^{\frac{1}{2}}u, |A|^{\frac{1}{2}}v)_H + (u^0, v^0)_H.$$

此时, 以 $\|\cdot\|$ 记由 $(\cdot, \cdot)$ 导出的范数, $\Phi$ 可表示为

$$\Phi(u) = \frac{1}{2}(\|u^+\|^2 - \|u^-\|^2) - \Psi(u).$$

## 2.4　$L^p$-空间的基本性质

本节回忆 $L^p$-空间的一些基本性质, 它们会在后续的章节经常被用到.

首先我们注意到, 两个 $L^p$-函数的乘积不一定属于 $L^p$-空间. 例如, 考虑下面的函数

$$f(x) = \begin{cases} |x|^{-\frac{1}{2}}, & |x| < 1, \\ 0, & |x| \geqslant 1. \end{cases}$$

则 $f \in L^1(\mathbb{R})$, 但是 $f^2 \notin L^1(\mathbb{R})$. 然而, 如果 $f$ 属于 $L^s$-空间, $g$ 属于 $L^t$-空间, 则 $fg$ 可能属于 $L^{p'}$-空间. 也就是下面的 Hölder 不等式 (在本节, 我们总假设 $\Omega$ 是 $\mathbb{R}^n$ 中的开集).

**引理 2.4.1** (Hölder 不等式)　设 $p, q, r$ 是正实数且满足 $1/p + 1/q = 1/r$. 如果 $f \in L^p(\Omega)$ 以及 $g \in L^q(\Omega)$, 则 $fg \in L^r(\Omega)$ 且满足

$$|fg|_r \leqslant |f|_p |g|_q.$$

或设 $f \in L^p(\Omega)$ 以及 $g \in L^{p'}(\Omega)$, 其中 $1 \leqslant p \leqslant \infty$, $1/p + 1/p' = 1$. 则 $fg \in L^1(\Omega)$ 且满足

$$|fg|_1 \leqslant |f|_p |g|_{p'}.$$

**推论 2.4.2** 设 $f_i \in L^{p_i}(\Omega), 1 \leqslant i \leqslant k$ 且满足

$$\frac{1}{p} = \frac{1}{p_1} + \frac{1}{p_2} + \cdots + \frac{1}{p_k} \leqslant 1,$$

则 $f = f_1 f_2 \cdots f_k \in L^p(\Omega)$ 且满足

$$|f|_p \leqslant |f_1|_{p_1} |f_2|_{p_2} \cdots |f_k|_{p_k}.$$

特别地, 如果 $f \in L^p(\Omega) \cap L^q(\Omega)$, 其中 $1 \leqslant p \leqslant q \leqslant \infty$, 则 $f \in L^r(\Omega)$ 对所有的 $r \in [p, q]$ 都成立且满足, 也就是下面的插值不等式

$$|f|_r \leqslant |f|_p^\alpha |f|_q^{1-\alpha}, \quad \text{其中} \ \frac{1}{r} = \frac{\alpha}{p} + \frac{1-\alpha}{q}, 0 \leqslant \alpha \leqslant 1.$$

**引理 2.4.3** (Minkowski 不等式) 设 $1 \leqslant p < \infty$ 及 $f, g \in L^p(\Omega)$, 则

$$|f + g|_p \leqslant |f|_p + |g|_p.$$

**引理 2.4.4** (卷积不等式) 设 $p, q, r$ 是非负实数且满足 $1/p + 1/q = 1 + 1/r$. 如果 $f \in L^p(\mathbb{R}^n)$ 以及 $g \in L^q(\mathbb{R}^n)$, 则卷积 $f * g \in L^r(\mathbb{R}^n)$ 且满足

$$|f * g|_r \leqslant |f|_p |g|_q,$$

其中

$$f * g(x) = \int_{\mathbb{R}^n} f(x - y) g(y) dy.$$

**引理 2.4.5** (Lebesgue 控制收敛定理) 设 $f_n \in L^1(\Omega)$ 且满足

(i) $f_n(x) \to f(x)$ a.e. $x \in \Omega$;

(ii) 存在 $g \in L^1(\Omega)$ 使得对所有的 $n$, 都有 $|f_n(x)| \leqslant f(x)$ a.e. $x \in \Omega$,

则 $f \in L^1(\Omega)$ 且 $|f_n - f|_1 \to 0$.

**引理 2.4.6** 设 $f_n$ 在 $L^1(\Omega)$ 中收敛到 $f$. 则存在子列 $\{f_{n(k)}\}$ 使得 $f_{n(k)}(x) \to f(x)$ a.e. $x \in \Omega$ 成立.

**引理 2.4.7** (Fatou 引理) 设 $f_n \in L(\Omega)$ 且满足

(i) 对任意的 $n$, 都有 $f_n(x) \geqslant 0$ a.e. $x \in \Omega$;

(ii) $\sup_n \int_\Omega f_n dx < \infty$;

(iii) $f(x) = \liminf_{n \to \infty} f_n(x) \leqslant \infty$ a.e. $x \in \Omega$,

则 $f \in L^1(\Omega)$ 且

$$\int_\Omega f(x)dx \leqslant \liminf_{n\to\infty} \int_\Omega f_n(x)dx.$$

**引理 2.4.8** (Brézis-Lieb 引理)  设 $\{u_n\} \subset L^p(\Omega)$, $1 \leqslant p < \infty$. 若

(i) $\{u_n\}$ 在 $L^p(\Omega)$ 中是有界的;

(ii) $u_n(x) \to u(x)$ a.e. $x \in \Omega$,

则

$$\lim_{n\to\infty} \int_\Omega \left(|u_n|^p - |u_n - u|^p\right)dx = \int_\Omega |u|^p dx.$$

# 第 3 章 临界点理论

## 3.1 Lipschitz 单位分解

令 $X$ 是一个集合, $\mathcal{D}$ 是 $X$ 上的一族半度量, $(X, \mathcal{D})$ 称为规度空间. 我们记 $X$ 上由半度量 $d: X \times X \to \mathbb{R}$ 生成的拓扑为 $\mathcal{T}_d$, $\mathcal{T}_{\mathcal{D}}$ 表示 $X$ 上由所有 $\mathcal{T}_d (d \in \mathcal{D})$ 生成的最粗拓扑. 如果 $\mathcal{D} = \{d_n : n \in \mathbb{N}\}$ 是可数的, 则 $\mathcal{T}_{\mathcal{D}}$ 是可半度量化的. 也就是说, 如果令 $\tilde{d}_n := d_n/(1 + d_n)$ 以及 $d := \sum\limits_{n \in \mathbb{N}} \tilde{d}_n/2^n$, 则容易验证 $\mathcal{T}_{\mathcal{D}} = \mathcal{T}_d$. 如果 $d, d' \in \mathcal{D}$ 蕴含着 $\max\{d, d'\} \in \mathcal{D}$, 则称 $\mathcal{D}$ 是饱和的. 易知

$$\overline{\mathcal{D}} := \{\max\{d_1, \cdots, d_k\} : k \in \mathbb{N},\ d_1, \cdots, d_k \in \mathcal{D}\}$$

是 $X$ 中包含 $\mathcal{D}$ 的最小饱和半度量集. 显然它和 $\mathcal{D}$ 生成的拓扑一样. 在本节, 所有的拓扑都指的是 $\mathcal{T}_{\mathcal{D}} = \mathcal{T}_{\overline{\mathcal{D}}}$.

由如下集合给出 $\mathcal{T}_{\mathcal{D}}$ 的拓扑基:

$$U_\varepsilon(x; d) := \{y \in X : d(x, y) < \varepsilon\}, \quad x \in X,\ d \in \overline{\mathcal{D}},\ \varepsilon > 0.$$

事实上, 对任意的 $x \in X$, 集合 $U_\varepsilon(x; d)$, $d \in \overline{\mathcal{D}}$, $\varepsilon > 0$ 成为一组邻域基, 这是因为给定半度量 $d_1, \cdots, d_k$ 以及 $\varepsilon_1, \cdots, \varepsilon_k > 0$, 取 $\varepsilon = \min\{\varepsilon_1, \cdots, \varepsilon_k\}, d = \max\{d_1, \cdots, d_k\}$, 则

$$U_{\varepsilon_1}(x; d_1) \cap \cdots \cap U_{\varepsilon_k}(x; d_k) \supset U_\varepsilon(x; d).$$

**定义 3.1.1** ([17]) 称从 $X$ 到半度量空间 $(M, d_M)$ 的映射 $f$ 是 Lipschitz (连续) 的, 如果存在 $d \in \overline{\mathcal{D}}$ 及 $\lambda > 0$ 使得

$$d_M(f(x), f(y)) \leqslant \lambda d(x, y), \quad \forall x, y \in X.$$

称 $f$ 是局部 Lipschitz (连续) 的, 如果每个 $x \in X$ 有邻域 $U_x$ 使得 $f|_{U_x}$ 是 Lipschitz 连续的.

**注 3.1.2** (1) 一个 (局部) Lipschitz 映射是连续的.

(2) Lipschitz 连续性当然不仅依赖于拓扑也依赖于 $\mathcal{D}$.

(3) 称规度空间 $(X, \mathcal{D})$ 和 $(Y, \mathcal{E})$ 是等价的, 如果存在同胚映射 $h: X \to Y$ 使得 $\forall f: (Y, \mathcal{E}) \to (M, d_M)$ 成立: $f$ 是 (局部) Lipschitz 的当且仅当 $f \circ h$ 是 (局部) Lipschitz 的.

$$(X, \mathcal{D}) \xrightarrow{\ \ h\ \ } (Y, \mathcal{E})$$
$$f \circ h \searrow \quad \downarrow f$$
$$(M, d_M)$$

在这种意义下, $(X, \mathcal{D})$ 和 $(X, \bar{\mathcal{D}})$ 是等价的.

对 $Y \subset X$ 和 $d \in \mathcal{D}$, 令

$$d(\cdot, Y): X \to \mathbb{R}, \quad d(x, Y) := \inf\{d(x, y): y \in Y\},$$

则

$$|d(x_1, Y) - d(x_2, Y)| \leqslant d(x_1, x_2).$$

因此, $d(\cdot, Y)$ 是 Lipschitz 的. 显然, $d(\cdot, Y)$ 的零点集是 $Y$ 在 $\mathcal{T}_d$ 拓扑意义下的闭包.

如果 $A \subset X$ 是闭的, $x \notin A$, 则存在一个邻域 $U_\varepsilon(x; d) \subset X \setminus A$. 映射

$$f: X \to [0, 1], \quad f(y) = \min\left\{1, \frac{d(x, y)}{\varepsilon}\right\}$$

是 Lipschitz 的且满足 $f(x) = 0, f|_A \equiv 1$. 因此我们能用 Lipschitz 映射分离一个点和一个闭集. 特别地, $X$ 是完全正则的. 容易证明我们也可以用 Lipschitz 映射分离一个紧集和一个不相交的闭集.

一般地, $X$ 不必是正规的. 如果 $X$ 是正规的, 我们并不知道两个不相交的闭集能否被一个局部 Lipschitz 映射分离. 类似地, 如果 $X$ 是仿紧的, 我们也不知道能否构造 $X$ 上开覆盖的局部有限的单位分解, 使得映射都是局部 Lipschitz 的. 这里我们先证明如下的结论.

**引理 3.1.3**　$f: X \to M$ 是局部 Lipschitz 的当且仅当对任意的 $x \in X$, 存在 $d \in \overline{\mathcal{D}}$, $\varepsilon > 0$, $\lambda > 0$ 使得

$$d_M(f(y), f(z)) \leqslant \lambda d(y, z), \quad \forall y, z \in U_\varepsilon(x; d),$$

其中 $U_\varepsilon(x; d)$ 表示 $x$ 的一个 $\mathcal{T}_d$ 邻域.

**证明**　如果 $f$ 是局部 Lipschitz 的, 则存在 $d_1 \in \overline{\mathcal{D}}$, $\varepsilon > 0$ 使得 $f|_{U_\varepsilon(x; d_1)}$ 是 Lipschitz 的, 即对某个 $d_2 \in \overline{\mathcal{D}}$, $\lambda > 0$, 我们有

$$d_M(f(y), f(z)) \leqslant \lambda d_2(y, z), \quad \forall y, z \in U_\varepsilon(x; d_1).$$

令 $d := \max\{d_1, d_2\}$, 那么 $U_\varepsilon(x; d) \subset U_\varepsilon(x; d_1)$, 并且

$$d_M(f(y), f(z)) \leqslant \lambda d(y, z), \quad \forall y, z \in U_\varepsilon(x; d).$$

另一个方面是显然的. □

**引理 3.1.4** 令 $f : X \to M$ 是局部 Lipschitz 的, 对任意的紧集 $K \subset X$, 则存在 $K$ 中的邻域 $U$, 使得 $f|_U$ 是 Lipschitz 的.

**证明** 对任意的 $x \in K$, 选取 $d_x \in \overline{\mathcal{D}}$, $\varepsilon_x > 0$, $\lambda_x > 0$ 使得

$$d_M(f(y), f(z)) \leqslant \lambda_x d_x(y, z), \quad \forall y, z \in U_{\varepsilon_x}(x; d_x).$$

则存在 $x_1, \cdots, x_n \in K$ 使得 $K \subset \bigcup_{j=1}^{n} U_{\varepsilon_{x_j}/2}(x_j; d_{x_j})$. 为了符号简便, 记 $\varepsilon_j := \varepsilon_{x_j}, d_j := d_{x_j}, \lambda_j := \lambda_{x_j}, U_j := U_{\varepsilon_j/2}(x_j; d_j), j = 1, \cdots, n$, 且 $U := \bigcup_{j=1}^{n} U_j$.

我们首先证明 $f(U)$ 是有界的, 即

$$S := \sup\{d_M(f(x), f(y)) : x, y \in U\} < \infty.$$

事实上, 对任意的 $x, y \in U$, 存在 $i, j$ 使得 $x \in U_i, y \in U_j$. 则

$$\begin{aligned}
d_M(f(x), f(y)) &\leqslant d_M(f(x), f(x_i)) + d_M(f(x_i), f(x_j)) + d_M(f(x_j), f(y)) \\
&\leqslant \lambda_i d_i(x, x_i) + d_M(f(x_i), f(x_j)) + \lambda_j d_j(x_j, y) \\
&\leqslant \frac{\lambda_i \varepsilon_i}{2} + d_M(f(x_i), f(x_j)) + \frac{\lambda_j \varepsilon_j}{2} \\
&\leqslant \max_{k,l} \left( \frac{\lambda_k \varepsilon_k}{2} + d_M(f(x_k), f(x_l)) + \frac{\lambda_l \varepsilon_l}{2} \right) \\
&< \infty.
\end{aligned}$$

现在我们证明 $f|_U$ 是 Lipschitz 的. 令 $\varepsilon := \min\{\varepsilon_1, \cdots, \varepsilon_n\}/2$, $\lambda := \max\{\lambda_1, \cdots, \lambda_n, S/\varepsilon\}$, $d := \max\{d_1, \cdots, d_n\}$. 对任意的 $x, y \in U$, 选取 $j$ 使得 $y \in U_j$. 如果 $d_j(x, y) < \varepsilon_j/2$, 则 $x \in U_{\varepsilon_j(x_j; d_j)}$, 因此

$$d_M(f(x), f(y)) \leqslant \lambda_j d_j(x, y) \leqslant \lambda d(x, y).$$

另一方面, 若 $d_j(x, y) \geqslant \varepsilon_j/2 \geqslant \varepsilon$, 则

$$d_M(f(x), f(y)) \leqslant S \leqslant \lambda d_j(x, y) \leqslant \lambda d(x, y).$$

上面讨论便知 $f|_U$ 是 Lipschitz 的. □

**引理 3.1.5**　令 $K \subset X$ 是紧集, $A \subset X$ 是闭集, 并且 $A \cap K = \varnothing$. 则存在 $d \in \overline{\mathcal{D}}$ 使得

$$d(K, A) = \inf\{d(x, y) : x \in K, y \in A\} > 0.$$

**证明**　存在 $x_1, \cdots, x_n \in K$, $\varepsilon_1, \cdots, \varepsilon_n > 0$ 以及 $d_1, \cdots, d_n \in \overline{\mathcal{D}}$ 使得 $K \subset \bigcup_{j=1}^{n} U_{\varepsilon_j}(x_j; d_j)$ 以及 $\bigcup_{j=1}^{n} U_{2\varepsilon_j}(x_j; d_j) \subset X \setminus A$. 令 $d := \max\{d_1, \cdots, d_n\}$, 则有 $d(K, A) \geqslant \min\{\varepsilon_1, \cdots, \varepsilon_k\}$. □

在引理 3.1.5 情形中, 映射

$$f : X \to [0, 1], \quad f(x) := \frac{d(x, K)}{d(x, K) + d(x, A)}$$

是良定义的和 Lipschitz 的, 这是因为映射 $d(\cdot, K)$, $d(\cdot, A)$ 是 Lipschitz 的并且 $d(x, K) + d(x, A) \geqslant d(K, A) > 0$, $\forall x \in X$. 显然, $f|_K \equiv 0, f|_A \equiv 1$. 因此, 任一紧集和一个不相交的闭集可以由一个 Lipschitz 映射分离.

**定义 3.1.6**（[17]）　称规度空间 $(X, \mathcal{D})$ 是 Lipschitz 正规的如果 $X$ 是 Hausdorff 空间, 且任给两个不相交的闭集 $A, B \subset X$, 存在一个局部 Lipschitz 映射 $f : X \to [0, 1]$ 满足 $f|_A \equiv 0$ 和 $f|_B \equiv 1$.

**注 3.1.7**　关于 Lipschitz 正规的定义来自于正规空间, 由 Urysohn 引理我们知道, 一个拓扑空间 $X$ 是正规的当且仅当存在连续函数分离两个不相交的闭集. 而如果要求连续函数是局部 Lipschitz 连续的, 那么这个正规空间我们称为 Lipschitz 正规的. 实际上, 度量空间一定是 Lipschitz 正规的, 即如果 $\mathcal{D} = \{d\}$ 且 $d$ 是一个度量, 则 $(X, \mathcal{D})$ 是 Lipschitz 正规的. 并且我们知道如果 $X, Y$ 是两个度量空间, 它们的乘积空间也是度量空间, 于是 $X \times Y$ 也是 Lipschitz 正规的.

**引理 3.1.8**　设 $(X, \mathcal{D})$ 是 Lipschitz 正规的和仿紧的, 则对 $X$ 的每个开覆盖 $\mathcal{U}$, 都有从属于它的局部有限的单位分解 $\Pi$ 使得每个 $\pi \in \Pi$ 是局部 Lipschitz 映射.

**证明**　令 $\{U_\lambda : \lambda \in \Lambda\}$ 是从属 $\mathcal{U}$ 的局部有限的加细以及 $\{V_\lambda : \lambda \in \Lambda\}$ 是 $X$ 的开覆盖使得 $\overline{V}_\lambda \subset U_\lambda$, $\forall \lambda \in \Lambda$. 令 $\rho_\lambda : X \to [0, 1]$ 是局部 Lipschitz 映射使得 $\rho_\lambda|_{\overline{V}_\lambda} \equiv 1$ 且 $\rho_\lambda|_{X \setminus U_\lambda} \equiv 0$. 则由 $\overline{V}|_\lambda \subset \operatorname{supp} \rho_\lambda \subset \overline{U}_\lambda$ 可知

$$\rho : X \to [1, \infty), \quad \rho(x) = \sum_{\lambda \in \Lambda} \rho_\lambda(x)$$

是良定义的和局部 Lipschitz 的, 所以每个 $x \in X$ 都有一个只与有限多 $\operatorname{supp} \rho_\lambda$ 相交的邻域. 映射 $\pi_\lambda := \rho_\lambda / \rho : X \to [0, 1]$ $(\lambda \in \Lambda)$ 也是局部 Lipschitz 的, 并且是我们所找的单位分解. □

我们想要找使得 $(X, \mathcal{D})$ 是 Lipschitz 正规的条件. 回顾, 如果存在单调递增的紧子空间序列 $X_1 \subset X_2 \subset \cdots$ 使得其并集为 $X$, 则 $X$ 被称为 $\sigma$-紧的. 如果 $X$ 是 $\sigma$-紧的, 则由 $X$ 是正则的可知, 它也是仿紧的.

**定理 3.1.9** ([17]) 如果 $X$ 是 $\sigma$-紧的, 则 $(X, \mathcal{D})$ 是 Lipschitz 正规的.

**证明** 令 $\varnothing = X_0 \subset X_1 \subset X_2 \subset \cdots$ 是 $X$ 的紧子集序列且满足 $X = \bigcup_n X_n$. 令 $A, B \subset X$ 是不相交的闭子集. 如图 3.1 所示, 通过归纳法, 我们构造 $X$ 的开子集序列 $\{V_n\}$ 和 $\{W_n\}$ 使得

$$V_n \subset V_{n+1}, \quad W_n \subset W_{n+1}, \quad (X \setminus A) \cup (A \cap X_n) \subset V_n,$$
$$B \cup X_n \subset W_n, \quad \overline{W_n} \cap A \subset V_n, \quad \forall n \in \mathbb{N}_0.$$

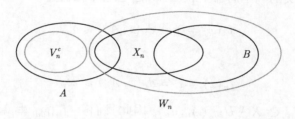

图 3.1

对于 $n = 0$, 我们令 $V_0 := X \setminus A$ 并且选择 $B$ 的邻域 $W_0$ 使得 $\overline{W_0} \subset V_0$. 如果 $V_n, W_n$ 给定, 则

$$A_n := A \cap X_{n+1} \setminus V_n \subset X \setminus \overline{W_n} \tag{3.1.1}$$

是紧的 (图 3.2). 由引理 3.1.5, 存在 $d_n \in \overline{\mathcal{D}}$ 使得

$$\delta_n := \frac{1}{2} d_n(A_n, \overline{W_n}) > 0. \tag{3.1.2}$$

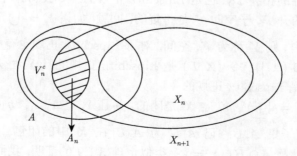

图 3.2

定义

$$V_{n+1} := V_n \cup U_{\delta_n}(A; d_n). \tag{3.1.3}$$

由于 $(X \setminus A) \cup (A \cap X_n) \subset V_n$, 我们有 $X_{n+1} \subset (X \setminus A) \cup (A \cap X_{n+1}) \subset V_{n+1}$. 由正规性, 存在 $X_{n+1}$ 的开邻域 $W'_{n+1}$ 使得 $\overline{W}'_{n+1} \subset V_{n+1}$. 令 $W_{n+1} := W_n \cup W'_{n+1}$, 我们得到 $B \cup X_{n+1} \subset W_{n+1}$ 以及 $\overline{W}_{n+1} \cap A \subset (\overline{W}_n \cap A) \cup \overline{W}'_{n+1} \subset V_{n+1}$. 这就完成了 $\{V_n\}$ 和 $\{W_n\}$ 的构造.

对于 $n \in \mathbb{N}_0$, 我们考虑映射

$$f_n : X \to [0,1], \ f_n(x) := \frac{d_n(x, \overline{U}_{\delta_n}(A_n; d_n))}{d_n(x, \overline{U}_{\delta_n}(A_n; d_n)) + d_n(x, X \setminus U_{2\delta_n}(A_n; d_n))}.$$

这个映射是良定义的且是局部 Lipschitz 的. 显然, 我们有

$$f_n(x) = 0 \Leftrightarrow d_n(x, A_n) \leqslant \delta_n,$$

以及

$$f_n(x) = 1 \Leftrightarrow d_n(x, A_n) \geqslant 2\delta_n.$$

由 (3.1.2) 知 $W_n \subset X \setminus U_{2\delta_n}(A_n; d_n)$, 因此我们有 $f_n|_{W_n} \equiv 1$, 进而 $f_m|_{W_n} \equiv 1, \forall m \geqslant n$. 这蕴含着 $f := \inf_{n \in \mathbb{N}_0} f_n$ 满足 $f|_{W_n} = \min_{0 \leqslant k \leqslant n} f_k|_{W_n}$. 因此, 由 $\{W_n : n \in \mathbb{N}_0\}$ 是 $X$ 的开覆盖可得 $f$ 是局部 Lipschitz 的. 从 $B \subset W_0 \subset W_n$ 我们得到 $f_n|_B \equiv 1, \forall n$, 故 $f|_B \equiv 1$. 最后, 注意到

$$V_n = (X \setminus A) \cup \bigcup_{k=0}^{n-1} U_{\delta_k}(A_k; d_k), \quad \forall n \geqslant 0,$$

于是 $f|_{V_n \cap A} \equiv 0$. 这意味着 $f|_{A \cap X_n} \equiv 0$, 因此 $f|_A \equiv 0$. □

显然, 如果 $(X, \mathcal{D})$ 是 Lipschitz 正规的, 则 $X$ 的闭子空间 $Y$, 赋予半度量 $d|_Y : Y \times Y \to \mathbb{R}$ 诱导的拓扑 $\mathcal{D}_Y$ 也是 Lipschitz 正规的. 文献 [99] 中, Smirnov 证明了正规空间 $X$ 的开 $F_\sigma$ 子空间 $Y$ 是正规的. 回顾, 如果 $Y = \bigcup_{n \in \mathbb{N}} Y_n$ 是 $X$ 的可数多闭子集 $Y_n$ 的并, 则 $Y$ 称为 $F_\sigma$ 空间. 对于 Lipschitz 正规也有类似的结论.

**定理 3.1.10** ([17])   令 $(X, \mathcal{D})$ 是 Lipschitz 正规的且 $Y \subset X$ 是开 $F_\sigma$ 子空间. 则 $(Y, \mathcal{D}_Y)$ 是 Lipschitz 正规的.

**证明**   令 $Y = \bigcup_{n \in \mathbb{N}} Y_n, Y_n \subset X$ 是闭的, 并且 $Y_n \subset Y_{n+1}, \forall n \in \mathbb{N}$. 考虑 $Y$ 中两个不相交的闭子集 $A, B$. 记 $\overline{A}, \overline{B}$ 为 $A, B$ 在 $X$ 中的闭包. 因此, $\overline{A} \cap Y = A, \overline{B} \cap Y = B$ 以及 $\overline{A} \cap \overline{B} \cap Y = \varnothing$. 类似定理 3.1.9 的证明, 我们构造 $Y$ 的开子集 $V_n, W_n$ 满足 $V_n \subset V_{n+1}, W_n \subset W_{n+1}, (Y \setminus A) \cup (A \cap Y_n) \subset V_n, B \cup Y_n \subset W_n$,

以及 $\overline{W}_n \cap A \cap Y \subset V_n, \forall n \in \mathbb{N}_0$, 其中 $Y_0 := \varnothing$. 令 $V_0 := Y \setminus A$ 且选取 $B$ 的开邻域 $W_0 \subset Y$ 使得 $\overline{W}_0 \cap Y \subset V_0$. 这是可以做到的, 因为 $Y$ 是正规的. 于是 $A_n := A \cap Y_{n+1} \setminus V_n$ 在 $X$ 中是闭的, 以及与 $X$ 中的闭子集 $\overline{W}_n$ 不相交. 由于 $X$ 是 Lipschitz 正规的, 存在局部 Lipschitz 连续的映射 $f_n : X \to [0,1]$ 使得 $f_n|_{A_n} \equiv 0, f_n|_{\overline{W}_n} \equiv 1$. 令

$$V_{n+1} := V_n \cup \left\{ x \in Y : f_n(x) < \frac{1}{2} \right\},$$

于是

$$Y_{n+1} \subset (Y \setminus A) \cup (A \cap Y_{n+1}) \subset V_{n+1}.$$

由 $X$ 的正规性知, 存在 $Y_{n+1}$ 的开邻域 $W'_{n+1}$ 满足 $\overline{W'_{n+1}} \subset V_{n+1}$. 记 $W_{n+1} := W_n \cup W'_{n+1}$.

为了定义分离 $A, B$ 的 Lipschitz 映射 $f : Y \to [0,1]$, 令 $\chi : [0,1] \to [0,1]$ 为

$$\chi(t) = \begin{cases} 0, & 0 \leqslant t \leqslant 1/2, \\ 2t-1, & 1/2 \leqslant t \leqslant 1. \end{cases}$$

定义

$$f : Y \to [0,1], \quad f(x) := \inf_{n \in \mathbb{N}} \chi \circ f_n(x).$$

从 $f_n|_{\overline{W}_n} \equiv 1$ 可得 $f_m|_{\overline{W}_n} \equiv 1, \forall m \geqslant n$, 因此 $f|_{\overline{W}_n} = \min_{0 \leqslant k \leqslant n} \chi \circ f_k|_{\overline{W}_n}$. 这蕴含着 $f|_{\overline{W}_n}$ 是局部 Lipschitz 的. 因为 $\{W_n : n \in \mathbb{N}\}$ 是 $Y$ 的一个开覆盖, 所以 $f$ 也是局部 Lipschitz 的. 此外, 由 $B \subset W_0 \subset W_n$ 知 $f|_B \equiv 1$. 最后注意到

$$V_n = (Y \setminus A) \cup \bigcup_{k=0}^{n-1} \left\{ y \in Y : f_k(y) < \frac{1}{2} \right\},$$

所以

$$A \cap Y_n \subset A \cap V_n \subset \bigcup_{k+0}^{n-1} \left\{ y \in Y : f_k(y) < \frac{1}{2} \right\} \subset \bigcup_{k=0}^{n-1} \left\{ y \in Y : \chi \circ f_k(y) = 0 \right\}.$$

因此, 对任意的 $n \in \mathbb{N}$ 成立 $f|_{A \cap V_n} \equiv 0$, 从而 $f|_A \equiv 0$. $\qquad\square$

**注 3.1.11** 从上面的证明我们可以发现, 定理 3.1.10 中从 $Y$ 到 $[0,1]$ 的每个局部 Lipschitz 映射能被要求为 $X$ 到 $[0,1]$ 的局部 Lipschitz 映射.

下面我们考虑有限乘积空间 Lipschitz 正规的性质. 回顾, 正规空间 $X, Y$ 的乘积空间 $X \times Y$ 不必是正规的, 然而 $\sigma$-紧的空间 $X$ 和仿紧空间 $Y$ 的乘积空间是

仿紧的, 因而也是正规的, 参看 [84, 命题 4]. 我们把这个结果延拓到 Lipschitz 正规性上面. 除了 $(X, \mathcal{D})$ 之外, 我们考虑集合 $Y$ 和 $Y$ 上的半度量集合 $\mathcal{E}$. 令 $\mathcal{T}_{\mathcal{E}}$ 为相应的拓扑. 对于 $d \in \mathcal{D}$ 以及 $e \in \mathcal{E}, Z = X \times Y$ 上有诱导的半度量 $d \times e$, 其定义为

$$d \times e((x_1, y_1), (x_2, y_2)) := \max\{d(x_1, x_2), e(y_1, y_2)\}.$$

$X \times Y$ 上的拓扑由乘积拓扑 $\mathcal{D} \times \mathcal{E} = \{d \times e : d \in \mathcal{D}, e \in \mathcal{E}\}$ 诱导, 记为 $(X \times \mathcal{T}_{\mathcal{D}}, Y \times \mathcal{T}_{\mathcal{E}})$.

**定理 3.1.12** ([17])　令 $(X, \mathcal{D})$ 是 $\sigma$-紧的, $(Y, \mathcal{E})$ 是仿紧的和 Lipschitz 正规的, 则 $(X \times Y, \mathcal{D} \times \mathcal{E})$ 是 Lipschitz 正规的.

**证明**　设 $\{X_n\}$ 是 $X$ 的一列递增紧子集序列且满足 $X = \bigcup\limits_{n \in \mathbb{N}} X_n, X_0 = \varnothing$. 令 $Z := X \times Y, Z_n := X_n \times Y, n \in \mathbb{N}$. 令 $A, B$ 是 $Z$ 的闭子集以及 $A_y := A \cap X \times \{y\}, y \in Y$. 类似定理 3.1.10 的处理, 我们构造 $Z$ 的递增的开子集序列 $\{V_n\}, \{W_n\}$ 使得

$$(Z \setminus A) \cup (A \cap Z_n) \subset V_n, \quad B \cup Z_n \subset W_n, \quad \overline{W}_n \cap A \subset V_n.$$

同样地, 也可以得到一个局部 Lipschitz 映射 $f_n : X \to [0, 1]$.

首先, 令 $V_0 := Z \setminus A$, 并选取开集 $W_0$ 满足 $B \subset W_0, \overline{W}_0 \subset V_0$. 这里我们已用到 $Z$ 是正规的. 给定 $V_n, W_n$, 则对任意的 $y \in Y$, $A_y \cap Z_{n+1} \setminus V_n$ 是紧的且与 $\overline{W}_n$ 不交. 故存在开集 $W_y, V_y \subset X, e_y \in \overline{\mathcal{E}}$ 以及 $\varepsilon_y > 0$ 使得 $\overline{V}_y \subset W_y$ 且

$$A_y \cap Z_{n+1} \setminus V_n \subset V_y \times U_{\frac{\varepsilon_y}{2}}(y; e_y) \subset \overline{W}_y \times \overline{U}_{\varepsilon_y}(y; e_y) \subset Z \setminus \overline{W}_n.$$

令 $P_Y : X \times Y \to Y$ 是投射映射. 由于 $X_n$ 是紧的, 限制映射 $P_Y|_{Z_n}$ 是闭的. 因此 $P_Y(A \cap Z_{n+1} \setminus V_n)$ 是 $Y$ 的闭子集, 从而是仿紧的. 因此, 对于 $P_Y(A \cap Z_{n+1} \setminus V_n)$ 的覆盖 $\{U_{\frac{\varepsilon_y}{2}}(y; e_y) : y \in P_Y(A \cap Z_{n+1} \setminus V_n)\}$, 存在局部有限的加细开覆盖 $\{N_\lambda : \lambda \in \Lambda_n\}$. 当然也存在 $P_Y(A \cap Z_{n+1} \setminus V_n)$ 的一个开覆盖 $\{P_\lambda : \lambda \in \Lambda_n\}$ 满足 $\overline{P}_\lambda \subset N_\lambda$. 对于 $\lambda \in \Lambda_n$, 我们选择 $y_\lambda = y$ 使得 $N_\lambda \subset U_{\frac{\varepsilon_y}{2}}(y; e_y)$. 于是 $\{V_{y_\lambda} \times P_\lambda : \lambda \in \Lambda_n\}$ 和 $\{W_{y_\lambda} \times N_\lambda : \lambda \in \Lambda_n\}$ 是 $A \cap Z_{n+1} \setminus V_n$ 的局部有限开 (在 $X \times Y$ 中) 覆盖使得

$$\overline{V}_{y_\lambda} \times \overline{P}_\lambda \subset W_{y_\lambda} \times N_\lambda \subset \overline{W}_{y_\lambda} \times \overline{N}_\lambda \subset Z \setminus \overline{W}_n.$$

令

$$V_{n+1} := V_n \cup \bigcup_{\lambda \in \Lambda_n} (V_{y_\lambda} \times P_\lambda),$$

便有

$$Z_{n+1} \subset (Z \setminus A) \cup (A \cap Z_{n+1}) \subset V_{n+1}.$$

由于 $X \times Y$ 是正规的, 所以存在 $Z_{n+1}$ 在 $X \times Y$ 中的开邻域 $W'_{n+1}$ 使得 $\overline{W'_{n+1}} \subset V_{n+1}$. 令 $W_{n+1} := W_n \cup W'_{n+1}$, 显然有 $B \cup Z_{n+1} \subset W_{n+1}$, 以及

$$\overline{W}_{n+1} \cap A \subset (\overline{W}_n \cap A) \cup \overline{W'_{n+1}} \subset V_{n+1}.$$

现在我们来构造映射 $f_n : X \to [0,1]$. 对于 $\lambda \in \Lambda_n$, 令 $g_\lambda : X \to [0,1]$ 是一个局部 Lipschitz 映射满足 $g_\lambda|_{\overline{V}_{y_\lambda}} \equiv 0$, 以及 $g_\lambda|_{X \setminus W_{y_\lambda}} \equiv 1$. 由定理 3.1.9, $(X, \mathcal{D})$ 是 Lipschitz 正规的, 故这个映射存在. 类似地, 令 $h_\lambda : Y \to [0,1]$ 是局部 Lipschitz 映射满足 $h_\lambda|_{\overline{P}_\lambda} \equiv 0$ 以及 $h_\lambda|_{Y \setminus \overline{N}_\lambda} \equiv 1$. 我们定义

$$f_{n+1} : X \times Y \to [0,1], \quad f_{n+1}(x,y) := \inf_{\lambda \in \Lambda_n} \max\{g_\lambda(x), h_\lambda(x)\}.$$

令

$$g_\lambda \times h_\lambda : X \times Y \to [0,1], \quad (x,y) \to \max\{g_\lambda(x), h_\lambda(y)\}.$$

显然地, $g_\lambda \times h_\lambda|_{\overline{V}_{y_\lambda} \times \overline{P}_{y_\lambda}} \equiv 0, g_\lambda \times h_\lambda|_{Z \setminus (W_{y_\lambda} \times N_\lambda)} \equiv 1$ 以及 $g_\lambda \times h_\lambda$ 是局部 Lipschitz 的. 由于 $\{W_{y_\lambda} \times N_\lambda : \lambda \in \Lambda_n\}$ 是局部有限的, 故对每个 $(x,y) \in X \times Y$, 存在 $(x,y)$ 的邻域 $U$ 和一个有限集合 $\Lambda \subset \Lambda_n$ 使得 $f_{n+1}|_U = \min_{\lambda \in \Lambda} g_\lambda \times h_\lambda|_U$. 这蕴含着 $f_{n+1}$ 是局部 Lipschitz 的. 最后, 我们定义映射

$$f := \inf_n f_n : X \times Y \to [0,1], \quad f(x,y) = \inf_{n \in \mathbb{N}} f_n(x,y).$$

由 $\overline{W}_{y_\lambda} \times \overline{N}_\lambda \subset X \times Y \setminus W_n$ 对于任意的 $\lambda$ 成立, 很容易得到 $f_n|_{\overline{W}_n} \equiv 1$. 从定理 3.1.10 的证明可知 $f$ 是局部 Lipschitz 连续的. 由于 $B \subset W_0 \subset \overline{W}_n$ 对于任意的 $n \in \mathbb{N}_0$, 不难看出 $f|_B \equiv 1$. 此外, 由 $A \cap Z_{n+1} \setminus V_n \subset \bigcup_{\lambda \in \Lambda_n} (V_{y_\lambda} \times P_\lambda)$ 以及 $f_n|_{V_{y_\lambda} \times P_\lambda} = 0$ 可得 $f|_A \equiv 0$. $\qquad\square$

**例 3.1.1** 令 $B$ 是 Banach 空间, $X = B^*$ 是其对偶空间, $B_0 \subset B$ 是任意一个分离点的子集. 定义 $\mathcal{D}_0 = \{d_b : b \in B_0\}$, 其中 $d_b(x,y) = |\langle b, x-y \rangle_{B,B^*}|$, $x,y \in X$. 由 $\mathcal{D}_0$ 生成的拓扑 $\mathcal{T}_0$ 包含在 $B^*$ 的弱 * 拓扑中, 如果取 $B_0 = B$, 它和其弱 * 拓扑一致. 根据 Banach-Alaoglu 定理, $(B^*, \mathcal{T}_0)$ 是 $\sigma$-紧的, 并且由定理 3.1.9 知, $(B^*, \mathcal{D}_0)$ 是 Lipschitz 正规的.

如果 $B_0$ 还是可数集, 则 $(B^*, \mathcal{T}_0)$ 是完全正规的, 也就是, 它是正规的且 $(B^*, \mathcal{T}_0)$ 的每个闭子集都是 $G_\delta$-子集. 事实上, 不难验证

$$A = \bigcap_{b \in B_0} \bigcap_{m \in \mathbb{N}} \left\{ x \in X : d_b(x, A) < \frac{1}{m} \right\}.$$

我们已经证明了每个 $\mathcal{T}_0$-闭子集都是 $G_\delta$-子集, 因此 $(B^*, \mathcal{T}_0)$ 的每个 $\mathcal{T}_0$-开子集是 $F_\sigma$-子集. 因此由定理 3.1.9 知 $(B^*, \mathcal{D}_0)$ 是仿紧的以及 Lipschitz 正规的. 此外, 如果 $(Y, \mathcal{E})$ 是 Lipschitz 正规和仿紧的, 则 $(B^* \times Y, \mathcal{D}_0 \times \mathcal{E})$ 是 Lipschitz 正规的和仿紧的. 如果 $(Y, \mathcal{E})$ 是度量空间, 则 $B^* \times Y$ 是完全正规的, 可参看 [84, 命题 5].

注意到, 如果 $C \subset B_0$ 是可数子集, 则 $X$ 的任何 $\mathcal{T}_C$-闭子集 $A$ 都是 $(B^*, \mathcal{T}_0)$ 的 $G_\delta$-子集, 其中 $\mathcal{T}_C$ 表示由 $C_0 = \{d_c : c \in C\}$ 生成的拓扑.

于是, 如果 $B$ 是可分的 Banach 空间, $B_0 \subset B$ 是可数稠密子集, $(Y, d)$ 是一个度量空间, 则 $(B^* \times Y, \mathcal{D}_0 \times \{d\})$ 和这个乘积规度空间的每个开子集都是仿紧的和 Lipschitz 正规的. 于是每个局部闭子集也是仿紧的和 Lipschitz 正规的.

## 3.2   局部凸拓扑向量空间上的形变引理

令 $E$ 是一个实的向量空间, $\mathcal{P}$ 是 $E$ 上分离点的一族半范数. 对每个 $p \in \mathcal{P}$, 其对应的半度量定义为 $d_p(x, y) = p(x - y)$. 记 $\overline{\mathcal{P}}$ 为包含所有 $\mathcal{P}$ 中元素的有限最大元的集合. 则 $\overline{\mathcal{D}} = \{d_p : p \in \overline{\mathcal{P}}\}$. 在 $E$ 上由 $\mathcal{P}$ 或 $\mathcal{D}$ 诱导的拓扑一致并且将 $E$ 转化为一个局部凸的 Hausdorff 拓扑向量空间. 在应用中, $E$ 是一个 Banach 空间其上的范数 $\| \cdot \| \notin \mathcal{P}$, 并且 $\mathcal{T}_{\mathcal{P}}$ 包含在弱拓扑中.

考虑 $E$ 的开子集 $W$, 以及 $W$ 上的局部有限的单位分解 $\{\pi_j : j \in J\}$ 和 $E$ 中一族集合 $\{w_j : j \in J\}$. 设 $\pi_j : E \to [0, 1]$ 是局部 Lipschitz 连续的. 令

$$f : W \to E, \quad f(u) = \sum_{j \in J} \pi_j(u) w_j.$$

易知, 对于 $u \in W$, 下面的 Cauchy 问题

$$\begin{cases} d\big(\varphi(t, u)\big)/dt = f(\varphi(t, u)), \\ \phi(0, u) = u \end{cases} \tag{3.2.1}$$

有唯一的解

$$\varphi(\cdot, u) : I_u = (T^-(u), T^+(u)) \to W,$$

其定义在一个极大区间 $I_u \subset \mathbb{R}$ 上. 实际上, 存在 $u$ 的邻域 $U \subset W$ 使得 $J_u := \{j \in J : U \cap \operatorname{supp} \pi_j \neq \varnothing\}$ 是有限的. 令 $F_u$ 是 $u$ 和 $w_j$ 张成的空间, 其中 $j \in J_u$. 因为 $f|_U$ 是局部 Lipschitz 连续的, 则对充分小的 $\delta > 0$, 下面的 Cauchy 问题

$$\begin{cases} \dot{\eta}(t) = f(\eta(t)) = \sum_{j \in J_u} \pi_j(\eta(t)) w_j, \\ \eta(0) = u \end{cases}$$

有唯一解 $\eta_\delta : [-\delta, \delta] \to F_u$. 注意到, 对 $I \subset I_u$ 的紧集, 集合 $\varphi(I, u) = \{\varphi(t, u) : t \in I\}$ 包含在一个有限维子空间中. 令

$$\mathcal{O} := \{(t, u) : u \in W, t \in I_u\} \subset \mathbb{R} \times W,$$

则映射 $\varphi : \mathcal{O} \to W$ 是 $W$ 上的一个流.

**定理 3.2.1** 下面的结论成立:

(a) $\mathcal{O}$ 是 $\mathbb{R} \times W$ 的开子集;

(b) $\varphi$ 是局部 Lipschitz 的.

**证明** (a) 令 $(t_0, u_0) \in \mathcal{O}$, 不失一般性, 可假设 $t_0 = 0$. 我们选择 $t_1, t_2 \in I_{u_0}$ 且 $t_1 < 0$, $t_2 > 0$. 集合 $K := \varphi([t_1, t_2], u_0)$ 是紧的, 故存在 $K$ 的开邻域 $U$, 使得 $J_0 := \{j \in J : U \cap \mathrm{supp}\pi_j \neq \varnothing\}$ 是有限集以及对任意的 $j \in J_0$, $\pi_j|_U$ 是 Lipschitz 的. 因此存在 $p \in \overline{\mathcal{P}}$, $\lambda > 0$ 使得

$$|\pi_j(u) - \pi_j(v)| \leqslant \lambda p(u - v), \quad \forall u, v \in U$$

且 $d(K, E \setminus U) > 0$, 其中 $d = d_p \in \overline{\mathcal{D}}$.

选取 $\delta > 0$ 满足 $\delta < d(K, E \setminus U)$, 令 $M := \sum\limits_{j \in J_0} \lambda p(w_j)$ 且选择 $\varepsilon > 0$ 满足 $0 < \varepsilon \leqslant \delta e^{M(t_2 - t_1)}/2$. 我们断言对于 $u \in U_\varepsilon(u_0; d)$, 轨道 $\varphi(t, u)$ 在 $[t_1, t_2]$ 上是良定义的且位于 $U_\delta(K; d) \subset U$ 中 (图 3.3). 若不然, 则存在 $t_3 \in (0, t_2]$, 使得对任意的 $t \in [0, t_3)$ 成立 $d(\varphi(t_3, u), K) = \delta$. 则

$$p(\varphi(t, u) - \varphi(t, u_0)) \leqslant p(u - u_0) + p\Big(\int_0^t (f(\varphi(s, u)) - f(\varphi(s, u_0)))ds\Big)$$

$$\leqslant p(u - u_0) + \sum_{j \in J_0} p(w_j) \int_0^t |\pi_j(\varphi(s, u)) - \pi_j(\varphi(s, u_0))|ds$$

$$\leqslant p(u - u_0) + \sum_{j \in J_0} \lambda p(w_j) \int_0^t p(\varphi(s, u) - \varphi(s, u_0))ds$$

$$= p(u - u_0) + M \int_0^t p(\varphi(s, u) - \varphi(s, u_0))ds.$$

使用 Grönwall 不等式, 可得

$$p(\varphi(t, u) - \varphi(t, u_0)) \leqslant p(u - u_0)e^{Mt} < \varepsilon e^{Mt} \leqslant \frac{\delta}{2}, \tag{3.2.2}$$

其中 $t \in [0, t_2]$, 与 $d(\varphi(t_3, u), K) = \delta$ 矛盾. 故对任意的 $u \in U_\varepsilon(u_0, d)$, 有 $[0, t_2] \subset I_u$. 类似地, 对任意的 $u \in U_\varepsilon(u_0, d)$, 有 $[t_1, 0] \subset I_u$. 于是就有 $[t_1, t_2] \times U_\varepsilon(u_0, d) \subset \mathcal{O}$.

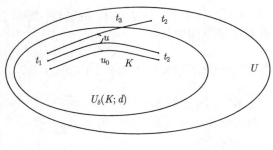

图 3.3

(b) 由于 $\varphi$ 关于 $t$ 是可微的, 只需要证明 $\varphi$ 关于 $u$ 是局部 Lipschitz 的. 事实上, 给定 $(t_0, u_0) \in \mathcal{O}$, 我们能找到 $(t_0, u_0)$ 在 $\mathcal{O}$ 中的邻域 $N$, 以及能找到 $p \in \overline{\mathcal{P}}$, $M > 0$ 使得

$$p(\varphi(t, u) - \varphi(t, v)) \leqslant p(u - v)e^{M|t|}, \quad \forall (t, u), \ (t, v) \in N.$$

由 $e^{M|t|}$ 的有界性可知 $\varphi$ 是局部 Lipschitz 的.                                                      □

**注 3.2.2** (Grönwall 不等式)  对于区间 $I$ 上的实值函数 $\alpha, \beta, u$, 假设 $\beta$ 和 $u$ 是连续的, $\alpha$ 的负部在 $I$ 的任意紧子区间上都是可积的, 并且

(1) 如果 $\beta \geqslant 0$ 以及 $u$ 满足下面的积分不等式

$$u(t) \leqslant \alpha(t) + \int_a^t \beta(s)u(s)ds, \quad \forall t \in I,$$

则

$$u(t) \leqslant \alpha(t) + \int_a^t \alpha(s)\beta(s)e^{\int_s^t \beta(r)dr}ds, \quad \forall t \in I.$$

(2) 进一步地, 如果 $\alpha(t)$ 是单调递增的, 则

$$u(t) \leqslant \alpha(t)e^{\int_a^t \beta(s)ds}, \quad \forall t \in I.$$

为了发展相应的临界点理论, 我们假设存在 $E$ 上的范数 $\|\cdot\| : E \to \mathbb{R}$ 使得 $(E, \|\cdot\|)$ 是一个 Banach 空间, 并且对所有的 $p \in \mathcal{P}$, 有其形式 $p(u) = |u_p^*(u)|$, 其中 $u_p^* \in E^*$. 因此, 由 $\mathcal{P}$ 诱导的拓扑 $\mathcal{T}_{\mathcal{P}}$ 含于 $E$ 的弱拓扑中. 为了便于区分, 记 $\mathcal{T}_{\mathcal{P}}$ 拓扑意义下的开集、闭集分别为 $\mathcal{P}$-开, $\mathcal{P}$-闭. 注意到, 如果 $f : (E, \|\cdot\|) \to (M, d)$ 是 (局部) Lipschitz 的, 则 $f : (E, \|\cdot\|) \to (M, d)$ 也是 (局部) Lipschitz 的, 其中 $(M, d)$ 为度量空间. 在本节, 我们总是假设 $E$ 的每个 $\mathcal{P}$-开子集在 $\mathcal{P}$ 拓扑意义下是仿紧的和 Lipschitz 正规的.

考虑在范数拓扑意义下是 $C^1$ 的泛函 $\Phi : E \to \mathbb{R}$. 对于 $a, b \in \mathbb{R}$, 记 $\Phi^a := \{u \in E : \Phi(u) \leqslant a\}$, $\Phi_a := \{u \in E : \Phi(u) \geqslant a\}$, $\Phi_a^b := \Phi_a \cap \Phi^b$. 在实际应用中,

泛函 $\Phi$ 是 $\mathcal{P}$-上半连续的但不是 $\mathcal{P}$-连续的. 集合 $\Phi_a$ 在 $\mathcal{P}$ 拓扑下没有内点以及集合 $\Phi^a$ 不是 $\mathcal{P}$-闭的, 其中 $a \in \mathbb{R}$. 此外, 映射 $\Phi' : (E, \mathcal{T}_{\mathcal{P}}) \to (E^*, \mathcal{T}_{w^*})$ 不是连续的, 除非限制在 $\Phi_a$ 上. 记 $\mathcal{T}_{w^*}$ 为 $E^*$ 上的弱 * 拓扑. 映射

$$\tau(u) := \sup\{t \geqslant 0 : \phi(t, u) \in \Phi^a\}$$

不是 $\mathcal{P}$-连续的, 并且不存在连续映射 $r : (\Phi^b, \mathcal{T}_{\mathcal{P}}) \to (\Phi^a, \mathcal{T}_{\mathcal{P}})$ 使得 $r$ 在 $\Phi^a$ 上是恒同映射.

下面的定理是临界点理论中 $\mathcal{P}$ 拓扑版本的形变引理.

**定理 3.2.3** ([17])　设 $a < b$, $\Phi_a$ 是 $\mathcal{P}$-闭的, $\Phi' : (\Phi_a^b, \mathcal{T}_{\mathcal{P}}) \to (E^*, \mathcal{T}_{w^*})$ 是连续的. 此外, 假设

$$\alpha := \inf\{\|\Phi'(u)\| : u \in \Phi_a^b\} > 0. \tag{3.2.3}$$

则存在形变 $\eta : [0,1] \times \Phi^b \to \Phi^b$ 满足:

(i) $\eta$ 在 $\Phi^b$ 上关于 $\mathcal{P}$-拓扑和范数拓扑都是连续的;

(ii) 对每一个 $t$, 从 $\Phi^b$ 到 $\eta(t, \Phi^b)$ 上的映射 $u \mapsto \eta(t, u)$ 关于 $\mathcal{P}$-拓扑和范数拓扑都是同胚的;

(iii) $\eta(0, u) = u$, $\forall u \in \Phi^b$;

(iv) $\eta(t, \Phi^c) \subset \Phi^c$, $\forall c \in [a, b]$ 及 $\forall t \in [0, 1]$;

(v) $\eta(1, \Phi^b) \subset \Phi^a$;

(vi) 对每个 $u \in \Phi^b$, 有 $\mathcal{P}$-邻域 $U \subset \Phi^b$ 使得集合 $\{v - \eta(t, v) : v \in U, 0 \leqslant t \leqslant 1\}$ 包含在 $E$ 的有限维子空间中;

(vii) 若有限群 $G$-等距作用于 $E$ 且 $\Phi$ 是 $G$-不变的, 则 $\eta$ 关于 $u$ 是 $G$-等变的.

如果对每个 $g \in G$ 诱导了一个等距有界线性映射 $R_g \in \mathcal{L}(E)$ 且使得 $G$ 中单位元 $e$ 诱导恒同映射 $R_e = \mathrm{id}_E$, 并且对任意的 $g, h \in G$, 成立 $R_g \circ R_h = R_{gh}$, 我们就称 $G$ 等距作用在 $E$ 上. 注意到, $R_g : (E, \mathcal{T}_{\mathcal{P}}) \to (E, \mathcal{T}_{\mathcal{P}})$ 也是连续的. 记 $gu := R_g(u)$, 一个重要的例子是在 $E$ 上的作用 $G = \{1, -1\} \cong \mathbb{Z}/2$.

**证明**　对每个 $u \in \Phi_a^b$, 我们选取 $w(u) \in E$ 满足 $\|w(u)\| \leqslant 2$ 以及 $\Phi'(u)w(u) > \|\Phi'(u)\|$. 则存在 $u$ 在 $E$ 中的 $\mathcal{P}$-开邻域 $N(u)$ 使得

$$\Phi'(v)w(u) > \|\Phi'(u)\|, \quad \forall v \in N(u) \cap \Phi_a^b.$$

对于 $u \in E \setminus \Phi_a$, 令 $N(u) := E \setminus \Phi_a$. 则 $W := \bigcup_{u \in \Phi^b} N(u)$ 是 $E$ 中包含 $\Phi^b$ 的 $\mathcal{P}$-开子集. 令 $\{U_j : j \in J\}$ 是覆盖 $\{N(u) : u \in \Phi^b\}$ 的 $\mathcal{P}$-局部有限 $\mathcal{P}$-开加细覆盖, 且令 $\{\pi_j : j \in J\}$ 是从属于 $\{U_j : j \in J\}$ 的 $\mathcal{P}$-局部 $\mathcal{P}$-Lipschitz 单位分解. 对于 $j \in J$ 且满足 $U_j \cap \Phi_a \neq \varnothing$, 我们选取 $u_j \in \Phi_a^b$ 使得 $U_j \in N(u_j)$, 记 $w_j := w(u_j)$.

对于 $j \in J$ 且满足 $U_j \cap \Phi_a = \varnothing$, 我们令 $w_j := 0$. 于是我们定义范数拓扑意义下的局部 Lipschitz 的向量场:

$$f : W \to E, \quad f(u) := \frac{a-b}{\alpha} \sum_{j \in J} \pi_j(u) w_j.$$

令 $\varphi(t, u)$ 是 $W$ 上在范数拓扑和 $\mathcal{P}$ 拓扑下都连续的流. 由于对每一个 $u \in W$ 有 $\|f(u)\| \leqslant 2(b-a)/\alpha$ 以及

$$\Phi'(u) f(u) \leqslant a - b < 0, \quad u \in \Phi_a^b,$$

则可知 $\varphi(t, u)$ 在 $[0, \infty) \times \Phi^b$ 上是有定义的, 且 $\eta := \varphi|_{[0,1] \times \Phi^b}$ 满足 (i)—(iii).

下面我们来验证 (v). 对任意的 $u \in \Phi^b$, 我们有 $\eta(t, u) \in \Phi_a^b$, 这是因为如果 $u \in \Phi^a$, 有 $w_j = 0$. 因此,

$$
\begin{aligned}
\Phi(\eta(1, u)) &= \Phi(\eta(0, u)) + \int_0^1 \frac{d}{dt} \Phi(\eta(t, u)) dt \\
&= \Phi(u) + \int_0^1 \Phi'(\eta(t, u)) \dot{\eta}(t, u) dt \\
&= \Phi(u) + \int_0^1 \Phi'(\eta) f(\eta) dt \\
&\leqslant \Phi(u) + a - b \\
&\leqslant a,
\end{aligned}
$$

即 $\eta(1, \Phi^b) \subset \Phi^a$. 由 $f$ 是 $\mathcal{P}$-局部有限维的, 我们得到性质 (vi). 最后, 如果 $\Phi$ 是 $G$-不变的, 用 $\hat{f}(u) := \sum_{g \in G} gf(g^{-1}u)/|G|$ 替换 $f(u)$, 其对应的流 $\hat{\varphi}$ 有 $\varphi$ 的所有性质, 且由 $\hat{f}$ 是等变的可知 $\hat{\varphi}$ 关于 $u$ 也是等变的. $\qquad\square$

回顾, 如果当 $n \to \infty$ 时, 有 $\Phi(u_n) \to c$ 以及 $\Phi'(u_n) \to 0$, 则称 $\{u_n\} \subset E$ 是 $\Phi$ 的 (PS)$_c$-序列. 如果当 $n \to \infty$ 时, 有 $\Phi(u_n) \to c$ 以及 $(1+\|u_n\|)\Phi'(u_n) \to 0$, 则称 $\{u_n\} \subset E$ 是 $\Phi$ 的 (C)$_c$-序列. 如果对任意的 $\varepsilon, \delta > 0$ 以及任意的 (PS)$_c$-序列 $\{u_n\}$, 存在 $n_0 \in \mathbb{N}$ 使得当 $n \geqslant n_0$ 时, 都有 $u_n \in U_\varepsilon(\mathscr{A} \cap \Phi_{c-\delta}^{c+\delta})$, 则称集合 $\mathscr{A} \subset E$ 为 (PS)$_c$-吸引集. 类似地, 如果这一性质对任何 (C)$_c$-序列成立, 则可定义 (C)$_c$-吸引集. (PS)$_c$-吸引集一定是 (C)$_c$-吸引集, 反之不对. 任给 $I \subset \mathbb{R}$, 我们称 $\mathscr{A}$ 是 (PS)$_I$-吸引集 (或 (C)$_I$-吸引集), 如果任给 $c \in I$, $\mathscr{A}$ 是 (PS)$_c$-吸引集 (或 (C)$_c$-吸引集).

从定理 3.2.3, 我们立即可得下面的推论.

**推论 3.2.4** 设 $c \in \mathbb{R}$ 是 $\Phi$ 的正则值, 且存在 $\varepsilon_0 > 0$ 使得对任意的 $0 < \varepsilon \leqslant \varepsilon_0$, $\Phi_{c-\varepsilon}$ 是 $\mathcal{P}$-闭的以及 $\Phi' : (\text{clos}_{\mathcal{P}}(\Phi_{c-\varepsilon_0}^{c+\varepsilon_0}), \mathcal{T}_{\mathcal{P}}) \to (E^*, \mathcal{P}_{w^*})$ 是连续的. 如果 $\Phi$ 满

足 $(\mathrm{PS})_c$-条件, 则存在 $\delta > 0$ 以及形变 $\eta : [0,1] \times \Phi^{c+\delta} \to \Phi^{c+\delta}$ 满足定理 3.2.3 的性质 (i)—(vii), 其中 $a := c - \delta$, $b := c + \delta$.

根据应用, 我们考虑如下的情况. 假定 $E = X \oplus Y$, 其中 $X, Y$ 是 Banach 空间, $X$ 是可分且自反的. 令 $\mathcal{S} \subset X^*$ 是稠密子集, 令 $\mathcal{Q}$ 是在 $X$ 上对应的半范数 $q_s(x) := |\langle x, s \rangle_{X, X^*}|$, $s \in \mathcal{S}$ 构成的集合, $\mathcal{D} = \{d_s : s \in S\}$. 令 $\mathcal{P}$ 是 $E$ 上一族半范数且包含

$$p_s : E = X \oplus Y \to \mathbb{R}, \ p_s(x + y) = q_s(x) + \|y\|, \ s \in \mathcal{S}.$$

$\mathcal{P}$ 诱导了 $E$ 上的乘积拓扑, 其 $X$ 空间上的拓扑为 $\mathcal{Q}$-拓扑, 以及 $Y$ 空间上的拓扑为范数拓扑. 这个拓扑包含在 $E$ 上的乘积拓扑 $(X, \mathcal{T}_w) \times (Y, \|\cdot\|)$ 中. 正如例 3.1.1 所述, 乘积空间 $(X \times Y, \mathcal{D} \times \{\|\cdot\|\})$ 是一个乘积规度空间. 在本节, 假设每个 $\mathcal{P}$-开子集是仿紧的和 Lipschitz 正规的. 定义 $P_X : E = X \oplus Y \to X$ 为 $X$ 上的连续投影映射, $P_Y := I - P_X : E \to Y$.

**定理 3.2.5** ([17]) 设 $a < b$, $\Phi_a$ 是 $\mathcal{P}$-闭的, $\Phi' : (\Phi_a^b, \mathcal{T}_\mathcal{P}) \to (E^*, \mathcal{T}_{w^*})$ 是连续的. 又设

$$\alpha := \inf\{(1 + \|u\|)\|\Phi'(u)\| : u \in \Phi_a^b\} > 0 \tag{3.2.4}$$

且

$$存在 \ \gamma > 0 \ 使得 \ \|u\| < \gamma \|P_Y u\|, \quad \forall u \in \Phi_a^b. \tag{3.2.5}$$

则存在形变 $\eta : [0,1] \times \Phi^b \to \Phi^b$ 满足定理 3.2.3 中的性质 (i)—(vii).

**证明** 注意到, 对给定的 $u \in \Phi_a^b$, 由 (3.2.5) 可知集合

$$\mathcal{E}_u := \{v \in E : \gamma\|P_Y v\| > \|u\|\}$$

是 $u$ 的一个 $\mathcal{P}$-开邻域.

正如之前, 对每个 $u \in \Phi_a^b$, 我们选择 $w(u) \in E$ 满足 $\|w(u)\| \leqslant 2$ 以及 $\Phi'(u)w(u) > \|\Phi'(u)\|$. 存在 $u$ 的 $\mathcal{P}$-开邻域 $N(u) \subset \mathcal{E}_u$ 使得 $\Phi'(v)w(u) > \|\Phi'(u)\|$. 结合 (3.2.4) 便有

$$(1 + \|u\|)\Phi'(v)w(u) > (1 + \|u\|)\|\Phi'(u)\| \geqslant \alpha, \quad v \in N(u) \cap \Phi_a^b. \tag{3.2.6}$$

对于 $u \in E \setminus \Phi_a$, 记 $N(u) := E \setminus \Phi_a$. 定义 $W := \bigcup_{u \in \Phi^b} N(u)$. 令 $\{U_j : j \in J\}$ 是 $\{N(u) : u \in \Phi^b\}$ 的 $\mathcal{P}$-局部有限 $\mathcal{P}$-开加细覆盖, 且令 $\{\pi_j : j \in J\}$ 是从属于 $\{U_j : j \in J\}$ 的 $\mathcal{P}$-局部 $\mathcal{P}$-Lipschitz 单位分解. 对 $j \in J$ 满足 $U_j \cap \Phi_a \neq \varnothing$, 我们选取 $u_j \in \Phi_a^b$ 使得 $U_j \in N(u_j)$, 且令 $w_j := (1 + \|u_j\|)w(u_j)$. 对 $j \in J$ 满足 $U_j \cap$

$\Phi_a = \varnothing$, 我们令 $w_j := 0$. 于是我们定义范数拓扑意义下的局部 Lipschitz 的向量场:

$$f : W \to E, \quad f(u) := \frac{a-b}{\alpha} \sum_{j \in J} \pi_j(u) w_j.$$

令 $\varphi(t, u)$ 是 $W$ 上在两个拓扑下都连续的流. 如果 $u_j \in \Phi_a^b$, 则 supp $\pi_j \subset U_j \subset \mathcal{E}_{u_j}$; 如果 $U_j \cap \Phi_a = \varnothing$, 则 $w_j = 0$, 从而我们有

$$\|f(u)\| \leqslant \frac{2(b-a)}{\alpha}(1 + \gamma\|u\|), \quad \forall u \in W.$$

此外, 由定义以及 (3.2.6) 可得

$$\Phi'(u)f(u) \leqslant a - b < 0, \quad \forall u \in \Phi_a^b.$$

因此 $\varphi(t, u)$ 在 $[0, \infty) \times \Phi^b$ 上是有定义的, 且 $\eta := \phi|_{[0,1] \times \Phi^b}$ 满足 (i)—(vi). 最后, 如果 $\Phi$ 是 $G$-不变的, 用 $\hat{f}(u) := \sum_{g \in G} gf(g^{-1}u)/|G|$ 替换 $f(u)$, 其对应的流 $\hat{\varphi}$ 有 $\varphi$ 的所有性质, 且由 $\hat{f}$ 是等变的可知 $\hat{\varphi}$ 关于 $u$ 也是等变的.　　　　□

作为推论, 我们有如下结论.

**推论 3.2.6**　设 $c \in \mathbb{R}$ 是 $\Phi$ 的正则值, 且存在 $\varepsilon_0 > 0$ 使得对任意的 $0 < \varepsilon \leqslant \varepsilon_0$, $\Phi_{c-\varepsilon}$ 是 $\mathcal{P}$-闭的以及 $\Phi' : (\mathrm{clos}_{\mathcal{P}}(\Phi_{c-\varepsilon_0}^{c+\varepsilon_0}), \mathcal{T}_{\mathcal{P}}) \to (E^*, \mathcal{P}_{w^*})$ 是连续的. 如果 $\Phi$ 满足 (3.2.5) 以及 (C)$_c$-条件, 则存在 $\delta > 0$ 以及形变 $\eta : [0, 1] \times \Phi^{c+\delta} \to \Phi^{c+\delta}$ 满足定理 3.2.3 的性质 (i)—(vii), 其中 $a := c - \delta$, $b := c + \delta$.

现在我们将考虑 (PS)$_c$ 或 (C)$_c$-序列存在的情形, 其中 $c \in [a, b]$, 我们可以证明 $\mathcal{P}$ 拓扑版本的形变引理.

**定理 3.2.7** ([17])　设 $a < b$, $I := [a, b]$, $\Phi_a$ 是 $\mathcal{P}$-闭的, $\Phi' : (\mathrm{clos}_{\mathcal{P}}(\Phi_a^b), \mathcal{T}_{\mathcal{P}}) \to (E^*, \mathcal{T}_{w^*})$ 是连续的, 且

$$\Phi'(u) \neq 0, \quad \forall u \in \mathrm{clos}_{\mathcal{P}}(\Phi_a^b). \tag{3.2.7}$$

则有下述断言:

(a) 若 $\Phi$ 有 (PS)$_I$-吸引集 $\mathscr{A}$ 使得 $P_X \mathscr{A} \subset X$ 有界, 且

$$\beta := \inf\{\|P_Y u - P_Y v\| : u, v \in \mathscr{A}, P_Y u \neq P_Y v\} > 0, \tag{3.2.8}$$

则存在形变 $\eta : [0, 1] \times \Phi^b \to \Phi^b$ 满足定理 3.2.3 中的性质 (i), (iii)—(vii);

(b) 若 $\Phi$ 有 (C)$_I$-吸引集 $\mathscr{A}$ 使得 (3.2.8) 成立, 则 $P_Y \mathscr{A} \subset Y$ 有界. 此外, 若 (3.2.5) 也成立, 则存在与 (a) 同样的 $\eta$.

**证明** 先证明 (b). 令 $B := P_Y \mathscr{A}$, 记 $U_\sigma := X \times U_\sigma(B)$, 其中 $\sigma > 0$, $U_\sigma(B) = \{y \in Y : \text{dist}_{\|\cdot\|}(y, B) < \sigma\}$. 显然地, $U_\sigma$ 是 $\mathcal{P}$-开的. 固定 $\sigma < \beta/2$, 则由 $\mathscr{A}$ 是 $(C)_I$-吸引集可知

$$\alpha := \inf\{(1 + \|u\|) \cdot \|\Phi'(u)\| : u \in \Phi_a^b \setminus U_{\frac{\sigma}{4}}\} > 0.$$

对每一个 $u \in \Phi_a^b$, 由 (3.2.7), 我们能选取伪梯度向量 $w(u) \in E$ 满足 $\|w(u)\| \leqslant 2$ 以及 $\Phi'(u)w(u) > \|\Phi'(u)\|$. 对于 $u \in \Phi_a^b \setminus U_{\frac{\sigma}{2}}$, 存在 $E$ 中的 $\mathcal{P}$-开邻域 $N(u) \subset X \times U_{\frac{\sigma}{4}}(P_Y u)$ 使得

$$(1 + \|u\|)\Phi'(v)w(u) > (1 + \|u\|)\|\Phi'(u)\| \geqslant \alpha, \quad \forall v \in N(u) \cap \Phi_a^b.$$

对于 $u \in \Phi_a^b \cap U_{\frac{\sigma}{2}}$, 存在 $\mathcal{P}$-开邻域 $N(u) \subset U_{\frac{3\sigma}{4}}$ 使得

$$\Phi'(v)w(u) > \|\Phi'(u)\| > 0, \quad \forall v \in N(u) \cap \Phi_a^b.$$

最后, 对于 $u \in E \setminus \Phi_a$, 记 $N(u) := E \setminus \Phi_a$, 由假设知 $N(u)$ 也是 $\mathcal{P}$-开的. 因此, $W := \bigcup_{u \in \Phi^b} N(u)$ 也是 $E$ 中的 $\mathcal{P}$-开子集. 令 $\{U_j : j \in J\}$ 是 $W$ 的覆盖 $\{N(u) : u \in \Phi^b\}$ 的 $\mathcal{P}$-局部有限 $\mathcal{P}$-开加细覆盖, 且令 $\{\pi_j : j \in J\}$ 是从属于 $\{U_j : j \in J\}$ 的 $\mathcal{P}$-局部 $\mathcal{P}$-Lipschitz 单位分解. 对 $j \in J$ 满足 $U_j \cap \Phi_a \neq \varnothing$, 我们选择 $u_j \in \Phi_a^b$ 满足 $U_j \subset N(u_j)$, 且令 $w_j := (1+\|u_j\|)w(u_j)$. 如果 $U_j \cap \Phi_a = \varnothing$, 令 $w_j := 0$. 考虑下面的向量场

$$f : W \to E, \ f(u) := -\sum_{j \in J} \pi_j(u) w_j,$$

以及在 $W$ 上的流 $\varphi(t, u)$. 正如之前, $\varphi$ 在两种拓扑意义下都是连续的. 对于 $u \notin U_{\frac{3\sigma}{4}}$, 我们有 $\Phi'(u)f(u) \leqslant -\alpha$. 如果 $\pi_j(u)w_j \neq 0$, 则对于 $u_j \in \Phi_a^b$, 成立 $u \in N(u_j)$. 如果 $u_j \in \Phi_a^b \setminus U_{\frac{\sigma}{2}}$, 我们有 $N(u_j) \subset X \times U_{\frac{\sigma}{2}}(P_Y u_j)$, 从而 $\|P_Y u_j - P_Y u\| < \sigma/2$. 如果 $u_j \in \Phi_a^b \cap U_{\frac{\sigma}{2}}$, 我们有 $N(u_j) \subset U_\sigma$, 从而 $\|P_Y u_j\| \leqslant \sigma + c$, 其中 $c$ 是 $B = P_Y \mathscr{A}$ 的界. 在任何情形, 只要 $\pi_j(u)w_j \neq 0$, 则由 (3.2.5) 知存在常数 $C > 0$ 使得 $\|u_j\| \leqslant C(1 + \|u\|)$. 于是

$$\|f(u)\| \leqslant \sum_{j \in J} \pi_j(u)(1 + \|u_j\|)\|w(u_j)\| \leqslant 2C(1 + \|u\|) \tag{3.2.9}$$

对任意的 $u \in \Phi^b$ 成立. 这就蕴含着, 对任意的 $t \geqslant 0, u \in \Phi^b$, $\varphi(t, u)$ 是有定义的. 根据构造, 我们有

$$\Phi'(u)f(u) < 0, \quad \forall u \in \Phi_a^b,$$

以及

$$\Phi'(u)f(u) \leqslant -\alpha < 0, \quad \forall u \in \Phi_a^b \setminus U_{\frac{\sigma}{2}}.$$

我们断言: 对任意 $u \in \Phi^b$, 存在 $T(u) > 0$ 满足 $\Phi(\varphi(T(u), u)) < a$. 若不然, 则存在 $u \in \Phi^b$, 对任意的 $t \geqslant 0$, 都有 $\varphi(t, u) \in \Phi_a^b$. 由于 $\Phi'(u)f(u) \leqslant -\alpha, \forall u \notin U_{\frac{3\sigma}{4}}$, 则存在 $T > 0$ 使得对任意 $t \geqslant T$, 都有 $\varphi(t, u) \in U_\sigma$. 故由 (3.2.8) 知, 存在 $w \in B$ 使得对任意的 $t \geqslant T$, 都有 $\varphi(t, u) \in X \times U_\sigma(w)$. 由邻域 $N(u_j)$ 的构造知, 如果 $\pi_j(\varphi(t, u)) > 0$, 就有 $u_j \in X \times U_{\frac{3\sigma}{2}}(w)$. 因此, 对任意的 $t \geqslant T$,

$$\frac{d}{dt}\Phi(\varphi(t, u)) \leqslant -\inf\{(1 + \|u_j\|)\|\Phi'(u_j)\| : \pi_j(\varphi(t, u)) \neq 0\}$$
$$\leqslant -\inf\{(1 + \|u_j\|)\|\Phi'(u_j)\| : u_j \in \Phi_a^b \cap (X \times U_{\frac{3\sigma}{2}}(w))\}.$$

由 $\lim_{t \to \infty} \Phi(\varphi(t, u)) \geqslant a$ 可知

$$\inf\{(1 + \|u_j\|)\|\Phi'(u_j)\| : u_j \in \Phi_a^b \cap (X \times U_{\frac{3\sigma}{2}}(w))\} = 0.$$

故存在 $\Phi_a^b \cap (X \times U_{\frac{3\sigma}{2}}(w))$ 中的序列 $\{u_{j_k}\}$ 使得当 $k \to \infty$ 时, $(1 + \|u_{j_k}\|)\|\Phi'(u_{j_k})\| \to 0$. 由于 $\mathscr{A}$ 是 $(C)_I$-吸引集, 于是 $\{u_{j_k}\}$ 在 $\mathscr{A}$ 中按范数收敛, 即当 $k \to \infty$ 时, $\mathrm{dist}_{\|\cdot\|}(u_{j_k}, \mathscr{A}) \to 0$. 故由 $\sigma < \beta/2$ 就可得 $P_Y u_{j_k} \to w$. 此外, 由 (3.2.5) 知 $\{P_Y u_{j_k}\}$ 是有界的. 于是 $\{P_X u_{j_k}\}$ 有子列 $\mathcal{Q}$-收敛到某个 $v \in X$. 因此 $v + w \in \mathrm{clos}_{\mathcal{P}}(\Phi_a^b)$ 以及 $\Phi'(v + w) = 0$, 这与 (3.2.7) 矛盾.

由于 $\varphi((T(u), u) \in E \setminus \Phi_a$, 故存在 $u$ 的 $\mathcal{P}$-开邻域 $V(u)$ 使得 $\varphi(T(u), v) \in E \setminus \Phi_a$ 对任意的 $v \in V(u)$ 成立. 令 $V := \bigcup_{u \in \Phi^b} V(u)$, 并选取 $\{V(u) : u \in \Phi^b\}$ 对应的 $\mathcal{P}$-局部有限 $\mathcal{P}$-开加细 $\{W_\lambda : \lambda \in \Lambda\}$, 其对应的 $\mathcal{P}$-拓扑意义下的单位分解为 $\{\pi_\lambda : \lambda \in \Lambda\}$. 令

$$\tau : \Phi^b \to [0, \infty), \ \tau(u) := \sum_{\lambda \in \Lambda} \pi_\lambda(u) T(u_\lambda),$$

映射

$$\eta : [0, 1] \times \Phi^b \to \Phi^b, \ \eta(t, u) := \varphi(t\tau(u), u)$$

满足所需要求的性质. 在定理 3.2.3 中我们用 $\hat{f}$ 替换 $f$, 因此 $\varphi$ 关于 $u$ 是等变的. 我们也用 $G$-不变的 $\hat{\tau}(u) := \sum_{g \in G} \tau(g^{-1}u)/|G|$ 代替 $\tau(u)$. 于是 $\eta$ 也是关于 $u$ 是 $G$-等变的. 这就证明了 (b).

关于 (a) 的证明只需要把 $(1 + \|u_j\|)w(u_j)$ 用 $w_j := w(u_j)$ 替代. 则向量场 $f$ 显然是有界的. $\{P_X u_{j_k}\}$ 的有界性可从 $P_X(\mathscr{A})$ 的有界性得到. □

当临界点出现时, 有如下定理.

**定理 3.2.8** ([17])  设 $a < b$, $I := [a, b]$, $\Phi : (\Phi_a^b, \mathcal{T}_\mathcal{P}) \to \mathbb{R}$ 是上半连续的以及 $\Phi' : (\Phi_a^b, \mathcal{T}_\mathcal{P}) \to (E^*, \mathcal{T}_{w^*})$ 连续.

(a) 若 $\Phi$ 有 $(PS)_I$-吸引集 $\mathscr{A}$, 则对每一个 $c \in (a, b)$ 以及 $\sigma > 0$, 存在形变 $\eta : [0, 1] \times \Phi^b \to \Phi^b$ 满足定理 3.2.3 中的性质 (i)—(iv), (vi), (vii), 以及

(viii) $\eta(1, \Phi^{c+\delta}) \subset \Phi^{c-\delta} \cup U_\sigma$ 以及 $\eta(1, \Phi^{c+\delta} \backslash U_\sigma) \subset \Phi^{c-\delta}$ 对充分小的 $\delta > 0$ 成立, 其中 $U_\sigma = X \times U_\sigma(P_Y \mathscr{A})$.

(b) 若 $\Phi$ 有 $(C)_I$-吸引集 $\mathscr{A}$ 使得 $P_Y \mathscr{A} \subset Y$ 有界且 (3.2.5) 满足, 则 (a) 中的结论也成立.

**证明**  我们仅仅给出 (b) 的证明, 因为 (a) 的证明是类似地且更简单. 固定 $c \in (a, b)$ 以及 $\sigma > 0$. 由于 $\mathscr{A}$ 是 $(C)_I$-吸引集, 则存在 $\alpha > 0$ 使得

$$(1 + \|u\|) \cdot \|\Phi'(u)\| \geqslant 2\alpha, \quad \forall u \in \Phi_a^b \backslash U_{\frac{\sigma}{3}}.$$

对 $u \in \Phi_a^b \backslash U_{\frac{\sigma}{3}}$, 存在 $w(u) \in E$ 使得 $\|w(u)\| \leqslant 2$ 并且 $\Phi'(u)w(u) \geqslant \|\Phi'(u)\|$. 由 $\Phi'$ 的连续性可知, 存在 $u$ 的 $\mathcal{P}$-开邻域 $N(u)$ 使得

$$(1 + \|u\|) \cdot \Phi'(v)w(u) > \alpha, \quad \forall v \in N(u) \cap \Phi_a^b.$$

不妨设 $\|u\| < \gamma \|P_Y v\|$ 对任意的 $v \in N(u) \cap \Phi_a^b$ 成立. 如果 $u \in \Phi_a^b \cap U_{\frac{\sigma}{3}}$, 我们令 $w(u) := 0$, $N(u) := U_{\frac{\sigma}{3}}$. 最后如果 $\Phi(u) < a$, 我们令 $w(u) := 0$, $N(u) := E \backslash \Phi_a$. 由 $N(u)$ 都是 $\mathcal{P}$-开的, 因此存在其 $\mathcal{P}$-拓扑意义下局部 Lipschitz 的单位分解, 记为 $\{\pi_j : j \in J\}$. 对于 $j \in J$, 我们选取 $u_j \in \Phi^b$ 使得 $U_j \subset N(u_j)$, 定义 $w_j := (1 + \|u_j\|)w(u_j)$. 向量场

$$f : W := \bigcup_{j \in J} U_j = \bigcup_{u \in \Phi^b} N(u) \to E, \quad f(u) := -\sum_{j \in J} \pi_j(u)w_j$$

诱导了 $W$ 上关于两种拓扑都是连续的流 $\varphi(t, u)$. 在等变的情况下, 我们把 $f$ 换成对称的向量场即可. 显然地, 对于任意的 $u \in \Phi^b$, 我们有 $\Phi'(u)f(u) \leqslant 0$. 如果 $u \in U_j \subset N(u_j)$ 并且 $w_j \neq 0$, 则 $\|u_j\| < \gamma \|P_Y u\|$, 因此 $\|w_j\| \leqslant 2(1 + \gamma \|P_Y u\|)$. 这蕴含着

$$\|f(u)\| \leqslant 2(1 + \gamma \|P_Y u\|) \leqslant 2(1 + \gamma \|u\|), \quad \forall u \in W. \tag{3.2.10}$$

由 $P_Y \mathscr{A}$ 是有界的可知 $\|f(u)\|$ 在 $U_\sigma$ 上也是有界的. 也可知, 对任意的 $t \geqslant 0, u \in \Phi^b$, $\varphi(t, u)$ 是有定义的. 因此可定义 $\eta := \varphi_{[0,1] \times \Phi^b}$. 不难验证 $\eta$ 满足性质 (i)—(iv), (vi) 以及 (vii).

现在我们证明 (viii). 若不然, 即对任意的 $\delta > 0$, 都有 $\eta(1, \Phi^{c+\delta}) \not\subset \Phi^{c-\delta} \cup U_\sigma$. 则存在序列 $u_n \in \Phi^{c+\frac{1}{n}}$ 以及 $t_n \in (0,1)$ 满足 $d\big(\Phi(\eta(t, u_n))\big)/dt\big|_{t=t_n} \to 0$. 于是从 (3.2.10) 知 $\eta(t_n, u_n)$ 是一个 (C)$_c$-序列. 进而由 $\mathscr{A}$ 是 (C)$_c$-吸引集可得 $\eta(t_n, u_n) \in U_{\frac{\sigma}{3}}$ 对充分大 $n$ 成立. 因此, 存在 $0 \leqslant r_n < s_n \leqslant 1$ 使得 $\eta(r_n, u_n) \in \partial U_{\frac{\sigma}{3}}, \eta(s_n, u_n) \in \partial U_\sigma$ 以及 $\eta(t, u_n) \in U_\sigma \setminus U_{\frac{\sigma}{3}}, \forall t \in (r_n, s_n)$. 这就蕴含着 $\|\eta(r_n, u_n) - \eta(t, u_n)\| \geqslant (2\sigma)/3$. 令 $M > 0$ 是 $\|f(u)\|$ 在 $U_\sigma$ 中的界. 则 $\|\eta(r_n, u_n) - \eta(s_n, u_n)\| \leqslant M(s_n - r_n)$, 因此 $s_n - r_n \geqslant (2\sigma)/(3M)$. 则

$$\frac{2}{n} > \Phi(\eta(r_n, u_n)) - \Phi(\eta(s_n, u_n)) = -\int_{r_n}^{s_n} \frac{d}{dt}\Phi(\eta(t, u))dt$$

$$= -\int_{r_n}^{s_n} \Phi'(\eta(t, u))f(\eta(t, u))dt \geqslant \alpha(s_n - r_n) \geqslant \frac{\alpha\sigma}{3M}$$

对任意的 $n \in \mathbb{N}$ 成立. 当 $n$ 充分大时, 这就得到矛盾. 类似地, 可以证明 $\eta(1, \Phi^{c+\delta} \setminus U_\sigma) \subset \Phi^{c-\delta}$ 对 $\delta > 0$ 充分小成立. □

## 3.3　临界点定理

令 $X, Y$ 是 Banach 空间且 $E = X \oplus Y$, 其中 $X$ 是可分的自反空间. 记 $\|\cdot\|$ 是 $X, Y, E$ 上的范数. 取 $\mathcal{S} \subset X^*$ 为一稠密子集, 记 $\mathcal{D} = \{d_s : s \in \mathcal{S}\}$ 为 $X \cong X^{**}$ 上对应的半范数族. 如前令 $\mathcal{P}$ 记 $E$ 上的半范数族: $p_s \in \mathcal{P}$ 当且仅当

$$p_s : E = X \oplus Y \to \mathbb{R}, \quad p_s(x + y) = |s(x)| + \|y\|, \qquad s \in S.$$

因此 $\mathcal{P}$ 诱导的 $E$ 上的乘积拓扑由 $X$ 上的 $\mathcal{D}$-拓扑和 $Y$ 上的范数拓扑给出. 它包含在 $(X, \mathcal{T}_w) \times (Y, \|\cdot\|)$ 上. 由前面的讨论, $(X \times Y, \mathcal{D} \times \{\|\cdot\|\})$ 是规度空间. 相关的拓扑就是 $\mathcal{T}_\mathcal{P}$. 回顾, 如果 $S$ 是可数可加的, 则任意开集是仿紧的和 Lipschitz 正规的. 显然 $S$ 是可数的当且仅当 $\mathcal{P}$ 是可数的.

我们的基本假设是:

($\Phi_0$) $\Phi \in C^1(E, \mathbb{R})$; $\Phi : (E, T_\mathcal{P}) \to \mathbb{R}$ 是上半连续的, 也就是, $\Phi_a$ 对任意的 $a \in \mathbb{R}$ 是 $\mathcal{P}$-闭的; 且 $\Phi' : (\Phi_a, \mathcal{T}_\mathcal{P}) \to (E^*, \mathcal{T}_{w^*})$ 对任意的 $a \in \mathbb{R}$ 是连续的.

事实上, 我们的临界点理论可以弱化 $\Phi'$ 的条件. 可以只要求 $a$ 在一个区间内, $\Phi_a$ 可以换作 $\Phi_a^b$. 下面的定理可以用于判断 ($\Phi_0$) 是否成立.

**定理 3.3.1** ([17])　如果 $\Phi \in C^1(E, \mathbb{R})$ 有形式

$$\Phi(u) = \frac{1}{2}\big(\|y\|^2 - \|x\|^2\big) - \Psi(u), \quad \forall u = x + y \in E = X \oplus Y$$

且满足:

(i) $\Psi \in C^1(E, \mathbb{R})$ 下方有界;

(ii) $\Psi : (E, \mathcal{T}_w) \to \mathbb{R}$ 下半序列连续, 也就是, 若在 $E$ 中 $u_n \rightharpoonup u$, 就有 $\Psi(u) \leqslant \liminf\limits_{n \to \infty} \Psi(u_n)$;

(iii) $\Psi' : (E, \mathcal{T}_w) \to (E^*, \mathcal{T}_{w^*})$ 序列连续;

(iv) $\nu : E \to \mathbb{R}, \nu(u) = \|u\|^2$ 是 $C^1$ 连续的, $\nu' : (E, \mathcal{T}_w) \to (E^*, \mathcal{T}_{w^*})$ 序列连续, 则 $\Phi$ 满足 $(\Phi_0)$. 此外, 对任意的可数稠子集 $\mathcal{S}_0 \subset \mathcal{S}$, $\Phi$ 满足 $(\Phi_0)$ 取对应的子拓扑.

**证明**　令 $\mathcal{S}_0 \subset \mathcal{S}$ 是 $X^*$ 的可数稠密子集, $P_0 \subset P$ 是对应的半范数族. 则拓扑 $\mathcal{T}_{P_0}$ 是可度量的. 显然地, 恒同映射 $(E, \mathcal{T}_w) \to (E, \mathcal{T}_P) \to (E, \mathcal{T}_{P_0})$ 是连续的. 此外, 如果 $\{u_n\}$ 是 $E$ 上在 $\mathcal{P}_0$-拓扑下收敛到 $u \in E$ 的有界序列, 则 $\{u_n\}$ 也弱收敛到 $u$. 这里我们已经使用 $\mathcal{T}_{P_0}$ 是 Hausdorff 的. 现在我们将证明对任意的 $a \in \mathbb{R}$, $\Phi_a$ 是 $\mathcal{P}_0$-闭的, 因此也是 $\mathcal{P}$-闭的. 由于 $\mathcal{T}_{P_0}$ 是可度量的, 所以只需要证明 $\Phi_a$ 是序列 $\mathcal{P}_0$-闭的. 考虑 $\Phi_a$ 中的序列 $u_n$ 按照 $\mathcal{P}_0$-拓扑收敛到 $u$. 记 $u_n = x_n + y_n$, $u = x + y \in X \oplus Y$. 注意到 $y_n$ 按照范数拓扑收敛到 $y$, 以及 $\Psi$ 是下有界的, 所以

$$\frac{1}{2}\|x_n\|^2 = \frac{1}{2}\|y_n\|^2 - \Phi(u_n) - \Psi(u_n) \leqslant C,$$

即 $\{x_n\}$ 是有界的, 因此有子列弱收敛到 $x$, 故 $u_n$ 弱收敛到 $u$. 由条件 (ii) 和 $\Phi$ 的形式我们有 $\Phi(u) \geqslant \liminf\limits_{n \to \infty} \Phi(u_n) \geqslant a$, 因此 $u \in \Phi_a$. 下面我们说明 $\Phi' : (\Phi_a, \mathcal{T}_P) \to (E^*, \mathcal{T}_{w^*})$ 是连续的. 因为 $\mathcal{T}_{P_0} \subset \mathcal{T}_P$ 并且 $\mathcal{T}_{P_0}$ 是可度量的, 故只要证明其是序列连续的. 设 $\{u_n\}$ 是 $\mathcal{P}_0$-收敛到 $u \in \Phi_a$ 的, 正如上面可知, $\{u_n\}$ 是有界的, 弱收敛到 $u$. 则根据 (iii) 和 (iv), $\Phi'(u_n)$ 按照弱 * 拓扑收敛到 $\Phi'(u)$. □

下面我们引入无穷维空间中的有限环绕. 环绕本质上是从代数拓扑中有限维度理论方法的概念中来的. 这里我们用更简单一般的方法来推广它. 给定 $A \subset Z$ 是一个局部凸的拓扑向量空间的子集, 我们记 $L(A) := \overline{\mathrm{span}(A)}$ 为包含 $A$ 的最小的闭的线性子空间, 记 $\partial A$ 为 $A$ 在 $L(A)$ 中的边界. 对于线性子空间 $F \subset Z$, 我们令 $A_F := A \cap F$. 最后, 我们令 $I = [0, 1]$.

**定义 3.3.2** ([17])　任给 $Q, S \subset Z$ 使得 $S \cap \partial Q = \varnothing$, 如果对任何与 $S$ 相交的有限维线性子空间 $F \subset Z$, 以及任何连续的形变 $h : I \times Q_F \to F + L(S)$ 满足 $h(0, u) = u, \forall u$, $h(I \times \partial Q_F) \cap S = \varnothing$, 必有 $h(t, Q_F) \cap S \neq \varnothing$, $\forall t \in I$, 则称 $Q$ 与 $S$ 有限环绕.

下面我们给出有限环绕的三个例子. 关于有限环绕的证明可以类比 Brouwer 度理论.

**例 3.3.1**　有限环绕的三个例子 (图 3.4):

(a) 给定一个开子集 $\mathcal{O} \subset Z, u_0 \in \mathcal{O}$ 且 $u_1 \in Z \setminus \overline{\mathcal{O}}$, 则 $Q = \{tu_1 + (1-t)u_0 :$

$t \in I\}$ 和 $S := \partial\mathcal{O}$ 有限环绕.

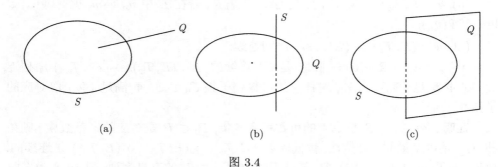

图 3.4

(b) 设 $Z$ 是两个线性子空间的拓扑直和, $Z = Z_1 \oplus Z_2, \mathcal{O} \subset Z_1$ 是开的且 $u_0 \in \mathcal{O}$. 则 $Q = \overline{\mathcal{O}}$ 和 $S = \{u_0\} \times Z_2$ 有限环绕.

(c) 给定 $Z = Z_1 \oplus Z_2$, 两个开子集 $\mathcal{O}_1 \subset Z_1, \mathcal{O}_2 \subset Z_2$ 且 $u_1 \in \mathcal{O}_1, u_2 \in \mathbb{Z}_2 \backslash \overline{\mathcal{O}_2}$. 则 $Q = \overline{\mathcal{O}_1} \times \{tu_2 : t \in I\}$ 和 $S = \{u_1\} \times \partial\mathcal{O}_2$ 有限环绕.

现在我们考虑泛函 $\Phi : E \to \mathbb{R}$. 如果 $Q \subset E$ 和 $S \subset E$ 有限环绕, 令

$$\Gamma_{Q,S} := \{h \in C(I \times Q, E) : h \text{ 满足 } (\mathrm{h}_1)\text{—}(\mathrm{h}_5)\},$$

其中

($\mathrm{h}_1$) $h : I \times (Q, \mathcal{T}_\mathcal{P}) \to (E, \mathcal{T}_\mathcal{P})$ 是连续的;

($\mathrm{h}_2$) $h(0, u) = u, \forall u \in Q$;

($\mathrm{h}_3$) $\Phi(h(t, u)) \leqslant \Phi(u), \forall t \in I, u \in Q$;

($\mathrm{h}_4$) $h(I \times \partial Q) \cap S = \varnothing$;

($\mathrm{h}_5$) 每一点 $(t, u) \in I \times Q$ 有 $\mathcal{P}$-开邻域 $W$ 使得集 $\{v - h(s, v) : (s, v) \in W \cap (I \times Q)\}$ 包含于 $E$ 的有限维子空间中.

**定理 3.3.3** ([17])   设 $\Phi$ 满足 $(\Phi_0)$, $\mathcal{P}$ 可数; $Q, S \subset E$ 使得 $Q$ 是 $\mathcal{P}$-紧的且 $Q$ 与 $S$ 有限环绕. 若 $\sup \Phi(\partial Q) \leqslant \inf \Phi(S)$, 则存在 $(\mathrm{PS})_c$-序列, 其中

$$c := \inf_{h \in \Gamma_{Q,S}} \sup_{u \in Q} \Phi(h(1, u)) \in [\inf \Phi(S), \sup \Phi(Q)].$$

如果 $c = \inf \Phi(S)$ 且对任何 $\delta > 0$ 集合 $S^\delta := \{u \in E : \mathrm{dist}_{\|\cdot\|}(u, S) \leqslant \delta\}$ 是 $\mathcal{P}$-闭的, 则存在 $(\mathrm{PS})_c$-序列 $\{u_n\}$ 满足 $u_n \to S$ (关于范数).

**证明**   首先, 不等式 $c \leqslant \sup \Phi(Q)$ 是显然的. 我们现在证明 $c \geqslant \inf \Phi(S)$. 注意到, 由性质 ($\mathrm{h}_4$) 知, 对任意的 $h \in \Gamma_{Q,S}$, 我们有 $h(I \times \partial Q) \cap S = \varnothing$. 因为 $Q$ 是 $\mathcal{P}$-紧的, 故存在包含 $\{u - h(t, u) : (t, u) \in I \times Q\}$ 的有限维子空间 $F$. 因

此, $h(I \times Q_F) \subset F$. 由 $Q$ 和 $S$ 有限环绕可知, 存在 $u \in Q$ 使得 $h(1, u) \in S$, 这就蕴含着 $\sup\limits_{u \in Q} \Phi(h(1, u)) \geqslant \inf \Phi(S)$. 从而 $c \geqslant \inf \Phi(S)$ 得证.

假设对任意的 $u \in \Phi_{c-\varepsilon}^{c+\varepsilon}$, 成立 $\|\Phi'(u)\| \geqslant \alpha$, 其中 $\alpha, \varepsilon > 0$. 注意到 $\mathcal{P}$ 是可数的, 每个 $\mathcal{P}$-开子集是仿紧的和 Lipschitz 正规的. 我们能选取 $\eta$ 为定理 3.2.3 中对应的形变流, 其中 $a := c-\varepsilon$, $b := c+\varepsilon$. 现在我们选择 $h \in \Gamma_{Q,S}$ 使得 $\sup \Phi(h(1, Q)) < c+\varepsilon$, 且定义 $g : I \times Q \to E$ 为 $g(t, u) = \eta(t, h(t, u))$. 则对任意的 $u$ 有 $g(0, u) = u$, 且 $g$ 满足 $(h_1)$—$(h_4)$. 由于 $u - g(t, u) = (u - h(t, u)) + (h(t, u) - \eta(t, h(t, u)))$, 因此 $g$ 满足 $(h_5)$. 故 $g \in \Gamma_{Q,S}$, 从而 $c \leqslant \sup\limits_{u \in Q} \Phi(g((1, u))) \leqslant c-\varepsilon$, 这就得到矛盾.

我们已经证明存在 (PS)$_c$-序列. 现在假定 $c = \inf \Phi(S)$. 如果不存在 (PS)$_c$-序列按范数拓扑收敛到 $S$ 中, 则存在 $\varepsilon > 0, \delta > 0$ 以及 $\alpha > 0$ 使得 $\|\Phi'(u)\| \geqslant \alpha$, $\forall u \in S^\delta \cap \Phi_{c-\varepsilon}^{c+\varepsilon}$. 选取 $u$ 使得 $w(u) \in E$ 且满足 $\|w(u)\| \leqslant 2$, $\Phi'(u)w(u) > \|\Phi'(u)\| \geqslant \alpha$. 我们选取 $u$ 的 $\mathcal{P}$-开邻域 $N(u)$ 使得 $\Phi'(v)w(u) > \|\Phi'(u)\| \geqslant \alpha$, $\forall v \in N(u) \cap \Phi_{c-\varepsilon}$. 对于 $u \in \Phi_{c-\varepsilon}^{c+\varepsilon} \setminus S^\delta$, 记 $N(u) := E \setminus S^\delta$, $w(u) := 0$. 最后, 对于 $u \in E \setminus \Phi_{c-\varepsilon}$, 记 $N(u) := E \setminus \Phi_{c-\varepsilon}$, $w(u) := 0$. 则 $W := \bigcup\limits_{u \in \Phi^{c+\varepsilon}} N(u)$ 是 $\mathcal{P}$-开的. 令 $\{U_j : j \in J\}$ 是 $\{N(u) : u \in \Phi^{c+\varepsilon}\}$ 的 $\mathcal{P}$-局部有限的 $\mathcal{P}$-开加细, $\{\pi_j : j \in J\}$ 是对应的 $\mathcal{P}$-局部 Lipschitz 单位分解. 对 $j \in J$ 满足 $U_j \cap S^\delta \neq \varnothing$, 我们选取 $u_j$ 使得 $U_j \subset N(u_j)$ 并且定义 $w_j := w(u_j)$. 对 $j \in J$ 满足 $U_j \cap S^\delta = \varnothing$, 我们令 $w_j := 0$. 则向量场 $f(u) := -\sum\limits_{j \in J} \pi_j(u)w_j$ 满足 $\|f(u)\| \leqslant 2$, $\forall u \in W$, 并且满足 $\Phi'(u)f(u) \geqslant \alpha$, $\forall u \in S^\delta$. 令 $\varphi^t(u)$ 为对应的流.

根据之前的构造, 如果 $u \in \Phi^{c+\frac{\alpha\delta}{4}} \setminus S^{\frac{\delta}{2}}$, 则 $\varphi^t(u) \notin S$, $\forall t \geqslant 0$. 此外, 如果 $u \in S^{\frac{\delta}{2}}$, 我们有 $\varphi^t(u) \in S^\delta$, $0 \leqslant t \leqslant \delta/4$, 因此 $\Phi(\varphi^{\frac{\delta}{2}}(u)) \leqslant \Phi(u) - (\alpha\delta)/4 < c$. 现在任取 $h \in \Gamma_{Q,S}$ 满足 $\sup \Phi(h(t, u)) \leqslant c + (\alpha\delta)/4$, 于是 $\varphi^{\frac{\delta}{2}}(h(1, u)) \notin S$, $\forall u \in Q$. 因为 $\varphi^{\frac{\delta}{2}} \circ h(t, \cdot) \in \Gamma_{Q,S}$, 这就与环绕相矛盾. □

类似地, 有限环绕也能产生 $(C)_c$-序列. 这需要额外的假设:

$(\Phi_+)$ 存在 $\zeta > 0$ 使得 $\|u\| < \zeta\|P_Y u\|$, $\forall u \in \Phi_0$.

**注 3.3.4** 令 $\mathcal{S}_0 \subset \mathcal{S}$ 是 $\mathcal{P}_0$ 的任意可数稠密子集.

(1) 假设 $(\Phi_0)$ 和 $(\Phi_+)$ 蕴含了 $\Phi_a$ 是 $\mathcal{P}_0$-闭的且 $\Phi' : (\Phi_a, \mathcal{T}_{\mathcal{P}_0}) \to (E^*, \mathcal{T}_{w^*})$ 对每个 $a \geqslant 0$ 都是连续的 (见定理 3.3.1 的证明). 事实上, 令 $\Phi_a$ 中的序列 $\{u_n\}$ 按 $\mathcal{P}_0$-收敛到 $u \in E$. 记 $u_n = x_n + y_n$, $u = x + y \in X \oplus Y$, 则 $\|y_n - y\| \to 0$, 因此 $y_n$ 是有界的. 由 $(\Phi_+)$ 可得 $x_n$ 和 $u_n$ 都是有界的. 于是 $u_n$ 按照 $\mathcal{P}$ 拓扑收敛到 $u$. 由 $(\Phi_0)$, 我们有 $u \in \Phi_a$ 以及 $\Phi'(u_n)v \to \Phi'(u)v$, $\forall v \in E$.

(2) $(\Phi_+)$ 蕴含着 (3.2.5), 其中 $0 \leqslant a \leqslant b$.

(3) 由于每个 $\mathcal{P}_0$-开子集是仿紧的和 Lipschitz 正规的, 定理 3.2.3、定理 3.2.5、

定理 3.2.7 以及定理 3.2.8 可以应用到规度拓扑 $\mathcal{T}_{\mathcal{P}_0}$ 中. 令 $\eta$ 代表这些定理给定的形变, 注意到, 由性质 (vi) 可知 $\eta : [0,1] \times \Phi^b \to \Phi^b$ 是 $\mathcal{P}$-连续的.

**定理 3.3.5**　设 $\Phi$ 满足 $(\Phi_0)$ 和 $(\Phi_+)$. 又设 $Q, S$ 为有限环绕且 $Q$ 是 $\mathcal{P}$-紧的. 若 $\kappa := \inf \Phi(S) > 0, \sup \Phi(\partial Q) \leqslant \kappa$, 则 $\Phi$ 有 (C)$_c$-序列满足 $\kappa \leqslant c \leqslant \sup \Phi(Q)$.

**证明**　使用定理 3.2.5, 且类似于定理 3.3.3 的证明即可.　　　　　□

作为定理 3.3.3 的推论, 我们得到了一个被广泛应用的临界点定理.

**定理 3.3.6** ([17])　考虑定理 3.3.1 中所述泛函 $\Phi : E \to \mathbb{R}$. 设 $(\Phi_0)$ 满足, $\mathcal{P}$ 可数. 又设存在 $R > r > 0$ 和 $e \in Y, \|e\| = 1$, 使得对于 $S := \{u \in Y : \|u\| = r\}$ 和 $Q = \{v + te \in E : v \in X, \|v\| < R, 0 < t < R\}$ 成立: $\inf \Phi(S) \geqslant \Phi(0) \geqslant \sup \Phi(\partial Q)$. 则存在 (PS)$_c$-序列, 其中

$$c := \inf_{h \in \Gamma_{Q,s}} \sup_{u \in Q} \Phi(h(1, u)) \in [\inf \Phi(S), \sup \Phi(Q)].$$

如果 $c = \inf \Phi(S)$, 则存在 (PS)$_c$-序列 $\{u_n\}$ 满足 $u_n \to S$ (关于范数).

**证明**　由例 3.3.1 (c) 知, $Q$ 和 $S$ 有限环绕. 注意到, $Q$ 是 $\mathcal{P}$-紧的且 $S^\delta := \{u \in E : d_{\|\cdot\|}(u, S) \leqslant \delta\}$ 是 $\mathcal{P}$-闭的. 因此, 所需结论可由定理 3.3.3 得到.　　　　　□

文献 [77] 中处理的情况是 $E$ 是 Hilbert 空间, $\Phi$ 满足定理 3.3.1 的条件, 并且 $\inf \Phi(S) > \Phi(0) \geqslant \sup \Phi(\partial Q)$. 在文献 [77] 中, $c = \inf \Phi(S)$ 条件下的 (PS)$_c$-序列的存在性没有被得到. 在实际应用中, 为了构造非平凡临界点, 我们会要求 $c = \Phi(0)$. 如果更强的假设 $\inf \Phi(S) > \Phi(0)$ 成立, 则 $c > \Phi(0)$. 由此可以得到非平凡临界点的存在性.

作为定理 3.3.6 的推论, 我们有如下定理.

**定理 3.3.7**　设 $\Phi$ 满足 $(\Phi_0)$ 和 $(\Phi_+)$, 且存在 $R > r > 0$ 和 $e \in Y, \|e\| = 1$, 使得对于 $S := \{u \in Y : \|u\| = r\}$ 和 $Q = \{v + te \in E : v \in X, \|v\| < R, 0 < t < R\}$ 有 $\kappa := \inf \Phi(S) > 0$ 和 $\sup \Phi(\partial Q) \leqslant \kappa$, 则 $\Phi$ 有 (C)$_c$-序列满足 $\kappa \leqslant c \leqslant \sup \Phi(Q)$.

下面我们考虑对称泛函. 考虑对称群 $G = \{e^{\frac{2k\pi i}{p}} : 0 \leqslant k < p\} \cong \mathbb{Z}/p$, 其中 $p$ 是一个素数. 应用 [13] 的方法, 我们可以处理更一般的对称群. 设对称群作用是线性等距的. 也假设群在 $E \setminus \{0\}$ 上作用是自由的, 即不动点集 $E^G := \{u \in E : gu = u, \forall g \in G\} = \{0\}$ 是平凡的. 如果 $A$ 是一个拓扑空间, $G$ 连续作用在 $A$ 上, 则我们可以定义 $A$ 的亏格如下: $\mathrm{gen}(A) = \inf\{k \in \mathbb{N}_0 :$ 存在不变开子集 $U_1, \cdots, U_k \subset A$ 使得 $\bigcup_k U_k = A$ 以及存在等变映射 $U_j \to G, j = 1, \cdots, k\}$. 这里我们约定 $\mathrm{gen}(\varnothing) = \infty$. 特别地, 如果 $A^G \neq \varnothing$, 约定 $\mathrm{gen}(A) = \infty$. 从 [13] 或 [24,91] 中, 可得这样定义的亏格有如下的性质:

(1°) 正规性: 如果 $u \notin E^G, \mathrm{gen}(Gu) = 1$;

(2°) 映射性质: 如果 $f \in C(A, B)$ 且 $f$ 是等变的, 也就是 $fg = gf$, $\forall g \in G$, 则 $\operatorname{gen}(A) \leqslant \operatorname{gen}(B)$;

(3°) 单调性: 如果 $A \subset B$, 则 $\operatorname{gen}(A) \leqslant \operatorname{gen}(B)$;

(4°) 次可加性: $\operatorname{gen}(A \cup B) \leqslant \operatorname{gen}(A) + \operatorname{gen}(B)$;

(5°) 连续性: 如果 $A$ 是紧的, 并且 $A \cap E^G = \varnothing$, 则 $\operatorname{gen}(A) < \infty$, 并且存在 $A$ 的不变邻域 $U$ 使得 $\operatorname{gen}(A) = \operatorname{gen}(U)$.

除了 $(\Phi_0)$ 之外, 我们还要求如下的条件:

$(\Phi_1)$ $\Phi$ 是 $G$-不变的;

$(\Phi_2)$ 存在 $r > 0$ 使得 $\kappa := \inf \Phi(S_r Y) > \Phi(0) = 0$, 其中 $S_r Y := \{y \in Y : \|y\| = r\}$;

$(\Phi_3)$ 存在有限维 $G$-不变子空间 $Y_0 \subset Y$ 和 $R > r$ 使得 $b := \sup \Phi(E_0) < \infty$ 且 $\sup \Phi(E_0 \setminus B_0) < \inf \Phi(B_r Y)$, 其中 $E_0 := X \times Y_0$, $B_0 := \{u \in E_0 : \|u\| \leqslant R\}$.

我们定义一种下水平集 $\Phi^c$ 的伪指标. 首先考虑满足如下性质的映射 $g : \Phi^c \to E$ 的集合 $\mathcal{M}(\Phi^c)$.

$(\mathrm{P}_1)$ $g$ 是 $\mathcal{P}$-连续和等变的;

$(\mathrm{P}_2)$ $g(\Phi^a) \subset \Phi^a$, $\forall a \in [\kappa, b]$;

$(\mathrm{P}_3)$ 每个 $u \in \Phi^c$ 有一个 $\mathcal{P}$-开邻域 $W \subset E$ 使得集合 $(\mathrm{id} - g)(W \cap \Phi^c)$ 包含在 $E$ 的有限维线性子空间中.

注意到, 如果 $g \in \mathcal{M}(\Phi^a)$, $h \in \mathcal{M}(\Phi^c)$, 其中 $a < c$, $h(\Phi^c) \subset \Phi^a$, 则 $g \circ h \in \mathcal{M}(\Phi^c)$. 于是 $g \circ h$ 满足性质 $(\mathrm{P}_1)$, $(\mathrm{P}_2)$. 由于 $\mathrm{id} - g \circ h = \mathrm{id} - h + (\mathrm{id} - g) \circ h$, 故性质 $(\mathrm{P}_3)$ 满足. 于是我们定义 $\Phi^c$ 的伪指标如下:

$$\psi(c) := \min\{\operatorname{gen}(g(\Phi^c) \cap S_r Y) : g \in \mathcal{M}(\Phi^c)\} \in \mathbb{N}_0 \cup \{\infty\}.$$

注意到, 在 $\Phi^c$ 上不管使用范数拓扑还是使用 $\mathcal{P}$-拓扑并不是本质的, 因为两者在 $S_r Y \subset Y$ 上诱导出相同的拓扑. 因此, 由亏格的单调性可知函数 $\psi : \mathbb{R} \to \mathbb{N}_0 \cup \{\infty\}$ 是不减的. 此外, 由 $\Phi^c \cap S_r Y = \varnothing$ 易见 $\psi(c) = 0$ 对任意的 $c < \kappa$ 成立.

**定理 3.3.8** 如果 $\Phi$ 满足 $(\Phi_0)$—$(\Phi_3)$, 则 $\psi(c) \geqslant n := \dim Y_0$, 其中 $c \geqslant b = \sup \Phi(E_0)$.

**证明** 固定 $c \geqslant \sup \Phi(E_0) = \sup \Phi(B_0)$. 我们将证明 $\operatorname{gen}(g(B_0) \cap S_r Y) \geqslant n$, $\forall g \in \mathcal{M}(\Phi^c)$. 若这个成立, 则由 $B_0 \subset \Phi^c$ 以及亏格的单调性可得 $\psi(c) \geqslant n$. 固定 $g \in \mathcal{M}(\Phi^c)$, 由于 $B_0$ 是 $\mathcal{P}$-紧的, 故由 $(\mathrm{P}_3)$ 可知 $(\mathrm{id} - g)(B_0)$ 包含在 $E$ 的有限维子空间 $F$ 中. 我们不妨假设 $F_Y := P_Y F \supset Y_0$ 以及 $F = F_X \oplus F_Y$, 其中 $F_X := P_X F \subset X$. 考虑集合

$$\mathcal{O} := \{u \in B_0 \cap F : \|g(u)\| < r\} \subset F$$

以及映射

$$h : \partial \mathcal{O} \to F_X, \; h(u) := P_X \circ g(u).$$

注意到, 由 $(\mathrm{id} - g)(B_0) \subset F$ 可得 $g(B_0 \cap F) \subset F$. 因此 $h$ 是良定义的. 此外, 由 $(P_1)$ 以及 $F$ 是有限维的, 我们有 $g : B_0 \cap F \to F$ 是连续的. 另外, $(P_2)$ 蕴含着 $0 \in \mathcal{O}$ 以及 $\overline{\mathcal{O}} \subset \mathrm{int}(B_0 \cap F)$. 因此, $\mathcal{O}$ 是在 $F_n := F \cap (X \oplus Y_0)$ 中 $0$ 的有界开邻域, 从而 $\mathrm{gen}(\partial \mathcal{O}) = \dim F_n$. 由亏格的单调性, 我们有

$$\mathrm{gen}(\partial \mathcal{O} \setminus h^{-1}(0)) \leqslant \mathrm{gen}(P_X F_n \setminus \{0\}) = \dim P_X F_n.$$

由亏格的连续性和次可加性可得

$$\mathrm{gen}(\partial \mathcal{O}) \leqslant \mathrm{gen}(h^{-1}(0)) + \mathrm{gen}(\partial \mathcal{O} \setminus h^{-1}(0)).$$

于是

$$\mathrm{gen}(h^{-1}(0)) \geqslant \dim F_n - \dim P_X F_n = \dim Y_0.$$

最后, 由 $h(u) = 0$ 知 $g(u) \in Y$ 以及由 $u \in \partial \mathcal{O}$ 知 $\|g(u)\| = r$, 因此, $g(h^{-1}(0)) \subset g(B_0) \cap S_r Y$. 从而再次由亏格的单调性, 我们得到

$$\mathrm{gen}(g(B_0) \cap S_r Y) \geqslant \mathrm{gen}(g(h^{-1}(0))) \geqslant \mathrm{gen}(h^{-1}(0)).$$

故结论成立. □

最后, 我们引入了比较函数 $\psi_d : [0, d] \to \mathbb{N}_0$. 对固定的 $d > 0$, 令

$$\mathcal{M}_0(\Phi^d) := \{g \in \mathcal{M}(\Phi^d) : g \text{ 是从 } \Phi^d \text{ 到 } g(\Phi^d) \text{ 的同胚映射}\}.$$

对于 $c \in [0, d]$, 定义

$$\psi_d(c) := \min\{\mathrm{gen}((\Phi^c) \cap S_r Y) : g \in \mathcal{M}_0(\Phi^d)\}.$$

由于 $\mathcal{M}_0(\Phi^d) \subset \mathcal{M}(\Phi^d) \hookrightarrow \mathcal{M}(\Phi^c)$, 我们有 $\psi(c) \leqslant \psi_d(c)$ 对所有的 $c \in [0, d]$ 成立.

**定理 3.3.9** ([17]) 设 $(\Phi_0)$ 和 $(\Phi_1)$—$(\Phi_3)$ 成立, 且要么 $\mathcal{P}$ 可数而 $\Phi$ 满足 $(\mathrm{PS})_c$-条件对任意 $c \in [\kappa, b]$ 成立, 要么 $(\Phi_+)$ 为真而 $\Phi$ 满足 $(\mathrm{C})_c$-条件对任意 $c \in [\kappa, b]$ 成立, 则 $\Phi$ 至少有 $n := \dim Y_0$ 条临界点 $G$-轨道.

**证明** 我们只考虑 $(\mathrm{PS})_c$-条件满足的情况, 其他情况处理类似.

对于 $i = 1, \cdots, n$, 令

$$c_i := \inf\{c \geqslant 0 : \psi(c) \geqslant i\} \in [\kappa, b].$$

若 $c_i$ 不是临界值, 则存在 $\varepsilon > 0$ 使得 $\inf\{\|\Phi'(u)\| : u \in \Phi_{c-\varepsilon}^{c+\varepsilon}\} > 0$. 于是由定理 3.2.3 知, 存在形变 $\eta$ 使得 $h := \eta(1, \cdot) \in \mathcal{M}(\Phi^{c_i+\varepsilon})$ 以及 $h(\Phi^{c_i+\varepsilon}) \subset \Phi^{c_i-\varepsilon}$. 于是由亏格的单调性以及 $g \circ h \in \mathcal{M}(\Phi^{c_i+\varepsilon})$, 其中 $g \in \mathcal{M}(\Phi^{c_i-\varepsilon})$, 我们有

$$
\begin{aligned}
\psi(c_i - \varepsilon) &= \min\{\operatorname{gen}(g(\Phi^{c_i-\varepsilon}) \cap S_r Y) : g \in \mathcal{M}(\Phi^{c_i-\varepsilon})\} \\
&\geqslant \min\{\operatorname{gen}(g(h(\Phi^{c_i+\varepsilon})) \cap S_r Y) : g \in \mathcal{M}(\Phi^{c_i-\varepsilon})\} \\
&\geqslant \min\{\operatorname{gen}(g(\Phi^{c_i+\varepsilon}) \cap S_r Y) : g \in \mathcal{M}(\Phi^{c_i+\varepsilon})\} \\
&= \psi(c_i + \varepsilon),
\end{aligned}
$$

其中 $i = 1, \cdots, n$, 这就得到矛盾, 从而 $c_i$ 是临界值.

设 $\Phi$ 在 $\Phi_\kappa^b$ 中仅有有限个临界点, 则 $\mathscr{A} := \{u \in \Phi_\kappa^b : \Phi'(u) = 0\}$ 是有限的 $(\mathrm{PS})_c$-吸引集, 因此 (3.2.8) 成立. 对充分小的 $\sigma > 0$, $U_\sigma(P_Y\mathscr{A}) \subset Y$ 是环绕 $P_Y\mathscr{A}$ 的 $\sigma$-球的不交并. 这就蕴含了 $\operatorname{gen}(U_\sigma) = \operatorname{gen}(U_\sigma(P_Y\mathscr{A})) = \operatorname{gen}(P_Y\mathscr{A}) = 1$, 其中 $U_\sigma = X \times U_\sigma(P_Y\mathscr{A})$. 令 $\eta : [0,1] \times \Phi^b \to \Phi^b$ 是定理 3.2.8 (a) 中的形变. 对充分小的 $\delta > 0$, 映射 $h := \eta(1, \cdot)$ 满足 $h(\Phi^{c_i+\delta}) \subset \Phi^{c_i-\delta} \cup S_r Y$. 令 $d = b + 1$ 且选择 $g_0 \in \mathcal{M}_0(\Phi^d)$ 使得 $\psi_d(c_i - \delta) = \operatorname{gen}(g_0(\Phi^{c_i-\delta}) \cap S_r Y)$. 因此

$$
\begin{aligned}
\psi_d(c_i + \delta) &= \min\{\operatorname{gen}(g(\Phi^{c_i+\delta}) \cap S_r Y) : g \in \mathcal{M}(\Phi^{c_i+\delta})\} \\
&\leqslant \operatorname{gen}(g_0 \circ h(\Phi^{c_i+\delta}) \cap S_r Y) \\
&\leqslant \operatorname{gen}(g_0(\Phi^{c_i-\delta} \cup U_\sigma) \cap S_r Y) \\
&\leqslant \operatorname{gen}(g_0(\Phi^{c_i-\delta}) \cap S_r Y) + \operatorname{gen}(g_0(U_\sigma)) \\
&\leqslant \psi_d(c_i - \delta) + 1,
\end{aligned}
$$

这就蕴含着 $\kappa < c_1 < c_2 < \cdots < c_n \leqslant b$, 从而 $\Phi$ 有 $n$ 个不同的临界值. $\qquad\square$

我们的最后一个临界点理论是关于无界临界值序列的存在性 (在对称条件下). 我们总是假设 $G = \mathbb{Z}/p$ 在 $E$ 上的作用是线性等距的且在 $E \setminus \{0\}$ 中没有不动点. 此外, $(\Phi_3)$ 被下面的 $(\Phi_4)$ 代替:

$(\Phi_4)$ 存在有限维 $G$-不变子空间 $Y_n \subset Y$ 的递增序列且存在 $R_n > r$ 使得 $\sup \Phi(X \times Y_n) < \infty$ 以及 $\sup \Phi(X \times Y_n \setminus B_n) < \beta := \inf \Phi(\{u \in Y : \|u\| \leqslant r\})$, 其中 $B_n = \{u \in X \times Y_n : \|u\| \leqslant R_n\}$, $r > 0$ 来自于 $(\Phi_2)$.

我们也需要下面的紧性条件.

$(\Phi_I)$ 下面条件之一成立:

(i) $\mathcal{P}$ 是可数的且对任意的 $c \in I$, $\Phi$ 满足 $(\mathrm{PS})_c$-条件;

(ii) $\mathcal{P}$ 是可数的, $\Phi$ 有一个 $(\mathrm{PS})_I$-吸引集 $\mathscr{A}$ 满足 $P_Y\mathscr{A} \subset X \setminus \{0\}$ 是无界的且满足 (3.2.8);

(iii) $(\Phi_+)$ 成立, $(\Phi)$ 有一个 $(C)_I$-吸引集 $\mathscr{A}$ 满足 $P_Y\mathscr{A} \subset X \setminus \{0\}$ 是无界的且满足 (3.2.8).

**定理 3.3.10** ([17])  设 $\Phi$ 满足 $(\Phi_0)$—$(\Phi_2)$, $(\Phi_4)$ 以及对任意的紧区间 $I \subset (0, \infty)$, $(\Phi_I)$ 成立, 则 $\Phi$ 有一个无界的临界值序列.

**证明**  类似于定理 3.3.9 的证明, 我们考虑满足性质 $(P_1)$—$(P_3)$ 的映射 $g: \Phi^c \to E$ 的集合 $\mathcal{M}(\Phi^c)$ 以及考虑伪指标 $\psi(c)$. 给定有限维不变子空间 $Y_n \subset Y$, 我们断言: $\psi(c) \geqslant \dim Y_n$, $\forall c \geqslant \sup\Phi(X \times Y_n)$. 事实上, 任给 $g \in \mathcal{M}(\Phi^c)$, 我们将证明 $\mathrm{gen}(g(B_n) \cap S_r Y) \geqslant \dim Y_n$. 如果这个成立, 则有亏格的单调性就可得此断言. 因为 $B_n$ 是 $\mathcal{P}$-紧的, 则存在包含 $(\mathrm{id} - g)(B_n)$ 的有限维子空间 $F \subset E$. 如果必要, 可以选取充分大的 $F$ 使得 $Y_n \subset F$ 以及 $F = P_X F + P_Y F$. 定义

$$\mathcal{O} := \{u \in B_n \cap F : \|g(u)\| < r\},$$

以及

$$h : \partial\mathcal{O} \to P_X F, \quad h(u) := P_X(g(u)).$$

正如引理 3.3.8, 我们可得

$$
\begin{aligned}
\mathrm{gen}(g(\Phi^c) \cap S_r Y) &\geqslant \mathrm{gen}(g(B_n) \cap S_r Y) \\
&\geqslant \mathrm{gen}(h^{-1}(0)) \\
&\geqslant \mathrm{gen}(\partial\mathcal{O}) - \mathrm{gen}(\partial\mathcal{O} \setminus h^{-1}(0)) \\
&\geqslant \dim(F \cap (X + Y_n)) - \mathrm{gen}(P_X F \setminus \{0\}) \\
&= \dim(F \cap (X + Y_n)) - \mathrm{gen}(P_X F) \\
&= \dim Y_n.
\end{aligned}
$$

如果 $\Phi$ 的临界值集合是上方有界的且被常数 $m$ 控制, 则 $\psi$ 在 $(m, \infty)$ 上是一个常数. 因此, 我们只需证明 $\psi$ 只能取到有限值. 为了证明这个, 我们考虑之前的比较函数 $\psi_d$, $d > 0$. 注意到, $\psi(c) \leqslant \psi_d(c)$ 对任意的 $c \in [0, d]$ 成立. 因此, 我们只需证明 $\psi_d$ 只能取到有限值. 显然地, 由 $\mathrm{id} \in \mathcal{M}_0(\Phi^d)$ 可得 $\psi_d(c) = 0$ 对任意的 $c < \kappa$ 成立. 因此, 我们只需证明对任意的 $c \in (0, d]$, 存在 $\delta > 0$ 使得 $\psi_d(c + \delta) \leqslant \psi_d(c - \delta) + 1$.

令 $I := [\kappa/2, d+1]$, $\mathscr{A}$ 是 $(PS)_I$-吸引集 $((C)_I$-吸引集). 注意到, 如果 $\Phi$ 对任意的 $c \in I$ 都满足 $(PS)_c$-条件, 则这个集合是存在的. 我们将证明对任意的 $c \in [\kappa, d]$, 存在 $\delta > 0$ 满足 $\psi_d(c + \delta) \leqslant \psi_d(c - \delta) + 1$. 固定 $\sigma < \beta/2$ 且令 $\eta$ 是在定理 3.2.8 中的形变, 其中 $\beta$ 在 (3.2.8) 中给出. 则 $h := \eta(1, \cdot) \in \mathcal{M}_0(\Phi^d)$ 以及 $h(\Phi^{c+\delta}) \subset \Phi^{c-\delta} \cup U_\sigma$ 对充分小的 $\delta > 0$ 成立. 固定 $\delta > 0$ 并选取 $g \in \mathcal{M}_0(\Phi^d)$ 使

得 $\psi_d(c-\delta) = \mathrm{gen}(g(\Phi^{c-\delta}) \cap S_r Y)$. 因此, $g \circ h \in \mathcal{M}_0(\Phi^d)$ 以及 $g \circ h(\Phi^{c+\delta}) \subset g(\Phi^{c-\delta}) \cup g(U_\sigma)$. 因此, 使用亏格的性质, 不难验证

$$
\begin{aligned}
\psi_d(c+\delta) &\leqslant \mathrm{gen}(g \circ h(\Phi^{c+\delta}) \cap S_r Y) \\
&\leqslant \mathrm{gen}(g(\Phi^{c-\delta}) \cup g(U_\sigma) \cap S_r Y) \\
&\leqslant \mathrm{gen}((g(\Phi^{c-\delta}) \cap S_r Y) \cup g(U_\sigma)) \\
&\leqslant \mathrm{gen}(g(\Phi^{c-\delta}) \cap S_r Y) + \mathrm{gen}(g(U_\sigma)) \\
&\leqslant \psi_d(c-\delta) + 1,
\end{aligned}
$$

其中等式 $\mathrm{gen}(g(U_\sigma)) = \mathrm{gen}(U_\sigma) \leqslant 1$ 可从 $P_Y(U_\sigma)$ 的离散性得到. $\qquad\square$

**注 3.3.11** 定理 3.3.10 早期版本在文献 [14, 16] 中已被证明 (我们也可参看 [77]). 对于更一般的对称性, 上述定理也成立 (参看 [12]).

# 第 4 章　Hamilton 系统的同宿轨

在本章, 我们考虑如下 Hamilton 系统

$$\dot{z} = \mathcal{J} H_z(t, z), \tag{HS}$$

其中 $z = (p, q) \in \mathbb{R}^{2N}$, $\mathcal{J}$ 是 $\mathbb{R}^{2N}$ 中的标准辛结构:

$$\mathcal{J} := \begin{pmatrix} 0 & -I \\ I & 0 \end{pmatrix},$$

并且 $H \in C^1(\mathbb{R} \times \mathbb{R}^{2N}, \mathbb{R})$ 有如下形式

$$H(t, z) = \frac{1}{2} L(t) z \cdot z + R(t, z),$$

其中 $L(t)$ 是一个连续对称的 $2N \times 2N$ 矩阵值函数, 当 $z \to 0$ 时, $R_z(t, z) = o(|z|)$ 并且在无穷远处 $R_z$ 是超线性或渐近线性的. 如果方程 (HS) 的解 $z$ 满足

$$z(t) \neq 0 \text{ 且当 } |t| \to \infty \text{ 时 } z(t) \to 0,$$

则称这个解为同宿轨. 我们将研究同宿轨的存在性和多重性. 在本章, 首先处理 Hamilton 量周期性地依赖于 $t$ 的情况, 最后, 处理 Hamilton 量没有周期性的情况.

## 4.1　关于周期性 Hamilton 量的存在性和多重性结果

近年来, 通过临界点理论, 关于 (HS) 同宿轨的存在性和多重性被广泛研究. 下面我们首先来回顾一下对函数 $L$ 和 $R$ 做出的各种假设及得到的一些结果. 关于 $L$, 我们假设 $L$ 是常数使得每个矩阵 $\mathcal{J}L$ 的特征值具有非零实部 (见 [10, 17, 71, 105, 106]), 或者假设 $L$ 依赖于 $t$ 使得 0 属于 $\sigma(A)$ 的谱隙 (至少是边界) 中, 其中 $\sigma(A)$ 是 Hamilton 算子 $A := -\mathcal{J}d/dt + L$ 的谱 (见 [41, 56]).

对于超线性情形, 总是假设 $R$ 满足 Ambrosetti-Rabinowitz 型条件 (简记为 (AR) 条件), 即存在 $\mu > 2$ 使得

$$0 < \mu R(t, z) < R_z(t, z)z \tag{4.1.1}$$

对任意的 $z \neq 0$ 成立. 另外还假设: 存在 $\kappa \in (1, 2)$ 以及常数 $c > 0$ 使得对所有的 $(t, z) \in \mathbb{R} \times \mathbb{R}^N$ 满足

$$|R_z(t, z)|^\kappa \leqslant c(1 + R_z(t, z)z). \tag{4.1.2}$$

为了建立多重性, 还需要下面的条件: 存在常数 $\delta, c_0 > 0$ 和 $\varsigma \geqslant 1$ 使得当 $|h| \leqslant \delta$ 时

$$|R_z(t, z + h) - R_z(t, z)| \leqslant c_0(1 + |z|^\varsigma)|h|. \tag{4.1.3}$$

关于至少一个同宿轨的存在性结果, 可参见 [56, 71, 106, 116]. 当 $R(t, z)$ 关于 $z$ 是严格凸时, [96, 97] 首次获得无穷多同宿轨的存在性. 之后, [41] 和 [106] 在 $R(t, z)$ 关于 $z$ 是偶的以及 $R(t, z)$ 具有某些对称性时, 也得到无穷多同宿轨的存在性.

关于渐近线性情形, 在文献 [105] 中获得一个同宿轨的存在性. 就我们所知, 这种情况没有无穷多同宿轨存在的结果.

本章的目的是通过第 3 章介绍的强不定泛函的临界点理论, 建立在不同假设条件下同宿轨的存在性和多重性. 与上述提到的文献相比, 本章的主要贡献有三个方面: 首先, 我们处理比 (AR) 条件 (4.1.1) 更一般超线性的情形; 其次, 我们证明了渐近线性系统拥有无穷多个同宿轨; 第三, 我们证明了没有假设条件 (4.1.3) 的情况下无穷多同宿轨的存在性.

为了给出我们的结果, 记

$$\mathcal{J}_0 := \begin{pmatrix} 0 & I \\ I & 0 \end{pmatrix},$$

以及

$$\tilde{R}(t, z) := \frac{1}{2}R_z(t, z)z - R(t, z),$$

其中 $I$ 为 $N \times N$ 单位矩阵. 对于任意的矩阵值函数 $M \in C(\mathbb{R}, \mathbb{R}^{2N \times 2N})$, 令 $\wp(M(t))$ 表示 $M(t)$ 的所有特征值的集合且令

$$\lambda_M := \inf_{t \in \mathbb{R}} \min \wp(M(t)), \quad \Lambda_M := \sup_{t \in \mathbb{R}} \max \wp(M(t)).$$

特别地, 对于 $M(t) = \mathcal{J}_0 L(t)$, 记 $\lambda_0 := \lambda_{\mathcal{J}_0 L}$ 以及 $\Lambda_0 := \Lambda_{\mathcal{J}_0 L}$. 我们假设:

$(L_0)$ $L(t)$ 关于 $t$ 是 1-周期的并且 $\mathcal{J}_0 L(t)$ 是正定的;

$(R_0)$ $R(t, z)$ 关于 $t$ 是 1-周期的, $R(t, z) \geqslant 0$ 且当 $z \to 0$ 时, $R_z(t, z) = o(|z|)$ 关于 $t$ 一致成立.

显然, 在周期性条件下, 如果 $z$ 是同宿轨, 则对任意的 $k \in \mathbb{Z}$, $k * z$ 也是一个同宿轨, 其中 $(k * z)(t) = z(t + k)$, $t \in \mathbb{R}$. 如果对任意的 $k \in \mathbb{Z}$, 两个同宿轨 $z_1, z_2$ 满足 $k * z_1 \neq z_2$, 我们称 $z_1, z_2$ 是几何意义上不同的解.

首先, 我们处理超线性情况. 假设

($S_1$) 当 $|z| \to \infty$ 时, $R(t,z)/|z|^2 \to \infty$ 关于 $t$ 一致成立;

($S_2$) 如果 $z \neq 0$, 则 $\tilde{R}(t,z) > 0$ 并且存在 $r_1 > 0, \nu > 1$ 使得当 $|z| \geqslant r_1$ 时, 成立 $|R_z(t,z)|^\nu \leqslant c_1 \tilde{R}(t,z)|z|^\nu$.

**定理 4.1.1** ([39])　设 ($L_0$), ($R_0$) 以及 ($S_1$)—($S_2$) 成立, 则系统 (HS) 至少有一个同宿轨. 此外, 如果 $R(t,z)$ 关于 $z$ 是偶的, 则系统 (HS) 有无穷多个几何意义上不同的同宿轨.

**注 4.1.2**　(a) 下面的函数满足 ($R_0$) 以及 ($S_1$)—($S_2$), 但不满足 (4.1.1):

**例 4.1.1**　$R(t,z) = a(t)(|z|^2 \ln(1+|z|) - |z|^2/2 + |z| - \ln(1+|z|))$;

**例 4.1.2**　$R(t,z) = a(t)(|z|^\mu + (\mu-2)|z|^{\mu-\varepsilon}\sin^2(|z|^\varepsilon/\varepsilon))$, $\mu > 2$, $0 < \varepsilon < \mu - 2$, 其中 $a(t) > 0$ 且关于 $t$ 是 1-周期的.

(b) 若 $R(t,z)$ 满足 (4.1.1) 以及 (4.1.2), 则满足 ($S_1$)—($S_2$). 事实上, 不难验证, $R(t,z) \geqslant c_1|z|^\mu$ 对任意的 $|z| \geqslant 1$ 成立; 以及当 $z \neq 0$ 时, $\tilde{R}(t,z) \geqslant (\mu-2)/(2\mu)R_z(t,z)z > 0$ 且

$$|R_z(t,z)|^\nu \leqslant c_2|R_z(t,z)|^{\nu-\kappa}R_z(t,z)z \leqslant c_3|z|^{\frac{\nu-\kappa}{\kappa-1}}\tilde{R}(t,z) \leqslant c_4\tilde{R}(t,z)|z|^\nu$$

对任意的 $|z| \geqslant 1$ 以及 $1 < \nu \leqslant \kappa/(2-\kappa)$ 成立.

(c) 如果 $|z| \geqslant r_1$ 充分大, 则 $|R_z(t,z)||z| \leqslant c_1 R_z(t,z)z$ 且假设

($\hat{S}_2$) 存在 $p > 2$ 和 $\omega \in (0,2)$ 使得

$$R(t,z) \leqslant \left(\frac{1}{2} - \frac{1}{c_3|z|^\omega}\right)R_z(t,z)z$$

对任意的 $|z| \geqslant r_1$, $|R_z(t,z)| \leqslant c_2|z|^{p-1}$ 成立.

则 ($S_2$) 成立. 事实上, 由 ($\hat{S}_2$), 不难得到

$$|R_z(t,z)|^\nu \leqslant c_4\tilde{R}(t,z)|z|^\nu$$

对任意的 $|z| \geqslant r_1$ 以及 $1 < \nu \leqslant (p-\omega)/(p-2)$ 成立.

现在, 我们回到渐近线性的情形. 令

$$\mathcal{J}_1 := \begin{pmatrix} -I & 0 \\ 0 & I \end{pmatrix}.$$

我们还假设

($L_1$)　$L(t)$ 和 $\mathcal{J}_1$ 是反交换的: 对所有的 $t \in \mathbb{R}$, $\mathcal{J}_1 L(t) = -L(t)\mathcal{J}_1$.

例如, 如果 $B(t)$ 是一个 $N \times N$ 对称矩阵值函数, 则函数

$$\begin{pmatrix} 0 & B(t) \\ B(t) & 0 \end{pmatrix}$$

满足 $(L_1)$. 对于非线性项, 我们假设

$(A_1)$ 当 $|z| \to \infty$ 时, $R_z(t, z) - L_\infty(t)z = o(|z|)$ 关于 $t$ 是一致成立的, 其中 $L_\infty(t)$ 是一个对称的矩阵值函数满足 $\lambda_{L_\infty} > \Lambda_0$;

$(A_2)$ $\tilde{R}(t, z) \geqslant 0$, 且存在 $\delta_0 \in (0, \lambda_0)$ 使得当 $|R_z(t, z)| \geqslant (\lambda_0 - \delta_0)|z|$ 满足时, 成立 $\tilde{R}(t, z) \geqslant \delta_0$.

我们指出, Jeanjean 在文献 [74] 中首次使用类似 $(A_2)$ 的条件研究了 $\mathbb{R}^N$ 上某些渐近线性问题解的存在性. 我们将证明下面的结果.

**定理 4.1.3** ([39]) 设 $(L_0)$—$(L_1)$, $(R_0)$ 以及 $(A_1)$—$(A_2)$ 成立. 则系统 (HS) 至少有一个同宿轨. 此外, 如果 $R(t, z)$ 关于 $z$ 是偶的, 并且满足

$(A_3)$ 存在 $\delta_1 > 0$ 使得当 $0 < |z| \leqslant \delta_1$ 时, $\tilde{R}(t, z) \neq 0$,

则系统 (HS) 有无穷多个几何意义上不同的同宿轨.

正如前面所提到的, 如果 $L$ 是常数使得 0 属于 $\sigma(A)$ 的谱隙中, 也就是

$$\underline{\Lambda} := \sup(\sigma(A) \cap (-\infty, 0)) < 0 < \overline{\Lambda} := \inf(\sigma(A) \cap (0, \infty)),$$

以及 $(R_0)$, $(A_1)$, $(A_2)$ 满足, 则在文献 [105] 中获得一个同宿轨的存在性. 然而在定理 4.1.3 中得到的是解的多重性结果.

**注 4.1.4** 下面的函数满足 $(R_0)$ 以及 $(A_1)$—$(A_3)$.

**例 4.1.3** $R(t, z) := a(t)|z|^2(1 - 1/(\ln(e + |z|)))$, 其中 $a(t) > \Lambda_0$ 且关于 $t$ 是 1-周期的.

**例 4.1.4** $R_z(t, z) = h(t, |z|)z$, 其中 $h(t, s)$ 关于 $t$ 是 1-周期的, 关于 $s \in [0, \infty)$ 是递增的且当 $s \to 0$ 时, $h(t, s) \to 0$; 当 $s \to \infty$ 时, $h(t, s) \to a(t)$ 关于 $t$ 是一致成立的.

下一节我们研究算子 $A$ 的谱. 通过假设 $(L_0)$, 我们得到 $\sigma(A) \subset \mathbb{R} \backslash (-\lambda_0, \lambda_0)$. 如果 $(L_1)$ 成立, 则 $\sigma(A)$ 关于 $0 \in \mathbb{R}$ 是对称的. 因此, $(L_0)$ 和 $(L_1)$ 蕴含着 $\lambda_0 \leqslant \inf(\sigma(A) \cap (0, \infty)) \leqslant \Lambda_0$, 这将用于在渐近线性的情形下得到环绕结构. 在 4.3 节, 基于对 $\sigma(A)$ 的刻画, 我们得到 (HS) 的变分结构且得到相应的泛函形式为: $\Phi(z) = (\|z^+\|^2 - \|z^-\|^2)/2 - \int_{\mathbb{R}} R(t, z)dt$, 其定义在 Hilbert 空间 $E = \mathscr{D}(|A|^{\frac{1}{2}}) \cong H^{\frac{1}{2}}(\mathbb{R}, \mathbb{R}^{2N})$ 上, 其中 $E$ 可以分解为 $E = E^- \oplus E^+, z = z^- + z^+, \dim E^\pm = \infty$. 在 4.4 节, 我们得到 $\Phi$ 的环绕结构, 也就是, 存在常数 $r > 0$ 使得 $\inf \Phi(E^+ \cap \partial B_r) > 0$, 以及存在一列有限维递增子空间 $\{Y_n\} \subset E^+$ 使得在 $E_n := E^- \oplus Y_n$ 中,

当 $\|u\| \to \infty$ 时, $\Phi(u) \to -\infty$. 这与喷泉结构是不同的 (参见 [12,112]). 在 4.5 节, 我们证明了 $\Phi$ 的 $(C)_c$-序列的有界性, 然后在没有一般性条件 (4.1.3) 的假设下, 证明了对任意的有限区间 $I \subset \mathbb{R}$, 存在离散的 $(C)_I$-吸引集 (由 $\Phi$ 的临界点的有限和组成, 从而使得对任意的 $(C)_c$-序列 $((c \in I))$ 收敛到 $\mathscr{A}$). 在 4.6 节, 我们首先通过定理 3.3.7 构造正水平集的 $(C)_c$-序列来证明定理 4.1.1, 并应用集中紧性原理得到 $\Phi$ 的一个非平凡的临界点. 然后应用定理 3.3.10 证明无穷多同宿轨的存在性, 即证明了定理 4.1.3.

## 4.2　Hamilton 算子的谱

为了建立系统 (HS) 的变分框架, 本节我们将研究 Hamilton 算子的谱.

注意到, 算子 $A = -(\mathcal{J}d/dt + L)$ 是在 $L^2(\mathbb{R}, \mathbb{R}^{2N})$ 上的自伴算子, 其中定义域为 $\mathscr{D}(A) = H^1(\mathbb{R}, \mathbb{R}^{2N})$. 记

$$\mu_e := \inf\{\lambda : \lambda \in \sigma(A) \cap [0, \infty)\}. \tag{4.2.1}$$

**命题 4.2.1**　设 $(L_0)$ 成立. 则

(1°) $A$ 只有连续谱: $\sigma(A) = \sigma_c(A)$;

(2°) $\sigma(A) \subset \mathbb{R} \setminus (-\lambda_0, \lambda_0)$;

(3°) 如果 $(L_1)$ 也成立, 则 $\sigma(A)$ 是对称的: $\sigma(A) \cap (-\infty, 0) = -\sigma(A) \cap (0, \infty)$ 且 $\mu_e \leqslant \Lambda_0$.

**证明**　对于 (1°) 的证明, 可参见 [56], 在这篇文献中, 证明了对任意的周期对称矩阵函数 $M(t)$, 算子 $-(\mathcal{J}d/dt + M)$ 的谱都是连续谱.

为了证明 (2°), 我们考虑算子 $A^2$, 其定义域为 $\mathscr{D}(A^2) = H^2(\mathbb{R}, \mathbb{R}^{2N})$. 显然, $\mathcal{J}_0^2 = I$ 以及 $\mathcal{J}_0\mathcal{J} = -\mathcal{J}\mathcal{J}_0$. 对于 $z \in \mathscr{D}(A^2)$, 我们有

$$
\begin{aligned}
(A^2 z, z)_2 = |Az|_2^2 &= \left|\left(\mathcal{J}\frac{d}{dt} + \mathcal{J}_0(\mathcal{J}_0 L - \lambda_0)\right)z + \lambda_0\mathcal{J}_0 z\right|_2^2 \\
&= \left|\left(\mathcal{J}\frac{d}{dt} + \mathcal{J}_0(\mathcal{J}_0 L - \lambda_0)\right)z\right|_2^2 + \lambda_0^2|\mathcal{J}_0 z|_2^2 + (\mathcal{J}\dot{z}, \lambda_0\mathcal{J}_0 z)_2 + (\lambda_0\mathcal{J}_0 z, \mathcal{J}\dot{z})_2 \\
&\quad + (\mathcal{J}_0(\mathcal{J}_0 L - \lambda_0)z, \lambda_0\mathcal{J}_0 z)_2 + (\lambda_0\mathcal{J}_0 z, \mathcal{J}_0(\mathcal{J}_0 L - \lambda_0)z)_2 \\
&= \left|\left(\mathcal{J}\frac{d}{dt} + \mathcal{J}_0(\mathcal{J}_0 L - \lambda_0)\right)z\right|_2^2 + \lambda_0^2|z|_2^2 + 2\lambda_0((\mathcal{J}_0 L - \lambda_0)z, z)_2 \\
&\geqslant \lambda_0^2|z|_2^2.
\end{aligned}
$$

因此, $\sigma(A^2) \subset [\lambda_0^2, \infty)$. 令 $\{F_\lambda\}_{\lambda \in \mathbb{R}}$ 和 $\{\tilde{F}_\lambda\}_{\lambda \geqslant 0}$ 分别表示算子 $A$ 和 $A^2$ 的谱族. 由引理 2.2.19, 对任意的 $\lambda \geqslant 0$, 成立

$$\tilde{F}_\lambda = F_{\lambda^{\frac{1}{2}}} - F_{-\lambda^{\frac{1}{2}}-0} = F_{[-\lambda^{\frac{1}{2}}, \lambda^{\frac{1}{2}}]}. \tag{4.2.2}$$

因此, 对 $\lambda \in [0, \lambda_0^2)$, 我们有

$$\dim(F_{[-\lambda^{\frac{1}{2}}, \lambda^{\frac{1}{2}}]} L^2) = \dim(\tilde{F}_\lambda L^2) = 0, \tag{4.2.3}$$

从而 $\sigma(A) \subset \mathbb{R} \setminus (-\lambda_0, \lambda_0)$, 这就是 (2°).

现在我们证明 (3°). 令 $\lambda \in \sigma(A) \cap (0, \infty)$. 则存在序列 $\{z_n\} \subset \mathscr{D}(A)$ 使得 $|z_n|_2 = 1$ 且 $|(A - \lambda)z_n|_2 \to 0$. 令 $\tilde{z}_n = \mathcal{J}_1 z_n$. 则 $|\tilde{z}_n|_2 = 1$. 因为 $\mathcal{J}\mathcal{J}_1 = -\mathcal{J}_1\mathcal{J}$ 以及 $\mathcal{J}_0\mathcal{J}_1 = -\mathcal{J}_1\mathcal{J}_0$, 我们得到 $A\tilde{z}_n = -\mathcal{J}_1 A z_n$ 以及

$$|(A - (-\lambda))\tilde{z}_n|_2 = |-\mathcal{J}_1(A - \lambda)z_n|_2 \to 0,$$

这就蕴含着 $-\lambda \in \sigma(A)$. 类似地, 如果 $\lambda \in \sigma(A) \cap (-\infty, 0)$, 则 $-\lambda \in \sigma(A) \cap (0, \infty)$. 因此, $\sigma(A)$ 关于 $0$ 是对称的. 为了证明 $\mu_e \leqslant \Lambda_0$, 我们再次考虑算子 $A^2$. 令 $\tilde{\mu}_e := \inf \sigma(A^2)$. 显然, $\tilde{\mu}_e \geqslant \lambda_0^2$. 我们断言: $\tilde{\mu}_e \leqslant \Lambda_0^2$. 若不然, 也就是假设 $\tilde{\mu}_e > \Lambda_0^2$. 注意到, $\mathcal{J}d/dt$ 是在 $L^2$ 上的自伴算子以及 $0 \in \sigma(\mathcal{J}d/dt) = \mathbb{R}$, 因此我们可以取序列 $z_n \in C_0^\infty(\mathbb{R}, \mathbb{R}^{2N})$ 满足 $|z_n|_2 = 1$ 以及 $|\mathcal{J}(dz_n)/dt|_2 \to 0$. 则

$$\begin{aligned}
\Lambda_0^2 < \tilde{\mu}_e &= \tilde{\mu}_e |z_n|_2^2 \leqslant (A^2 z_n, z_n)_2 = (A z_n, A z_n)_2 \\
&= \left| \mathcal{J}\frac{d}{dt}z_n + L z_n \right|_2^2 \leqslant \left( \left| \mathcal{J}\frac{d}{dt}z_n \right|_2 + |L z_n|_2 \right)^2 \\
&\leqslant o_n(1) + \Lambda_0^2,
\end{aligned}$$

这就得到矛盾. 由 (4.2.2), 对任意的 $\varepsilon > 0$,

$$\dim(F_{[-(\tilde{\mu}_e + \varepsilon)^{\frac{1}{2}}, (\tilde{\mu}_e + \varepsilon)^{\frac{1}{2}}]} L^2) = \dim(\tilde{F}_{\tilde{\mu}_e + \varepsilon} L^2) = \infty,$$

再结合 (4.2.3) 就能推出 $\pm \tilde{\mu}_e^{\frac{1}{2}}$ 至少有一个属于 $\sigma(A)$, 从而由对称性可得 $\pm \tilde{\mu}_e^{\frac{1}{2}} \in \sigma(A)$. 因此, $\mu_e \leqslant \tilde{\mu}_e^{\frac{1}{2}} \leqslant \Lambda_0$, 这就完成证明. $\qquad\square$

## 4.3 变分框架

由命题 4.2.1, $L^2 := L^2(\mathbb{R}, \mathbb{R}^{2N})$ 将有如下的正交分解

$$L^2 = L^- \oplus L^+, \quad z = z^- + z^+,$$

使得对于 $z \in L^- \cap \mathscr{D}(A)$, $(Az, z)_2 \leqslant -\lambda_0|z|_2^2$; 对于 $z \in L^+ \cap \mathscr{D}(A)$, $(Az, z)_2 \geqslant \lambda_0|z|_2^2$. 记 $|A|$ 为绝对值, 令 $E := \mathscr{D}(|A|^{\frac{1}{2}})$ 是 Hilbert 空间, 其内积为

$$(z_1, z_2) = (|A|^{\frac{1}{2}} z_1, |A|^{\frac{1}{2}} z_2)_2,$$

以及范数为 $\|z\| = (z,z)^{\frac{1}{2}}$, 其中 $(\cdot,\cdot)_2$ 表示 $L^2$ 中的内积. $E$ 有正交分解

$$E = E^- \oplus E^+, \quad \text{其中 } E^\pm = E \cap L^\pm.$$

注意到, 令 $A_0 = \mathcal{J}d/dt + \mathcal{J}_0$, 则由命题 4.2.1 可知, 存在 $c_1, c_2 > 0$, 使得对任意的 $z \in H^1(\mathbb{R}, \mathbb{R}^{2N})$,

$$c_1|A_0 z|_2 \leqslant |Az|_2 \leqslant c_2 |A_0 z|_2.$$

由 Fourier 分析可知 $|A_0 z|_2 = \|z\|_{H^1}$, 于是, $c_1\|z\|_{H^1} \leqslant |Az|_2 \leqslant c_2 \|z\|_{H^1}$. 因此, 对所有的 $z \in E$, $c_1'\|z\|_{H^{\frac{1}{2}}} \leqslant \|z\| \leqslant c_2'\|z\|_{H^{\frac{1}{2}}}$. 利用 $H^{\frac{1}{2}}$ 上的 Sobolev 嵌入定理, 可以直接得到下面的引理.

**引理 4.3.1**   在 $(L_0)$ 的假设下, $E$ 连续嵌入 $L^p(\mathbb{R}, \mathbb{R}^{2N})$ 对所有的 $p \geqslant 2$ 都成立; 且 $E$ 紧嵌入 $L^p_{\text{loc}}(\mathbb{R}, \mathbb{R}^{2N})$ 对所有的 $p \in [1, \infty)$ 都成立.

注意到, 系统 (HS) 可以重新写为

$$Az = R_z(t, z). \tag{4.3.1}$$

在 $E$ 上, 我们定义泛函

$$\Phi(z) := \frac{1}{2}\|z^+\|^2 - \frac{1}{2}\|z^-\|^2 - \Psi(z), \quad \text{其中 } \Psi(z) = \int_{\mathbb{R}} R(t, z)dt. \tag{4.3.2}$$

由 $H(t, z)$ 的假设可知 $\Phi \in C^1(E, \mathbb{R})$. 此外, 由 2.3 节可知 $\Phi$ 的临界点就是 (HS) 的同宿轨.

注意到, 如果 $(S_2)$ 成立, 则 $|R_z(t, z)|^\nu \leqslant c_1|R_z(t, z)||z|^{\nu+1}$, 因此, 如果 $p \geqslant (2\nu)/(\mu - 1)$, 则

$$|R_z(t, z)| \leqslant d_1|z|^{p-1} \tag{4.3.3}$$

对任意的 $|z| \geqslant r_1$ 都成立. 此外, 如果 $(A_1)$ 成立, 对所有的 $p \geqslant 2$, 则 (4.3.3) 仍然是成立的.

**引理 4.3.2**   设 $(L_0)$ 和 $(R_0)$ 且 $(S_1)$—$(S_2)$ 或 $(A_1)$—$(A_2)$ 成立, 则 $\Psi$ 是非负的、弱序列下半连续的, 以及 $\Psi'$ 是弱序列连续的.

**证明**   由于 $(R_0)$, $R(t, z)$ 是非负的, 所以 $\Psi$ 也是非负的. 令 $z_j \in E$ 且 $z_j$ 在 $E$ 弱收敛到 $z$. 则由引理 2.4.6 以及引理 4.3.1 可知, $z_j(t) \to z(t)$ a.e. $t \in \mathbb{R}$. 因此, $R(t, z_j(t)) \to R(t, z(t))$ a.e. $t \in \mathbb{R}$ 成立. 进而由 Fatou 引理有

$$\Psi(z) = \int_{\mathbb{R}} R(t, z)dt \leqslant \liminf_{j \to \infty} \int_{\mathbb{R}} R(t, z_j)dt = \liminf_{j \to \infty} \Psi(z_j),$$

这就证明了 $\Psi$ 是弱序列下半连续的.

为了证明 $\Psi'$ 是弱序列连续的, 假设 $z_j$ 在 $E$ 中弱收敛到 $z$. 由引理 4.3.1, 对任意 $p \geqslant 1$, $z_j$ 在 $L_{\text{loc}}^p(\mathbb{R}, \mathbb{R}^{2N})$ 中收敛到 $z$. 由 $(R_0)$ 和 (4.3.3), 我们可选取 $p > 2$ 使得 $|R_z(t, z)| \leqslant c_1(|z| + |z|^{p-1})$. 显然, 对任意的 $\varphi \in C_0^\infty(\mathbb{R}, \mathbb{R}^{2N})$,

$$\Psi'(z_j)\varphi = \int_{\mathbb{R}} R_z(t, z_j)\varphi dt \to \int_{\mathbb{R}} R_z(t, z)\varphi dt = \Psi'(z)\varphi. \tag{4.3.4}$$

因为 $C_0^\infty(\mathbb{R}, \mathbb{R}^{2N})$ 在 $E$ 中稠密, 对任意的 $w \in E$, 选取 $\varphi_n \in C_0^\infty(\mathbb{R}, \mathbb{R}^{2N})$ 使得当 $n \to \infty$ 时 $\|\varphi_n - w\| \to 0$. 注意到

$$\begin{aligned}
|\Psi'(z_j)w - \Psi'(z)w| &\leqslant |(\Psi'(z_j) - \Psi'(z))\varphi_n| + |(\Psi'(z_j) - \Psi'(z))(w - \varphi_n)| \\
&\leqslant |(\Psi'(z_j) - \Psi'(z))\varphi_n| \\
&\quad + c_2 \int_{\mathbb{R}} (|z| + |z_j| + |z|^{p-1} + |z_j|^{p-1})|w - \varphi_n| dx \\
&\leqslant |(\Psi'(z_j) - \Psi'(z))\varphi_n| + c_3\|w - \varphi_n\|.
\end{aligned}$$

对任意的 $\varepsilon > 0$, 固定 $n$ 使得 $\|w - \varphi_n\| < \varepsilon/(2c_3)$. 由 (4.3.4) 可知, 存在 $j_0$, 使得当 $j \geqslant j_0$ 时, $|(\Psi'(z_j) - \Psi'(z))\varphi_n| < \varepsilon/2$. 因此, 当 $j \geqslant j_0$ 时, $|\Psi'(z_j)w - \Psi'(z)w| < \varepsilon$, 从而得到 $\Psi'$ 是弱序列连续的. □

## 4.4 环 绕 结 构

在本节, 我们将讨论泛函 $\Phi$ 的环绕结构. 注意到, $(R_0)$ 和 (4.3.3) 就蕴含着: 在超线性的情况下, 任意给定 $p \geqslant (2\nu)/(\nu - 1)$, 在渐近线性的情况下, 任意给定 $p \geqslant 2$, 对任意的 $\varepsilon > 0$, 存在 $C_\varepsilon > 0$, 使得对所有的 $(t, z)$ 都有

$$|R_z(t, z)| \leqslant \varepsilon|z| + C_\varepsilon|z|^{p-1}, \tag{4.4.1}$$

并且

$$R(t, z) \leqslant \varepsilon|z|^2 + C_\varepsilon|z|^p. \tag{4.4.2}$$

首先我们有下面的引理.

**引理 4.4.1** 在引理 4.3.2 的假设条件下, 存在 $r > 0$ 使得 $\kappa := \inf \Phi(S_r^+) > \Phi(0) = 0$, 其中 $S_r^+ = \partial B_r \cap E^+$.

**证明** 选择 $p > 2$ 使得对任意的 $\varepsilon > 0$, (4.4.2) 成立. 再结合引理 4.3.1 可得, 对所有的 $z \in E$,

$$\Psi(z) \leqslant \varepsilon|z|_2^2 + C_\varepsilon|z|_p^p \leqslant C(\varepsilon\|z\|^2 + C_\varepsilon\|z\|^p).$$

从而由 $\Phi$ 的表达式可知此引理的结论成立. □

接下来, 在超线性的情况下, 任意固定 $\omega \geqslant 2\mu_e$ (其中 $\mu_e$ 是由 (4.2.1) 定义的常数), 在渐近线性的情况下, 令 $\omega := \lambda_{L_\infty}$. 注意到, 由命题 4.2.1 以及 (A$_1$) 可以推出 $\lambda_0 \leqslant \mu_e \leqslant \Lambda_0 < \lambda_{L_\infty}$ (这是唯一一用到 (L$_1$) 的地方). 因此, 无论是超线性还是渐近线性的情形, 我们都可以选取常数 $\bar{\mu}$ 满足

$$\mu_e < \bar{\mu} < \omega. \tag{4.4.3}$$

因为 $\sigma(A) = \sigma_c(A)$, 子空间 $Y_0 := (F_{\bar{\mu}} - F_0)L^2$ 是无穷维的. 注意到, 对所有的 $w \in Y_0$, 我们有

$$Y_0 \subset E^+ \quad \text{且} \quad \mu_e |w|_2^2 \leqslant \|w\|^2 \leqslant \bar{\mu}|w|_2^2. \tag{4.4.4}$$

对 $Y_0$ 的任意有限维子空间 $Y$, 令 $E_Y = E^- \oplus Y$.

**引理 4.4.2**　在引理 4.3.2 的假设条件下, 若对渐近线性情形, (L$_1$) 也成立. 则对 $Y_0$ 的任意有限维子空间 $Y$, $\sup \Phi(E_Y) < \infty$ 以及存在 $R_Y > 0$ 使得对所有的 $z \in E_Y$ 且 $\|z\| \geqslant R_Y$ 都有 $\Phi(z) < \inf \Phi(B_r)$.

**证明**　只需证明当 $z \in E_Y$ 且 $\|z\| \to \infty$ 时, 成立 $\Phi(z) \to -\infty$. 通过反证, 假设存在序列 $\{z_j\} \subset E_Y$ 满足 $\|z_j\| \to \infty$, 且存在 $M > 0$ 使得对任意的 $j$, $\Phi(z_j) \geqslant -M$. 令 $w_j = z_j / \|z_j\|$, 则 $\|w_j\| = 1$ 且存在 $w \in E_Y$ 使得 $w_j \rightharpoonup w, w_j^- \to w^-, w_j^+ \to w^+ \in Y$ 以及

$$-\frac{M}{\|z_j\|^2} \leqslant \frac{\Phi(z_j)}{\|z_j\|^2} = \frac{1}{2}\|w_j^+\|^2 - \frac{1}{2}\|w_j^-\|^2 - \int_{\mathbb{R}} \frac{R(t, z_j)}{\|z_j\|^2} dt. \tag{4.4.5}$$

接下来断言 $w^+ \neq 0$. 若不然, 则从 (4.4.5) 可得

$$0 \leqslant \frac{1}{2}\|w_j^-\|^2 + \int_{\mathbb{R}} \frac{R(t, z_j)}{\|z_j\|^2} dt \leqslant \frac{1}{2}\|w_j^+\|^2 + \frac{M}{\|z_j\|^2} \to 0,$$

特别地, $\|w_j^-\| \to 0$. 因此, $\|w_j\| \to 0$, 这与 $\|w_j\| = 1$ 矛盾.

首先, 我们考虑超线性的情形, 也就是假设 (S$_1$)—(S$_2$) 成立. 则由 (S$_1$) 可知, 存在 $r_0 > 0$ 使得当 $|z| \geqslant r_0$ 时, $R(t, z) \geqslant \omega|z|^2$. 利用 (4.4.3)—(4.4.4), 我们可以得到

$$\|w^+\|^2 - \|w^-\|^2 - \omega \int_{\mathbb{R}} |w|^2 dt \leqslant \bar{\mu}|w^+|_2^2 - \|w^-\|^2 - \omega|w^+|_2^2 - \omega|w^-|_2^2$$
$$\leqslant -((\omega - \bar{\mu})|w^+|_2^2 + \|w^-\|^2) < 0.$$

因此, 存在充分大的 $a > 0$ 使得

$$\|w^+\|^2 - \|w^-\|^2 - \omega \int_{-a}^{a} |w|^2 dt < 0. \tag{4.4.6}$$

注意到

$$\frac{\Phi(z_j)}{\|z_j\|^2} \leqslant \frac{1}{2}(\|w_j^+\|^2 - \|w_j^-\|^2) - \int_{-a}^{a} \frac{R(t,z_j)}{\|z_j\|^2}dt$$

$$= \frac{1}{2}\left(\|w_j^+\|^2 - \|w_j^-\|^2 - \omega\int_{-a}^{a}|w_j|^2dt\right) - \int_{-a}^{a} \frac{R(t,z_j) - \omega|z_j|^2/2}{\|z_j\|^2}dt$$

$$\leqslant \frac{1}{2}\left(\|w_j^+\|^2 - \|w_j^-\|^2 - \omega\int_{-a}^{a}|w_j|^2dt\right) + \frac{a\omega r_0^2}{\|z_j\|^2}.$$

因此, 由 (4.4.5) 和 (4.4.6) 可得

$$0 \leqslant \lim_{j\to\infty}\left(\frac{1}{2}\|w_j^+\|^2 - \frac{1}{2}\|w_j^-\|^2 - \int_{-a}^{a} \frac{R(t,z_j)}{\|z_j\|^2}dt\right)$$

$$\leqslant \frac{1}{2}\left(\|w^+\|^2 - \|w^-\|^2 - \omega\int_{-a}^{a}|w|^2dt\right) < 0,$$

这就得到矛盾. 接下来考虑渐近线性的情形, 也就是假设 $(A_1)$ 成立. 再次由 (4.4.3)—(4.4.4), 我们有

$$\|w^+\|^2 - \|w^-\|^2 - \int_{\mathbb{R}} L_\infty(t)w \cdot wdt$$

$$\leqslant \|w^+\|^2 - \|w^-\|^2 - \omega|w|_2^2$$

$$< -((\omega - \bar{\mu})|w^+|_2^2 + \|w^-\|^2) < 0.$$

因此, 存在 $a > 0$ 使得

$$\|w^+\|^2 - \|w^-\|^2 - \int_{-a}^{a} L_\infty(t)w \cdot wdt < 0. \tag{4.4.7}$$

令

$$F(t,z) := R(t,z) - \frac{1}{2}L_\infty(t)z \cdot z. \tag{4.4.8}$$

由 $(A_1)$ 知, $|F(t,z)| \leqslant C|z|^2$ 以及当 $|z| \to \infty$ 时, $F(t,z)/|z|^2 \to 0$ 关于 $t$ 是一致成立的. 因此, 由 Lebesgue 控制收敛定理以及 $|w_j - w|_{L^2(-a,a)} \to 0$ 可得

$$\lim_{j\to\infty}\int_{-a}^{a} \frac{F(t,z_j)}{\|z_j\|^2}dt = \lim_{j\to\infty}\int_{-a}^{a} \frac{F(t,z_j)|w_j|^2}{|z_j|^2}dt = 0.$$

因此, (4.4.5) 和 (4.4.7) 蕴含了

$$0 \leqslant \lim_{j\to\infty}\left(\frac{1}{2}\|w_j^+\|^2 - \frac{1}{2}\|w_j^-\|^2 - \int_{-a}^{a} \frac{R(t,z_j)}{\|z_j\|^2}dt\right)$$

$$\leqslant \frac{1}{2}\left(\|w^+\|^2 - \|w^-\|^2 - \int_{-a}^{a} L_\infty(t)w \cdot wdt\right) < 0,$$

这就得到矛盾.　　　　　　　　　　　　　　　　　　　　　　　　　□

作为一个特殊的情形, 我们有如下结论.

**引理 4.4.3**　在引理 4.4.2 的假设下, 令 $e \in Y_0$ 且 $\|e\| = 1$, 则存在 $r_0 > 0$ 使得 $\sup \Phi(\partial Q) = 0$, 其中 $Q := \{u = u^- + se : u^- \in E^-, s \geqslant 0, \|u\| \leqslant r_0\}$.

## 4.5　$(\mathrm{C})_c$-序列

在本节, 我们将研究 $(\mathrm{C})_c$-序列的有界性. 首先有如下引理.

**引理 4.5.1**　在引理 4.3.2 的假设下, 任意的 $(\mathrm{C})_c$-序列是有界的.

**证明**　令 $\{z_j\} \subset E$ 满足

$$\Phi(z_j) \to c, \quad (1 + \|z_j\|)\Phi'(z_j) \to 0. \tag{4.5.1}$$

则当 $j$ 充分大时

$$C_0 \geqslant \Phi(z_j) - \frac{1}{2}\Phi'(z_j)z_j = \int_{\mathbb{R}} \tilde{R}(t, z_j)dt. \tag{4.5.2}$$

通过反证, 也就是假设 $\|z_j\| \to \infty$(子列意义下). 令 $v_j = z_j/\|z_j\|$, 则 $\|v_j\| = 1$ 且对任意的 $s \in [2, \infty)$ 有 $|v_j|_s \leqslant \gamma_s\|v_j\| = \gamma_s$. 注意到

$$\Phi'(z_j)(z_j^+ - z_j^-) = \|z_j\|^2\left(1 - \int_{\mathbb{R}} \frac{R_z(t, z_j)(v_j^+ - v_j^-)}{\|z_j\|}dt\right).$$

则由 (4.5.1) 可得

$$\int_{\mathbb{R}} \frac{R_z(t, z_j)(v_j^+ - v_j^-)}{\|z_j\|}dt \to 1. \tag{4.5.3}$$

首先, 我们考虑超线性情形, 也就是假设 $(\mathrm{S}_1)$—$(\mathrm{S}_2)$ 成立. 对任意 $r \geqslant 0$, 定义

$$g(r) := \inf\left\{\tilde{R}(t, z) : t \in \mathbb{R}, z \in \mathbb{R}^{2N} \text{ 且 } |z| \geqslant r\right\}.$$

由 $(\mathrm{S}_2)$ 知, 对任意的 $r > 0$ 有 $g(r) > 0$. 进而,

$$c_1\tilde{R}(t, z) \geqslant \left(\frac{|R_z(t, z)|}{|z|}\right)^\nu = \left(\frac{|R_z(t, z)||z|}{|z|^2}\right)^\nu \geqslant \left(\frac{R_z(t, z)z}{|z|^2}\right)^\nu \geqslant \left(\frac{2R(t, z)z}{|z|^2}\right)^\nu,$$

结合 $(\mathrm{S}_1)$ 可知, 当 $|z| \to \infty$ 时, $\tilde{R}(t, z) \to \infty$ 关于 $t$ 是一致的. 因此, 当 $r \to \infty$ 时, $g(r) \to \infty$. 对 $0 \leqslant a < b$, 令

$$\Omega_j(a, b) = \{t \in \mathbb{R} : a \leqslant |z_j(t)| < b\},$$

以及

$$c_a^b := \inf \left\{ \frac{\tilde{R}(t,z)}{z^2} : t \in \mathbb{R}, z \in \mathbb{R}^{2N} \text{ 且 } a \leqslant |z| \leqslant b \right\}.$$

因为 $R(t,z)$ 关于 $t$ 是周期的以及当 $t \neq 0$ 时, $\tilde{R}(t,z) > 0$, 我们有 $c_a^b > 0$ 以及

$$\tilde{R}(t,z_j(t)) \geqslant c_a^b |z_j(t)|^2, \quad t \in \Omega_j(a,b).$$

由 (4.5.2) 有

$$C_0 \geqslant \int_{\Omega_j(0,a)} \tilde{R}(t,z_j)dt + \int_{\Omega_j(a,b)} \tilde{R}(t,z_j)dt + \int_{\Omega_j(b,\infty)} \tilde{R}(t,z_j)dt$$

$$\geqslant \int_{\Omega_j(0,a)} \tilde{R}(t,z_j)dt + c_a^b \int_{\Omega_j(a,b)} |z_j|^2 dt + g(b)|\Omega_j(b,\infty)|,$$

其中 $|\Omega|$ 表示 $\Omega$ 的 Lebesgue 测度. 因此, 当 $b \to \infty$ 时,

$$|\Omega_j(b,\infty)| \leqslant \frac{C_0}{g(b)} \to 0$$

关于 $j$ 是一致的. 故由 Hölder 不等式, 当 $b \to \infty$ 时, 对任意的 $s \in [2,\infty)$,

$$\int_{\Omega_j(b,\infty)} |v_j|^s dt \leqslant \gamma_{2s}^s |\Omega_j(b,\infty)|^{\frac{1}{2}} \to 0 \tag{4.5.4}$$

关于 $j$ 是一致的. 另外, 对任意固定的 $0 < a < b$, 当 $j \to \infty$ 时,

$$\int_{\Omega_j(a,b)} |v_j|^2 dt = \frac{1}{\|z_j\|^2} \int_{\Omega_j(a,b)} |z_j|^2 dt \leqslant \frac{C_0}{c_a^b \|z_j\|^2} \to 0. \tag{4.5.5}$$

令 $0 < \varepsilon < 1/3$, 由 $(R_0)$ 知, 存在 $a_\varepsilon > 0$ 使得对任意的 $|z| \leqslant a_\varepsilon$, 有 $|R_z(t,z)| < \varepsilon |z|/\gamma_2$, 因此, 对任意的 $j$, 下面的不等式成立

$$\int_{\Omega_j(0,a_\varepsilon)} \frac{R_z(t,z_j)}{|z_j|} |v_j||v_j^+ - v_j^-| dt \leqslant \int_{\Omega_j(0,a_\varepsilon)} \frac{\varepsilon}{\gamma_2} |v_j^+ - v_j^-||v_j| dt \leqslant \frac{\varepsilon}{\gamma_2} |v_j|_2^2 \leqslant \varepsilon. \tag{4.5.6}$$

由 $(S_2)$ 以及 (4.5.4), 令 $\mu = (2\nu)/(\nu-1)$ 以及 $\nu' = \mu/2 = \nu/(\nu-1)$, 我们可以取 $b_\varepsilon \geqslant r_0$ 充分大, 使得对任意的 $j$, 有

$$\int_{\Omega_j(b_\varepsilon,\infty)} \frac{R_z(t,z_j)}{|z_j|}(v_j^+ - v_j^-)|v_j| dt$$

$$\leqslant \left( \int_{\Omega_j(b_\varepsilon,\infty)} \frac{|R_z(t,z_j)|^\nu}{|z_j|^\nu} dt \right)^{\frac{1}{\nu}} \left( \int_{\Omega_j(b_\varepsilon,\infty)} (|v_j^+ - v_j^-||v_j|)^{\nu'} dt \right)^{\frac{1}{\nu'}}$$

$$\leqslant \left( \int_{\mathbb{R}} c_1 \tilde{R}(t, z_j) dt \right)^{\frac{1}{\nu}} \left( \int_{\mathbb{R}} |v_j^+ - v_j^-|^\mu dt \right)^{\frac{1}{\mu}} \left( \int_{\Omega_j(b_\varepsilon, \infty)} |v_j|^\mu dt \right)^{\frac{1}{\mu}}$$

$$< \varepsilon. \tag{4.5.7}$$

此外, 存在只与 $\varepsilon$ 有关的常数 $\gamma = \gamma(\varepsilon) > 0$, 使得对任意的 $x \in \Omega_j(a_\varepsilon, b_\varepsilon)$ 成立 $|R_z(t, z_j)| \leqslant \gamma |z_j|$. 由 (4.5.5), 存在 $j_0$, 当 $j \geqslant j_0$ 时有

$$\int_{\Omega_j(a_\varepsilon, b_\varepsilon)} \frac{R_z(t, z_j)}{|z_j|} |v_j||v_j^+ - v_j^-| dt \leqslant \gamma \int_{\Omega_j(a_\varepsilon, b_\varepsilon)} |v_j||v_j^+ - v_j^-| dt$$

$$\leqslant \gamma |v_j|_2 \left( \int_{\Omega_j(a_\varepsilon, b_\varepsilon)} |v_j|^2 dt \right)^{\frac{1}{2}} < \varepsilon. \tag{4.5.8}$$

因此, 结合 (4.5.6)—(4.5.8) 知, 当 $j \geqslant j_0$ 时, 有

$$\int_{\mathbb{R}} \frac{R_z(t, z_j)(v_j^+ - v_j^-)}{\|z_j\|^2} dt \leqslant \int_{\mathbb{R}} \frac{|R_z(t, z_j)|}{|z_j|} |v_j||v_j^+ - v_j^-| dt < 3\varepsilon < 1,$$

这与 (4.5.3) 矛盾.

接下来, 我们考虑渐近线性情形, 也就是假设 $(A_1)$—$(A_2)$ 成立. 由 Lions 集中紧性原理[80] 知, $\{v_j\}$ 要么是消失 (在这种情形下 $|v_j|_s \to 0 (s \in (2, \infty))$), 要么是非消失的, 也就是存在 $r, \eta > 0$ 以及 $\{a_j\} \subset \mathbb{Z}$ 使得 $\limsup\limits_{j \to \infty} \int_{a_j - r}^{a_j + r} |v_j|^2 dt \geqslant \eta$. 正如文献 [74, 105], 我们将证明 $\{v_j\}$ 既不是消失的也不是非消失的.

假设 $\{v_j\}$ 消失. 由于 $(A_2)$, 令

$$I_j := \left\{ t \in \mathbb{R} : \frac{R_z(t, z_j(t))}{z_j(t)} \leqslant \lambda_0 - \delta_0 \right\}.$$

由命题 4.2.1 知, $\lambda_0 |v_j|_2^2 \leqslant \|v_j\|^2 = 1$ 且对任意 $j$, 我们得到

$$\left| \int_{I_j} \frac{R_z(t, z_j)(v_j^+ - v_j^-)}{\|z_j\|} dt \right| = \left| \int_{I_j} \frac{R_z(t, z_j)(v_j^+ - v_j^-)|v_j|}{|z_j|} dt \right|$$

$$\leqslant (\lambda_0 - \delta_0)|v_j|_2^2 \leqslant \frac{\lambda_0 - \delta_0}{\lambda_0} < 1.$$

结合 (4.5.3), 我们有

$$\lim_{j \to \infty} \int_{I_j^c} \frac{R_z(t, z_j)(v_j^+ - v_j^-)}{\|z_j\|} dt > 1 - \frac{\lambda_0 - \delta_0}{\lambda_0} = \frac{\delta_0}{\lambda_0},$$

其中 $I_j^c := \mathbb{R} \setminus I_j$. 由 $(R_0)$ 以及 $(A_1)$ 可得, 对任意的 $(t, z)$, 我们有

$$|R_z(t, z_j)| \leqslant C|z|. \tag{4.5.9}$$

因此, 对任意固定的 $s \in (2, \infty)$, 可得

$$\int_{I_j^c} \frac{R_z(t, z_j)(v_j^+ - v_j^-)}{\|z_j\|} dt \leqslant C \int_{I_j^c} |v_j^+ - v_j^-||v_j| dt$$

$$\leqslant C|v_j|_2 |I_j^c|^{\frac{s-2}{2s}} |v_j|_s \leqslant C\gamma_2 |I_j^c|^{\frac{s-2}{2s}} |v_j|_s.$$

因为 $|v_j|_s \to 0$, 我们有 $|I_j^c| \to \infty$. 由 $(A_2)$, 在 $I_j^c$ 上成立 $\tilde{R}(t, z_j) \geqslant \delta_0$, 因此

$$\int_{\mathbb{R}} \tilde{R}(t, z_j) dt \geqslant \int_{I_j^c} \tilde{R}(t, z_j) dt \geqslant \delta_0 |I_j^c| \to \infty,$$

这与 (4.5.2) 矛盾.

假设 $\{v_j\}$ 非消失. 令 $\tilde{z}_j(t) = z_j(x + a_j), \tilde{v}_j(t) = v_j(t + a_j)$ 以及 $\varphi_j(t) = \varphi(t - a_j)$, 其中 $\varphi \in C_0^\infty(\mathbb{R}, \mathbb{R}^{2N})$. 由 $(A_1)$, 我们有

$$\Phi'(z_j)\varphi_j = (z_j^+ - z_j^-, \varphi_j) - (L_\infty z_j, \varphi_j)_2 - \int_{\mathbb{R}} F_z(t, z_j)\varphi_j dt$$

$$= \|z_j\| \left( (v_j^+ - v_j^-, \varphi_j) - (L_\infty v_j, \varphi_j)_2 - \int_{\mathbb{R}} F_z(t, z_j)\varphi_j \frac{|v_j|}{|z_j|} dt \right)$$

$$= \|z_j\| \left( (\tilde{v}_j^+ - \tilde{v}_j^-, \varphi) - (L_\infty \tilde{v}_j, \varphi)_2 - \int_{\mathbb{R}} F_z(t, \tilde{z}_j)\varphi \frac{|\tilde{v}_j|}{|\tilde{z}_j|} dt \right).$$

因此

$$(\tilde{v}_j^+ - \tilde{v}_j^-, \varphi) - (L_\infty \tilde{v}_j, \varphi)_2 - \int_{\mathbb{R}} F_z(t, \tilde{z}_j)\varphi \frac{|\tilde{v}_j|}{|\tilde{z}_j|} dt \to 0.$$

因为 $\|\tilde{v}_j\| = \|v_j\| = 1$, 我们可假设在 $E$ 中 $\tilde{v}_j \rightharpoonup \tilde{v}$; 在 $L_{\text{loc}}^2(\mathbb{R}, \mathbb{R}^{2N})$ 中 $\tilde{v}_j \to \tilde{v}$, 以及 $\tilde{v}_j(t) \to \tilde{v}(t)$ a.e. $t \in \mathbb{R}$. 由 $\lim_{j\to\infty} \int_{-r}^r |\tilde{v}_j|^2 dt \geqslant \eta$ 可知 $\tilde{v} \neq 0$. 此外, 由 (4.5.9) 可得

$$\left| F_z(t, \tilde{z}_j)\varphi \frac{|\tilde{v}_j|}{|\tilde{z}_j|} \right| \leqslant C|\varphi||\tilde{v}_j|.$$

因此, 由 $(A_1)$ 以及 Lebesgue 控制收敛定理可得

$$\int_{\mathbb{R}} F_z(t, \tilde{z}_j)\varphi \frac{|\tilde{v}_j|}{|\tilde{z}_j|} dt \to 0,$$

从而有

$$(\tilde{v}_j^+ - \tilde{v}_j^-, \varphi) - (L_\infty \tilde{v}_j, \varphi)_2 = 0.$$

因此, $\tilde{v}$ 是算子 $\tilde{A} := \mathcal{J}d/dt + (L + L_\infty)$ 的一个特征函数. 这就与 $\tilde{A}$ 仅有连续谱矛盾 (因为 $L(t) + L_\infty(t)$ 是以 1 为周期的, 参见 [56]). $\qquad\square$

下面的引理将更进一步地讨论 $(C)_c$-序列 $\{z_j\} \subset E$ 的性质. 由引理 4.5.1 知, $\{z_j\}$ 是有界的. 不失一般性, 可假设在 $E$ 中 $z_j \rightharpoonup z$; 在 $L^q_{loc}(\mathbb{R}, \mathbb{R}^{2N})$ 中 $z_j \to z$ $(q \geqslant 1)$, 以及 $z_j(t) \to z(t)$ a.e. $t \in \mathbb{R}$. 显然, $z$ 是 $\Phi$ 的临界点. 令 $z_j^1 = z_j - z$.

**引理 4.5.2**　在引理 4.3.2 的假设下, 当 $j \to \infty$ 时, 我们有

(1) $\Phi(z_j^1) \to c - \Phi(z)$;

(2) $\Phi'(z_j^1) \to 0$.

**证明**　(1) 的证明类似于 [41] 的讨论可得. 所以我们只证明 (2).

注意到, 对任意的 $\varphi \in E$,

$$\Phi'(z_j^1)\varphi = \Phi'(z_j)\varphi + \int_{\mathbb{R}} \left( R_z(t, z_j) - R_z(t, z_j^1) - R_z(t, z) \right)\varphi dt.$$

因为 $\Phi'(z_j) \to 0$, 只需证明

$$\sup_{\|\varphi\| \leqslant 1} \left| \int_{\mathbb{R}} \left( R_z(t, z_j) - R_z(t, z_j^1) - R_z(t, z) \right)\varphi dt \right| \to 0. \tag{4.5.10}$$

注意到, 如果 $R$ 满足 (4.1.3), 则 (4.5.10) 很容易从文献 [10, 41] 类似的讨论得到. 然而, 在我们的情形中, 这样的条件并不满足, 因此我们需要使用其他的方法. 由 (4.4.1), 我们能选取 $p \geqslant 2$, 使得 $|R_z(t, z)| \leqslant |z| + C_1|z|^{p-1}$ 对任意的 $(t, z)$ 成立且令 $q$ 代表 2 或 $p$. 定义集合 $I_a := [-a, a]$, 其中 $a > 0$. 我们断言: 存在子列 $\{z_{j_n}\}$, 使得对任意的 $\varepsilon > 0$, 存在 $r_\varepsilon > 0$, 当 $r \geqslant r_\varepsilon$ 时, 我们有

$$\limsup_{n \to \infty} \int_{I_n \setminus I_r} |z_{j_n}|^q dt \leqslant \varepsilon. \tag{4.5.11}$$

为了证明 (4.5.11), 我们注意到对每一个 $n \in \mathbb{N}$, 当 $j \to \infty$ 时, $\int_{I_n} |z_j|^q dt \to \int_{I_n} |z|^q dt$. 因此, 存在 $i_n \in \mathbb{N}$ 使得

$$\int_{I_n} (|z_j|^q - |z|^q) dt < \frac{1}{n}, \quad j = i_n + m, \quad m = 1, 2, 3, \cdots.$$

不失一般性, 可以假设 $i_{n+1} \geqslant i_n$. 特别地, 对于 $j_n = i_n + n$, 我们有

$$\int_{I_n} (|z_{j_n}|^q - |z|^q) dt < \frac{1}{n}.$$

注意到, 存在 $r_\varepsilon$ 使得对所有的 $r \geqslant r_\varepsilon$ 满足

$$\int_{\mathbb{R} \setminus I_r} |z|^q dt < \varepsilon. \tag{4.5.12}$$

因为

$$\int_{I_n \setminus I_r} |z_{j_n}|^q dt = \int_{I_n} (|z_{j_n}|^q - |z|^q) dt + \int_{I_n \setminus I_r} |z|^q dt + \int_{I_r} (|z|^q - |z_{j_n}|^q) dt$$

$$\leqslant \frac{1}{n} + \int_{\mathbb{R} \setminus I_r} |z|^q dt + \int_{I_r} (|z|^q - |z_{j_n}|^q) dt,$$

从而断言 (4.5.11) 成立.

类似于 [5], 取光滑函数 $\eta : [0, \infty) \to [0, 1]$ 且满足

$$\eta(t) = \begin{cases} 1, & t \leqslant 1, \\ 0, & t \geqslant 2. \end{cases}$$

定义 $\tilde{z}_n(t) = \eta\big((2|t|)/n\big) z(t)$ 以及令 $h_n := z - \tilde{z}_n$. 因为 $z$ 是同宿轨, 故由定义可知 $h_n \in H^1$ 且当 $n \to \infty$ 时满足

$$\|h_n\| \to 0, \quad |h_n|_\infty \to 0. \tag{4.5.13}$$

注意到, 对任意的 $\varphi \in E$,

$$\int_{\mathbb{R}} (R_z(t, z_{j_n}) - R_z(t, z_{j_n}^1) - R_z(t, z)) \varphi dt$$

$$= \int_{\mathbb{R}} (R_z(t, z_{j_n}) - R_z(t, z_{j_n} - \tilde{z}_n) - R_z(t, \tilde{z}_n)) \varphi dt$$

$$+ \int_{\mathbb{R}} (R_z(t, z_{j_n}^1 + h_n) - R_z(t, z_{j_n}^1)) \varphi dt + \int_{\mathbb{R}} (R_z(t, \tilde{z}_n) - R_z(t, z)) \varphi dt.$$

显然, 由 (4.5.13) 可得

$$\lim_{n \to \infty} \left| \int_{\mathbb{R}} (R_z(t, \tilde{z}_n) - R_z(t, z)) \varphi dt \right| = 0$$

关于 $\|\varphi\| \leqslant 1$ 是一致成立的. 为了证明 (4.5.10), 还需要证明

$$\lim_{n \to \infty} \left| \int_{\mathbb{R}} (R_z(t, z_{j_n}) - R_z(t, z_{j_n} - \tilde{z}_n) - R_z(t, \tilde{z}_n)) \varphi dt \right| = 0, \tag{4.5.14}$$

以及

$$\lim_{n \to \infty} \left| \int_{\mathbb{R}} (R_z(t, z_{j_n}^1 + h_n) - R_z(t, z_{j_n}^1)) \varphi dt \right| = 0 \tag{4.5.15}$$

关于 $\|\varphi\| \leqslant 1$ 是一致成立的.

为了验证 (4.5.14), 由 (4.5.13) 和 Sobolev 嵌入的紧性可知, 对任意的 $r > 0$,

$$\lim_{n \to \infty} \left| \int_{I_r} (R_z(t, z_{j_n}) - R_z(t, z_{j_n} - \tilde{z}_n) - R_z(t, \tilde{z}_n)) \varphi dt \right| = 0$$

关于 $\|\varphi\| \leqslant 1$ 是一致成立的. 对任意的 $\varepsilon > 0$, 取 $r_\varepsilon > 0$ 充分大使得 (4.5.11) 以及 (4.5.12) 成立. 则对任意的 $r \geqslant r_\varepsilon$, 我们有

$$\limsup_{n\to\infty} \int_{I_n \setminus I_r} |\tilde{z}_n|^q dt \leqslant \int_{\mathbb{R} \setminus I_r} |z|^q dt \leqslant \varepsilon.$$

在 (4.5.11) 中取 $q = 2, p$, 我们可以得到

$$\limsup_{n\to\infty} \left| \int_{\mathbb{R}} (R_z(t, z_{j_n}) - R_z(t, z_{j_n} - \tilde{z}_n) - R_z(t, \tilde{z}_n))\varphi dt \right|$$

$$= \limsup_{n\to\infty} \left| \int_{I_n \setminus I_r} (R_z(t, z_{j_n}) - R_z(t, z_{j_n} - \tilde{z}_n) - R_z(t, \tilde{z}_n))\varphi dt \right|$$

$$\leqslant c_1 \limsup_{n\to\infty} \int_{I_n \setminus I_r} (|z_{j_n}| + |\tilde{z}_n|)|\varphi| dt$$

$$+ c_2 \limsup_{n\to\infty} \int_{I_n \setminus I_r} (|z_{j_n}|^{p-1} + |\tilde{z}_n|^{p-1})|\varphi| dt$$

$$\leqslant c_1 \limsup_{n\to\infty} (|z_{j_n}|_{L^2(I_n \setminus I_r)} + |\tilde{z}_n|_{L^2(I_n \setminus I_r)})|\varphi|_2 dt$$

$$+ c_2 \limsup_{n\to\infty} (t|z_{j_n}|_{L^p(I_n \setminus I_r)}^{p-1} + |\tilde{z}_n|_{L^p(I_n \setminus I_r)}^{p-1})|\varphi|_p dt$$

$$\leqslant c_3 \varepsilon^{\frac{1}{2}} + c_4 \varepsilon^{\frac{p-1}{p}},$$

进而得到 (4.5.14).

为了证明 (4.5.15), 定义 $g(t, 0) = 0$ 且

$$g(t, z) = \frac{R_z(t, z)}{|z|}, \quad z \neq 0.$$

由 $(R_0)$, $g$ 在 $z = 0$ 是连续的, 因此在 $\mathbb{R} \times \mathbb{R}^{2N}$ 上也是连续的且关于 $t$ 是 1-周期的. 对任意的 $a > 0$, 结合在 $[0, 1] \times B_a$ 中的一致连续性可得, $g$ 在 $\mathbb{R} \times B_a$ 上也是一致连续的, 其中 $B_a := \{z \in \mathbb{R}^{2N} : |z| \leqslant a\}$. 此外, 由 (4.4.1) 知, 对所有的 $(t, z)$, 成立 $|g(t, z)| \leqslant c_5(1 + |z|^{p-2})$. 令

$$C_n^a := \{t \in \mathbb{R} : |z_{j_n}^1(t)| \leqslant a\} \quad \text{且} \quad D_n^a := \mathbb{R} \setminus C_n^a.$$

因为 $\{z_{j_n}^1\}$ 是有界的, 故当 $a \to \infty$ 时

$$|D_n^a| \leqslant \frac{1}{a^p} \int_{D_n^a} |z_{j_n}^1|^p dt \leqslant \frac{C}{a^p} \to 0.$$

因此, 对任意的 $\varepsilon > 0$, 存在 $\hat{a} > 0$ 使得对所有的 $a \geqslant \hat{a}$ 及所有的 $n$,

$$\left| \int_{D_n^a} (R_z(t, z_{j_n}^1 + h_n) - R_z(t, z_{j_n}^1))\varphi dt \right| \leqslant \varepsilon \tag{4.5.16}$$

关于 $\|\varphi\| \leqslant 1$ 是一致成立的. 由 $g$ 在 $\mathbb{R} \times B_{\hat{a}}$ 上的一致连续性可知, 存在 $\delta > 0$ 满足

$$|g(t, z+h) - g(t,z)| < \varepsilon$$

对所有的 $(t,z) \in \mathbb{R} \times B_{\hat{a}}$ 以及 $|h| \leqslant \delta$ 都成立. 此外, 由 (4.5.13) 知, 存在 $n_0$ 使得当 $n \geqslant n_0$ 时, $|h_n|_\infty \leqslant \delta$. 因此,

$$|g(t, z^1_{j_n} + h_n) - g(t, z^1_{j_n})| < \varepsilon$$

对所有的 $n \geqslant n_0$ 以及 $t \in C^{\hat{a}}_n$ 成立. 注意到

$$(R_z(t, z^1_{j_n} + h_n) - R_z(t, z^1_{j_n}))\varphi$$
$$= g(t, z^1_{j_n} + h_n)(|z^1_{j_n} + h_n| - |z^1_{j_n}|)\varphi + (g(t, z^1_{j_n} + h_n) - g(t, z^1_{j_n}))|z^1_{j_n}|\varphi,$$

以及再次由 (4.5.13) 知, 存在 $n_1 \geqslant n_0$, 当 $n \geqslant n_1$ 时有 $|h_n|_2 < \varepsilon, |h_n|_p < \varepsilon$. 因此, 对任意的 $\|\varphi\| \leqslant 1$ 以及 $n \geqslant n_1$, 我们有

$$\left| \int_{C^a_n} (R_z(t, z^1_{j_n} + l_n) - R_z(t, z^1_{j_n}))\varphi dt \right|$$
$$= \int_{C^{\hat{a}}_n} c_5(1 + |z^1_{j_n} + h_n|^{p-2})|h_n||\varphi|dt + \varepsilon \int_{C^{\hat{a}}_n} |z^1_{j_n}||\varphi|dt$$
$$\leqslant c_5|h_n|_2|\varphi|_2 + c_5|z^1_{j_n} + h_n|^{p-2}_p|h_n|_p|\varphi|_p + \varepsilon|z^1_{j_n}|_2|\varphi|_2$$
$$\leqslant c_6\varepsilon,$$

结合 (4.5.16) 就得到 (4.5.15). $\qquad\qquad\qquad\qquad\qquad\qquad\qquad\qquad\qquad\qquad\qquad\quad\square$

令 $\mathcal{K} := \{z \in E \setminus \{0\} : \Phi'(z) = 0\}$ 为 $\Phi$ 的非平凡临界点集.

**引理 4.5.3** 在引理 4.3.2 的假设下, 得到

(a) $\theta := \inf\{\|z\| : z \in \mathcal{K}\} > 0$;

(b) $\hat{c} := \inf\{\Phi(z) : z \in \mathcal{K}\} > 0$, 其中在渐近线性情形下还需满足 $(A_3)$.

**证明** (a) 假设存在序列 $\{z_j\} \subset \mathcal{K}$ 且 $z_j \to 0$. 则

$$0 = \|z_j\|^2 - \int_{\mathbb{R}} R_z(t, z_j)(z^+_j - z^-_j)dt.$$

选取 $p > 2$ 使得 (4.4.1) 成立. 则对任意充分小的 $\varepsilon > 0$, 我们有

$$\|z_j\|^2 \leqslant \varepsilon|z_j|^2_2 + C_\varepsilon|z_j|^p_p,$$

这就蕴含了 $\|z_j\|^2 \leqslant c_1\|z_j\|^p$, 因此 $\|z_j\|^{2-p} \leqslant c_1$, 这与假设矛盾.

(b) 假设存在序列 $\{z_j\} \subset \mathcal{K}$ 使得 $\Phi(z_j) \to 0$. 则

$$o_j(1) = \Phi(z_j) = \Phi(z_j) - \frac{1}{2}\Phi'(z_j)z_j = \int_{\mathbb{R}} \tilde{R}(t, z_j)dt, \tag{4.5.17}$$

以及

$$\|z_j\|^2 = \int_{\mathbb{R}} R_z(t, z_j)(z_j^+ - z_j^-)dt. \tag{4.5.18}$$

显然, $\{z_j\}$ 是 $(C)_{c=0}$-序列, 从而由引理 4.5.1 知 $\{z_j\}$ 是有界的.

首先我们考虑超线性情形. 由 (4.5.17) 以及引理 4.5.1 证明过程中定义的符号可知, 对任意的 $0 < a < b, s \in (2, \infty)$, 当 $j \to \infty$ 时, 成立

$$\int_{\Omega_j(a,b)} |z_j|^2 dt \to 0, \quad \int_{\Omega_j(b,\infty)} |z_j|^s dt \to 0.$$

因此, 正如引理 4.5.1 的证明, 由 (4.5.18) 知, 对任意的 $\varepsilon > 0$ 有

$$\limsup_{j \to \infty} \|z_j\|^2 \leqslant \varepsilon,$$

这与 (a) 矛盾.

接下来我们考虑渐近线性情形. 由 (a), (4.5.18) 以及 (4.4.1) 知 $\|z_j\| \geqslant \theta$, 因此 $\{z_j\}$ 是非消失的. 因为 $\Phi$ 是 $\mathbb{Z}$-不变的, 平移变换意义下, 我们可假设 $z_j \rightharpoonup z \in \mathcal{K}$. 因为 $z$ 是 (HS) 的同宿轨, 故当 $|t| \to \infty$ 时, $z(t) \to 0$. 因此由 $(A_3)$ 知, 存在有界区间 $I \subset \mathbb{R}$ 且测度 $|I| > 0$, 使得 $0 < |z(t)| \leqslant \delta$ 对任意的 $t \in I$ 都成立. 因此, 由 (4.5.17) 可得

$$0 \geqslant \lim_{j \to \infty} \int_I \tilde{R}(t, z_j)dt = \int_I \tilde{R}(t, z)dt > 0,$$

这就得到矛盾. □

令 $[r]$ 表示 $r \in \mathbb{R}$ 的整数部分且令 $\mathcal{F} := \mathcal{K}/\mathbb{Z}$ 表示任意选取的 $\mathbb{Z}$-轨道的代表元. 故由上面的引理, 可以得到下面的结果 (参见 [41, 77, 96, 117]).

**引理 4.5.4** 设 $(L_0)$ 和 $(R_0)$ 以及 $(S_1)$—$(S_2)$ 或 $(A_1)$—$(A_3)$ 成立. 设 $\{z_j\}$ 是 $(C)_c$-序列, 则下面结论之一成立:

(i) $z_j \to 0$ (从而 $c = 0$);

(ii) $c \geqslant \hat{c}$ 且存在正整数 $\ell \leqslant [c/\hat{c}]$, 点列 $\bar{z}_1, \cdots, \bar{z}_\ell \in \mathcal{F}$, $\{z_j\}$ 的子列 (仍然表示为 $\{z_j\}$) 以及序列 $\{a_j^i\} \subset \mathbb{Z}$ 使得当 $j \to \infty$ 时

$$\left\| z_j - \sum_{i=1}^{\ell} (a_j^i * \bar{z}_i) \right\| \to 0,$$

$$|a_j^i - a_j^k| \to \infty \quad (i \neq k),$$

以及

$$\sum_{i=1}^{\ell} \Phi(\bar{z}_i) = c.$$

**证明** 参见 [41]. 概括如下: 首先由引理 4.5.1 可知 $\{z_j\}$ 是有界的, 也就是存在常数 $M > 0$ 使得 $\|z_j\| \leqslant M$. 此外,

$$c = \lim_{j \to \infty} \left( \Phi(z_j) - \frac{1}{2}\Phi'(z_j)z_j \right) = \lim_{j \to \infty} \int_{\mathbb{R}} \tilde{R}(t, z_j)dt \geqslant 0, \tag{4.5.19}$$

且正如引理 4.5.3 (b) 的证明, $c = 0$ 当且仅当在 $E$ 中 $z_j \to 0$.

假设 $c > 0$. 则由 Lions 集中紧性原理[80] 可知, $\{z_j\}$ 要么是消失的, 要么是非消失的. 由 (4.4.1) 和 (4.4.2) 选择 $p > 2$, 使得对任意的 $\varepsilon > 0$, 存在 $C_\varepsilon > 0$ 满足 $\tilde{R}(t, z) \leqslant \varepsilon\lambda_0 M^{-2}|z|^2 + C_\varepsilon|z|^p$. 如果 $\{z_j\}$ 是消失的, 则由 (4.5.19) 可知, 对于 $\varepsilon < c$,

$$c = \lim_{j \to \infty} \int_{\mathbb{R}} \tilde{R}(t, z_j)dt \leqslant \lim_{j \to \infty} \int_{\mathbb{R}} \left( \frac{\varepsilon\lambda_0|z_j|^2}{M^2} + C_\varepsilon|z_j|^p \right)dt \leqslant \varepsilon,$$

这就得到矛盾. 因此, $\{z_j\}$ 是非消失的, 且由 $\Phi$ 的 $\mathbb{Z}$-不变性知, 存在序列 $\{k_j^1\} \subset \mathbb{Z}$ 使得 $k_j^1 * z_j \rightharpoonup z^1 \in \mathcal{K}$. 取 $\bar{z}_1 \in \mathcal{F}$ 为包含 $z^1$ 所在轨道的代表元, 并且令 $k^1 \in \mathbb{Z}$ 使得 $k^1 * z^1 = \bar{z}_1$. 设 $\bar{k}_j^1 = k^1 + k_j^1$ 以及 $z_j^1 := \bar{k}_j^1 * z_j - \bar{z}_1$. 由 $\mathbb{Z}$-不变性和引理 4.5.2 知, $\{z_j^1\}$ 是一个 (C)$_{c-\Phi(\bar{z}_1)}$-序列. 由 (i) 知, $c - \Phi(\bar{z}_1) \geqslant 0$, 再结合引理 4.5.3 (b) 可得 $\hat{c} \leqslant \Phi(\bar{z}_1) \leqslant c$. 下面分两种情形讨论: $c = \Phi(\bar{z}_1)$ 或 $c > \Phi(\bar{z}_1)$.

如果 $c = \Phi(\bar{z}_1)$, 重复 (i) 的讨论可以得到在 $E$ 中 $z_j^1 \to 0$, 因此, $\ell = 1$, $a_j^1 = -\bar{k}_j^1$. 从而引理得证.

如果 $c > \Phi(\bar{z}_1)$, 分别替换上面的 $\{z_j\}$ 和 $c$ 为 $\{z_j^1\}$ 和 $c - \Phi(\bar{z}_1)$, 则类似于上面的讨论可获得 $\bar{z}_2 \in \mathcal{F}$ 且 $\hat{c} \leqslant \Phi(\bar{z}_2) \leqslant c - \Phi(\bar{z}_1)$. 重复至多 $[c/\hat{c}]$ 步之后就能得到相应的结论. □

## 4.6 主要结论的证明

现在我们给出定理 4.1.1 和定理 4.1.3 的证明. 为了把泛函 $\Phi$ 应用到抽象的定理 3.3.7 以及定理 3.3.10, 我们选取 $X = E^-$ 以及 $Y = E^+$. 则 $E = X \oplus Y$.

**证明** [定理 4.1.1 和定理 4.1.3 的证明] (存在性) 由引理 4.3.2, 应用定理 3.3.1 可知 $\Phi$ 满足 ($\Phi_0$). $\Phi$ 的表达式 (4.3.2) 以及 $R(t, z)$ 的非负性就蕴含着条件 ($\Phi_+$) 满足. 此外, 由引理 4.4.1 知条件 ($\Phi_2$) 成立, 再结合引理 4.4.3 就

给出了定理 3.3.7 中的环绕结构. 因此, $\Phi$ 拥有一个 $(C)_c$-序列 $\{z_n\}$ 且满足 $\kappa \leqslant c \leqslant \sup \Phi(Q)$, 其中 $\kappa > 0$ 的定义在引理 4.4.1 中以及 $Q$ 是引理 4.4.3 给出的子集. 由引理 4.5.1 可知, $\{z_n\}$ 是有界的. 因此, $\Phi'(z_n) \to 0$. 由标准的讨论可知 $\{z_n\}$ 是消失的, 即存在 $r, \eta > 0$ 以及 $\{a_n\} \subset \mathbb{Z}$ 使得 $\limsup\limits_{n\to\infty} \int_{a_n-r}^{a_n+r} |z_n|^2 \geqslant \eta$. 令 $v_n := a_n * z_n$. 则由范数和泛函在 $*$-作用下的不变性可知 $\|v_n\| = \|z_n\| \leqslant C$ 以及 $\Phi(v_n) \to c \geqslant \kappa, \Phi'(v_n) \to 0$. 因此, 在 $E$ 中 $v_n \rightharpoonup v$ 且 $v \neq 0, \Phi'(v) = 0$, 也就是 $v$ 是 (HS) 的非平凡解. 存在性证完.

(多重性)   我们现在建立多重性. 通过反证法, 也就是假设

$$\mathcal{K}/\mathbb{Z} \text{ 是有限集}, \tag{†}$$

我们将证明 $\Phi$ 有一个无界的临界值序列, 这就与假设矛盾. 因此, 接下来我们只需证: 如果 (†) 成立, 则 ($\Phi$) 满足定理 3.3.10 的所有条件.

上面我们已经验证条件 $(\Phi_0)$ 和 $(\Phi_2)$ 成立. 由于 $R(t, z)$ 关于 $z$ 是偶的, 因此 $\Phi$ 满足条件 $(\Phi_1)$. 注意到, $\dim(Y_0) = \infty$. 令 $\{f_k\}$ 是 $Y_0$ 的基并令 $Y_n := \mathrm{span}\{f_1, \cdots, f_n\}, E_n := E^- \oplus Y_n$. 由引理 4.4.2, 这样选取的一列子空间满足条件 $(\Phi_4)$. 为了验证 $(\Phi_I)$, 假设 (†) 成立. 给定 $\ell \in \mathbb{N}$ 以及有限集 $\mathcal{B} \subset E$, 令

$$[\mathcal{B}, \ell] := \left\{ \sum_{i=1}^{j} (a_i * z_i) : 1 \leqslant j \leqslant \ell, a_i \in \mathbb{Z}, z_i \in \mathcal{B} \right\}.$$

类似于文献 [116, 117] 的讨论, 可以得到

$$\inf\{\|z - z'\| : z, z' \in [\mathcal{B}, \ell], z \neq z'\} > 0. \tag{4.6.1}$$

由 $\mathcal{F} = \mathcal{K}/\mathbb{Z}$ 以及 (†) 可知 $\mathcal{F}$ 是有限集并且因为 $\Phi'$ 是奇的, 我们可假设 $\mathcal{F}$ 是对称的. 对任意的紧区间 $I \subset (0, \infty)$ 且满足 $b := \max I$, 令 $\ell = [b/\hat{c}]$ 且取 $\mathscr{A} = [\mathcal{F}, \ell]$, 则 $P^+ \mathscr{A} = [P^+\mathcal{F}, \ell]$, 其中 $P^+$ 表示在空间 $E^+$ 上的投影. 由 (†) 知, $P^+\mathcal{F}$ 是有限集以及对任意的 $z \in \mathscr{A}$, 有

$$\|z\| \leqslant \ell \max\{\|\bar{z}\| : \bar{z} \in \mathcal{F}\},$$

这就蕴含着 $\mathscr{A}$ 是有界的. 另外, 由引理 4.5.4 知 $\mathscr{A}$ 是一个 $(C)_I$-吸引集, 以及由 (4.6.1) 有

$$\inf\{\|z_1^+ - z_2^+\| : z_1, z_2 \in \mathscr{A}, z_1^+ \neq z_2^+\}$$
$$= \inf\{\|z - z'\| : z, z' \in P^+\mathscr{A}, z \neq z'\} > 0,$$

这就证明了 $\Phi$ 满足条件 $(\Phi_I)$, 从而完成多重性的证明.                    □

## 4.7 非周期 Hamilton 算子

在本节中, 我们将研究在没有周期性假设下的系统 (HS). 这部分来自于 [43].
下面, 对于给定的两个对称实矩阵函数 $M_1(t)$ 和 $M_2(t)$, 如果

$$\max_{\xi \in \mathbb{R}^{2N}, |\xi|=1} (M_1(t) - M_2(t))\xi \cdot \xi \leqslant 0,$$

我们称 $M_1(t) \leqslant M_2(t)$. 为方便起见, 当涉及矩阵时, 任意的实数 $b$ 被视为矩阵 $bI_{2N}$. 我们做出下列假设:

($H_0$) 存在 $b > 0$ 使得集合 $\Lambda^b := \{t \in \mathbb{R} : \mathcal{J}_0 L(t) < b\}$ 是非空的且为有限测度.

($H_1$) $R(t,z) \geqslant 0$ 且当 $z \to 0$ 时, $R_z(t,z) = o(|z|)$ 关于 $t$ 是一致成立的.

($H_2$) $R_z(t,z) = M(t)z + r_z(t,z)$, 其中 $M$ 是有界连续对称的 $2N \times 2N$ 矩阵值函数且当 $|z| \to \infty$ 时, $r_z(t,z) = o(|z|)$ 关于 $t$ 是一致成立的.

($H_3$) $m_0 := \inf_{t \in \mathbb{R}} \left[ \inf_{\xi \in \mathbb{R}^{2N}, |\xi|=1} M(t)\xi \cdot \xi \right] > \inf \sigma(A) \cap (0, \infty)$.

($H_4$) 对所有的 $(t,z)$, (i) $0 \notin \sigma(A - M)$ 或者 (ii) $\tilde{R}(t,z) \geqslant 0$ 且存在 $\delta_0 > 0$ 使得 $\tilde{R}(t,z) \geqslant \delta_0$ 对任意的 $t$ 且 $|z|$ 充分大时成立.

($H_5$) 存在 $t_0 \geqslant 0$ 使得 $\gamma < b_{\max}$, 其中 $\gamma := \sup_{|t| \geqslant t_0, z \neq 0} |R_z(t,z)|/|z|$ 且 $b_{\max} := \sup\{b : |\Lambda^b| < \infty\}$.

我们将证明集合 $\sigma(A) \cap (0, b_{\max})$ 只有有限重特征值. 从 $m_0$ 以及 $\gamma$ 的定义, 我们有 $m_0 < \gamma < b_{\max}$. 记 $\ell$ 为对应特征值在 $(0, m_0)$ 中的特征函数的个数.

**定理 4.7.1** ([43]) 设 ($H_0$)—($H_5$) 成立, 则系统 (HS) 至少有一个同宿轨. 此外, 如果 $R(t,z)$ 关于 $z$ 是偶的, 则系统 (HS) 至少有 $\ell$ 对同宿轨.

**注 4.7.2** 设 $q \in C^1(\mathbb{R}, \mathbb{R})$ 满足

($q_0$) 存在常数 $b > 0$ 使得 $0 < |Q^b| < \infty$, 其中 $Q^b := \{t \in \mathbb{R} : q(t) < b\}$, 则 $L(t) = q(t)\mathcal{J}_0$ 满足 ($H_0$).

在关于 $H(t,z)$ 是周期的文献中, 由于系统 (HS) 是定义在全空间 $\mathbb{R}$ 上, 其周期性主要用于其紧性的恢复. 在我们的假设下, 通过控制 $R(t,z)$ 和 $L(t)$ 关于 $t$ 在无穷远处的行为来恢复紧性, 见条件 ($H_5$).

定理 4.7.1 的证明可概括如下: 首先由假设条件 ($H_0$), 我们得到算子 $A$ 的谱满足其本质谱 $\sigma_e(A) \subset \mathbb{R} \setminus (-b_{\max}, b_{\max})$. 基于对 $\sigma(A)$ 的描述, 我们得到系统 (HS) 的变分结构且把相应的泛函改写为 $\Phi(z) = (\|z^+\|^2 \|z^-\|^2)/2 - \int_{\mathbb{R}} R(t,z)dt$, 其中 $\Phi$ 定义在 Hilbert 空间 $E = \mathscr{D}(|A|^{\frac{1}{2}}) \hookrightarrow H^{\frac{1}{2}}(\mathbb{R}, \mathbb{R}^{2N})$ 上, 其可分解为 $E = E^- \oplus E^0 \oplus E^+, z = z^- + z^0 + z^+, \dim E^{\pm} = \infty$. 然后我们证明 $\Phi$ 满足环绕结构,

也就是, 存在 $\rho > 0$ 使得 $\inf \Phi(E^+ \cap \partial B_\rho) > 0$ 且存在有限维子空间 $Y \subset E^+$ 使得在 $E_Y := E^- \oplus E^0 \oplus Y$ 中, 当 $\|u\| \to \infty$ 时, 成立 $\Phi(u) \to -\infty$. 随后, 我们将证明 $\Phi$ 满足 $(C)_c$-条件, 注意到, $E^0$ 可能是非平凡的. 最后, 我们给出定理 4.7.1 的证明.

### 4.7.1　变分框架

为了建立系统 (HS) 的变分结构, 我们首先研究对应 Hamilton 算子的谱.

回顾, 算子 $A = -(\mathcal{J}d/dt+L)$ 是在 $L^2(\mathbb{R}, \mathbb{R}^{2N})$ 上的自伴算子, 如果 $L(t)$ 是有界的, 其定义域为 $\mathscr{D}(A) = H^1(\mathbb{R}, \mathbb{R}^{2N})$; 如果 $L(t)$ 是无界的, 其定义域为 $\mathscr{D}(A) \subset H^1(\mathbb{R}, \mathbb{R}^{2N})$. 注意到, $\mathscr{D}(A)$ 是一个 Hilbert 空间, 其内积为

$$(z, w)_A := (Az, Aw)_2 + (z, w)_2,$$

对应的范数为 $|z|_A := (z, z)_A^{\frac{1}{2}}$.

令 $A_0 := \mathcal{J}d/dt + \mathcal{J}_0$, 这也是一个作用在 $L^2(\mathbb{R}, \mathbb{R}^{2N})$ 上的自伴算子, 其定义域为 $\mathscr{D}(A_0) = H^1(\mathbb{R}, \mathbb{R}^{2N})$ 且满足 $A_0^2 = -d^2/dt^2 + 1$. 易知, 对所有的 $z \in H^1(\mathbb{R}, \mathbb{R}^{2N})$,

$$\||A_0|z|_2 = |A_0 z|_2 = \|z\|_{H^1}, \tag{4.7.1}$$

其中 $|A_0|$ 表示算子 $A_0$ 的绝对值.

**引理 4.7.3**　由条件 $\mathscr{D}(A) \subset H^1(\mathbb{R}^1, \mathbb{R}^{2N})$ 可知, 存在 $\gamma_1 > 0$ 使得对所有的 $z \in \mathscr{D}(A)$,

$$\|z\|_{H^1} = \||A_0|z|_2 \leqslant \gamma_1 |z|_A. \tag{4.7.2}$$

**证明**　记 $A_r$ 是 $A_0$ 在 $\mathscr{D}(A)$ 上的限制. $A_r$ 是从 $\mathscr{D}(A)$ 到 $L^2(\mathbb{R}, \mathbb{R}^{2N})$ 的线性算子. 我们断言: $A_r$ 是闭算子. 事实上, 令 $z_n \xrightarrow{|\cdot|_A} z$ 且 $A_r z_n \xrightarrow{|\cdot|_2} w$, 则 $z \in \mathscr{D}(A)$. 因为 $A_0$ 是闭算子, $A_r z_n = A_0 z_n \to A_0 z = A_r z$, 因此 $A_r$ 是闭算子. 从而由闭图像定理可知 $A_r \in \mathscr{L}(\mathscr{D}(A), L^2(\mathbb{R}, \mathbb{R}^{2N}))$, 因此, 对所有的 $z \in \mathscr{D}(A), |A_0 z|_2 = |A_r z|_2 \leqslant \gamma_1 |z|_A$. 再结合 (4.7.1) 就可得到 (4.7.2). □

令

$$\mu_e^- := \sup(\sigma_e(A) \cap (-\infty, 0]), \quad \mu_e^+ := \inf(\sigma_e(A) \cap [0, \infty)).$$

**命题 4.7.4**　设 $(H_0)$ 成立, 则 $\sigma_e(A) \subset \mathbb{R} \setminus (-b_{\max}, b_{\max})$, 也就是, $\mu_e^- \leqslant -b_{\max}$ 且 $\mu_e^+ \geqslant b_{\max}$.

**证明**　设 $b > 0$ 使得 $|\Lambda^b| < \infty$. 令

$$(\mathcal{J}_0 L(t) - b)^+ := \begin{cases} \mathcal{J}_0 L(t) - b, & \mathcal{J}_0 L(t) - b \geqslant 0, \\ 0, & \mathcal{J}_0 L(t) - b < 0, \end{cases}$$

以及 $(\mathcal{J}_0 L(t) - b)^- := (\mathcal{J}_0 L(t) - b) - (\mathcal{J}_0 L(t) - b)^+$. 因为 $\mathcal{J}_0^2 = I$, 我们有 $A = A_1 - \mathcal{J}_0(\mathcal{J}_0 L(t) - b)^-$, 其中

$$A_1 = -\left(\mathcal{J}\frac{d}{dt} + \mathcal{J}_0(\mathcal{J}_0 L - b)^+\right) - b\mathcal{J}_0.$$

注意到, $\mathcal{J}_0 \mathcal{J} = -\mathcal{J}\mathcal{J}_0$. 因此, 对任意的 $z \in \mathscr{D}(A)$

$$
\begin{aligned}
(A_1 z, A_1 z)_2 = |A_1 z|_2^2 &= \left|\left(\mathcal{J}\frac{d}{dt} + \mathcal{J}_0(\mathcal{J}_0 L - b)^+\right)z + b\mathcal{J}_0 z\right|_2^2 \\
&= \left|\left(\mathcal{J}\frac{d}{dt} + \mathcal{J}_0(\mathcal{J}_0 L - b)^+\right)z\right|_2^2 + b^2|z|_2^2 \\
&\quad + (\mathcal{J}\dot{z}, b\mathcal{J}_0 z)_{L^2} + (b\mathcal{J}_0 z, \mathcal{J}\dot{z})_2 \\
&\quad + (\mathcal{J}_0(\mathcal{J}_0 L - b)^+ z, b\mathcal{J}_0 z)_2 + (b\mathcal{J}_0 z, \mathcal{J}_0(\mathcal{J}_0 L - b)^+ z)_2 \\
&= \left|\left(\mathcal{J}\frac{d}{dt} + \mathcal{J}_0(\mathcal{J}_0 L - b)^+\right)z\right|_2^2 + b^2\|z\|_2^2 + 2b((\mathcal{J}_0 L - b)^+ z, z)_2 \\
&\geqslant b^2|z|_2^2,
\end{aligned}
$$
(4.7.3)

其中上面我们用到 $(\mathcal{J}\dot{z}, b\mathcal{J}_0 z)_2 + (b\mathcal{J}_0 z, \mathcal{J}\dot{z})_2 = 0$. 事实上, 对任意的 $z = (u, v) \in C_0^\infty(\mathbb{R}, \mathbb{R}^{2N})$, 我们有

$$
\begin{aligned}
&(\mathcal{J}\dot{z}, b\mathcal{J}_0 z)_2 + (b\mathcal{J}_0 z, \mathcal{J}\dot{z})_2 \\
&= 2b\int_{\mathbb{R}}(\dot{u}u - \dot{v}v)dt = b\int_{\mathbb{R}}\frac{d}{dt}(u^2(t) - v^2(t))dt \\
&= b\lim_{t\to\infty}\left(|u(t)|^2 - |u(-t)|^2 - |v(t)|^2 + |v(-t)|^2\right) = 0.
\end{aligned}
$$

因此, 由 $C_0^\infty(\mathbb{R}, \mathbb{R}^{2N})$ 在 $E$ 中的稠密性可得结果. 故由 (4.7.3) 就可得 $\sigma(A_1) \subset \mathbb{R} \setminus (-b, b)$.

接下来我们断言: $\sigma_e(A) \cap (-b, b) = \varnothing$. 若不然, 则存在 $\lambda \in \sigma_e(A)$ 且满足 $|\lambda| < b$. 则由 $\lambda \in \sigma_e(A)$ 可知, 存在 $\{z_n\} \subset \mathscr{D}(A)$ 满足 $|z_n|_2 = 1$, 在 $L^2$ 中 $z_n \to 0$ 以及 $|(A - \lambda)z_n|_2 \to 0$. 注意到, 由 (4.7.2) 可以得到

$$\|z_n\|_{H^1} \leqslant c_1 |z_n|_A = c_1\left(|A z_n|_2^2 + |z_n|_2^2\right)^{\frac{1}{2}} \leqslant c_2\left(|(A-\lambda)z_n|_2^2 + \lambda^2 + 1\right)^{\frac{1}{2}} \leqslant c_3,$$

从而 $\left|\mathcal{J}_0(\mathcal{J}_0 L - b)^- z_n\right|_2 \to 0$. 我们得到

$$
\begin{aligned}
o(1) = \left|(A - \lambda)z_n\right|_2 &= \left|A_1 z_n - \lambda z_n - \mathcal{J}_0(\mathcal{J}_0 L - b)^- z_n\right|_2 \\
&\geqslant |A_1 z_n|_2 - |\lambda| - o_n(1) \\
&\geqslant b - |\lambda| - o_n(1),
\end{aligned}
$$

这就蕴含着 $b - |\lambda| \leqslant 0$, 与 $|\lambda| < b$ 矛盾. 由于对任意满足 $|\Lambda^b| < \infty$ 的 $b > 0$, 上面的断言也成立. 因此, 我们可得 $\sigma_e(A) \subset \mathbb{R} \setminus (-b_{\max}, b_{\max})$.                    □

**注 4.7.5**  (a) 如果 $L(t)$ 满足: 对任意的 $b > 0$, $|\Lambda^b| < \infty$, 则由命题 4.7.4 可知 $\mu_e^- = -\infty$ 以及 $\mu_e^+ = \infty$, 也就是, $\sigma(A) = \sigma_d(A)$.

(b) 令 $L(t) = q(t)\mathcal{J}_0$, 其中 $q(t)$ 满足 $(q_0)$. 则 $\sigma_e(A) \subset \mathbb{R} \setminus (-b_{\max}, b_{\max})$. 此外, $\sigma(A)$ 是对称的: $\sigma(A) \cap (-\infty, 0) = -\sigma(A) \cap (0, \infty)$(其证明可参见命题 4.2.1). 特别地, 令 $0 \leqslant \lambda_1 \leqslant \lambda_2 \leqslant \cdots \leqslant \lambda_k$ 是算子 $A^2$ 在 $\inf \sigma_e(A^2)$ 之下的所有特征值, $\{\pm\lambda_j^{\frac{1}{2}} : j = 1, \cdots, k\}$ 是算子 $A$ 在 $(\mu_e^-, \mu_e^+)$ 的所有特征值. 因此, 通过极大极小原理我们能获得算子 $A^2 = -d^2/dt^2 + q^2 + \dot{q}\mathcal{J}\mathcal{J}_0$ 的特征值, 进而得到算子 $A$ 的特征值.

注意到, 因为 $0$ 可能属于 $\sigma(A)$, 我们需要更多的讨论得到适当的变分框架.

令 $\{F_\lambda\}_{\lambda \in \mathbb{R}}$ 为算子 $A$ 的谱族. 则由定理 2.2.20 知 $A$ 有极分解 $A = U|A|$, 其中 $U = 1 - F_0 - F_{-0}$. 由命题 4.7.4 可知 $0$ 至多是 $A$ 的有限重孤立临界值. $L^2$ 有下面正交分解:

$$L^2 = L^- \oplus L^0 \oplus L^+, \quad z = z^- + z^0 + z^+,$$

使得 $A$ 在 $L^-$ 中是负定的, 在 $L^+$ 中是正定的, 并且 $L^0 = \ker A$. 事实上, $L^\pm = \{z \in L^2 : Uz = \pm z\}$ 且 $L^0 = \{z \in L^2 : Uz = 0\}$. 因此, 由下面的关系

$$(z^+, z^-)_2 = (Uz^+, z^-)_2 = (z^+, Uz^-)_2$$
$$= (z^+, -z^-)_2 = -(z^+, z^-)_2$$

可得 $L^+$ 和 $L^-$ 关于 $L^2$-内积是正交的. 类似地, $L^\pm$ 和 $L^0$ 关于 $L^2$-内积也是正交的.

令 $P^0 : L^2 \to L^0$ 表示相应的投影算子. $P^0$ 与 $A$ 和 $|A|$ 可交换. 在 $\mathscr{D}(A)$ 上, 我们引入内积

$$\langle z, w \rangle_A := (Az, Aw)_2 + (P^0z, P^0w)_2$$
$$= (|A|z, |A|w)_2 + (P^0z, w)_2,$$

其诱导的范数记为 $\|z\|_A$. 显然, 在 $\mathscr{D}(A)$ 上的范数 $|\cdot|_A$ 和 $\|\cdot\|_A$ 是等价的且满足

$$\gamma_2|z|_A \leqslant \|z\|_A \leqslant \gamma_3|z|_A, \quad \forall z \in \mathscr{D}(A).$$

定义

$$\tilde{A} := |A| + P^0.$$

则 $\mathscr{D}(\tilde{A}) = \mathscr{D}(A)$. 注意到, $P^0|A| = |A|P^0 = 0$. 故对任意的 $z, w \in \mathscr{D}(A)$, 我们有

$$(\tilde{A}z, \tilde{A}w)_2 = (|A|z, |A|w)_2 + (|A|z, P^0w)_2 + (P^0z, |A|w)_2 + (P^0z, P^0w)_2$$
$$= (|A|z, |A|w)_2 + (P^0z, P^0w)_2 = \langle z, w \rangle_A.$$

因此,

$$\gamma_2|z|_A \leqslant \|z\|_A = |\tilde{A}z|_2 \leqslant \gamma_3|z|_A, \quad \forall z \in \mathscr{D}(A). \tag{4.7.4}$$

令 $E := \mathscr{D}(|A|^{\frac{1}{2}})$ 是自伴算子 $|A|^{\frac{1}{2}}$ 的定义域, 其是一个 Hilbert 空间, 内积定义为

$$(z,w) = (|A|^{\frac{1}{2}}z, |A|^{\frac{1}{2}}w)_2 + (P^0z, P^0w)_2,$$

以及范数为 $\|z\| = (z,z)^{\frac{1}{2}}$. $E$ 有下面的分解

$$E = E^- \oplus E^0 \oplus E^+, \quad \text{其中} \quad E^{\pm} = E \cap L^{\pm} \text{ 且 } E^0 = L^0,$$

关于内积 $(\cdot,\cdot)_{L^2}$ 和 $(\cdot,\cdot)$ 都是正交的. 注意到, 对任意的 $z \in \mathscr{D}(A)$ 以及 $w \in \mathscr{D}(|A|^{\frac{1}{2}})$,

$$\begin{aligned}
(\tilde{A}^{\frac{1}{2}}z, \tilde{A}^{\frac{1}{2}}w)_2 &= (\tilde{A}z, w)_2 = ((|A| + P^0)z, w)_2 = (|A|z, w)_2 + (P^0z, w)_2 \\
&= (|A|^{\frac{1}{2}}z, |A|^{\frac{1}{2}}w)_2 + (P^0z, P^0w)_2 = (z, w).
\end{aligned}$$

由引理 2.2.12 以及 $\mathscr{D}(A) = \mathscr{D}(\tilde{A})$ 知 $\mathscr{D}(A)$ 是 $\tilde{A}^{\frac{1}{2}}$ 的核, 故

$$(z,w) = (\tilde{A}^{\frac{1}{2}}z, \tilde{A}^{\frac{1}{2}}w)_2, \quad \forall z, w \in \mathscr{D}(|A|^{\frac{1}{2}}).$$

特别地,

$$\|z\| = |\tilde{A}^{\frac{1}{2}}z|_2, \quad \forall z \in E. \tag{4.7.5}$$

**引理 4.7.6** $E$ 连续嵌入 $H^{\frac{1}{2}}(\mathbb{R}, \mathbb{R}^{2N})$, 因此, $E$ 连续嵌入 $L^p(\mathbb{R}, \mathbb{R}^{2N})$ 对任意的 $p \geqslant 2$ 成立且 $E$ 紧嵌入 $L^p_{\text{loc}}(\mathbb{R}, \mathbb{R}^{2N})$ 对任意的 $p \geqslant 1$ 成立.

**证明** 首先, 由引理 2.2.29 我们有 $H^{\frac{1}{2}} = [H^1, L^2]_{\frac{1}{2}}$ (等价范数意义下). 注意到, $\mathscr{D}(|A_0|^0) = L^2, \mathscr{D}(|A_0|) = H^1$, 故

$$H^{\frac{1}{2}} = [\mathscr{D}(|A_0|), \mathscr{D}(|A_0|^0)]_{\frac{1}{2}}.$$

由插值空间的定义可得

$$H^{\frac{1}{2}} = [\mathscr{D}(|A_0|), \mathscr{D}(|A_0|^0)]_{\frac{1}{2}} = \mathscr{D}(|A_0|^{\frac{1}{2}}).$$

因此, $\|z\|_{H^{\frac{1}{2}}}$ 和 $|A_0|^{\frac{1}{2}}z|_2$ 是在 $H^{\frac{1}{2}}$ 上的等价范数且满足: 对任意的 $z \in H^{\frac{1}{2}}$,

$$\gamma_4\|z\|_{H^{\frac{1}{2}}} \leqslant ||A_0|^{\frac{1}{2}}z|_2 \leqslant \gamma_5\|z\|_{H^{\frac{1}{2}}}. \tag{4.7.6}$$

由 (4.7.2) 知, 对任意的 $z \in \mathscr{D}(A)$,

$$||A_0|z|_2 \leqslant \gamma_1|\tilde{A}z|_2 = |(\gamma_1\tilde{A})z|_2.$$

因此, 对任意的 $z \in \mathscr{D}(A)$, $(|A_0|z, z)_2 \leqslant (\gamma_1 \tilde{A} z, z)_2$ (参见 [60, 命题 III 8.11]). 这就可以推出, 对所有的 $z \in \mathscr{D}(A)$,

$$\||A_0|^{\frac{1}{2}} z|_2^2 = (|A_0|z, z)_2 \leqslant (\gamma_1 \tilde{A} z, z)_2 = \gamma_1 |\tilde{A}^{\frac{1}{2}} z|_2^2$$

(参见 [60, 命题 III 8.11]). 由引理 2.2.12 知 $\mathscr{D}(A)$ 是 $\tilde{A}^{\frac{1}{2}}$ 的核, 故对任意的 $z \in E$, $\||A_0|^{\frac{1}{2}} z|_2^2 \leqslant \gamma_1 |\tilde{A}^{\frac{1}{2}} z|_2^2$. 结合 (4.7.5) 可知, 对任意的 $z \in E$,

$$\||A_0|^{\frac{1}{2}} z|_2^2 \leqslant \gamma_1 \|z\|^2.$$

再结合 (4.7.6), 就可以得到: 对任意的 $z \in E$,

$$\|z\|_{H^{\frac{1}{2}}} \leqslant \gamma_6 \|z\|,$$

这就完成了引理 4.7.6 的证明. 　　　　　　　　　　　　　　　　　　　　　　　□

从现在开始, 我们固定常数 $b$ 满足

$$\gamma < b < b_{\max}, \tag{4.7.7}$$

其中 $\gamma$ 的定义在 (H$_5$) 中给出. 令 $k$ 是对应特征值在 $[-b, b]$ 中的特征函数的个数. 记 $f_i (1 \leqslant i \leqslant k)$ 为相应的特征函数. 令

$$L^d := \operatorname{span}\{f_1, \cdots, f_k\},$$

我们有另外的正交分解

$$L^2 = L^d \oplus L^e, \quad u = u^d + u^e.$$

相应地, $E$ 有下面的分解

$$E = E^d \oplus E^e, \quad \text{其中 } E^d = L^d, \; E^e = E \cap L^e, \tag{4.7.8}$$

且关于内积 $(\cdot, \cdot)_2$ 和 $(\cdot, \cdot)$ 都是正交的. 注意到, 由命题 4.7.4 知

$$b|z|_2^2 \leqslant \|z\|^2, \quad \forall z \in E^e. \tag{4.7.9}$$

在 $E$ 上定义泛函

$$\Phi(z) := \frac{1}{2}\|z^+\|^2 - \frac{1}{2}\|z^-\|^2 - \Psi(z), \quad \text{其中 } \Psi(z) = \int_{\mathbb{R}} R(t, z) dt. \tag{4.7.10}$$

由 $H$ 的假设知, $\Phi \in C^1(E, \mathbb{R})$. 此外, 由 2.3 节可知 $\Phi$ 的临界点就是 (HS) 的同宿轨.

类似于引理 4.3.2 的证明, 我们能得到下面的引理.

**引理 4.7.7** 设 (H$_0$)—(H$_2$) 成立, 则 $\Psi$ 是非负的、弱序列下半连续, 以及 $\Psi'$ 是弱序列连续的.

### 4.7.2 环绕结构

我们现在研究 $\Phi$ 的环绕结构. 注意到, 在 $(H_1)$—$(H_2)$ 的假设下, 给定 $p \geqslant 2$, 对任意的 $\varepsilon > 0$, 存在 $C_\varepsilon > 0$, 使得对任意的 $(t, z) \in \mathbb{R} \times \mathbb{R}^N$ 满足

$$|R_z(t, z)| \leqslant \varepsilon|z| + C_\varepsilon|z|^{p-1},$$

以及

$$R(t, z) \leqslant \varepsilon|z|^2 + C_\varepsilon|z|^p. \tag{4.7.11}$$

首先我们有下面的引理.

**引理 4.7.8** 设 $(H_0)$—$(H_2)$ 成立, 则存在 $\rho > 0$ 使得 $\kappa := \inf \Phi(S_\rho^+) > 0$, 其中 $S_\rho^+ = \partial B_\rho \cap E^+$.

**证明** 对任意的 $\varepsilon > 0$, 选择 $p > 2$ 使得 (4.7.11) 成立. 则对任意的 $z \in E$,

$$\Psi(z) \leqslant \varepsilon|z|_2^2 + C_\varepsilon|z|_p^p \leqslant C(\varepsilon\|z\|^2 + C_\varepsilon\|z\|^p).$$

因此, 由 $\Phi$ 的表达形式 (4.7.10) 即可得到引理. $\qquad\square$

接下来, 我们重排算子 $A$ 在 $(0, m_0)$ 中的所有特征值为: $0 < \mu_1 \leqslant \mu_2 \leqslant \cdots \leqslant \mu_\ell < m_0$ 且令 $e_j$ 表示对应方程 $Ae_j = \mu_j e_j$, $j = 1, \cdots, \ell$ 的特征函数. 令 $Y_0 := \mathrm{span}\{e_1, \cdots, e_\ell\}$. 注意到, 对任意的 $w \in Y_0$, 我们有

$$\mu_1|w|_2^2 \leqslant \|w\|^2 \leqslant \mu_\ell|w|_2^2. \tag{4.7.12}$$

对 $Y_0$ 的任意有限维子空间 $W$, 令 $E_W = E^- \oplus E^0 \oplus W$.

**引理 4.7.9** 设 $(H_0)$—$(H_3)$ 成立, 则对 $Y_0$ 的任意有限维子空间 $W$, $\sup \Phi(E_W) < \infty$, 以及存在 $R_W > 0$ 使得对所有的 $z \in E_W$ 且 $\|z\| \geqslant R_W$ 都有 $\Phi(z) < \inf \Phi(B_\rho \cap E^+)$, 其中 $\rho > 0$ 由引理 4.7.8 给出.

**证明** 只需证明当 $z \in E_W$ 且 $\|z\| \to \infty$ 时, 成立 $\Phi(z) \to -\infty$. 通过反证, 假设存在序列 $\{z_j\} \subset E_W$ 满足 $\|z_j\| \to \infty$, 且存在 $M > 0$ 使得对任意的 $j$, $\Phi(z_j) \geqslant -M$. 令 $w_j = z_j/\|z_j\|$, 则 $\|w_j\| = 1, w_j \to w, w_j^- \to w^-, w_j^0 \to w^0, w_j^+ \to w^+ \in Y$, 以及

$$-\frac{c}{\|z_j\|^2} \leqslant \frac{\Phi(z_j)}{\|z_j\|^2} = \frac{1}{2}\|w_j^+\|^2 - \frac{1}{2}\|w_j^-\|^2 - \int_{\mathbb{R}} \frac{R(t, z_j)}{\|z_j\|^2} dt. \tag{4.7.13}$$

接下来断言 $w^+ \neq 0$. 若不然, 则由 (4.7.13) 和 $(H_1)$ 可知 $\|w_j^-\| \to 0$, 因此, $w_j \to w = w^0$ 以及 $\int_{\mathbb{R}} R(t, z_j)/\|z_j\|^2 dt \to 0$.

注意到, $R(t,z) = M(t)z \cdot z/2 + r(t,z)$ 以及当 $|z| \to \infty$ 时, $r(t,z)/|z|^2 \to 0$ 关于 $t$ 是一致成立的. 因此, 由 $w(t) \neq 0$ 就有 $|z_j(t)| \to \infty$, 可知

$$\int_{\mathbb{R}} \frac{r(t,z_j)}{\|z_j\|^2} dt = \int_{\mathbb{R}} \frac{r(t,z_j)}{|z_j|^2} |w_j|^2 dt$$

$$\leqslant \int_{\mathbb{R}} \frac{|r(t,z_j)|}{|z_j|^2} |w_j - w|^2 dt + \int_{\mathbb{R}} \frac{|r(t,z_j)|}{|z_j|^2} |w|^2 dt$$

$$= o_j(1) + \int_{\{t:w(t)\neq 0\}} \frac{|r(t,z_j)|}{|z_j|^2} |w|^2 dt = o_j(1), \tag{4.7.14}$$

且由 (H$_3$) 知

$$\frac{1}{2} \int_{\mathbb{R}} \frac{M(t)z_j \cdot z_j}{\|z_j\|^2} dt = \frac{1}{2} \int_{\mathbb{R}} \frac{M(t)z_j \cdot z_j}{|z_j|^2 |w_j|^2} dt \geqslant \frac{m_0}{2} |w_j|_2^2. \tag{4.7.15}$$

此外, 由 (4.7.14), (4.7.15) 以及 $\displaystyle\int_{\mathbb{R}} R(t,z_j)/\|z_j\|^2 dt \to 0$ 可得 $|w_j|_2 \to 0$. 则 $\|w_j\| \to 0$, 这与 $\|w_j\| = 1$ 矛盾. 因此 $w^+ \neq 0$. 因为

$$\|w^+\|^2 - \|w^-\|^2 - \int_{\mathbb{R}} M(t)w \cdot w dt$$

$$\leqslant \|w^+\|^2 - \|w^-\|^2 - m_0 |w|_2^2$$

$$\leqslant -((m_0 - \mu_\ell)|w^+|_2^2 + \|w^-\|^2 + m_0 |w^0|_2^2) < 0,$$

则存在充分大的 $a > 0$ 使得

$$\|w^+\|^2 - \|w^-\|^2 - \int_{-a}^{a} M(t)w \cdot w dt < 0. \tag{4.7.16}$$

正如 (4.7.14), 由 $|w_j - w|_{L^2(-a,a)} \to 0$ 可得

$$\lim_{j \to \infty} \int_{-a}^{a} \frac{r(t,z_j)}{\|z_j\|^2} dt = \lim_{j \to \infty} \int_{-a}^{a} \frac{r(t,z_j)|w_j|^2}{|z_j|^2} dt = 0.$$

因此, 由 (4.7.13) 和 (4.7.16) 可得

$$0 \leqslant \lim_{j \to \infty} \left( \frac{1}{2} \|w_j^+\|^2 - \frac{1}{2} \|w_j^-\|^2 - \int_{-a}^{a} \frac{R(t,z_j)}{\|z_j\|^2} dt \right)$$

$$\leqslant \frac{1}{2} \left( \|w^+\|^2 - \|w^-\|^2 - \int_{-a}^{a} M(t)w \cdot w dt \right) < 0,$$

这就得到矛盾. $\qquad\qquad\qquad\qquad\qquad\qquad\qquad\qquad\qquad\qquad\qquad\qquad$ □

作为一个特殊的情形, 我们有如下引理.

**引理 4.7.10** 设 (H$_0$)—(H$_3$) 成立, 令 $e \in Y_0$ 且 $\|e\| = 1$, 则存在 $r_0 > 0$ 使得 $\sup \Phi(\partial Q) \leqslant \kappa$, 其中 $\kappa > 0$ 由引理 4.7.8 给出以及 $Q := \{u = u^- + u^0 + se : u^- + u^0 \in E^- \oplus E^0, s \geqslant 0, \|u\| \leqslant r_0\}$.

### 4.7.3 (C)$_c$-条件

在本节, 我们将研究 (C)$_c$-序列的有界性.

**引理 4.7.11** 设 (H$_0$)—(H$_2$) 以及 (H$_4$)—(H$_4$) 成立, 则任意的 (C)$_c$-序列是有界的.

**证明** 令 $\{z_j\} \subset E$ 满足

$$\Phi(z_j) \to c, \quad (1 + \|z_j\|)\Phi'(z_j) \to 0, \tag{4.7.17}$$

则当 $j$ 充分大时, 存在 $C_0 > 0$, 使得

$$C_0 \geqslant \Phi(z_j) - \frac{1}{2}\Phi'(z_j)z_j = \int_{\mathbb{R}} \tilde{R}(t, z_j)dt. \tag{4.7.18}$$

为了证明 $\{z_j\}$ 的有界性, 我们采用文献 [74] 中的方法, 通过反证, 也就是存在子列使得 $\|z_j\| \to \infty$ 且令 $v_j = z_j/\|z_j\|$. 则 $\|v_j\| = 1$ 以及对所有的 $s \in [2, \infty)$, $|v_j|_s \leqslant \gamma_s \|v_j\| = \gamma_s$. 此外, 存在 $v \in E$ 使得对所有的 $s \geqslant 1$, 在 $E$ 中 $v_j \to v$; 在 $L_{\mathrm{loc}}^s(\mathbb{R}, \mathbb{R}^{2N})$ 中 $v_j \to v$ 以及 $v_j(t) \to v(t)$ a.e. $t \in \mathbb{R}$. 由 (H$_2$) 可知, 当 $|z| \to \infty$ 时 $|r_z(t, z)| = o(z)$ 关于 $t$ 是一致成立的以及当 $v(t) \neq 0$ 时, $|z_j(t)| \to \infty$. 因此, 对任意的 $\varphi \in C_0^\infty(\mathbb{R}, \mathbb{R}^{2N})$, 我们不难验证

$$\int_{\mathbb{R}} \frac{R_z(t, z_j)\varphi}{\|z_j\|}dt \to \int_{\mathbb{R}} M(t)v\varphi dt.$$

由上面这个极限以及 (4.7.17), 可得

$$\mathcal{J}\frac{d}{dt}v + (L(t) + M(t))v = 0. \tag{4.7.19}$$

将 $\mathcal{J}^{-1} = -\mathcal{J}$ 作用在 (4.7.19) 上, 我们就可以得到

$$\frac{d}{dt}v = \mathcal{J}(L(t) + M(t))v. \tag{4.7.20}$$

我们断言: $v \neq 0$. 若不然, 也就是假设 $v = 0$. 则在 $E$ 中 $v_j^d \rightharpoonup 0$; 在 $L_{\mathrm{loc}}^s(\mathbb{R}, \mathbb{R}^{2N})$ 中 $v_j \to 0$. 令 $I_0 := (-t_0, t_0)$ 和 $I_0^c := \mathbb{R} \setminus I_0$, 其中 $t_0 > 0$ 是由 (H$_5$) 中给定的数. 则由下面事实

$$\frac{\Phi'(z_j)(z_j^{e+} - z_j^{e-})}{\|z_j\|^2} = \|v_j^e\|^2 - \int_{\mathbb{R}} \frac{R_z(t, z_j)}{|z_j|}(v_j^{e+} - v_j^{e-})|v_j|dt$$

可知

$$\|v_j^e\|^2 = \int_{I_0} \frac{R_z(t, z_j)}{|z_j|}(v_j^{e+} - v_j^{e-})|v_j|dt + \int_{I_0^c} \frac{R_z(t, z_j)}{|z_j|}(v_j^{e+} - v_j^{e-})|v_j|dt + o_j(1)$$

$$\leqslant c\int_{I_0} |v_j||v_j^{e+} - v_j^{e-}|dt + \gamma\int_{I_0^c} |v_j||v_j^{e+} - v_j^{e-}|dt + o_j(1)$$

$$\leqslant \gamma|v_j^e|_2^2 + o_j(1).$$

因此, 由 (4.7.19) 可得

$$\left(1 - \frac{\gamma}{b}\right) \|v_j^e\|^2 \leqslant o_j(1),$$

再由 (4.7.17) 就可知 $\|v_j^e\|^2 \to 0$. 因此, $\|v_j\|^2 = \|v_j^d\|^2 + \|v_j^e\|^2 \to 0$, 这与 $\|v_j\|^2 = 1$ 矛盾.

因此, 若 (H$_4$) 中的 (i) 成立, 则 $v \neq 0$ 是不可能的. 从而, 我们假设 (H$_4$) 中的 (ii) 成立. 令 $\Omega_j(0, r) := \{t \in \mathbb{R} : |z_j(t)| < r\}$, $\Omega_j(r, \infty) := \{t \in \mathbb{R} : |z_j(t)| \geqslant r\}$ 以及对任意的 $r \geqslant 0$,

$$g(r) := \inf\{\tilde{R}(t, z) : t \in \mathbb{R}, z \in \mathbb{R}^{2N} \text{ 且 } |z| \geqslant r\}.$$

由假设条件, 存在 $r_0 > 0$ 使得 $g(r_0) > 0$, 因此由 (4.7.18) 可知 $|\Omega_j(r_0, \infty)| \leqslant C_0/g(r_0)$. 令 $\Omega := \{t : v(t) \neq 0\}$. 因为 $v$ 满足 (4.7.20), 由 Cauchy 唯一延拓定理得 $\Omega = \mathbb{R}$. 否则, 在 $\mathbb{R}$ 上, $v \equiv 0$, 这与 $v \neq 0$ 矛盾. 由于 $|\Omega| = \infty$, 存在 $\varepsilon > 0$ 和 $\omega \subset \Omega$ 使得对于 $t \in \omega$, 有 $|v(t)| \geqslant 2\varepsilon$ 且 $(2C_0)/g(r_0) \leqslant |\omega| < \infty$. 由 Egoroff 定理, 存在集合 $\omega' \subset \omega$ 满足 $|\omega'| > C_0/g(r_0)$ 使得 $v_j \to v$ 在 $\omega'$ 上是一致成立的. 因此在 $\omega'$ 上, 对几乎所有的 $j$, $|v_j(t)| \geqslant \varepsilon$ 且 $|z_j(t)| \geqslant r$. 则

$$\frac{C_0}{g(r_0)} < |\omega'| \leqslant |\Omega_j(r, \infty)| \leqslant \frac{C_0}{g(r_0)},$$

这就得到矛盾. □

下面的引理将更进一步地讨论 (C)$_c$-序列 $\{z_j\} \subset E$ 的性质. 由引理 4.7.11, $\{z_j\}$ 是有界的. 因此, 不失一般性, 可假设在 $E$ 中 $z_j \rightharpoonup z$; 对任意的 $q \geqslant 1$, 在 $L_{\text{loc}}^q$ 中 $z_j \to z$; $z_j(t) \to z(t)$ a.e. $t \in \mathbb{R}$. 显然, $z$ 是 $\Phi$ 的临界点.

选取 $p \geqslant 2$ 使得, $|R_z(t, z)| \leqslant |z| + C_1|z|^{p-1}$ 对任意的 $(t, z)$ 成立且令 $q$ 代表 2 或 $p$. 定义集合 $I_a := [-a, a]$, 其中 $a > 0$. 正如 (4.5.11), 对任意的 $\varepsilon > 0$, 存在 $r_\varepsilon > 0$, 当 $r \geqslant r_\varepsilon$ 时成立

$$\limsup_{n \to \infty} \int_{I_n \setminus I_r} |z_{j_n}|^q dt \leqslant \varepsilon. \tag{4.7.21}$$

取光滑函数 $\eta : [0, \infty) \to [0, 1]$ 且满足

$$\eta(t) = \begin{cases} 1, & t \leqslant 1, \\ 0, & t \geqslant 2. \end{cases}$$

定义 $\tilde{z}_n(t) = \eta\big((2|t|)/n\big)z(t)$ 以及令 $h_n := z - \tilde{z}_n$. 因为 $z$ 是同宿轨, 故由定义可知 $h_n \in H^1$ 且当 $n \to \infty$ 时满足

$$\|h_n\| \to 0, \quad |h_n|_\infty \to 0. \tag{4.7.22}$$

重复 (4.5.14) 的讨论, 我们可以知道, 在 $(H_0)$—$(H_2)$ 以及 $(H_4)$—$(H_5)$ 的假设下

$$\lim_{n\to\infty}\left|\int_{\mathbb{R}}(R_z(t,z_{j_n})-R_z(t,z_{j_n}-\tilde{z}_n)-R_z(t,\tilde{z}_n))\varphi dt\right|=0 \qquad (4.7.23)$$

关于 $\varphi\in E$ 且 $\|\varphi\|\leqslant 1$ 是一致成立的. 则我们有如下引理.

**引理 4.7.12** 设 $(H_0)$—$(H_2)$ 以及 $(H_4)$—$(H_5)$ 成立, 则

(1) $\Phi(z_{j_n}-\tilde{z}_n)\to c-\Phi(z)$;

(2) $\Phi'(z_{j_n}-\tilde{z}_n)\to 0$.

**证明** 首先, 我们有

$$\Phi(z_{j_n}-\tilde{z}_n)=\Phi(z_{j_n})-\Phi(\tilde{z}_n)+\int_{\mathbb{R}}(R(t,z_{j_n})-R(t,z_{j_n}-\tilde{z}_n)-R(t,\tilde{z}_n))dt.$$

由 (4.7.22), 不难证明

$$\int_{\mathbb{R}}\big(R(t,z_{j_n})-R(t,z_{j_n}-\tilde{z}_n)-R(t,\tilde{z}_n)\big)dt\to 0.$$

结合 $\Phi(z_{j_n})\to c$ 以及 $\Phi(\tilde{z}_n)\to\Phi(z)$ 就可以得到 (1).

为了证明 (2), 注意到, 对任意的 $\varphi\in E$,

$$\begin{aligned}\Phi'(z_{j_n}-\tilde{z}_n)\varphi&=\Phi'(z_{j_n})\varphi-\Phi'(\tilde{z}_n)\varphi\\&\quad+\int_{\mathbb{R}}\big(R_z(t,z_{j_n})-R_z(t,z_{j_n}-\tilde{z}_n)-R_z(t,\tilde{z}_n)\big)\varphi dt.\end{aligned}$$

由 (4.7.23), 可以得到

$$\lim_{n\to\infty}\int_{\mathbb{R}}\big(R_z(t,z_{j_n})-R_z(t,z_{j_n}-\tilde{z}_n)-R_z(t,\tilde{z}_n)\big)\varphi dt=0$$

关于 $\|\varphi\|\leqslant 1$ 是一致成立的, 从而就证明了 (2). □

**引理 4.7.13** 设 $(H_0)$—$(H_2)$ 以及 $(H_4)$—$(H_5)$ 成立, 则 $\Phi$ 满足 $(C)_c$-条件.

**证明** 我们将使用下面的分解 $E=E^d\oplus E^e$(见 (4.7.8)). 注意到, $\dim(E^d)<\infty$. 记

$$y_n:=z_{j_n}-\tilde{z}_n=y_n^d+y_n^e.$$

则 $y_n^d=(z_{j_n}^d-z^d)+(z^d-\tilde{z}_n^d)\to 0$, 且由引理 4.7.12, $\Phi(y_n)\to c-\Phi(z)$, $\Phi'(y_n)\to 0$. 令 $\bar{y}_n^e=y_n^{e+}-y_n^{e-}$. 注意到

$$o_n(1)=\Phi'(y_n)\bar{y}_n^e=\|y_n^e\|^2-\int_{\mathbb{R}}R_z(t,y_n)\bar{y}_n^e dt.$$

因此,

$$\|y_n^e\|^2 \leqslant o_n(1) + \int_{I_0} \frac{|R_z(t,y_n)|}{|y_n|}|y_n||\bar{y}_n^e|dt + \int_{I_0^c} \frac{|R_z(t,y_n)|}{|y_n|}|y_n||\bar{y}_n^e|dt$$

$$\leqslant o_n(1) + c\int_{I_0}|y_n||\bar{y}_n^e|dt + \gamma\int_{I_0^c}|y_n||\bar{y}_n^e|dt$$

$$\leqslant o_n(1) + \gamma|y_n^e|_2^2 \leqslant o_n(1) + \frac{\gamma}{b}\|y_n^e\|^2.$$

所以, $(1-\gamma/b)\|y_n^e\|^2 \to 0$, 进而 $\|y_n\| \to 0$. 由于 $z_{j_n} - z = y_n + (\tilde{z}_n - z)$, 故 $\|z_{j_n} - z\| \to 0$. □

### 4.7.4　定理 4.7.1 的证明

首先我们有如下引理.

**引理 4.7.14**　$\Phi$ 满足 $(\Phi_0)$.

**证明**　我们首先证明对任意的 $a \in \mathbb{R}$, $\Phi_a$ 是 $\mathcal{T}_S$-闭的. 考虑 $\Phi_a$ 中的序列 $\{z_n\}$ 使得 $\mathcal{T}_S$-收敛到 $z \in E$, 且记 $z_n = z_n^- + z_n^0 + z_n^+, z = z^- + z^0 + z^+$. 注意到, $z_n^+$ 按范数收敛到 $z^+$. 因为 $\Psi$ 是下方有界的, 故

$$\frac{1}{2}\|z_n^-\|^2 = \frac{1}{2}\|z_n^+\|^2 - \Phi(z_n) - \Psi(z_n) \leqslant C,$$

也就是, $\{z_n^-\}$ 是有界的, 因此 $z_n^- \to z^-$. 因为 $\dim E^0 < \infty$, $\mathcal{T}_S$-收敛和弱收敛是一样的, 从而 $z_n \to z$. 从引理 4.7.7 以及 $\Phi$ 的表达形式可知 $\Phi(z) \geqslant \liminf_{n\to\infty}\Phi(z_n) \geqslant a$, 因此 $z \in \Phi_a$. 接下来我们将证明 $\Phi' : (\Phi_a, \mathcal{T}_S) \to (E^*, \mathcal{T}_{w^*})$ 是连续的. 假设在 $\Phi_a$ 中, $z_n \xrightarrow{\mathcal{T}_S} z$. 正如上面可知 $\{z_n\}$ 是有界的且弱收敛到 $z$. 则由引理 4.7.7 可知, $\Phi'(z_n) \xrightarrow{w^*} \Phi'(z)$. □

**引理 4.7.15**　在 $(H_0)$—$(H_2)$ 的假设下, 对任意的 $c > 0$, 存在 $\zeta > 0$ 使得对所有的 $z \in \Phi_c$,

$$\|z\| < \zeta\|z^+\|.$$

**证明**　若不然, 也就是假设存在 $c > 0$ 以及序列 $\{z_n\}$ 满足 $\Phi(z_n) \geqslant c$ 且 $\|z_n\|^2 \geqslant n\|z_n^+\|^2$. 则

$$\|z_n^- + z_n^0\|^2 \geqslant (n-1)\|z^+\|^2 \geqslant (n-1)\Big(2c + \|z_n^-\|^2 + 2\int_{\mathbb{R}}R(t,z_n)dt\Big)$$

或

$$\|z_n^0\|^2 \geqslant (n-1)2c + (n-2)\|z_n^-\|^2 + 2(n-1)\int_{\mathbb{R}}R(t,z_n)dt.$$

因为 $c > 0$ 以及 $R(t, z) \geqslant 0$, 故 $\|z_n^0\| \to \infty$, 因此, $\|z_n\| \to \infty$. 令 $w_n = z_n/\|z_n\|$. 则我们有 $\|w_n^+\|^2 \leqslant 1/n \to 0$. 由

$$1 \geqslant \|w_n^0\|^2 \geqslant \frac{(n-1)2c}{\|z_n\|^2} + (n-2)\|w_n^-\|^2 + 2(n-1)\int_{\mathbb{R}} \frac{R(t, z_n)}{\|z_n\|^2} dt,$$

可以得到 $\|w_n^-\|^2 \leqslant 1/(n-2) \to 0$. 因此, 在 $E$ 中 $w_n \to w = w^0$ 且 $\|w^0\| = 1$. 注意到, $R(t, z) = M(t)z \cdot z/2 + r(t, z)$ 以及当 $|z| \to \infty$ 时, $r(t, z)/|z|^2 \to 0$ 关于 $t$ 是一致成立的. 因此, 由 $w(t) \neq 0$ 就有 $|z_j(t)| \to \infty$, 可知

$$\int_{\mathbb{R}} \frac{r(t, z_n)}{\|z_n\|^2} dt = \int_{\{t:w(t)\neq 0\}} \frac{r(t, z_n)}{|z_n|^2}|w_n|^2 dt + \int_{\{t:w(t)=0\}} \frac{r(t, z_n)}{|z_n|^2}|w_n - w|^2 dt$$

$$\leqslant 2\int_{\{t:w(t)\neq 0\}} \frac{|r(t, z_n)|}{|z_n|^2}|w|^2 dt + c|w_n - w|_2^2 \to 0,$$

这就蕴含了

$$\frac{1}{2(n-1)} \geqslant \int_{\mathbb{R}} \frac{R(t, z_n)}{\|z_n\|^2} dt = \frac{1}{2}\int_{\mathbb{R}} M(t)w_n w_n dt + \int_{\mathbb{R}} \frac{r(t, z_n)}{\|z_n\|^2} dt$$

$$\geqslant \frac{m_0}{2}|w_n|_2^2 + o_n(1).$$

因此, $w^0 = 0$, 这就得到矛盾. □

**证明** [定理 4.7.1 的证明] (存在性) 记 $X = E^- \oplus E^0$ 且 $Y = E^+$, 由引理 4.7.14 知, 条件 $(\Phi_0)$ 成立且由引理 4.7.15 知, 条件 $(\Phi_+)$ 成立. 此外, 由引理 4.7.8 知条件 $(\Phi_2)$ 成立, 引理 4.7.10 说明 $\Phi$ 拥有定理 3.3.7 中的环绕结构. 最后, 由引理 4.7.13 知, $\Phi$ 满足 $(C)_c$-条件. 因此, $\Phi$ 至少有一个临界点 $z$ 且满足 $\Phi(z) \geqslant \kappa > 0$.

(多重性) 进一步, 假设 $R(t, z)$ 关于 $z$ 是偶的. 则 $\Phi$ 是偶的, 因此满足 $(\Phi_1)$. 引理 4.7.9 说明 $\Phi$ 满足 $(\Phi_3)$, 其中 $\dim Y_0 = \ell$. 因此, 由定理 3.3.9, $\Phi$ 至少有 $\ell$ 对非平凡临界点. □

# 第 5 章　非线性 Schrödinger 方程

本章致力于研究非线性 Schrödinger 方程解的存在性和多重性. 在 5.1—5.5 节, 我们考虑带有周期位势及周期非线性项且 0 位于 Schrödinger 算子谱隙中的单个方程的驻波解, 在 5.6 节, 我们处理扰动 Schrödinger 系统的半经典解. 非线性项要么是渐近线性的, 要么是超线性的.

## 5.1　引言及主要结论

我们考虑下面的非线性 Schrödinger 方程

$$\begin{cases} -\Delta u + V(x)u = g(x,u), & x \in \mathbb{R}^N, \\ u(x) \to 0, & |x| \to \infty, \end{cases} \tag{NS}$$

其中 $V : \mathbb{R}^N \to \mathbb{R}$ 是位势函数, $g : \mathbb{R}^N \times \mathbb{R} \to \mathbb{R}$ 是非线性项, 在无穷远处要么是渐近线性的, 要么是超线性的.

方程 (NS) 来源于下面非线性 Schrödinger 方程的驻波解

$$i\hbar \frac{\partial \varphi}{\partial t} = -\frac{\hbar^2}{2m} \Delta \varphi + W(x)\varphi - f(x, |\varphi|)\varphi. \tag{5.1.1}$$

(5.1.1) 的驻波解是形如 $\varphi(x,t) = u(x)e^{-\frac{iEt}{\hbar}}$ 的解. 如果在 (NS) 中令 $V(x) = 2m(W(x) - E)/\hbar^2$, $g(x,u) = 2mf(x,|u|)u/\hbar^2$, 则 $\varphi(x,t)$ 是 (5.1.1) 的解当且仅当 $u(x)$ 是 (NS) 的解.

近年来, 带有周期位势及非线性项的 Schrödinger 方程受到很大的关注, 这不仅因为它在应用方面的重要性, 而且它对数学的发展提供了一个很好的模型, 可参看 [5, 7, 8, 14, 21, 23, 28, 47, 51, 69, 73, 77, 78, 109, 113, 117] 以及它们的参考文献. 众所周知, 在 $L^2(\mathbb{R}^N)$ 上的自伴算子 $A := -\Delta + V$ 的谱 $\sigma(A)$ 是闭区间的并集 (参看 [93]).

**情形 1**　$0 < \inf \sigma(A)$. 在文献 [117] 中, 通过山路引理讨论, 当 $g \in C^2(\mathbb{R}^N \times \mathbb{R}, \mathbb{R})$ 且满足下面的超线性条件, 也就是存在 $\mu > 2$ 使得对任意的 $x \in \mathbb{R}^N, u \in \mathbb{R} \setminus \{0\}$, 成立

$$0 < \mu G(x,u) \leqslant g(x,u)u, \tag{5.1.2}$$

以及次临界条件, 也就是存在 $s \in (2, 2^*)$ 使得对任意的 $(x, u) \in \mathbb{R}^N \times \mathbb{R}$, 成立

$$|g_u(x, u)| \leqslant c_1 + c_2|u|^{s-2} \tag{5.1.3}$$

时, Coti-Zelati 和 Rabinowitz 证明了 (NS) 有无穷多解. 其中 $G(x, u) = \int_0^u g(x, t)dt$, 如果 $N = 1, 2, 2^* = \infty$; 如果 $N \geqslant 3, 2^* = (2N)/(N-2)$ 以及 $c_i$ 表示正常数. 对于一般的非线性项, 特别渐近线性情形, 上述的结论也是对的, 参看 [51, 68].

**情形 2** $0$ 属于 $\sigma(A)$ 的谱隙中, 也就是

$$\underline{\Lambda} := \sup(\sigma(A) \cap (-\infty, 0)) < 0 < \overline{\Lambda} := \inf(\sigma(A) \cap (0, \infty)). \tag{5.1.4}$$

再次假设 (5.1.2) 及 (5.1.3) 成立. 若 $G(x, u)$ 是严格凸的, 则通过山路约化, (NS) 解的存在性和多重性可参看 [7,8] 以及 [21]. 若无凸性, 当 $g(x, u)$ 关于 $u$ 是奇函数时, 通过一般的环绕讨论, (NS) 解的存在性和多重性被以下文献获得, 参看 [77, 109], 也可以参看 [5, 23, 49].

**情形 3** $0 \in \sigma(A)$ 以及 $(0, \overline{\Lambda}) \cap \sigma(A) = \varnothing$. 在 (5.1.2) 以及其他条件下, Bartsch 和 Ding 在文献 [14] 中证明了至少有一个非平凡解以及当 $g(x, u)$ 关于 $u$ 是奇函数时证明了无穷多解的存在性. 之后, 存在性结果被延拓到更一般的超线性情形, 参看 [113].

注意到, 条件 (5.1.2)—(5.1.3) 在证明 (PS)-序列有界时是至关重要的.

首先我们处理渐近线性问题. 记 $\tilde{G}(x, u) := g(x, u)u/2 - G(x, u), \lambda_0 := \min\{-\underline{\Lambda}, \overline{\Lambda}\}$, 其中 $\underline{\Lambda}$ 和 $\overline{\Lambda}$ 是由 (5.1.4) 给出的数. 假设

$(V_0)$ $V(x)$ 关于 $x_j(j = 1, \cdots, N)$ 是 1-周期的且 $0 \notin \sigma(-\Delta + V)$;

$(N_0)$ $g(x, u)$ 关于 $x_j(j = 1, \cdots, N)$ 是 1-周期的且 $G(x, u) \geqslant 0, \lim\limits_{u \to 0} g(x, u)/u = 0$ 关于 $x$ 是一致的.

$(N_1)$ $\lim\limits_{u \to \infty} (g(x, u) - V_\infty(x)u)/u = 0$ 关于 $x$ 是一致的且 $\inf V_\infty > \overline{\Lambda}$;

$(N_2)$ $\tilde{G}(x, u) \geqslant 0$ 且存在 $\delta_0 \in (0, \lambda_0)$ 使得当 $g(x, u)/u \geqslant \lambda_0 - \delta_0$ 时, 成立 $\tilde{G}(x, u) \geqslant \delta_0$.

在文献 [78] 中, 当 $(V_0)$ 以及 $(N_0)$—$(N_2)$ 满足时, 作者证明了 (NS) 至少有一个解. 注意到, 由 $V$ 和 $g$ 的周期性, 如果 $u$ 是 (NS) 的解, 则对每一个 $k = (k_1, \cdots, k_N) \in \mathbb{Z}^N, k * u$ 也是其解, 其中 $(k * u)(x) = u(x + k)$. 对任意的 $k \in \mathbb{Z}^N$, 如果两个解 $u_1, u_2$ 满足 $k * u_1 = u_2$, 则称 $u_1$ 和 $u_2$ 为几何不同解. 我们将证明下面的多重性结果.

**定理 5.1.1** ([50]) 设 $(V_0)$ 以及 $(N_0)$—$(N_2)$ 成立, 则 (NS) 至少有一个解. 此外, 如果 $g(x, u)$ 关于 $u$ 是奇函数且存在 $\delta > 0$, 当 $0 < |u| \leqslant \delta$ 时成立 $\tilde{G}(x, u) > 0$, 则 (NS) 拥有无穷多个几何不同解.

接下来我们处理超线性情形. 假设

(N$_3$) $\lim\limits_{|u|\to\infty} G(x,u)/u^2 = \infty$ 关于 $x$ 是一致的;

(N$_4$) 对 $u \neq 0$, 成立 $\tilde{G}(x,u) > 0$ 且存在 $r_0 > 0$ 以及 $\sigma > \max\{1, N/2\}$ 使得当 $|u| \geqslant r_0$ 时, 成立 $|g(x,u)|^\sigma \leqslant c_0\tilde{G}(x,u)|u|^\sigma$.

**定理 5.1.2** ([50])　设 (V$_0$), (N$_0$) 以及 (N$_3$)—(N$_4$) 成立, 则 (NS) 至少有一个非平凡解. 此外, 如果 $g(x,u)$ 关于 $u$ 是奇函数, 则 (NS) 拥有无穷多个几何不同解.

下面的函数满足所有的渐近线性条件 (N$_0$)—(N$_2$):

**例 5.1.1**　$g(x,u) = V_\infty(x)u\big(1 - 1/(\ln(e + |u|))\big)$, 其中 $V_\infty(x)$ 关于 $x_j(j = 1, \cdots, N)$ 是 1-周期的, $\inf V_\infty > \overline{\Lambda}$;

**例 5.1.2**　$g(x,u) = h(x,|u|)u$, 其中 $h(x,s)$ 关于 $x_j$ 是 1-周期的且在 $[0,\infty)$ 上是递增的; 此外, $\lim\limits_{s\to 0} h(x,s) = 0$, $\lim\limits_{s\to\infty} h(x,s) = V_\infty(x), V_\infty(x) > \overline{\Lambda}$ 关于 $x$ 是一致的.

下面的函数满足超线性条件 (N$_0$) 及 (N$_3$)—(N$_4$): 其中 $V_\infty(x) > 0, V_\infty$ 关于 $x_j$ 是 1-周期的;

**例 5.1.3**　$g(x,u) = V_\infty(x)u\ln(1 + |u|)$;

**例 5.1.4**　$G(x,u) = V_\infty(x)\big(|u|^\mu + (\mu-2)|u|^{\mu-\varepsilon}\sin^2(|u|^\varepsilon/\varepsilon)\big)$, 其中 $\mu > 2$, 如果 $N = 1,2$, $\varepsilon$ 满足 $\varepsilon \in (0, \mu-2)$; 如果 $N \geqslant 3$, $\varepsilon$ 满足 $\varepsilon \in (0, \mu + N - (N\mu)/2)$.

注意到, 这些函数并不满足 (5.1.2).

**引理 5.1.3**　如果 $g(x,u)$ 满足下面的条件, 则 $g(x,u)$ 满足 (N$_4$):

(1°) 存在 $r_1 > 0$ 及 $p \in (2, 2^*)$ 使得当 $|u| \geqslant r_1$ 时, 成立 $|g(x,u)| \leqslant c_1|u|^{p-1}$.

(2°) 对 $u \neq 0$, 成立 $2G(x,u) < g(x,u)u$; 此外, 存在 $r_1 > 0$ 以及如果 $N = 1$, 存在 $\nu \in (0,2)$, 如果 $N \geqslant 2$, 存在 $\nu \in (0, N + p - (pN)/2)$, 使得当 $|u| \geqslant r_1$ 时, 成立

$$g(x,u) \leqslant \left(\frac{1}{2} - \frac{1}{c_2|u|^\nu}\right) g(x,u)u.$$

**证明**　从 (2°) 知, 当 $u \neq 0$ 时, $\tilde{G}(x,u) > 0$, 这就蕴含了 $G(x,u) \geqslant cu^2$. 因此, 当 $|u| \geqslant 1$ 时, $g(x,u)u \geqslant 2cu^2$. 再次从 (2°) 知, 对于 $|u|$ 充分大时成立

$$\frac{g(x,u)u}{c_2|u|^\nu} \leqslant \tilde{G}(x,u).$$

因此

$$\frac{2c|u|^{2-\nu}}{c_2} \leqslant \frac{g(x,u)u}{c_2|u|^\nu} \leqslant \tilde{G}(x,u).$$

这就蕴含了, 当 $|u| \to \infty$ 时, $\tilde{G}(x, u) \to \infty$ 关于 $x$ 一致成立. 注意到, 当 $|u|$ 充分大时

$$|g(x, u)|^\sigma \leqslant c\tilde{G}(x, u)|u|^\sigma \Leftrightarrow \frac{(g(x, u)u)^\sigma}{c|u|^{2\sigma}} \leqslant \tilde{G}(x, u)$$

$$\Leftrightarrow G(x, u) \leqslant \left(\frac{1}{2} - \frac{(g(x, u)u)^{\sigma-1}}{c|u|^{2\sigma}}\right) g(x, u)u$$

$$\Leftrightarrow \frac{(g(x, u)u)^{\sigma-1}}{c|u|^{2\sigma}} \leqslant \frac{1}{2} - \frac{G(x, u)}{g(x, u)u}.$$

令 $\sigma = (p-\nu)/(p-2)$. 则 $\sigma > N/2$, 且由 (1°) 得

$$\frac{(g(x, u)u)^{\sigma-1}}{c|u|^{2\sigma}} \leqslant \frac{1}{a_1|u|^{2\sigma-p(\sigma-1)}} = \frac{1}{a_1|u|^\nu},$$

由 (2°) 得

$$\frac{1}{c_2|u|^\nu} \leqslant \frac{1}{2} - \frac{G(x, u)}{g(x, u)u}.$$

因此 ($N_4$) 成立. $\qquad\square$

显然, 如果 $g(x, u)$ 满足 (5.1.2)—(5.1.3), 则 $g(x, u)$ 满足 (1°)—(2°), 从而满足 ($N_3$)—($N_4$). 这个事实结合例 5.1.3 和例 5.1.4 表明了定理 5.1.2 中的超线性假设的确比 (5.1.2)—(5.1.3) 更一般.

## 5.2　变 分 框 架

设 ($V_0$) 成立且正如之前令 $A = -\Delta + V$, 这是作用在 $L^2(\mathbb{R}^N, \mathbb{R})$ 上的自伴算子, 其定义域为 $\mathscr{D}(A) = H^2(\mathbb{R}^N, \mathbb{R})$. 则 (NS) 能够重新写为在 $L^2(\mathbb{R}^N, \mathbb{R})$ 上的方程

$$Au = g(x, u). \tag{5.2.1}$$

由于 ($V_0$), 我们有下面的直和分解

$$L^2 = L^2(\mathbb{R}^N, \mathbb{R}) = L^- \oplus L^+, \quad u = u^- + u^+$$

使得 $A$ 在 $L^-$ 中是负定的, 在 $L^+$ 中是正定的.

令 $E = \mathscr{D}(|A|^{\frac{1}{2}})$ 且在 $E$ 中赋予内积

$$(u, v) = (|A|^{\frac{1}{2}}u, |A|^{\frac{1}{2}}v)_2$$

以及范数 $\|u\| = \||A|^{\frac{1}{2}}u\|_2$. 由于 ($V_0$), $E$ 上的范数和 $H^1(\mathbb{R}^N, \mathbb{R})$ 上的范数是等价的. 因此, 如果 $N = 1, 2$, $E$ 连续嵌入 $L^p$ $(p \geqslant 2)$; 如果 $N \geqslant 3$, $E$ 连续嵌

入 $L^p$ $(2 \leqslant p \leqslant 2^*)$ 且紧嵌入 $L^p_{\mathrm{loc}}$ $(1 \leqslant p < 2^*)$. 此外, 有下面关于 $(\cdot, \cdot)_2$ 和 $(\cdot, \cdot)$ 的直和分解

$$E = E^- \oplus E^+, \quad \text{其中 } E^\pm = E \cap L^\pm.$$

在 $E$ 上我们定义如下泛函

$$\Phi(u) := \frac{1}{2}\|u^+\|^2 - \frac{1}{2}\|u^-\|^2 - \Psi(u), \quad \text{其中 } \Psi(u) = \int_{\mathbb{R}^N} G(x, u)dx.$$

注意到, 由 (5.1.4) 知

对于 $u \in E^-$ 成立 $-\underline{\Lambda}|u|_2^2 \leqslant \|u\|^2$; 对于 $u \in E^+$ 成立 $-\overline{\Lambda}|u|_2^2 \leqslant \|u\|^2$. (5.2.2)

$g$ 的假设蕴含 $\Phi \in C^1(E, \mathbb{R})$. 此外, 由 2.3 节可知 $\Phi$ 的临界点就是 (NS) 的解. 我们将寻找 $\Phi$ 的临界点.

注意到, 假设 (N$_0$) 成立, (N$_1$) 或 (N$_4$) 成立, 则对任意的 $\varepsilon > 0$, 存在 $C_\varepsilon > 0$ 使得对任意的 $(x, u)$, 我们有

$$|g(x, u)| \leqslant \varepsilon|u| + C_\varepsilon|u|^{p-1}, \tag{5.2.3}$$

以及

$$|G(x, u)| \leqslant \varepsilon|u|^2 + C_\varepsilon|u|^p, \tag{5.2.4}$$

其中在情形 (N$_1$) 中 $p > 2$, 在情形 (N$_4$) 中 $p \geqslant (2\sigma)/(\sigma - 1)$. 注意到, 在情形 (N$_4$) 中 $(2\sigma)/(\sigma - 1) < 2^*$. 使用这个事实和 Sobolev 嵌入定理, 我们能够容易的得到下面的引理.

**引理 5.2.1**   设 (V$_0$), (N$_0$) 成立且 (N$_1$)—(N$_2$) 或者 (N$_3$)—(N$_4$) 成立, 则 $\Psi$ 是非负的、弱序列下半连续的且 $\Psi'$ 是弱序列连续的.

## 5.3   环 绕 结 构

在这节, 我们将讨论泛函 $\Phi$ 的环绕结构. 首先我们有下面的引理.

**引理 5.3.1**   在引理 5.2.1 的假设下, 则存在 $r > 0$ 使得 $\kappa := \inf\Phi(S_\rho^+) > 0$, 其中 $S_r^+ = \partial B_r \cap E^+$.

**证明**   由 (5.2.4) 以及 Sobolev 嵌入定理知, 对任意的 $\varepsilon > 0$, 存在 $C_\varepsilon > 0$ 使得对任意的 $u \in E$ 成立

$$\Psi(u) \leqslant \varepsilon|u|_2^2 + C_\varepsilon|u|_p^p \leqslant C(\varepsilon\|u\|^2 + C_\varepsilon\|u\|^p),$$

结合 $\Phi$ 的定义, 这就完成此引理的证明.                                          $\square$

之后, 对于渐近二次情形令 $\omega = \inf V_\infty$, 对于超二次情形令 $\omega = 2\overline{\Lambda}$. 选取 $\bar\mu$ 满足

$$\overline{\Lambda} < \bar\mu < \omega. \tag{5.3.1}$$

因为算子 $A$ 只有连续谱 (参看 [92]), 子空间 $Y_0 := (P_{\bar\mu} - P_0)L^2$ 是无穷维的, 其中 $\{P_\lambda\}_{\lambda\in\mathbb{R}}$ 表示 $A$ 的谱族. 由定义以及 (5.2.2) 知

$$Y_0 \subset E^+ \text{ 且 } \overline{\Lambda}|w|_2^2 \leqslant \|w\|^2 \leqslant \bar\mu|w|_2^2, \ w \in Y_0. \tag{5.3.2}$$

对 $Y_0$ 的任意有限维子空间 $Y$, 令 $E_Y = E^- \oplus Y$.

**引理 5.3.2** 在引理 5.2.1 的假设下, 对 $Y_0$ 的任意有限维子空间 $Y$, 都有 $\sup \Phi(E_Y) < \infty$ 以及存在 $R_Y > r$ 使得对任意的 $u \in E_Y$ 且 $\|u\| \geqslant R_Y$, 有 $\Phi(u) < \inf \Phi(B_r)$.

**证明** 只需证明当 $u \in E_Y$ 且 $\|u\| \to \infty$ 时, 成立 $\Phi(u) \to \infty$. 通过反证, 假设 $\{u_j\} \subset E_Y$, $\|u_j\| \to \infty$ 且存在 $M > 0$ 使得对所有的 $j$ 有 $\Phi(u_j) \geqslant -M$. 令 $w_j = u_j/\|u_j\|$, 则 $\|w_j\| = 1$ 以及存在 $w \in E_Y$ 使得 $w_j \rightharpoonup w, w_j^- \to w^-, w_j^+ \to w_j^+ \in Y$, 以及

$$-\frac{M}{\|u_j\|^2} \leqslant \frac{\Phi(u_j)}{\|u_j\|^2} = \frac{1}{2}\|w_j^+\|^2 - \frac{1}{2}\|w_j^-\|^2 - \int_{\mathbb{R}^N} \frac{G(x,u_j)}{\|u_j\|^2}dx. \tag{5.3.3}$$

接下来断言 $w^+ \neq 0$. 若不然, 则从 (5.3.3) 可得

$$0 \leqslant \frac{1}{2}\|w_j^-\|^2 + \int_{\mathbb{R}^N} \frac{G(x,u_j)}{\|u_j\|^2}dx \leqslant \frac{1}{2}\|w_j^+\|^2 + \frac{M}{\|u_j\|^2} \to 0,$$

特别地, $\|w_j^-\| \to 0$. 因此, $\|w_j\| \to 0$, 这与 $\|w_j\| = 1$ 矛盾.

首先考虑渐近线性情形, 也就是假设 $(N_1)$ 成立. 再次由 (5.3.1)—(5.3.2) 知

$$\|w^+\|^2 - \|w^-\|^2 - \int_{\mathbb{R}^N} V_\infty(x)w^2dx$$
$$\leqslant \|w^+\|^2 - \|w^-\|^2 - \omega|w|_2^2$$
$$\leqslant -\left((\omega - \bar\mu)|w^+|_2^2 + \|w^-\|^2\right) < 0.$$

因此, 存在有界区域 $\Omega \subset \mathbb{R}^N$ 使得

$$\|w^+\|^2 - \|w^-\|^2 - \int_\Omega V_\infty(x)w^2dx < 0. \tag{5.3.4}$$

令

$$f(x,u) := g(x,u) - V_\infty(x)u, \quad F(x,u) = \int_0^u f(x,s)ds. \tag{5.3.5}$$

由 (N$_1$) 知, $|F(x,u)| \leqslant Cu^2$ 以及 $\lim\limits_{u\to\infty} F(x,u)/u^2 = 0$ 关于 $x$ 是一致成立的. 因此, 由 Lebesgue 控制收敛定理以及 $|w_j - w|_{L^2(\Omega)} \to 0$ 可得

$$\lim_{j\to\infty} \int_\Omega \frac{F(x,u_j)}{\|u_j\|^2} dx = \lim_{j\to\infty} \int_\Omega \frac{F(x,u_j)|w_j|^2}{|u_j|^2} dx = 0.$$

于是, (5.3.3)—(5.3.4) 蕴含了

$$0 \leqslant \lim_{j\to\infty} \left( \frac{1}{2}\|w_j^+\|^2 - \frac{1}{2}\|w_j^-\|^2 - \int_\Omega \frac{G(x,u_j)}{\|u_j\|^2} dx \right)$$

$$\leqslant \frac{1}{2}\left( \|w^+\|^2 - \|w^-\|^2 - \int_\Omega V_\infty(x)w^2 dx \right) < 0,$$

这就得到矛盾.

接下来我们考虑超线性情形, 也就是假设 (N$_3$), (N$_4$) 成立. 存在 $r > 0$ 使得当 $|u| \geqslant r$ 时有 $G(x,u) \geqslant \omega|u|^2$. 此外, 由 (5.3.1)—(5.3.2) 可得

$$\|w^+\|^2 - \|w^-\|^2 - \omega \int_{\mathbb{R}^N} w^2 dx \leqslant \bar{\mu}|w^+|_2^2 - \|w^-\|^2 - \omega|w^+|_2^2 - \omega|w^-|_2^2$$

$$\leqslant -\left((\omega - \bar{\mu})|w^+|_2^2 + \|w^-\|^2\right) < 0.$$

因此, 存在有界区域 $\Omega \subset \mathbb{R}^N$ 使得

$$\|w^+\|^2 - \|w^-\|^2 - \omega \int_\Omega w^2 dx < 0. \tag{5.3.6}$$

注意到

$$\frac{\Phi(u_j)}{\|u_j\|^2} \leqslant \frac{1}{2}(\|w_j^+\|^2 - \|w_j^-\|^2) - \int_\Omega \frac{G(x,u_j)}{\|u_j\|^2} dx$$

$$= \frac{1}{2}\left( \|w_j^+\|^2 - \|w_j^-\|^2 - \omega \int_\Omega |w_j|^2 dx \right) - \omega \int_\Omega \frac{G(x,u_j) - \omega|u_j|^2/2}{\|u_j\|^2} dx$$

$$\leqslant \frac{1}{2}\left( \|w_j^+\|^2 - \|w_j^-\|^2 - \omega \int_\Omega |w_j|^2 dx \right) + \frac{\omega r^2|\Omega|}{2\|u_j\|^2}.$$

因此, (5.3.3) 以及 (5.3.6) 蕴含了

$$0 \leqslant \lim_{j\to\infty} \left( \frac{1}{2}\|w_j^+\|^2 - \frac{1}{2}\|w_j^-\|^2 - \omega \int_\Omega \frac{G(x,u_j)}{\|w_j\|^2} dx \right)$$

$$= \frac{1}{2}\left( \|w^+\|^2 - \|w^-\|^2 - \omega \int_\Omega w^2 dx \right) < 0,$$

这就得到矛盾. 从而完成引理的证明. □

作为一个特殊的情形, 我们有如下引理.

**引理 5.3.3**　在引理 5.2.1 的假设下, 令 $e \in Y_0$ 且 $\|e\| = 1$, 则存在 $r_0 > 0$ 使得 $\sup \Phi(\partial Q) = 0$, 其中 $Q := \{u = u^- + se : u^- \in E^-, s \geqslant 0, \|u\| \leqslant r_0\}$.

## 5.4 (C)$_c$-序列

在本节, 我们将考虑 (C)$_c$-序列的有界性. 首先有如下引理.

**引理 5.4.1** 在引理 5.2.1 的假设下, 任意的 (C)$_c$-序列是有界的.

**证明** 令 $\{u_j\} \subset E$ 满足

$$\Phi(u_j) \to c, \quad (1 + \|u_j\|)\Phi'(u_j) \to 0. \tag{5.4.1}$$

注意到, 当 $j$ 充分大时,

$$C_0 \geqslant \Phi(u_j) - \frac{1}{2}\Phi'(u_j)u_j = \int_{\mathbb{R}^N} \tilde{G}(x, u_j)dx. \tag{5.4.2}$$

利用反证法, 也就是假设 $\|u_j\| \to \infty$. 令 $v_j = u_j/\|u_j\|$, 则 $\|v_j\| = 1$ 且对任意的 $s \in [2, 2^*)$ 有 $|v_j|_s \leqslant \gamma_s\|v_j\| = \gamma_s$. 由 (5.4.1) 以及

$$\Phi'(u_j)(u_j^+ - u_j^-) = \|u_j\|^2\left(1 - \int_{\mathbb{R}^N} \frac{g(x, u_j)(v_j^+ - v_j^-)}{\|u_j\|}dx\right),$$

可得

$$\int_{\mathbb{R}^N} \frac{g(x, u_j)(v_j^+ - v_j^-)}{\|u_j\|}dx \to 1. \tag{5.4.3}$$

首先我们考虑渐近线性情形, 也就是假设 (N$_1$)—(N$_2$) 成立. 由 Lions 集中紧性原理[80] 知, $\{v_j\}$ 要么是消失的 (在这种情形下 $|v_j|_s \to 0$ $(s \in (2, 2^*))$), 要么是非消失的, 也就是存在 $r, \eta > 0$ 以及 $\{a_j\} \subset \mathbb{Z}^N$ 使得 $\limsup\limits_{j \to \infty} \int_{B(a_j, r)} |v_j|^2 dx \geqslant \eta$. 我们将证明 $\{v_j\}$ 既不消失也不非消失.

假设 $\{v_j\}$ 消失. 由于 (N$_2$), 令

$$\Omega_j := \left\{x \in \mathbb{R}^N : \frac{g(x, u_j(x))}{u_j(x)} \leqslant \lambda_0 - \delta_0\right\}.$$

则 $\lambda_0|v_j|_2^2 \leqslant \|v_j\|^2 = 1$ 且对任意 $j$, 成立

$$\left|\int_{\Omega_j} \frac{g(x, u_j)(v_j^+ - v_j^-)}{\|u_j\|}dx\right| = \left|\int_{\Omega_j} \frac{g(x, u_j)(v_j^+ - v_j^-)|v_j|}{|u_j|}dx\right|$$

$$\leqslant (\lambda_0 - \delta_0)|v_j|_2^2 \leqslant \frac{\lambda_0 - \delta_0}{\lambda_0} < 1.$$

结合 (5.4.3), 我们有

$$\lim_{j \to \infty} \int_{\Omega_j^c} \frac{g(x, u_j)(v_j^+ - v_j^-)}{\|u_j\|}dx > 1 - \frac{\lambda_0 - \delta_0}{\lambda_0} = \frac{\delta_0}{\lambda_0},$$

其中 $\Omega_j^c = \mathbb{R}^N \setminus \Omega_j$. 由 (N$_0$) 以及 (N$_1$) 可得

$$\text{对任意的 } (x,u) \text{ 成立 } |g(x,u)| \leqslant C|u|. \tag{5.4.4}$$

因此, 对任意的 $s \in (2, 2^*)$ 可得

$$\int_{\Omega_j^c} \frac{g(x,u_j)(v_j^+ - v_j^-)}{\|u_j\|}dx \leqslant C \int_{\Omega_j^c} |v_j^+ - v_j^-||v_j|dx$$
$$\leqslant C|v_j|_2|\Omega_j^c|^{\frac{s-2}{2s}}|v_j|_s \leqslant C\gamma_2|\Omega_j^c|^{\frac{s-2}{2s}}|v_j|_s.$$

因为 $|v_j|_s \to 0$, 我们有 $|\Omega_j^c| \to \infty$. 由 (N$_2$), 在 $\Omega_j^c$ 上成立 $\tilde{G}(x,u_j) \geqslant \delta_0$, 因此

$$\int_{\mathbb{R}^N} \tilde{G}(x,u_j)dx \geqslant \int_{\Omega_j^c} \tilde{G}(x,u_j)dx \geqslant \delta_0|\Omega_j^c| \to \infty,$$

这与 (5.4.2) 矛盾.

假设 $\{v_j\}$ 非消失. 令 $\tilde{u}_j(x) = u_j(x+a_j), \tilde{v}_j(x) = v_j(x+a_j)$ 以及 $\varphi_j(x) = \varphi(x-a_j)$, 其中 $\varphi \in C_0^\infty(\mathbb{R}^N)$. 由 (N$_1$), 对任意的 $f(x,u)$, 我们有

$$\Phi'(u_j)\varphi_j = (u_j^+ - u_j^-, \varphi_j) - (V_\infty u_j, \varphi_j)_2 - \int_{\mathbb{R}^N} f(x,u_j)\varphi_j dx$$
$$= \|u_j\|\left((v_j^+ - v_j^-, \varphi_j) - (V_\infty v_j, \varphi_j)_2 - \int_{\mathbb{R}^N} f(x,u_j)\varphi_j \frac{|v_j|}{|u_j|}dx\right)$$
$$= \|u_j\|\left((\tilde{v}_j^+ - \tilde{v}_j^-, \varphi) - (V_\infty \tilde{v}_j, \varphi)_2 - \int_{\mathbb{R}^N} f(x,\tilde{u}_j)\varphi \frac{|\tilde{v}_j|}{|\tilde{u}_j|}dx\right).$$

因此

$$(\tilde{v}_j^+ - \tilde{v}_j^-, \varphi) - (V_\infty \tilde{v}_j, \varphi)_2 - \int_{\mathbb{R}^N} f(x,\tilde{u}_j)\varphi \frac{|\tilde{v}_j|}{|\tilde{u}_j|}dx \to 0.$$

因为 $\|\tilde{v}_j\| = \|v_j\| = 1$, 我们可假设在 $E$ 中, $\tilde{v}_j \to \tilde{v}$, 在 $L_{\text{loc}}^2$ 中, $\tilde{v}_j \to \tilde{v}$, 以及在 $\mathbb{R}^N$ 中, $\tilde{v}_j(x)$ 几乎处处收敛于 $\tilde{v}(x)$. 由 $\lim_{j\to\infty}\int_{B(0,r)}|\tilde{v}_j|^2dx \geqslant \eta$ 可知 $\tilde{v} \neq 0$. 由 (5.4.4) 可得

$$\left|f(x,\tilde{u}_j)\varphi \frac{|\tilde{v}_j|}{|\tilde{u}_j|}dx\right| \leqslant C|\varphi||\tilde{v}_j|.$$

因此, 由 (N$_1$) 以及 Lebesgue 控制收敛定理可得

$$\int_{\mathbb{R}^N} f(x,\tilde{u}_j)\varphi \frac{|\tilde{v}_j|}{|\tilde{u}_j|}dx \to 0,$$

从而有

$$(\tilde{v}_j^+ - \tilde{v}_j^-, \varphi) - (V_\infty \tilde{v}_j, \varphi)_2 = 0.$$

因此, $\tilde{v}$ 是算子 $\tilde{A} := -\Delta + (V - V_\infty)$ 的特征函数. 这就与 $\tilde{A}$ 仅有连续谱矛盾.

接下来我们考虑超线性情形, 也就是假设 $(N_3)$—$(N_4)$ 成立. 对任意 $r \geqslant 0$, 定义

$$h(r) := \inf\left\{\tilde{G}(x,u) : x \in \mathbb{R}^N, u \in \mathbb{R} \text{ 且 } |u| \geqslant r\right\}.$$

由 $(N_4)$ 知, 对任意的 $r > 0$ 有 $h(r) > 0$ 以及当 $r \to \infty$ 时有 $h(r) \to \infty$. 对 $0 \leqslant a < b$, 令

$$\Omega_j(a,b) = \{x \in \mathbb{R}^N : a \leqslant |u_j(x)| < b\},$$

以及

$$c_a^b := \inf\left\{\frac{\tilde{G}(x,u)}{u^2} : x \in \mathbb{R}^N, u \in \mathbb{R} \text{ 且 } a \leqslant |u| \leqslant b\right\}.$$

因为 $G(x,u)$ 关于 $x$ 是周期的以及当 $u \neq 0$ 时, $\tilde{G}(x,u) > 0$, 我们有 $c_a^b > 0$ 以及

$$\tilde{G}(x, u_j(x)) \geqslant c_a^b |u_j(x)|^2, \quad x \in \Omega_j(a,b).$$

由 (5.4.2) 有

$$C_0 \geqslant \int_{\Omega_j(0,a)} \tilde{G}(x,u_j(x))dx + \int_{\Omega_j(a,b)} \tilde{G}(x,u_j(x))dx + \int_{\Omega_j(b,\infty)} \tilde{G}(x,u_j(x))dx$$

$$\geqslant \int_{\Omega_j(0,a)} \tilde{G}(x,u_j(x))dx + c_a^b \int_{\Omega_j(a,b)} |u_j|^2 dx + h(b)|\Omega_j(b,\infty)|. \tag{5.4.5}$$

令 $\tau := (2\sigma)/(\sigma - 1), \sigma' = \tau/2$, 其中 $\sigma$ 由 $(N_4)$ 给出. 因为 $\sigma > \max\{1, N/2\}$, 我们有 $\tau \in (2, 2^*)$. 此外由 (5.4.5) 可知当 $b \to \infty$ 时

$$|\Omega_j(b,\infty)| \leqslant \frac{C_0}{h(b)} \to 0$$

关于 $j$ 是一致成立的. 因此由 Hölder 不等式, 当 $b \to \infty$ 时

$$\int_{\Omega_j(b,\infty)} |v_j|^2 dx \leqslant \gamma_{\hat{\tau}}^\tau |\Omega_j(b,\infty)|^{1 - \frac{\tau}{\hat{\tau}}} \to 0 \tag{5.4.6}$$

关于 $j$ 是一致的, 其中 $\hat{\tau} \in (\tau, 2^*)$ 是固定的常数. 再次由 (5.4.5), 对任意固定的 $0 < a < b$, 当 $j \to \infty$ 时

$$\int_{\Omega_j(a,b)} |v_j|^2 dx = \frac{1}{\|u_j\|^2} \int_{\Omega_j(a,b)} |u_j|^2 dx \leqslant \frac{C_0}{c_a^b \|u_j\|^2} \to 0. \tag{5.4.7}$$

对 $0 < \varepsilon < 1/3$, 由 $(N_0)$ 知, 存在 $a_\varepsilon > 0$ 使得对任意的 $|u| \leqslant a_\varepsilon$ 成立 $|g(x,u)| < \varepsilon |u|/\gamma_2$, 因此, 对任意的 $j$, 成立

$$\int_{\Omega_j(0,a_\varepsilon)} \frac{g(x,u_j)}{|u_j|} |v_j||v_j^+ - v_j^-| dx \leqslant \int_{\Omega_j(0,a_\varepsilon)} \frac{\varepsilon}{\gamma_2} |v_j^+ - v_j^-||v_j| dx \leqslant \frac{\varepsilon}{\gamma_2} |v_j|_2^2 \leqslant \varepsilon.$$

$$\tag{5.4.8}$$

由 (N$_4$) 以及 (5.4.6), 我们能取 $b_\varepsilon \geqslant r_0$ 充分大, 使得对任意的 $j$, 成立

$$\int_{\Omega_j(b_\varepsilon,\infty)} \frac{g(x,u_j)}{|u_j|}(v_j^+ - v_j^-)|v_j|dx$$

$$\leqslant \left( \int_{\Omega_j(b_\varepsilon,\infty)} \frac{|g(x,u_j)|^\sigma}{|u_j|^\sigma}dx \right)^{\frac{1}{\sigma}} \left( \int_{\Omega_j(b_\varepsilon,\infty)} (|v_j^+ - v_j^-||v_j|)^\sigma dx \right)^{\frac{1}{\sigma'}}$$

$$\leqslant \left( \int_{\mathbb{R}^N} c_0 \tilde{G}(x,u_j)dx \right)^{\frac{1}{\sigma}} \left( \int_{\mathbb{R}^N} |v_j^+ - v_j^-|^\tau dx \right)^{\frac{1}{\tau}} \left( \int_{\Omega_j(b_\varepsilon,\infty)} |v_j|^\tau dx \right)^{\frac{1}{\tau}}. \quad (5.4.9)$$

此外, 存在与 $j$ 无关的常数 $\gamma = \gamma(\varepsilon) > 0$, 使得对任意的 $x \in \Omega_j(a_\varepsilon,b_\varepsilon)$ 成立 $|g(x,u_j)| \leqslant \gamma |u_j|$. 由 (5.4.7), 存在 $j_0 \in \mathbb{N}$, 当 $j \geqslant j_0$ 时有

$$\int_{\Omega_j(a_\varepsilon,b_\varepsilon)} \frac{g(x,u_j)}{|u_j|}|v_j||v_j^+ - v_j^-|dx \leqslant \gamma \int_{\Omega_j(a_\varepsilon,b_\varepsilon)} |v_j||v_j^+ - v_j^-|dx$$

$$\leqslant \gamma |v_j|_2 \left( \int_{\Omega_j(a_\varepsilon,b_\varepsilon)} |v_j|^2 dx \right)^{\frac{1}{2}} < \varepsilon. \quad (5.4.10)$$

因此, 由 (5.4.8)—(5.4.10) 知, 当 $j \geqslant j_0$ 时有

$$\int_{\mathbb{R}^N} \frac{g(x,u_j)(v_j^+ - v_j^-)}{\|u_j\|^2}dx < 3\varepsilon < 1,$$

这与 (5.4.3) 矛盾. 这就完成引理 5.4.1 的证明. □

下面的引理将更进一步地讨论 (C)$_c$-序列 $\{u_j\} \subset E$ 的性质. 由引理 5.4.1 知, $\{u_j\}$ 是有界的. 不失一般性, 可假设 $u_j \rightharpoonup u$. 显然, $u$ 是 $\Phi$ 的临界点. 令 $u_j^1 = u_j - u$.

**引理 5.4.2**　在引理 5.2.1 的假设下, 当 $j \to \infty$ 时, 我们有

(1) $\Phi(u_j^1) \to c - \Phi(u)$;

(2) $\Phi'(u_j^1) \to 0$.

**证明**　如果 $g \in C^1$ 以及 $|g_u(x,u)| \leqslant c_1(1 + |u|^{p-2}), (x,u) \in \mathbb{R}^N \times \mathbb{R}$, 其中 $c_1 > 0$ 是一个常数, $p \in (2,2^*)$. 则类似于 [117] 的讨论可得结论. 然而, 在我们的情形中, 正则性条件并不满足, 因此我们需要使用其他的方法. (1) 的证明类似于 (2) 且比 (2) 要简单, 因此我们仅仅证明 (2).

注意到, 对任意的 $\varphi \in E$,

$$\Phi'(u_j^1)\varphi = \Phi'(u_j)\varphi + \int_{\mathbb{R}^N} \big( g(x,u_j) - g(x,u_j^1) - g(x,u) \big) \varphi dx.$$

因为 $\Phi'(u_j) \to 0$, 故只需证明

$$\sup_{\|\varphi\| \leqslant 1} \left| \int_{\mathbb{R}^N} \big( g(x,u_j) - g(x,u_j^1) - g(x,u) \big) \varphi dx \right| \to 0. \quad (5.4.11)$$

由 (5.2.3), 我们能选取 $p \geqslant 2$ 使得对任意的 $(x, u)$ 成立 $|g(x, u)| \leqslant |u| + C_1|u|^{p-1}$ 且令 $a$ 代表 2 或 $p$. 定义集合 $B_a := \{x \in \mathbb{R}^N : |x| \leqslant a\}$, 其中 $a > 0$. 类似于 (4.5.11) 的讨论, 存在子列 $\{u_{j_n}\}$ 使得, 对任意的 $\varepsilon > 0$, 存在 $r_\varepsilon > 0$, 当 $r \geqslant r_\varepsilon$ 时成立

$$\limsup_{n \to \infty} \int_{B_n \setminus B_r} |u_{j_n}|^q dx \leqslant \varepsilon. \tag{5.4.12}$$

取光滑函数 $\eta : [0, \infty) \to [0, 1]$ 且满足

$$\eta(t) = \begin{cases} 1, & t \leqslant 1, \\ 0, & t \geqslant 2. \end{cases}$$

定义 $\tilde{u}_n(x) = \eta\big((2|x|)/n\big)u(x)$ 以及令 $h_n := u - \tilde{u}_n$. 则 $h_n \in H^2$ 且当 $n \to \infty$ 时满足

$$\|h_n\| \to 0, \quad |h_n|_q \to 0. \tag{5.4.13}$$

注意到, 对任意的 $\varphi \in E$,

$$\int_{\mathbb{R}^N} \big(g(x, u_{j_n}) - g(x, u_{j_n}^1) - g(x, u)\big)\varphi dx$$

$$= \int_{\mathbb{R}^N} \big(g(x, u_{j_n}) - g(x, u_{j_n} - \tilde{u}_n) - g(x, \tilde{u}_n)\big)\varphi dx$$

$$+ \int_{\mathbb{R}^N} \big(g(x, u_{j_n}^1 + h_n) - g(x, u_{j_n}^1)\big)\varphi dx + \int_{\mathbb{R}^N} \big(g(x, \tilde{u}_n) - g(x, u)\big)\varphi dx,$$

且由 (5.4.13) 得

$$\lim_{n \to \infty} \left| \int_{\mathbb{R}^N} \big(g(x, \tilde{u}_n) - g(x, u)\big)\varphi dx \right| = 0$$

关于 $\|\varphi\| \leqslant 1$ 是一致成立的. 为了证明 (5.4.11), 仍然需要证明

$$\lim_{n \to \infty} \left| \int_{\mathbb{R}^N} \big(g(x, u_{j_n}) - g(x, u_{j_n} - \tilde{u}_n) - g(x, \tilde{u}_n)\big)\varphi dx \right| = 0 \tag{5.4.14}$$

以及

$$\lim_{n \to \infty} \left| \int_{\mathbb{R}^N} \big(g(x, u_{j_n}^1 + h_n) - g(x, u_{j_n}^1)\big)\varphi dx \right| = 0 \tag{5.4.15}$$

关于 $\|\varphi\| \leqslant 1$ 是一致成立的. 定义 $f(x, 0) = 0$ 以及

$$f(x, u) = \frac{g(x, u)}{|u|}, \quad u \neq 0.$$

$f$ 是连续的且关于 $x_j$ 是 1-周期的. 对任意的 $a > 0$, 这就蕴含了 $f$ 在 $\mathbb{R}^N \times I_a$ 上是一致连续的, 其中 $I_a := \{u \in \mathbb{R} : |u| \leqslant a\}$. 此外, $|f(x, u)| \leqslant c_1(1 + |u|^{p-2})$. 令

$$C_n^a := \{u \in \mathbb{R} : |u_{j_n}^1| \leqslant a\}, \quad D_n^a := \mathbb{R}^N \setminus C_n^a.$$

因为 $\{u_j^1\}$ 是有界的以及 $|u_j^1|_2^2 \leqslant C$, 当 $a \to \infty$ 时, 我们有

$$|D_n^a| \leqslant \frac{1}{a^p} \int_{D_n^a} |u_{j_n}^1|^p dx \leqslant \frac{C}{a^p} \to 0.$$

此外, 由 Hölder 不等式有

$$\left| \int_{D_n^a} (g(x, u_{j_n}^1 + h_n) - g(x, u_{j_n}^1)) \varphi dx \right|$$

$$\leqslant c_1 \int_{D_n^a} (|u_{j_n}^1| + |u_{j_n}^1|^{p-1} + |h_n| + |h_n|^{p-1}) |\varphi| dx$$

$$\leqslant c_1 \left( |D_n^a|^{\frac{2^*-2}{2^*}} |u_{j_n}^1|_{2^*} |\varphi|_{2^*} + |D_n^a|^{\frac{2^*-p}{2^*}} |u_{j_n}^1|_{2^*}^{p-1} |\varphi|_{2^*} \right)$$

$$+ c_1 \left( |D_n^a|^{\frac{2^*-2}{2^*}} |u_{j_n}^1|_{2^*} |\varphi|_{2^*} + |D_n^a|^{\frac{2^*-p}{2^*}} \right) \|\varphi\|.$$

对任意的 $\varepsilon > 0$, 存在 $\hat{a} > 0$ 使得

$$\left| \int_{D_n^{\hat{a}}} (g(x, u_{j_n}^1 + h_n) - g(x, u_{j_n}^1)) \varphi dx \right| \leqslant \varepsilon \tag{5.4.16}$$

关于 $\|\varphi\| \leqslant 1$ 以及 $n \in \mathbb{N}$ 是一致成立的. 由 $f$ 在 $\mathbb{R}^N \times I_{\hat{a}}$ 上是一致连续的, 存在 $\delta > 0$ 使得对任意 $(x, u) \in \mathbb{R}^N \times I_{\hat{a}}$ 以及 $|h| \leqslant \delta$, 成立

$$|f(x, u + h) - f(x, u)| < \varepsilon.$$

令

$$V_n^\delta := \{x \in \mathbb{R}^N : |h_n(x)| \leqslant \delta\}, \quad W_n^\delta := \mathbb{R}^N \setminus V_n^\delta.$$

显然, 当 $n \to \infty$ 时

$$|W_n^\delta| \leqslant \frac{1}{\delta^2} \int_{W_n^\delta} |h_n|^2 dx \leqslant \frac{1}{\delta^2} |h_n|_2^2 \to 0.$$

因为 $|C_n^{\hat{a}} \cap W_n^\delta| \leqslant |W_n^\delta| \to 0$, 则由 Hölder 不等式, 存在 $n_0$, 当 $n \geqslant n_0$ 时有

$$\left| \int_{C_n^{\hat{a}} \cap W_n^\delta} (g(x, u_{j_n}^1 + h_n) - g(x, u_{j_n}^1)) \varphi dx \right| \leqslant \varepsilon$$

关于 $\|\varphi\| \leqslant 1$ 是一致成立的. 此外, 对所有的 $x \in C_n^{\hat{a}} \cap V_n^\delta$, 成立

$$|f(x, u_{j_n}^1 + h_n) - f(x, u_{j_n}^1)| < \varepsilon.$$

注意到

$$
\begin{aligned}
\left(g(x, u_{j_n}^1 + h_n) - g(x, u_{j_n}^1)\right)\varphi &= f(x, u_{j_n}^1 + h_n)\left(|u_{j_n}^1 + h_n| - |u_{j_n}^1|\right)\varphi \\
&\quad + \left(f(x, u_{j_n}^1 + h_n) - f(x, u_{j_n}^1)\right)|u_{j_n}^1|\varphi,
\end{aligned}
$$

且由 (5.4.13), 存在 $n_1 \geqslant n_0$, 当 $n \geqslant n_1$ 时有 $|h_n| < \varepsilon, |h_n|_p < \varepsilon$. 因此, 对任意的 $\|\varphi\| \leqslant 1$ 以及 $n \geqslant n_1$, 我们有

$$
\left|\int_{C_n^{\hat{a}} \cap W_n^\delta} \left(g(x, u_{j_n}^1 + h_n) - g(x, u_{j_n}^1)\right)\varphi dx\right|
$$

$$
\leqslant \int_{C_n^{\hat{a}} \cap W_n^\delta} c_1(1 + |u_{j_n}^1 + h_n|^{p-2})|h_n||\varphi|dx + \varepsilon \int_{C_n^{\hat{a}} \cap W_n^\delta} |u_{j_n}^1||\varphi|dx
$$

$$
\leqslant c_2|h_n|_2|\varphi|_2 + c_2|u_{j_n}^1 + h_n|_p^{p-2}|h_n|_p|\varphi|_p + \varepsilon|u_{j_n}^1|_2|\varphi|_2
$$

$$
\leqslant c_3\varepsilon.
$$

因为 $C_n^{\hat{a}} = (C_n^{\hat{a}} \cap V_n^\delta) \cup (C_n^{\hat{a}} \cap W_n^\delta)$, 上面的估计式蕴含了当 $n \geqslant n_1$ 时

$$
\left|\int_{C_n^{\hat{a}}} \left(g(x, u_{j_n}^1 + h_n) - g(x, u_{j_n}^1)\right)\varphi dx\right| \leqslant (c_3 + 1)\varepsilon
$$

关于 $\|\varphi\| \leqslant 1$ 是一致成立的. 结合 (5.4.16) 可得当 $n \geqslant n_1$ 时

$$
\sup_{\|\varphi\| \leqslant 1} \left|\int_{C_n^{\hat{a}}} \left(g(x, u_{j_n}^1 + h_n) - g(x, u_{j_n}^1)\right)\varphi dx\right| \leqslant c_4\varepsilon.
$$

这就完成了 (5.4.15) 的证明. □

令 $\mathcal{K} := \{u \in E \setminus \{0\} : \Phi'(u) = 0\}$ 为 $\Phi$ 的非平凡临界点集.

**引理 5.4.3** 在引理 5.2.1 的假设下, 则

(a) $\nu := \inf\{\|u\| : u \in \mathcal{K}\} > 0$;

(b) $\theta := \inf\{\Phi(u) : u \in \mathcal{K}\} > 0$, 其中在渐近线性情形下还需满足: 存在 $\delta > 0$ 使得当 $0 < |z| \leqslant \delta$ 时, $\tilde{G}(t, z) > 0$.

**证明** (a) 假设存在序列 $\{u_j\} \subset \mathcal{K}$ 且 $u_j \to 0$. 则

$$
0 = \|u_j\|^2 - \int_{\mathbb{R}^N} g(x, u_j)(u_j^+ - u_j^-)dx.
$$

由 (5.2.3), $p > 2$ 以及 $\varepsilon > 0$ 充分小, 我们有

$$
\|u_j\|^2 \leqslant \varepsilon|u_j|_2^2 + C_\varepsilon|u_j|_p^p,
$$

这就蕴含了 $\|u_j\|^2 \leqslant c_1\|u_j\|^p$, 因此 $\|u_j\|^{2-p} \leqslant c_1$, 这与假设矛盾.

(b) 假设存在序列 $\{u_j\} \subset \mathcal{K}$ 使得 $\Phi(u_j) \to 0$. 则

$$\|u_j\|^2 = \int_{\mathbb{R}^N} g(x, u_j)(u_j^+ - u_j^-)dx, \qquad (5.4.17)$$

以及

$$o(1) = \Phi(u_j) = \Phi(u_j) - \frac{1}{2}\Phi'(u_j)u_j = \int_{\mathbb{R}^N} \tilde{G}(x, u_j)dx. \qquad (5.4.18)$$

显然, $\{u_j\}$ 是 $(C)_{c=0}$-序列, 从而由引理 5.4.1 知 $\{u_j\}$ 是有界的. 此外, 由 (a) 知, $\|u_j\| \geqslant \nu$.

首先我们考虑渐近线性情形. 从 (5.2.3) 以及 (5.4.17) 知, $\{u_j\}$ 是非消失的. 因为 $\Phi$ 是 $\mathbb{Z}^N$ 不变的, 我们能够假设 $u_j \to u \in \mathcal{K}$. 由 $g$ 的假设知 $G(x, u) \geqslant 0$ 以及 $\tilde{G}(x, u) \geqslant 0$, 从而 $g(x, u) = 0$. 这就蕴含了 $u$ 是算子 $A$ 的特征函数, 这与算子 $A$ 只有连续谱矛盾.

接下来我们考虑超线性情形. 由 (5.4.18) 以及引理 5.4.1 的证明过程知, 对任意的 $0 < a < b, s \in (2, 2^*)$, 当 $j \to \infty$ 时, 成立

$$\int_{\Omega_j(a,b)} |u_j|^2 dx \to 0, \qquad \int_{\Omega_j(b,\infty)} |u_j|^s dx \to 0.$$

因此, 从 (5.2.3) 以及 (5.4.17) 知, 对任意的 $\varepsilon > 0$ 成立

$$\limsup_{j \to \infty} \|u_j\|^2 \leqslant \varepsilon,$$

这与 (a) 矛盾.                                                                                                                  □

令 $[r]$ 表示 $r \in \mathbb{R}$ 的整数部分. 从引理 5.4.1—引理 5.4.3, 我们有下面的引理 (参看 [77, 117]).

**引理 5.4.4** 在引理 5.2.1 的假设下, 设 $\{u_j\}$ 是 $(C)_c$-序列, 则下面结论之一成立:

(i) $u_j \to 0$(从而 $c = 0$);

(ii) $c \geqslant \theta$ 且存在正整数 $\ell \leqslant [c/\theta]$, 点列 $\bar{u}_1, \cdots, \bar{u}_\ell \in \mathcal{K}$, $\{u_j\}$ 的子列 (仍然表示为 $\{u_j\}$) 以及序列 $\{a_j^i\} \subset \mathbb{Z}^N$ 使得当 $j \to \infty$ 时

$$\left\| u_j - \sum_{i=1}^{\ell} (a_j^i * \bar{u}_i) \right\| \to 0,$$

$$|u_j^i - u_j^k| \to \infty \quad (i \neq k),$$

以及

$$\sum_{i=1}^{\ell} \Phi(\bar{u}_i) = c.$$

## 5.5 存在性和多重性的证明

现在证明我们的主要结论. 为了把泛函 $\Phi$ 应用到抽象的定理 3.3.7 以及定理 3.3.10, 我们选取 $X = E^-$ 以及 $Y = E^+$. 因为 $X$ 是可分的和自反的, 我们选取 $\mathcal{S}$ 为 $X^*$ 的可数稠密子集.

**证明** [定理 5.1.1 和定理 5.1.2 的证明] (存在性) 取 $X = E^-, Y = E^+$. 由引理 5.2.1 以及定理 3.3.1 知条件 $(\Phi_0)$ 成立. 由 $\Phi$ 的形式可知条件 $(\Phi_+)$ 也成立. 此外, 引理 5.3.1 以及引理 5.3.3 表明了定理 3.3.7 中环绕条件满足. 因此, $\Phi$ 存在 $(C)_c$-序列 $\{u_n\}$, 其中 $\kappa \leqslant c \leqslant \sup \Phi(Q) < \infty$, $Q$ 由引理 5.3.3 中给出. 由引理 5.4.1 知序列 $\{u_n\}$ 是有界的. 因此, $\Phi'(u_n) \to 0$. 标准的讨论知, $\{z_n\}$ 是非消失序列 (参看 [80]), 也就是对 $r, \eta > 0$, 存在 $\{a_n\} \subset \mathbb{Z}^N$ 使得 $\limsup\limits_{n\to\infty} \int_{D(a_n, r)} |z_n|^2 dx \geqslant \eta$, 其中 $D(a_n, r)$ 表示在 $\mathbb{R}^N$ 中中心在 $a_n$, 半径为 $r$ 的球. 令 $w_n := a_n * u_n$. 由范数以及泛函在 $*$-作用的不变性可得 $\|w_n\| = \|u_n\| \leqslant C$ 以及 $\Phi(w_n) \to c \geqslant \kappa, \Phi'(w_n) \to 0$. 因此在 $E$ 中 $w_n \rightharpoonup w, w \neq 0$ 且 $\Phi'(w) = 0$, 也就是 $w$ 是 (NS) 的非平凡解. 从而定理 5.1.1 以及定理 5.1.2 的存在性部分得证.

(多重性) 通过反证, 也就是假设

$$\mathcal{K}/\mathbb{Z}^N \text{ 是有限集}, \tag{†}$$

我们将证明 $\Phi$ 有一个无界的临界值序列, 这就导出矛盾.

假设 $g(x, -u) = g(x, u), (x, u) \in \mathbb{R}^N \times \mathbb{R}$. 则 $\Phi(0) = 0$ 且 $\Phi$ 是偶的, 也就是 $(\Phi_1)$ 满足. $(\Phi_2)$ 可由引理 5.3.1 得到. 回忆 $\dim(Y_0) = \infty$. 令 $\{f_k\}$ 是 $Y_0$ 的基且 $Y_n := \mathrm{span}\{f_1, \cdots, f_n\}, E_n := E^- \oplus Y_n$. 条件 $(\Phi_4)$ 可由引理 5.3.2 得到.

给定 $\ell \in \mathbb{N}$ 以及有限集 $\mathcal{B} \subset E$, 令

$$[\mathcal{B}, \ell] := \left\{ \sum_{i=1}^{\ell} (a_i * u_i) : 1 \leqslant j \leqslant l, a_i \in \mathbb{Z}^N, u_i \in \mathcal{B} \right\}.$$

从文献 [117] 的讨论我们有

$$\inf\{\|u - u'\| : u, u' \in [\mathcal{B}, \ell], u \neq u'\} > 0. \tag{5.5.1}$$

令 $\mathcal{F}$ 表示任意选取轨道的代表元. 则 (†) 蕴含了 $\mathcal{F}$ 是有限集. 因为 $\Phi'$ 是奇的, 我们可假设 $\mathcal{F}$ 是对称的. 注意到, 在引理 5.4.4 中的点 $\bar{u}_i$ 能够被选取属于 $\mathcal{F}$. 对任意的紧区间 $I \in (0, \infty)$, 定义 $b := \max I$ 且令 $\mathscr{A} = [\mathcal{F}, \ell]$, 则 $P^+ \mathscr{A} =$

$[P^+\mathcal{F}, \ell]$. 显然地, $P^+\mathcal{F}$ 是有限集且对任意的 $u \in \mathscr{A}$ 有

$$\|u\| \leqslant \ell \max\{\|\bar{u}\| : \bar{u} \in \mathcal{F}\},$$

也就是 $\mathscr{A}$ 是有界的. 此外, 由引理 5.4.4 知 $\mathscr{A}$ 是 (C)$_I$-吸引集, 以及由 (5.5.1) 有

$$\inf\{\|u_1^+ - u_2^+\| : u_1, u_2 \in \mathscr{A}, u_1^+ \neq u_2^+\}$$
$$= \inf\{\|u - u'\| : u, u' \in P^+\mathscr{A}, u \neq u'\} > 0.$$

以上的讨论表明了 $\Phi$ 拥有下面的性质: 若 (†) 是真的, 则对任意的紧区间 $I \in (0, \infty)$, 存在 (C)$_I$-吸引集 $\mathscr{A}$ 满足 $P^+\mathscr{A}$ 是有界的以及 $\inf\{\|u_1^+ - u_2^+\| : u_1, u_2 \in \mathscr{A}, u_1^+ \neq u_2^+\} > 0$. 因此条件 ($\Phi_1$) 得以验证. 从而应用定理 3.3.10 可得多重性的证明. $\qquad\square$

## 5.6 Schrödinger 系统半经典解

本节的内容来源于 [31]. 我们研究下面扰动 Hamilton 系统型 Schrödinger 方程半经典解的存在性和多重性

$$\begin{cases} -\varepsilon^2\Delta\varphi + \alpha(x)\varphi = \beta(x)\psi + F_\psi(x, \varphi, \psi), \\ -\varepsilon^2\Delta\psi + \alpha(x)\psi = \beta(x)\varphi + F_\varphi(x, \varphi, \psi), \\ w := (\varphi, \psi) \in H^1(\mathbb{R}^N, \mathbb{R}^2), \end{cases}$$

其中 $\alpha, \beta$ 在 $\mathbb{R}^N$ 上是连续的且 $F : \mathbb{R}^N \times \mathbb{R}^2 \to \mathbb{R}$ 是 $C^1$ 的, $N \geqslant 3$. 令

$$\mathscr{J} = \begin{pmatrix} 0 & 1 \\ 1 & 0 \end{pmatrix}, \quad \tilde{F}(x, w) = \frac{1}{2}\beta(x)|w|^2 + F(x, w),$$

则这个系统可变为下面的形式

$$-\varepsilon^2\Delta w + \alpha(x)w = \mathscr{J}\tilde{F}_w(x, w), \quad w \in H^1(\mathbb{R}^N, \mathbb{R}^2),$$

上面的方程能够被看作下面非线性向量 Schrödinger 方程的稳态系统

$$i\hbar\frac{\partial\phi}{\partial t} = -\frac{\hbar^2}{2m}\Delta\phi + \gamma(x)\phi - \mathscr{J}f(x, |\phi|)\phi,$$

其中 $\phi(x, t) = w(x)e^{-\frac{iEt}{\hbar}}, \alpha(x) = \gamma(x) - E, \varepsilon^2 = \hbar^2/(2m)$ 以及 $\tilde{F}_w(x, w) = f(x, |w|)w$.

我们假设 $\alpha(x), \beta(x)$ 满足下面的条件:

($A_0$) 对所有的 $x \in \mathbb{R}^N$ 成立 $|\beta(x)| \leqslant \alpha(x)$ 且存在 $x_0 \in \mathbb{R}^N$ 使得 $\alpha(x_0) = \beta(x_0)$ 以及存在 $b > 0$ 使得集合 $\{x \in \mathbb{R}^N : \alpha(x) - |\beta(x)| < b\}$ 为有限测度.

对于非线性项, 我们考虑两种情形: 次临界超线性和临界超线性.

首先我们考虑次临界问题. 为了符号一致, 我们使用 $G(x, w)$ 而不用 $F(x, w)$ 且把系统重新写为

$$\begin{cases} -\varepsilon^2 \Delta \varphi + \alpha(x)\varphi - \beta(x)\psi = G_\psi(x, w), \\ -\varepsilon^2 \Delta \psi + \alpha(x)\psi - \beta(x)\varphi = G_\varphi(x, w), \\ w := (\varphi, \psi) \in H^1(\mathbb{R}^N, \mathbb{R}^2). \end{cases} \tag{P}$$

我们假设

($G_0$) ($g_1$) $G \in C^1(\mathbb{R}^N \times \mathbb{R}^2)$ 且 $\lim\limits_{w \to 0} G_w(x, w)/w = 0$ 关于 $x$ 是一致的;

($g_2$) 存在 $c_0 > 0$ 以及 $\nu > (2N)/(N+2)$ 使得对所有的 $(x, w)$, 都有

$$|G_w(x, w)|^\nu \leqslant c_0(1 + G_w(x, w)w);$$

($g_3$) 存在 $a_0 > 0, p > 2$ 以及 $\mu > 2$ 使得对所有的 $(x, w)$, 都有

$$G(x, w) \geqslant a_0|w|^p, \quad \mu G(x, w) \leqslant G_w(x, w)w.$$

注意到, 令 $q := \nu/(\nu - 1)$, 则由 ($g_2$) 我们有 $q < 2^*$ 且 $|G_w(x, w)| \leqslant c_1(1 + |w|^{q-1})$. 因此 $G(x, w)$ 是次临界的. 对于 (P) 的解 $w_\varepsilon = (\varphi_\varepsilon, \psi_\varepsilon)$, 它的能量泛函表示为

$$E(w_\varepsilon) := \int_{\mathbb{R}^N} \left(\varepsilon^2 \nabla \varphi_\varepsilon \nabla \psi_\varepsilon + \alpha(x)\varphi_\varepsilon \psi_\varepsilon\right)dx - \int_{\mathbb{R}^N} \left(\frac{1}{2}\beta(x)|w_\varepsilon|^2 + G(x, w_\varepsilon)\right)dx.$$

**定理 5.6.1** ([50]) 设 ($A_0$) 以及 ($G_0$) 成立, 则

(1) 对任意的 $\sigma > 0$, 存在 $\mathcal{E}_\sigma > 0$ 使得当 $\varepsilon \leqslant \mathcal{E}_\sigma$ 时, (P) 至少有一个非平凡解 $\omega_\varepsilon$ 且满足

(i) $\displaystyle\int_{\mathbb{R}^N} G(x, \omega_\varepsilon)dx \leqslant \frac{2\sigma}{\mu - 2}\varepsilon^N$ 和 (ii) $0 < E(\omega_\varepsilon) \leqslant \sigma\varepsilon^N$.

(2) 另外, 如果 $G(x, w)$ 关于 $w$ 是偶的, 则对任意的 $m \in \mathbb{N}$ 以及 $\sigma > 0$, 存在 $\mathcal{E}_{m\sigma} > 0$ 使得当 $\varepsilon \leqslant \mathcal{E}_{m\sigma}$ 时, (P) 至少有 $m$ 对解 $\omega_\varepsilon$ 且满足估计式 (i) 和 (ii).

接下来我们考虑临界问题:

$$\begin{cases} -\varepsilon^2 \Delta \varphi + \alpha(x)\varphi - \beta(x)\psi = G_\psi(x, w) + K(x)|w|^{2^*-2}\psi, \\ -\varepsilon^2 \Delta \psi + \alpha(x)\psi - \beta(x)\varphi = G_\varphi(x, w) + K(x)|w|^{2^*-2}\varphi, \\ w := (\varphi, \psi) \in H^1(\mathbb{R}^N, \mathbb{R}^2). \end{cases} \tag{Q}$$

假设 $K(x)$ 是有界的, 也就是

(K$_0$) $K \in C(\mathbb{R}^N), 0 < \inf K \leqslant \sup K < \infty$.

问题 (Q) 的解 $w_\varepsilon = (\varphi_\varepsilon, \psi_\varepsilon)$ 的能量表示为

$$E(w_\varepsilon) := \int_{\mathbb{R}^N} (\varepsilon^2 \nabla\varphi_\varepsilon \nabla\psi_\varepsilon + \alpha(x)\varphi_\varepsilon\psi_\varepsilon) dx$$
$$- \int_{\mathbb{R}^N} \left(\frac{1}{2}\beta(x)|w_\varepsilon|^2 + G(x, w_\varepsilon) + \frac{1}{2^*}K(x)|w_\varepsilon|^{2^*}\right) dx.$$

我们有如下定理.

**定理 5.6.2** ([50])　设 (A$_0$), (K$_0$) 以及 (G$_0$) 成立, 则对于问题 (Q), 定理 5.6.1 的结论 (1) 和 (2) 也成立, 其中 (i) 被替换为

$$\frac{\mu - 2}{2}\int_{\mathbb{R}^N} G(x, w_\varepsilon) dx + \frac{1}{N}\int_{\mathbb{R}^N} K(x)|w_\varepsilon|^{2^*} dx \leqslant \sigma\varepsilon^N.$$

### 5.6.1　等价的变分问题

令

$$u = \frac{\varphi + \psi}{2}, \quad v = \frac{\varphi - \psi}{2}, \quad z = (u, v),$$
$$V(x) = \alpha(x) - \beta(x), \quad W = \alpha(x) + \beta(x),$$

以及

$$H(x, z) = H(x, u, v) = \frac{1}{2}G\left(x, \frac{u+v}{2}, \frac{u-v}{2}\right).$$

则问题 (P) 变为

$$\begin{cases} -\varepsilon^2 \Delta u + V(x)\varphi = H_u(x, z), \\ -\varepsilon^2 \Delta v + W(x)\varphi = -H_v(x, z), \\ z = (u, v) \in H^1(\mathbb{R}^N, \mathbb{R}^2), \end{cases} \tag{P1}$$

以及问题 (Q) 变为

$$\begin{cases} -\varepsilon^2 \Delta u + V(x)\varphi = H_u(x, z) + K(x)|z|^{2^*-2}u, \\ -\varepsilon^2 \Delta v + W(x)\varphi = -\left(H_v(x, z) + K(x)|z|^{2^*-2}v\right), \\ z = (u, v) \in H^1(\mathbb{R}^N, \mathbb{R}^2). \end{cases} \tag{Q1}$$

条件 (A$_0$) 蕴含了 $V$ 和 $K$ 满足:

(V$_0$) $V(x_0) = \min V = 0$ 以及集合 $\{x \in \mathbb{R}^N : V(x) < b\}$ 为有限测度.

(W$_0$) $W \geqslant 0$ 以及集合 $\{x \in \mathbb{R}^N : W(x) < b\}$ 为有限测度.

条件 (G$_0$) 蕴含了 $H(x, z)$ 满足:

(H$_0$) (h$_1$) $\lim\limits_{z \to 0} H_z(x,z)/z = 0$ 关于 $x$ 是一致成立的;

(h$_2$) 存在 $c_0 > 0$ 以及 $\nu > (2N)/(N+2)$ 使得对所有的 $(x,z)$, 都有

$$|H_z(x,z)|^\nu \leqslant c_0(1 + H_z(x,z)z);$$

(h$_3$) 存在 $a_0 > 0, p > 2$ 以及 $\mu > 2$ 使得对所有的 $(x,z)$, 都有

$$H(x,z) \geqslant a_0|z|^p, \quad \mu H(x,z) \leqslant H_z(x,z)z.$$

令 $\lambda = \varepsilon^{-2}$, 则 (P1) 等价于

$$\begin{cases} -\Delta u + \lambda V(x)\varphi = \lambda H_u(x,z), \\ -\Delta v + \lambda W(x)\varphi = -\lambda H_v(x,z), \\ z = (u,v) \in H^1(\mathbb{R}^N, \mathbb{R}^2), \end{cases} \tag{P2}$$

且 (Q1) 等价于

$$\begin{cases} -\Delta u + \lambda V(x)\varphi = \lambda\big(H_u(x,z) + K(x)|z|^{2^*-2}u\big), \\ -\Delta v + \lambda W(x)\varphi = -\lambda\big(H_v(x,z) + K(x)|z|^{2^*-2}v\big), \\ z = (u,v) \in H^1(\mathbb{R}^N, \mathbb{R}^2). \end{cases} \tag{Q2}$$

问题 (P2) 解 $z_\lambda = (u_\lambda, v_\lambda)$ 的能量表示为

$$E(z_\lambda) = \frac{1}{2}\int_{\mathbb{R}^N}\big(|\nabla u_\lambda|^2 + \lambda V(x)|u_\lambda|^2\big)dx - \int_{\mathbb{R}^N}\big(|\nabla v_\lambda|^2 + \lambda V(x)|v_\lambda|^2\big)dx$$
$$- \lambda\int_{\mathbb{R}^N} H(x,z_\lambda)dx.$$

相似地, 问题 (Q2) 解 $z_\lambda = (u_\lambda, v_\lambda)$ 的能量表示为

$$E(z_\lambda) = \frac{1}{2}\int_{\mathbb{R}^N}\big(|\nabla u_\lambda|^2 + \lambda V(x)|u_\lambda|^2\big)dx - \int_{\mathbb{R}^N}\big(|\nabla v_\lambda|^2 + \lambda V(x)|v_\lambda|^2\big)dx$$
$$- \lambda\int_{\mathbb{R}^N}\left(H(x,z_\lambda) + \frac{1}{2^*}K(x)|z_\lambda|^{2^*}\right)dx.$$

**定理 5.6.3** 设 (V$_0$), (W$_0$) 以及 (H$_0$) 成立, 则

(1) 对任意的 $\sigma > 0$, 存在 $\Lambda_\sigma > 0$ 使得当 $\lambda \geqslant \Lambda_\sigma$ 时, (P2) 至少有一个非平凡解 $z_\lambda$ 且满足

(i) $\int_{\mathbb{R}^N} H(x,z_\lambda)dx \leqslant \dfrac{2\sigma}{\mu-2}\lambda^{-\frac{N}{2}}$ 和 (ii) $0 < E(z_\lambda) \leqslant \sigma\lambda^{1-\frac{N}{2}}$.

(2) 另外, 如果 $H(x, z)$ 关于 $z$ 是偶的, 则对任意的 $m \in \mathbb{N}$ 以及 $\sigma > 0$, 存在 $\Lambda_{m\sigma} > 0$ 使得当 $\lambda \geqslant \Lambda_{m\sigma}$ 时, (P2) 至少有 $m$ 对解 $z_\lambda$ 且满足估计式 (i) 和 (ii).

**定理 5.6.4**　设 $(V_0)$, $(W_0)$, $(H_0)$ 以及 $(K_0)$ 成立, 则对于问题 $(Q2)$, 定理 5.6.3 的结论 (1) 和 (2) 也成立, 其中 (i) 被替换为

$$\frac{\mu - 2}{2} \int_{\mathbb{R}^N} H(x, z_\lambda) dx + \frac{1}{N} \int_{\mathbb{R}^N} K(x) |z_\lambda|^{2^*} dx \leqslant \sigma \lambda^{-\frac{N}{2}}.$$

为了证明上面的定理, 我们引入子空间

$$E_+ := \left\{ u \in H^1(\mathbb{R}^N) : \int_{\mathbb{R}^N} V(x) u^2 dx < \infty \right\},$$

这是一个 Hilbert 空间且赋予内积

$$(u_1, u_2)_+ := \int_{\mathbb{R}^N} (\nabla u_1 \nabla u_2 + V(x) u_1 u_2) dx,$$

以及范数 $\|u\|_+^2 = (u, u)_+$. 由 $(V_0)$ 可知 $E_+$ 连续嵌入 $H^1(\mathbb{R}^N)$. 注意到, 范数 $\|\cdot\|_+$ 等价于由下面的内积诱导的范数 $\|\cdot\|_{+\lambda}$,

$$(u_1, u_2)_{+\lambda} := \int_{\mathbb{R}^N} (\nabla u_1 \nabla u_2 + \lambda V(x) u_1 u_2) dx,$$

其中 $\lambda > 0$. 显然, 对每一个 $s \in [2, 2^*]$, 存在与 $\lambda$ 无关的常数 $\gamma_s > 0$, 使得当 $\lambda \geqslant 1$ 时有

$$|u|_s \leqslant \gamma_s \|u\|_+ \leqslant \gamma_s \|u\|_{+\lambda}, \quad u \in E_+.$$

令 $A_\lambda := -\Delta + \lambda V$ 表示在 $L^2(\mathbb{R}^N)$ 上的自伴算子. $\sigma(A_\lambda)$, $\sigma_e(A_\lambda)$, $\sigma_d(A_\lambda)$ 分别表示算子 $A_\lambda$ 的谱、本质谱以及在 $\lambda_e := \inf \sigma_e(A_\lambda)$ 之下的特征值. 可能会出现 $\lambda_e = \infty$, 从而 $\sigma(A_\lambda) = \sigma_d(A_\lambda)$, 例如, 如果当 $|x| \to \infty$ 时, $V(x) \to \infty$.

**引理 5.6.5**　设 $(V_0)$ 成立, 则 $\lambda_e \geqslant \lambda b$.

**证明**　令 $V_\lambda(x) = \lambda(V(x) - b)$, $V_\lambda^\pm = \max\{\pm V_\lambda, 0\}$ 以及 $D_\lambda = -\Delta + \lambda b + V_\lambda^+$. 由 $(V_0)$ 知, 多重算子 $V_\lambda^-$ 相对于 $D_\lambda$ 是紧算子, 因此, 由引理 2.2.26 知

$$\sigma_e(A_\lambda) = \sigma_e(D_\lambda) \subset [\lambda b, \infty).$$

这就完成了引理的证明. □

令 $k_\lambda$ 为特征值的个数. 记 $\eta_{\lambda_i}$ 和 $f_{\lambda_i} (1 \leqslant i \leqslant k_i)$ 分别是特征值和特征函数. 令

$$L_\lambda^d := \operatorname{span}\{f_{\lambda_1}, \cdots, f_{\lambda_{k_\lambda}}\}.$$

我们有直和分解

$$L^2(\mathbb{R}^N) = L^d_\lambda \oplus L^e_\lambda, \quad u = u^d + u^e.$$

因此, $E_+$ 有分解

$$E_+ = E^d_{+\lambda} \oplus E^e_{+\lambda}, \quad \text{其中 } E^d_{+\lambda} = L^d_\lambda, \ E^e_{+\lambda} = E_+ \cap L^e_\lambda$$

且关于内积 $(\cdot,\cdot)_2$ 和 $(\cdot,\cdot)_{+\lambda}$ 是正交的.

令 $S$ 表示最佳嵌入常数: $S|u|^2_{2*} \leqslant \int_{\mathbb{R}^N} |\nabla u|^2 dx$, 显然, 对任意的 $u \in E$, 我们有

$$S|u|^2_{2*} \leqslant \|u\|^2_{+\lambda}.$$

由引理 5.6.5, 对任意的 $u \in E^e_{+\lambda}$ 可知

$$|u|^2_2 \leqslant \frac{1}{\lambda b} \|u\|^2_{+\lambda},$$

结合插值不等式, 对每一个 $s \in [2, 2^*]$, 我们有

$$|u|^s_s \leqslant a_s \lambda^{\frac{s-2^*}{2^*-2}} \|u\|^s_{+\lambda}, \quad u \in E^e_{+\lambda}, \tag{5.6.1}$$

其中 $a_s$ 是与 $\lambda$ 无关的常数.

类似地, 用 $W(x)$ 代替 $V(x)$, 定义 Hilbert 空间 $E_-$、内积 $(\cdot,\cdot)_-$, 以及 $(\cdot,\cdot)_{-\lambda}$ 且有分解 $E_- = E^d_{-\lambda} \oplus E^e_{-\lambda}$.

令

$$E := E_+ \times E_-$$

且记 $z = (u,v) \in E, z^+ = (u,0), z^- = (0,v)$. 在 $E$ 上的内积表示为

$$(z_1, z_2) = (u_1, u_2)_+ + (v_1, v_2)_-,$$

以及范数为

$$\|z\|^2 = \|u\|^2_+ + \|v\|^2_-.$$

在 $E$ 上有等价范数

$$\|z\|^2_\lambda = \|u\|^2_{+\lambda} + \|v\|^2_{-\lambda}.$$

$E$ 有直和分解

$$E = E^d_\lambda \oplus E^e_\lambda, \quad \text{其中 } E^d_\lambda = E^d_{+\lambda} \times E^d_{-\lambda}, \ E^e_\lambda = E^e_{+\lambda} \times E^e_{-\lambda}.$$

对于 $z = (u,v) \in E$, 记 $z = z^d + z^e$, 其中 $z^d = (u^d, v^d), z^e = (u^e, v^e)$. 注意到, $\dim E_\lambda^d < \infty$. 由 (5.6.1), 对每一个 $s \in [2, 2^*]$, 我们有

$$|z|_2^2 \leqslant \frac{1}{\lambda b}\|z\|_{+\lambda}^2, \quad |z|_s^s \leqslant a_s \lambda^{\frac{s-2^*}{2^*-2}}\|z\|_{+\lambda}^s, \quad z \in E_\lambda^e, \tag{5.6.2}$$

其中 $a_s$ 是与 $\lambda$ 无关的常数.

对 $z = (u,v) \in E$, 定义泛函

$$\Phi_\lambda(z) = \frac{1}{2}\int_{\mathbb{R}^N}\left((|\nabla u|^2 + \lambda V(x)u^2) - (|\nabla v|^2 + \lambda W(x)\lambda v^2)\right)dx$$
$$- \lambda\int_{\mathbb{R}^N} H(x,z)dx$$
$$= \frac{1}{2}\|u\|_{+\lambda}^2 - \frac{1}{2}\|v\|_{-\lambda}^2 - \lambda\int_{\mathbb{R}^N}H(x,z)dx.$$

由假设 (A$_0$) 以及 (H$_0$), $\Phi_\lambda \in C^1(E,\mathbb{R})$ 且 $\Phi_\lambda$ 的临界点对应于 (P2) 的解.

类似地, 考虑泛函

$$\Psi_\lambda(z) = \frac{1}{2}\int_{\mathbb{R}^N}\left((|\nabla u|^2 + \lambda V(x)u^2) - (|\nabla v|^2 + \lambda W(x)\lambda v^2)\right)dx$$
$$- \lambda\int_{\mathbb{R}^N}\left(H(x,z) + \frac{K(x)}{2^*}|z|^{2^*}\right)dx$$
$$= \frac{1}{2}\|u\|_{+\lambda}^2 - \frac{1}{2}\|v\|_{-\lambda}^2 - \lambda\int_{\mathbb{R}^N}\left(H(x,z) + \frac{K(x)}{2^*}|z|^{2^*}\right)dx.$$

则 $\Psi_\lambda \in C^1(E,\mathbb{R})$ 且 $\Psi_\lambda$ 的临界点对应于 (Q2) 的解.

首先我们不难证明下面的引理成立.

**引理 5.6.6** 令 $f_\lambda$ 代表 $\Phi_\lambda$ 或 $\Psi_\lambda$. 则

(1°) $f_\lambda$ 是弱序列上半连续的且 $f_\lambda'$ 是弱序列连续的. 此外, 存在 $\varsigma > 0$ 使得对任意的 $c > 0$, 有 $\|z\|_\lambda \leqslant \varsigma\|u\|_\lambda$, $z \in (f_\lambda)_c$.

(2°) 对每一个 $\lambda \geqslant 1$, 存在 $\rho_\lambda > 0$ 使得 $\kappa_\lambda := \inf\Psi_\lambda(S_{\rho_\lambda}E_+) > 0$, 其中 $S_{\rho_\lambda} = \{z \in E_+ : \|z\|_\lambda = \rho_\lambda\}$.

(3°) 对任意 $e \in E_+$, 存在 $R > \rho_\lambda$ 使得 $(\Psi_\lambda)|_{\partial Q} \leqslant 0$, 其中 $Q := \{z = (se_1, v) : v \in E_-, s \geqslant 0, \|z\|_\lambda \leqslant R\}$.

(4°) 对任意有限维子空间 $F \subset E_+$, 存在 $R_F > \rho_\lambda$ 使得对任意的 $u \in F \times E_- \setminus B_{R_F}$, 成立 $\Psi_\lambda(u) < \inf\Psi_\lambda(B_{\rho_\lambda} \cap E_+)$.

(5°) $f_\lambda$ 任意的 (C)$_c$-序列是有界的且 $c \geqslant 0$.

### 5.6.2 定理 5.6.3 的证明

本节, 我们将处理次临界问题 (P2), 因此考虑泛函 $\Phi_\lambda$.

注意到, 由 $(H_0)$, 对 $|z|$ 充分大时, 有 $c_1|z|^p \leqslant H(x,z) \leqslant c_2|z|^q$, 其中 $q = \nu/(\nu - 1)$. 因为 $p > 2$ 得 $\nu \leqslant p/(p-1) < 2$. 令 $\tau = \nu/(2-\nu)$. 则对任意的 $\delta > 0$, 存在 $\rho_\delta > 0$ 以及 $c_\delta > 0$ 使得

$$\text{当 } |z| \leqslant \rho_\delta \text{ 时, } \frac{|H_z(x,z)|}{|z|} \leqslant \delta; \text{ 当 } |z| \geqslant \rho_\delta \text{ 时, } \frac{|H_z(x,z)|^\tau}{|z|^\tau} \leqslant c_\delta H_z(x,z)z. \quad (5.6.3)$$

事实上, 当 $|z| \geqslant \rho_\delta$ 时, 成立 $|H_z(x,z)|^\nu \leqslant a_\delta H_z(x,z)z$, 以及

$$|H_z(x,z)|^\tau = |H_z(x,z)|^{\tau-\nu}|H_z(x,z)|^\nu \leqslant a'_\delta|z|^{\frac{\tau-\nu}{\nu-1}}H_z(x,z)z = a'_\delta|z|^\tau H_z(x,z)z.$$

此外, 令

$$\tilde{H}(x,z) := \frac{1}{2}H_z(x,z)z - H(x,z).$$

我们有

$$\tilde{H}(x,z) \geqslant \frac{\mu-2}{2\mu}H_z(x,z)z \geqslant \frac{\mu-2}{2}H(x,z) \geqslant \frac{a_0(\mu-2)}{2}|z|^p. \quad (5.6.4)$$

接下来, 设 $\{z_j\}$ 表示 $(C)_c$-序列. 由引理 5.6.6(5°) 知 $\{z_j\}$ 是有界的. 不失一般性, 我们可假设在 $E$ 中 $z_j \to z$, 在 $L^s_{loc}$ 中 $z_j \to z$ 以及 $z_j(x) \to z(x)$ a.e. $x \in \mathbb{R}^N$. 显然, $z$ 是 $\Phi_\lambda$ 的临界点.

再次类似于 (4.5.11), 子列意义下, 对任意的 $\varepsilon > 0$, 存在 $r_\varepsilon > 0$ 使得当 $r \geqslant r_\varepsilon$ 以及对每一个 $s \in [2, 2^*]$ 有

$$\limsup_{n\to\infty} \int_{B_{j_n}\setminus B_r} |z_{j_n}|^s dx \leqslant \varepsilon. \quad (5.6.5)$$

取光滑函数 $\eta : [0,\infty) \to [0,1]$ 且满足

$$\eta(t) = \begin{cases} 1, & t \leqslant 1, \\ 0, & t \geqslant 2. \end{cases}$$

定义 $\tilde{z}_n(x) = \eta((2|x|)/n)z(x)$. 显然地, 当 $n \to \infty$ 时

$$\|z - \tilde{z}_n\| \to 0. \quad (5.6.6)$$

此外, 类似于 (5.4.14), 我们有

$$\lim_{n\to\infty} \left| \int_{\mathbb{R}^N} (H_z(x,z_{j_n}) - H_z(x,z_{j_n} - \tilde{z}_n) - H_z(x,\tilde{z}_n))dx \right| = 0,$$

关于 $\varphi \in E$, $\|\varphi\| \leqslant 1$ 是一致成立的. 重复引理 5.4.2 的讨论, 我们有下面的引理.

**引理 5.6.7**　我们有

(1) $\Phi_\lambda(z_{j_n} - \tilde{z}_n) \to c - \Phi_\lambda(z)$;

(2) $\Phi'_\lambda(z_{j_n} - \tilde{z}_n) \to 0$.

我们现在利用分解 $E = E_\lambda^d \oplus E_\lambda^e$. 回忆 $\dim(E_\lambda^d) < \infty$. 记

$$y_n := z_{j_n} - \tilde{z}_n = y_n^d + y_n^e.$$

则 $y_n^d = (z_{j_n}^d - z^d) + (z^d - \tilde{z}_n^d) \to 0$, 且由引理 5.6.7 知, $\Phi_\lambda(y_n) \to c - \Phi_\lambda(z)$, $\Phi'_\lambda(y_n) \to 0$. 因此从

$$\Phi_\lambda(y_n) - \frac{1}{2}\Phi'_\lambda(y_n)y_n = \lambda \int_{\mathbb{R}^N} \tilde{H}(x, y_n)dx,$$

可得

$$\lambda \int_{\mathbb{R}^N} \tilde{H}(x, y_n)dx \to c - \Phi_\lambda(z).$$

注意到, $y_n = (u_{j_n} - \tilde{u}_n, v_{j_n} - \tilde{v}_n)$, 令 $\bar{y}_n = (u_{j_n} - \tilde{u}_n, -v_{j_n} + \tilde{v}_n)$. 我们有 $|y_n| = |\bar{y}_n|$, 以及

$$o_n(1) = \Phi'_\lambda(y_n)\bar{y}_n = \|y_n\|_\lambda^2 - \lambda \int_{\mathbb{R}^N} H_z(x, y_n)\bar{y}_n dx$$

$$= o_n(1) + \|y_n^e\|_\lambda^2 - \lambda \int_{\mathbb{R}^N} H_z(x, y_n)\bar{y}_n dx.$$

由 (5.6.2)—(5.6.4), 对任意的 $\delta > 0$, 我们有

$$\|y_n^e\|_\lambda^2 + o_n(1) = \lambda \int_{\mathbb{R}^N} H_z(x, y_n)\bar{y}_n dx$$

$$\leqslant \lambda \int_{\mathbb{R}^N} \frac{|H_z(x, y_n)|}{|y_n|}|\bar{y}_n|^2 dx$$

$$\leqslant o_n(1) + \lambda\delta|y_n|_2^2 + \lambda c'_\delta \left( \int_{|y_n| \geqslant \rho_\delta} \left( \frac{|H_z(x, y_n)|}{|y_n|} \right)^\tau dx \right)^{\frac{1}{\tau}} |y_n|_q^2$$

$$\leqslant o_n(1) + \lambda\delta|y_n^e|_2^2 + \lambda c''_\delta \left( \frac{c - \Phi_\lambda(z) + o_n(1)}{\lambda} \right)^{\frac{1}{\tau}} |y_n^e|_q^2$$

$$\leqslant o_n(1) + \frac{\delta}{b}\|y_n^e\|_\lambda^2 + C_\delta \lambda^{1 - \frac{1}{\tau} - \frac{2(2^* - q)}{q(2^* - 2)}} (c - \Phi_\lambda(z))^{\frac{1}{\tau}} \|y_n^e\|_\lambda^2$$

$$= o_n(1) + \frac{\delta}{b}\|y_n^e\|_\lambda^2 + C_\delta \lambda^{\frac{(N-2)(q-2)}{2q}} (c - \Phi_\lambda(z))^{\frac{1}{\tau}} \|y_n^e\|_\lambda^2. \qquad (5.6.7)$$

注意到 $z_{j_n} - z = y_n + (\tilde{z}_n - z)$, 因此由 (5.6.6) 我们有

$$z_{j_n} - z \to 0 \text{ 当且仅当 } y_n^e \to 0.$$

**引理 5.6.8**  存在与 $\lambda$ 无关的常数 $\alpha_0 > 0$ 使得, 对任意 $\Phi_\lambda$ 的 $(C)_c$-序列 $\{z_j\}$ 且满足 $z_j \rightharpoonup z$, 则要么 $z_j \to z$ (子列意义下), 要么

$$c - \Phi_\lambda(z) \geqslant \alpha_0 \lambda^{1-\frac{N}{2}}.$$

**证明**  假设 $z_j$ 不收敛, 则 $\liminf\limits_{n\to\infty} \|y_n^e\|_\lambda > 0$ 以及 $c - \Phi_\lambda(z) > 0$. 选取 $\delta = b/4$, 则从 (5.6.7) 可得

$$\frac{3}{4}\|y_n^e\|_\lambda^2 \leqslant o_n(1) + c_1 \lambda^{\frac{(N-2)(q-2)}{2q}} (c - \Phi_\lambda(z))^{\frac{1}{\tau}} \|y_n^e\|_\lambda^2.$$

这就蕴含了

$$1 \leqslant c_2 \lambda^{\frac{N}{2}-1}(c - \Phi_\lambda(z)),$$

至此完成引理的证明.                                                   □

特别地, 我们有下面的引理.

**引理 5.6.9**  对所有的 $c < \alpha_0 \lambda^{1-\frac{N}{2}}$, $\Phi_\lambda$ 满足 $(C)_c$-条件.

注意到, $(H_0)$ 蕴含了

$$\Phi_\lambda(z) \leqslant \frac{1}{2}\|u\|_{+\lambda}^2 - \frac{1}{2}\|v\|_{-\lambda}^2 - a_0 \lambda \int_{\mathbb{R}^N} |z|^p dx$$

$$\leqslant \frac{1}{2}\|u\|_{+\lambda}^2 - \frac{1}{2}\|v\|_{-\lambda}^2 - a_0 \lambda \int_{\mathbb{R}^N} |u|^p dx.$$

定义如下泛函 $J_\lambda \in C^1(E_+, \mathbb{R})$,

$$J_\lambda(u) = \frac{1}{2}\int_{\mathbb{R}^N} (|\nabla u|^2 + \lambda V(x) u^2) dx - a_0 \lambda \int_{\mathbb{R}^N} |u|^p dx.$$

则

$$\Phi_\lambda(z) \leqslant J_\lambda(u) - \frac{1}{2}\|v\|_{-\lambda}^2, \quad z \in E. \tag{5.6.8}$$

由假设 $(V_0)$ 可知, 存在 $x_0 \in \mathbb{R}^N$ 使得 $V(x_0) = \min\limits_{x \in \mathbb{R}^N} V(x) = 0$. 不失一般性, 我们可假设 $x_0 = 0$.

众所周知,

$$\inf\left\{\int_{\mathbb{R}^N} |\nabla\varphi|^2 dx : \varphi \in C_0^\infty(\mathbb{R}^N), |\varphi|_p = 1\right\} = 0.$$

对任意的 $\delta > 0$, 存在 $\varphi_\delta \in C_0^\infty(\mathbb{R}^N)$ 且 $|\varphi_\delta|_p = 1, \operatorname{supp} \varphi_\delta \subset B_{r_\delta}(0)$, 使得 $|\nabla\varphi_\delta|_2^2 < \delta$. 令

$$e_\lambda(x) := \varphi_\delta(\lambda^{\frac{1}{2}} x), \tag{5.6.9}$$

则
$$\operatorname{supp} e_\lambda \subset B_{\lambda^{-\frac{1}{2}} r_\delta}(0).$$

对 $t \geqslant 0$, 我们有

$$
\begin{aligned}
J_\lambda(te_\lambda) &= \frac{t^2}{2} \int_{\mathbb{R}^N} (|\nabla e_\lambda|^2 + \lambda V(x)e_\lambda^2)dx - a_0\lambda t^p \int_{\mathbb{R}^N} |e_\lambda|^p dx \\
&= \lambda^{1-\frac{N}{2}} \left( \frac{t^2}{2} \int_{\mathbb{R}^N} \left( |\nabla \varphi_\delta|^2 + V(\lambda^{-\frac{1}{2}}x)|\varphi_\delta|^2 \right)dx - a_0 t^p \int_{\mathbb{R}^N} |\varphi_\delta|^p dx \right) \\
&= \lambda^{1-\frac{N}{2}} I_\lambda(t\varphi_\delta),
\end{aligned}
$$

其中 $I_\lambda \in C^1(E_+, \mathbb{R})$ 定义为

$$I_\lambda(u) := \frac{1}{2} \int_{\mathbb{R}^N} \left( |\nabla u|^2 + V(\lambda^{-\frac{1}{2}}x)|u|^2 \right)dx - a_0 \int_{\mathbb{R}^N} |u|^p dx.$$

不难验证

$$\max_{t \geqslant 0} I_\lambda(t\varphi_\delta) = \frac{p-2}{2p(pa_0)^{\frac{2}{p-2}}} \left( \int_{\mathbb{R}^N} \left( |\nabla \varphi_\delta|^2 + V(\lambda^{-\frac{1}{2}}x)|\varphi_\delta|^2 \right)dx \right)^{\frac{p}{p-2}}.$$

因为 $V(0) = 0$, $\operatorname{supp} \varphi_\delta \subset B_{r_\delta}(0)$, 存在 $\hat{\Lambda}_\delta > 0$ 使得对任意的 $|x| \leqslant r_\delta$ 以及 $\lambda \geqslant \hat{\Lambda}_\delta$, 成立

$$V(\lambda^{-\frac{1}{2}}x) \leqslant \frac{\delta}{|\varphi_\delta|_2^2}.$$

这就蕴含了

$$\max_{t \geqslant 0} I_\lambda(t\varphi_\delta) \leqslant \frac{p-2}{2p(pa_0)^{\frac{2}{p-2}}} (2\delta)^{\frac{p}{p-2}}.$$

因为 $I_\lambda(u)$ 关于 $u$ 是偶的, 则对任意的 $\lambda \geqslant \hat{\Lambda}_\delta$, 我们有

$$\max_{t \in \mathbb{R}} J_\lambda(te_\lambda) \leqslant \frac{p-2}{2p(pa_0)^{\frac{2}{p-2}}} (2\delta)^{\frac{p}{p-2}} \lambda^{1-\frac{N}{2}}. \tag{5.6.10}$$

因此, 我们有如下引理.

**引理 5.6.10**　对任意的 $\sigma > 0$, 存在 $\Lambda_\sigma > 0$ 使得当 $\lambda \geqslant \Lambda_\sigma$ 时, 存在 $e_\lambda \in E_+ \setminus \{0\}$ 使得

$$\max_{z \in F_{\sigma\lambda}} \Phi_\lambda(z) \leqslant \sigma\lambda^{1-\frac{N}{2}},$$

其中 $F_{\sigma\lambda} := \mathbb{R}e_\lambda \times E_-$.

**证明**　选取 $\delta > 0$ 充分小使得

$$\frac{p-2}{2p(pa_0)^{\frac{2}{p-2}}} (2\delta)^{\frac{p}{p-2}} \leqslant \sigma.$$

令 $\Lambda_\sigma = \hat{\Lambda}_\delta$. 则由 (5.6.10), 对任意的 $z \in F_{\sigma\lambda}$, 我们有

$$\Phi_\lambda(z) \leqslant J_\lambda(re_\lambda) - \frac{1}{2}\|v\|_{-\lambda}^2 \leqslant \sigma\lambda^{1-\frac{N}{2}},$$

其中 $e_\lambda$ 由 (5.6.9) 给出. 这就完成了引理的证明. □

一般地, 对任意的 $m \in \mathbb{N}$, 我们能够选取 $m$ 个函数 $\varphi_\delta^j \in C_0^\infty(\mathbb{R}^N)$ 使得当 $i \neq k$ 时, $\mathrm{supp}\,\varphi_\delta^i \cap \mathrm{supp}\,\varphi_\delta^k = \varnothing$ 以及 $|\varphi_\delta^j|_p = 1$, $|\nabla\varphi_\delta^j|_2^2 < \delta$. 令

$$e_\lambda^j(x) = \varphi_\delta^j(\lambda^{\frac{1}{2}}x) \quad (j = 1, \cdots, m),$$

以及

$$H_{\lambda\delta}^m = \mathrm{span}\{e_\lambda^1, \cdots, e_\lambda^m\}.$$

注意到, 当 $u = \sum_{j=1}^m c_j e_\lambda^j \in H_{\lambda\delta}^m$ 时, 我们有

$$J_\lambda(u) = \sum_{j=1}^m J_\lambda(c_j e_\lambda^j) = \lambda^{1-\frac{N}{2}} \sum_{j=1}^m I_\lambda(|c_j|e_\lambda^j).$$

令

$$\beta_\delta := \max\{|\varphi_\delta^j|_2^2 : j = 1, \cdots, m\},$$

并且选取 $\hat{\Lambda}_{m\delta}$ 使得对任意的 $|x| \leqslant r_\delta^m$ 以及 $\lambda \geqslant \hat{\Lambda}_{m\delta}$, 成立

$$V(\lambda^{-\frac{1}{2}}x) \leqslant \frac{\delta}{\beta_\delta}.$$

正如前面的证明, 对任意的 $\lambda \geqslant \hat{\Lambda}_{m\delta}$, 我们有

$$\sup_{u \in H_{\lambda\delta}^m} J_\lambda(u) \leqslant \frac{m(p-2)}{2p(pa_0)^{\frac{2}{p-2}}}(2\delta)^{\frac{p}{p-2}}\lambda^{1-\frac{N}{2}}. \tag{5.6.11}$$

由这个估计, 我们能够证明下面的引理

**引理 5.6.11** 对任意的 $m \in \mathbb{N}, \sigma > 0$, 存在 $\Lambda_{m\sigma} > 0$ 使当 $\lambda \geqslant \Lambda_{m\sigma}$ 时, 存在 $m$ 维子空间 $F_{\lambda m} \subset E_+$ 满足

$$\sup_{z \in F_{\sigma\lambda} \times E} \Phi_\lambda(z) \leqslant \sigma\lambda^{1-\frac{N}{2}}.$$

**证明** 选取 $\delta > 0$ 充分小使得

$$\frac{m(p-2)}{2p(pa_0)^{\frac{2}{p-2}}}(2\delta)^{\frac{p}{p-2}} \leqslant \sigma,$$

且令 $F_{\lambda m} = H_{\lambda\delta}^m$. 则从 (5.6.11) 可得此引理的证明.                               □

**证明** [定理 5.6.3 的证明]    首先我们证明存在性. 取 $Y = E_+, X = E_-$, 则条件 $(\Phi_0)$ 以及 $(\Phi_+)$ 成立且由引理 5.6.6 知, $\Phi_\lambda$ 拥有定理 3.3.7 中的环绕结构. 结合引理 5.6.10, 对任意的 $\sigma \in (0, \alpha_0)$, 存在 $\Lambda_\sigma > 0$ 使得, 当 $\lambda \geqslant \Lambda_\sigma$ 时, $\Phi_\lambda$ 有 $(C)_c$-序列且满足 $\kappa_\lambda \leqslant c_\lambda \leqslant \sigma\lambda^{1-\frac{N}{2}}$. 因此, 由引理 5.6.9, 存在临界点 $z_\lambda$ 满足

$$\kappa_\lambda \leqslant \Phi_\lambda(z_\lambda) \leqslant \sigma\lambda^{1-\frac{N}{2}}. \tag{5.6.12}$$

因为 $E(z_\lambda) = \Phi_\lambda(z_\lambda)$, (5.6.12) 蕴含了估计 (ii) 成立. 此外, 由 $(H_0)$ 知

$$\sigma\lambda^{1-\frac{N}{2}} \geqslant \Phi_\lambda(z_\lambda) = \Phi_\lambda(z_\lambda) - \frac{1}{2}\Phi_\lambda'(z_\lambda)z_\lambda \geqslant \lambda\left(\frac{\mu}{2} - 1\right)\int_N H(x, z_\lambda)dx,$$

从而得到 (i).

现在我们证明多重性. 设 $H(x, z)$ 关于 $z$ 是偶的. 则 $\Phi_\lambda$ 是偶的, 从而 $(\Phi_1)$ 成立. 此外, 从引理 5.6.6 知 $(\Phi_2)$ 也成立. 由于引理 5.6.11, 对任意的 $m \in \mathbb{N}$ 以及 $\sigma \in (0, \alpha_0)$, 存在 $\Lambda_{m\sigma}$ 使得对每一个 $\lambda \geqslant \Lambda_{m\sigma}$, 我们能选取一个 $m$ 维子空间 $F_{\lambda m} \subset E_+$ 且满足 $b := \max \Phi_\lambda(F_{\lambda m} \times E_-) < \sigma\lambda^{1-\frac{N}{2}}$. 因此, $\Phi_\lambda$ 满足 $(\Phi_3)$. 从引理 5.6.9 知, 对所有的 $c \in [0, b]$, $\Phi_\lambda$ 满足 $(C)_c$-条件. 因此应用定理 3.3.9 可得多重性的证明.                          □

### 5.6.3    定理 5.6.4 的证明

现在我们考虑临界情形, 也就是证明定理 5.6.4, 从而证明了定理 5.6.2.
令

$$Q(x, z) = H(x, z) + \frac{1}{2^*}K(x)|z|^{2^*},$$

以及

$$\tilde{Q}(x, z) = \frac{1}{2}Q_z(x, z) - Q(x, z).$$

从 $(H_0)$ 以及 $(K_0)$ 可得, 对任意的 $\delta > 0$, 存在 $\rho_\delta > 0$ 以及 $c_\delta > 0$ 使得

当 $|z| \leqslant \rho_\delta$ 时, $\dfrac{|Q_z(x, z)|}{|z|} \leqslant \delta$; 当 $|z| \geqslant \rho_\delta$ 时, $\dfrac{|Q_z(x, z)|^{\frac{N}{2}}}{|z|^{\frac{N}{2}}} \leqslant c_\delta\tilde{Q}(x, z).$ (5.6.13)

**引理 5.6.12**    存在与 $\lambda$ 无关的常数 $\alpha_0 > 0$, 使得满足 $c < \alpha_0\lambda^{1-\frac{N}{2}}$ 的任意 $(C)_c$-序列有收敛子列.

**证明**    令 $z_j = (u_j, v_j)$ 是 $(C)_c$-序列: $\Psi_\lambda(z_j) \to c$, $(1 + \|z_j\|_\lambda)\Psi_\lambda'(z_j) \to 0$. 显然

$$\Psi_\lambda(z_j) - \frac{1}{2}\Psi_\lambda'(z_j)z_j = \lambda\int_{\mathbb{R}^N}\tilde{Q}(x, z_j)dx, \tag{5.6.14}$$

且由引理 5.6.6 知, $c \geqslant 0$ 以及 $\{z_j\}$ 是有界的. 不失一般性, 我们可假设 $z_j \rightharpoonup z$, 其中 $z$ 是 (Q2) 的解. 此外, 存在子列 $\{z_{j_n}\}$ 满足 (5.6.5). 定义 $\tilde{z}_n(x) = \eta((2|x|)/n)z(x)$, 其中 $\eta : [0,\infty) \to [0,1]$ 为光滑函数且

$$\eta(t) = \begin{cases} 1, & t \leqslant 1, \\ 0, & t \geqslant 2. \end{cases}$$

正如之前的证明, 我们有

$$\Psi_\lambda(z_{j_n} - \tilde{z}_n) \to c - \Psi_\lambda(z), \quad \Psi_\lambda'(z_{j_n} - \tilde{z}_n) \to 0. \tag{5.6.15}$$

**断言** 存在与 $\lambda$ 无关的常数 $\alpha_0 > 0$, 使得要么 $z_j \to z$, 要么 $c - \Psi_\lambda(z) \geqslant \alpha_0 \lambda^{1-\frac{N}{2}}$.

记 $y_n := z_{j_n} - \tilde{z}_n = y_n^d + y_n^e \in E_\lambda^d \oplus E_\lambda^e$. 则由 (5.6.15) 有 $\Psi_\lambda(y_n) \to c - \Phi_\lambda(z)$, $\Psi_\lambda'(y_n) \to 0$. 类似于 (5.6.14), 从 (5.6.15) 可得

$$\lambda \int_{\mathbb{R}^N} \tilde{Q}(x, y_n)dx \to c - \Psi_\lambda(z). \tag{5.6.16}$$

注意到 $y_n := (u_{j_n} - \tilde{u}_n, v_{j_n} - \tilde{v}_n)$, 令 $\bar{y}_n = (u_{j_n} - \tilde{u}_n, -v_{j_n} + \tilde{v}_n)$. 则 $|y_n| = |\bar{y}_n|$. 由 $y_n^d \to 0$, (5.6.2), (5.6.13), (5.6.16) 以及 Hölder 不等式, 对任意的 $\delta > 0$, 有

$$\|y_n^e\|_\lambda^2 + o_n(1) = \lambda \int_{\mathbb{R}^N} Q_z(x, y_n)\bar{y}_n dx \leqslant \lambda \int_{\mathbb{R}^N} \frac{|Q_z(x, y_n)|}{|y_n|}|\bar{y}_n||y_n|dx$$

$$\leqslant o_n(1) + \lambda\delta|y_n|_2^2 + \lambda c_\delta' \left( \int_{|y_n| \geqslant \rho_\delta} \left( \frac{|Q_z(x, y_n)|}{|y_n|} \right)^{\frac{N}{2}} dx \right)^{\frac{2}{N}} |y_n|_{2^*}^2$$

$$\leqslant o_n(1) + \lambda\delta|y_n^e|_2^2 + \lambda c_\delta'' \left( \frac{c - \Phi_\lambda(z)}{\lambda} \right)^{\frac{2}{N}} |y_n^e|_{2^*}^2$$

$$= o_n(1) + \frac{\delta}{b}\|y_n^e\|_\lambda^2 + C_\delta \lambda^{1-\frac{2}{N}}(c - \Phi_\lambda(z))^{\frac{2}{N}}\|y_n^e\|_\lambda^2. \tag{5.6.17}$$

注意到 $z_{j_n} - z = y_n + (\tilde{z}_n - z)$, 因此 $z_{j_n} - z \to 0$ 当且仅当 $y_n^e \to 0$. 假设 $z_j$ 没有收敛子列, 则 $\liminf\limits_{n \to \infty} \|y_n^e\|_\lambda > 0$ 且 $c - \Phi_\lambda(z) > 0$. 选取 $\delta = b/4$, 则从 (5.6.17) 可得

$$\frac{3}{4}\|y_n^e\|_\lambda^2 \leqslant o(1) + c_1 \lambda^{1-\frac{2}{N}}(c - \Psi_\lambda(z))^{\frac{2}{N}}\|y_n^e\|_\lambda^2.$$

这就蕴含了

$$1 \leqslant c_2 \lambda^{\frac{2}{N}-1}(c - \Psi_\lambda(z)).$$

从而断言成立. □

**引理 5.6.13**　对任意的 $\sigma > 0$, 存在 $\Lambda_\sigma > 0$ 使得当 $\lambda \geqslant \Lambda_\sigma$ 时, 存在 $e_\lambda \in E_+ \setminus \{0\}$ 使得

$$\max_{z \in F_{\sigma\lambda}} \Psi_\lambda(z) \leqslant \sigma \lambda^{1-\frac{N}{2}},$$

其中 $F_{\sigma\lambda} := \mathbb{R}e_\lambda \times E_-$.

**证明**　从 (5.6.10) 以及

$$\Psi_\lambda(z) \leqslant J_\lambda(z) - \frac{1}{2}\|v\|_\lambda^2, \quad z = (u, v) \tag{5.6.18}$$

可得此引理.　　　　　　　　　　　　　　　　　　　　　　　　　　　　　　□

从 (5.6.11) 以及 (5.6.18) 可得下面的引理.

**引理 5.6.14**　对任意的 $m \in \mathbb{N}, \sigma > 0$, 存在 $\Lambda_{m\sigma} > 0$ 使得当 $\lambda \geqslant \Lambda_{m\sigma}$ 时, 存在 $m$ 维子空间 $F_{\lambda m} \subset E_+$ 满足

$$\sup_{z \in F_{\sigma\lambda} \times E_-} \Phi_\lambda(z) \leqslant \sigma \lambda^{1-\frac{N}{2}}.$$

**证明**　[定理 5.6.4 的证明]　重复定理 5.6.3 的讨论, 以及引理 5.6.9—引理 5.6.11 分别被引理 5.6.12—引理 5.6.14 替代, 则可得定理的证明.　　　□

# 第 6 章　反应-扩散系统

本章的目的是研究下面反应-扩散系统解的多重性以及解的集中现象

$$
\begin{cases}
\partial_t u = \varepsilon^2 \Delta_x u - W(x)u + V(x)v + H_v(t, x, u, v), \\
-\partial_t v = \varepsilon^2 \Delta_x v - W(x)v + V(x)u + H_u(t, x, u, v),
\end{cases} \tag{DS}
$$

其中 $(t, x) \in \mathbb{R} \times \Omega$, $\Omega = \mathbb{R}^N$ 或 $\Omega \subset \mathbb{R}^N$ 是带有光滑边界 $\partial\Omega$ 的有界区域, $z = (u, v) : \mathbb{R} \times \Omega \to \mathbb{R}^M \times \mathbb{R}^M, V, W \in C(\bar{\Omega}, \mathbb{R})$ 以及 $H \in C^1(\mathbb{R} \times \bar{\Omega} \times \mathbb{R}^{2M}, \mathbb{R})$. 首先我们介绍反应-扩散系统的物理背景以及目前的研究现状. 在 6.2 节, 我们给出了反应-扩散系统的变分框架. 在 6.3 节, 我们研究系统 (DS) 在 $\varepsilon = 1, V(x) \equiv 0$ 情况下无穷多几何不同解的存在性. 在 6.4 节, 我们研究系统 (DS) 在 $W(x) \equiv 1$ 情况下解的存在性以及集中性. 在 6.5 节, 我们给出一些相关的结果.

## 6.1　引　　言

反应-扩散系统 (也称为图灵方程) 已经被广泛地用于研究空间图案的形成机制. 大量的理论物理、化学以及生物模型都需要利用反应-扩散系统来刻画 (参见 [82, 95] 等). 作为一个含有两个以上非线性偏微分方程的系统, 反应-扩散系统描述了化学物质或成形因子之间的整个反应与扩散过程.

通常情况下, 作为描述两个化学物质之间反应与扩散行为的方程组, 反应-扩散系统具有如下形式:

$$
\begin{cases}
\partial_t U = D_U \Delta_x U + f(U, V), \\
\partial_t V = D_V \Delta_x V + g(U, V),
\end{cases} \tag{6.1.1}
$$

其中 $U, V$ 分别代表不同化学物质的浓度分布, $D_U$ 以及 $D_V$ 作为扩散系数分别刻画了化学物质的扩散程度. 整个反应与扩散的动力学过程将被非线性函数 $f(U, V)$ 与 $g(U, V)$ 控制. 在反应过程中, 不妨以 (6.1.1) 中的第一个方程为例, 一个正的扩散系数所对应的扩散项 $D_U \Delta_x U$ 描述了物质浓度 $U$ 变化的规律: 当 $U$ 的数值低于周边区域时, $U$ 将增加 (这也就是 Fick 第一法则, 自由扩散将从高浓度向低浓度进行). 方程中的非线性函数 $f$ 与 $g$ 被称为反应项, 它们刻画了反应过程中的补充或消耗. 这些非线性函数随着不同的物理因素而改变, 且相关的参数将决定空间中浓度图像的分布.

阿兰·图灵在 1952 年指出: 由于扩散的不稳定机制, 耦合的反应-扩散系统将给出空间中一系列有限波长斑图 (见 [110]). 这些所谓的图灵斑图现象以及一些相关的化学问题引发了后续的大量理论研究. 而正是由于反应-扩散系统有着非常广泛的应用性, 理解或探寻反应-扩散参数与空间斑图分布之间的关系成为最本质的问题.

在本章, 我们将考虑如下 $\mathbb{R}^N$ 上由 $2M$ 个分量组成的反应-扩散系统.

我们首先考虑如下系统:

$$\begin{cases} \partial_t u = \varepsilon^2 \Delta_x u - W(x)u + V(x)v + H_v(t, x, u, v), \\ -\partial_t v = \varepsilon^2 \Delta_x v - W(x)v + V(x)u + H_u(t, x, u, v), \end{cases} \tag{6.1.2}$$

其中 $(u, v): \mathbb{R} \times \mathbb{R}^N \to \mathbb{R}^M \times \mathbb{R}^M$ 表示不同的化学物质的浓度场. 在这样的一个方程组里, 位势函数 $V: \mathbb{R}^N \to \mathbb{R}$ 刻画了化学位势的空间分布, 而非线性部分 (由函数 $H: \mathbb{R} \times \mathbb{R}^M \times \mathbb{R}^M \to \mathbb{R}$ 构成) 描述了物理与化学反应中的外界因素. 值得注意的是, 在 (6.1.2) 中的第二组方程里, 扩散系数取的是负值. 这说明第二组化学物质进行着所谓的反向扩散过程 (这样的扩散发生在相位分离的过程中, 粒子不断地聚集到高浓度的地方). 形如这样的反应-扩散过程有着广泛的应用, 特别地, 该系统展现出不同的化学物质之间的竞争关系. 一个很简单的例子就是对于双分量系统, 浓度函数 $u(t, x)$ 与 $v(t, x)$ 描述了两个不同的化学物质的浓度分布, 而方程 (6.1.2) 将阐述作为抗化剂的 $u$ 与催化剂的 $v$ 之间的竞争反应 (详见 [87]). 这里, 函数 $H$ 所展现的是强电磁波通过介质后的非线性干扰, 它的出现使方程获得了具有类似非线性 Schrödinger 方程的结构.

关于系统 (6.1.2) 的研究工作并不是很多. Brézis 和 Nirenberg 在文献 [20] 中考虑了区域 $(0, T) \times \Omega$ 上具有类似结构的双分量系统:

$$\begin{cases} \partial_t u = \Delta_x u - v^5 + f(x), \\ \partial_t v = -\Delta_x v - u^3 + g(x), \end{cases} \tag{6.1.3}$$

其中 $\Omega \subset \mathbb{R}^N$ 是有界开集, $f, g \in L^\infty(\Omega)$, 其边界条件满足: 在 $(0, T) \times \partial\Omega$ 上, $u = v = 0$; 在 $\Omega$ 上, $u(0, x) = v(T, x) = 0$. 利用 Schauder 不动点定理, 他们获得了 (6.1.3) 的一对解 $(u, v)$, $u \in L^4$ 以及 $v \in L^6$ (参看 [20, 定理 V.4]). 而作为利用变分方法处理这一类方程组的代表性文献, Clément, Felmer 和 Mitidieri 在文献 [27] 中考虑如下问题

$$\begin{cases} \partial_t u - \Delta_x u = |v|^{q-2}v, \\ -\partial_t v - \Delta_x v = |u|^{p-2}u, \end{cases} \tag{6.1.4}$$

其中 $(t, x) \in (-T, T) \times \Omega$, $\Omega$ 是 $\mathbb{R}^N$ 中光滑有界区域, 并且 $p, q$ 满足

$$\frac{N}{N+2} < \frac{1}{p} + \frac{1}{q} < 1.$$

利用变分技巧, 他们证明了, 存在 $T_0 > 0$ 使得当 $T > T_0$ 时, (6.1.4) 至少有一个正解且满足边界条件:

$$u(t, \cdot)|_{\partial\Omega} = 0 = v(t, \cdot)|_{\partial\Omega}, \quad \text{对任意的 } t \in (-T, T) \text{ 都成立}, \tag{6.1.5}$$

以及周期性条件

$$u(-T, \cdot) = u(T, \cdot) \quad \text{和} \quad v(-T, \cdot) = v(T, \cdot).$$

利用 (6.1.4) 的特殊结构, Clément 等人通过山路定理能够得到这样的解. 另外, 通过取极限 $T \to \infty$, 他们还证明了 (6.1.4) 至少有一个定义在 $\mathbb{R} \times \Omega$ 上的正解, 并且满足: (6.1.5) 对任意的 $t \in \mathbb{R}$ 成立, 以及

$$\lim_{|t| \to \infty} u(t, x) = 0 = \lim_{|t| \to \infty} v(t, x) \quad \text{关于 } x \in \Omega \text{ 一致}.$$

为了研究系统 (6.1.2), 我们首先需要一些符号的说明. 设

$$\mathcal{J} = \begin{pmatrix} 0 & -I \\ I & 0 \end{pmatrix}, \qquad \mathcal{J}_0 = \begin{pmatrix} 0 & I \\ I & 0 \end{pmatrix} \qquad \text{以及} \quad A = \mathcal{J}_0(-\Delta_x + W),$$

系统 (6.1.2) 可以写为下面的这种形式

$$\mathcal{J}\partial_t z = -Az - V(x)z + H_z(t, x, z).$$

因此它可被视为 $L^2(\Omega, \mathbb{R}^{2M})$ 上的无穷维 Hamilton 系统.

## 6.2  变分框架

在这一部分我们在更一般的抽象框架下讨论算子 $A = \mathcal{J}_0(-\Delta_x + W)$, $\mathcal{J}A$ 以及 $\mathcal{J}\partial_t + A$. 设 $\mathcal{H}_0$ 是一个 (强的) 辛 Hilbert 空间, 其辛形式记为 $\omega(\cdot, \cdot)$, 这诱导出了辛结构 $\mathcal{J} \in \mathcal{L}(\mathcal{J}_0)$, 通常定义为: 对任意的 $w, z \in \mathcal{H}_0, \omega(w, z) = \langle \mathcal{J}w, z \rangle$. 于是 $\mathcal{J}^* = -\mathcal{J}$, 但 $\mathcal{J}^2 = -I$ 并不成立. 为使其成立, 在 $\mathcal{J}_0$ 上的内积 $\langle w, z \rangle$ 被替换为 $\langle |\mathcal{J}|^{\frac{1}{2}} w, |\mathcal{J}|^{\frac{1}{2}} z \rangle$, 其中 $|\mathcal{J}| = \sqrt{\mathcal{J}^* \mathcal{J}} = \sqrt{-\mathcal{J}^2}$. 因此, 我们假设 $\mathcal{J}$ 满足 $\mathcal{J}^* = -\mathcal{J}$ 以及 $\mathcal{J}^2 = -\mathcal{J}^*\mathcal{J} = -I$. 现在我们考虑定义在 $\mathscr{D}(A) \subset \mathcal{J}_0$ 上的算子 $A$ 使得

($A_1$) $A$ 是自伴的并且 $0 \notin \sigma(A)$;

($A_2$) $\mathcal{J}A + A\mathcal{J} = 0$.

由 ($A_1$)—($A_2$), 算子 $\mathcal{J}A$, 其定义域 $\mathscr{D}(\mathcal{J}A) = \mathscr{D}(A)$, 也是自伴的, 并且 $0 \notin \sigma(\mathcal{J}A)$. 因此, 存在 $\alpha < 0 < \beta$ 使得 $(\alpha, \beta) \cap \sigma(\mathcal{J}A) = \varnothing$. 因此我们有正交分解

$$\mathcal{H}_0 = \mathcal{H}_0^- \oplus \mathcal{H}_0^+, \quad z = z^- + z^+$$

分别对应算子 $\mathcal{J}A$ 的正谱和负谱. 设 $P^{\pm} : \mathcal{H}_0 \to \mathcal{H}_0^{\pm}$ 是正交投影, 并且 $\{E_\lambda\}_{\lambda \in \mathbb{R}}$ 是算子 $\mathcal{J}A$ 的谱族. 于是我们有

$$\mathcal{J}A = \int_{-\infty}^{\infty} \lambda \, dE_\lambda = \int_{-\infty}^{\alpha} \lambda \, dE_\lambda + \int_{\beta}^{\infty} \lambda \, dE_\lambda,$$

以及

$$P^- = \int_{-\infty}^{\alpha} dE_\lambda \quad \text{与} \quad P^+ = \int_{\beta}^{\infty} dE_\lambda.$$

设

$$U(t) = e^{t\mathcal{J}A} = \int_{-\infty}^{\infty} e^{t\lambda} dE_\lambda,$$

我们得到

$$\begin{cases} \|U(t)P^- U(s)^{-1}\|_{\mathcal{H}_0} \leqslant e^{-a(t-s)}, & t \geqslant s, \\ \|U(t)P^+ U(s)^{-1}\|_{\mathcal{H}_0} \leqslant e^{-a(s-t)}, & t \leqslant s, \end{cases} \tag{6.2.1}$$

其中 $a = \min\{-\alpha, \beta\} > 0$. 设 $\mathcal{H} := L^2(\mathbb{R}, \mathcal{H}_0)$, 其内积和范数分别记为 $(\cdot, \cdot)_{\mathcal{H}}$ 和 $\|\cdot\|_{\mathcal{H}}$. 设 $L := (\mathcal{J}\partial_t + A)$ 是作用在 $\mathcal{H}$ 上的自伴算子, 其定义域为

$$\mathscr{D}(L) = \left\{ z \in W^{1,2}(\mathbb{R}, \mathcal{H}_0) : z(t) \in \mathscr{D}(A) \text{ a.e. } \int_{\mathbb{R}} \|Az(t)\|_{\mathcal{H}_0}^2 \, dt < \infty \right\},$$

范数为

$$\|Lz\|_{\mathcal{H}} = \left( \int_{\mathbb{R}} \left( \|z(t)\|_{\mathcal{H}_0}^2 + \|\partial_t z(t)\|_{\mathcal{H}_0}^2 \right) dt \right)^{\frac{1}{2}}.$$

**命题 6.2.1**　若 ($A_1$)—($A_2$) 成立, 则 $0 \notin \sigma(L)$.

**证明**　若不然, 假设 $0 \in \sigma(L)$, 则存在一个序列 $\{z_n\} \subset \mathscr{D}(L)$ 满足 $\|z_n\|_{\mathcal{H}} = 1$ 且 $\|Lz_n\|_{\mathcal{H}} \to 0$. 设 $w_n := Lz_n \in L^2(\mathbb{R}, \mathcal{H}_0)$, 我们注意到 $\partial_t z_n = \mathcal{J}Az_n - \mathcal{J}w_n$ 以及

$$z_n(t) = -\int_{-\infty}^{t} U(t)P^- U(s)^{-1} \mathcal{J}w_n(s) \, ds + \int_{t}^{\infty} U(t)P^+ U(s)^{-1} \mathcal{J}w_n(s) \, ds.$$

设 $\chi^{\pm} : \mathbb{R} \to \mathbb{R}$ 是 $\mathbb{R}_0^{\pm}$ 上的特征函数, 其中 $\mathbb{R}_0^- := (-\infty, 0]$ 以及 $\mathbb{R}_0^+ := [0, \infty)$. 于是我们可得

$$z_n(t) = - \int_{\mathbb{R}} U(t) P^- U(s)^{-1} \chi^+(t-s) \mathcal{J} w_n(s) ds$$
$$+ \int_{\mathbb{R}} U(t) P^+ U(s)^{-1} \chi^-(t-s) \mathcal{J} w_n(s) ds$$
$$=: z_n^-(t) + z_n^+(t).$$

利用 (6.2.1) 可以得到

$$\|z_n^-(t)\|_{\mathcal{H}_0} \leqslant \int_{\mathbb{R}} e^{-a(t-s)} \chi^+(t-s) \|w_n(s)\|_{\mathcal{H}_0} ds,$$

以及

$$\|z_n^+(t)\|_{\mathcal{H}_0} \leqslant \int_{\mathbb{R}} e^{-a(s-t)} \chi^-(t-s) \|w_n(s)\|_{\mathcal{H}_0} ds.$$

设 $g^+(\tau) = e^{-a\tau} \chi^+(\tau)$ 以及 $g^-(\tau) = e^{a\tau} \chi^-(\tau)$, 则

$$\|z_n^-(t)\|_{\mathcal{H}_0} \leqslant (g^+ * \|w_n\|_{\mathcal{H}_0})(t)$$

与

$$\|z_n^+(t)\|_{\mathcal{H}_0} \leqslant (g^- * \|w_n\|_{\mathcal{H}_0})(t),$$

其中 $*$ 表示卷积. 注意到

$$\int_{\mathbb{R}} g^+(\tau) d\tau = \int_{\mathbb{R}} g^-(\tau) d\tau = \frac{1}{a},$$

故由卷积不等式 (引理 2.4.4), 当 $n \to \infty$ 时

$$\|z_n^{\pm}\|_{\mathcal{H}} \leqslant \frac{1}{a} \|w_n\|_{\mathcal{H}} \to 0,$$

矛盾. □

由命题 6.2.1, 存在正交分解

$$\mathcal{H} = L^2(\mathbb{R}, \mathcal{H}_0) = \mathcal{H}^- \oplus \mathcal{H}^+, \quad z = z^- + z^+,$$

使得 $L$ 在 $\mathcal{H}^-$ 上是负定的, 在 $\mathcal{H}^+$ 上是正定的. 令 $E = \mathscr{D}(|L|^{\frac{1}{2}})$ 是 Hilbert 空间, 其内积为

$$(w, z)_E = (|L|^{\frac{1}{2}} w, |L|^{\frac{1}{2}} z)_{\mathcal{H}},$$

以及范数为

$$\|z\|_E = (z, z)_E^{\frac{1}{2}}.$$

则我们可以得到

$$E = E^- \oplus E^+, \quad \text{其中} \quad E^\pm = E \cap \mathcal{H}^\pm.$$

**注 6.2.2**　这里我们要指出的是, 如果条件 $(A_1)$ 与 $(A_2)$ 被下面条件 $(A')$ 替换, 则命题 6.2.1 中的结论仍然成立.

$(A')$ $A$ 是有界自伴算子, 并且 $\sigma(\mathcal{J}A) \cap i\mathbb{R} = \varnothing$.

如果 $A$ 是有界自伴算子, 那么 $L^2(\mathbb{R}, \mathcal{H}_0)$ 上的算子 $L$ 只有连续谱. 事实上, 如果存在 $\lambda \in \mathbb{R}$ 以及 $0 \neq z \in L^2(\mathbb{R}, \mathcal{H}_0)$ 满足 $Lz = \lambda z$, 则 $z(t) = e^{t\mathcal{J}(A-\lambda)}z(0)$ 对任意的 $t \in \mathbb{R}$ 都成立. 由于 $z \in L^2(\mathbb{R}, \mathcal{H}_0)$, 于是可以得到 $z(0) = 0$, 因此 $z = 0$, 得到矛盾. 进一步, 如果 $\sigma(\mathcal{J}A) \cap i\mathbb{R} = \varnothing$, 则通过二分法的分析, 不难证明 $0 \notin \sigma(L)$.

对更一般的情形, 我们考虑连续的 $T$-周期的映射 $A: \mathbb{R} \to \mathcal{L}(\mathcal{H}_0, \mathcal{H}_0)$ 且对任意的 $t \in \mathbb{R}$, $A(t)$ 是自伴算子. 对应于微分方程 $\dot{z}(t) = \mathcal{J}A(t)z(t)$ 的单值算子记为 $U(T)$, 其定义是由在 $t = T$ 时 Cauchy 问题

$$\dot{U}(t) = \mathcal{J}A(t)U(t), \quad U(0) = I$$

的解给出的. 若 $U(T)$ 是对数形式, 则 $\sigma(L)$ 由连续谱组成. 进一步, 如果平均值 $\overline{A} := T^{-1}\int_0^T A(t)dt$ 满足 $\sigma(\mathcal{J}\overline{A}) \cap i\mathbb{R} = \varnothing$, 则 $0 \notin \sigma(L)$. 更多详细内容, 请参看 [56].

对任意的 $r \geqslant 1$, 我们引入 Banach 空间

$$B_r = B_r(\mathbb{R} \times \Omega, \mathbb{R}^{2M}) := W^{1,r}\big(\mathbb{R}, L^r(\Omega, \mathbb{R}^{2M})\big) \cap L^r\big(\mathbb{R}, W^{2,r} \cap W_0^{1,r}(\Omega, \mathbb{R}^{2M})\big)$$

且赋予的范数为

$$\|z\|_{B_r} = \left( \iint_{\mathbb{R} \times \Omega} \left( |z|^r + |\partial_t z|^r + \sum_{j=1}^N \left| \partial_{x_j}^2 z \right|^r \right) dxdt \right)^{\frac{1}{r}}.$$

$B_r$ 有时被称为各向异性空间. 显然 $B_2$ 是 Hilbert 空间.

下面我们将建立问题 (DS) 的变分框架. 假设 Hamilton 量满足:

$(A_3)$ 存在常数 $p \in (2, 2(N+2)/N)$ 以及 $c_1 > 0$ 使得

$$|\nabla_z H(t, x, z)| \leqslant c_1(1 + |z|^{p-1}).$$

我们也假设下面的嵌入成立, 也就是

$(A_4)$ 若 $N = 1$, $E$ 连续嵌入 $L^r(\mathbb{R} \times \Omega, \mathbb{R}^{2M})$ 以及紧嵌入 $L_{\text{loc}}^r(\mathbb{R} \times \Omega, \mathbb{R}^{2M})$ 对任意的 $r \geqslant 2$ 成立; 若 $N \geqslant 2$, $E$ 连续嵌入 $L^r(\mathbb{R} \times \Omega, \mathbb{R}^{2M})$ 对任意的 $r \in$

$[2, 2(N+2)/N]$ 成立以及紧嵌入 $L^r_{\text{loc}}(\mathbb{R} \times \Omega, \mathbb{R}^{2M})$ 对任意的 $r \in [2, 2(N+2)/N)$ 成立.

在 $E$ 上定义泛函

$$\Phi_\varepsilon(z) = \frac{1}{2}\left(\|z^+\|^2 - \|z^-\|^2\right) + \frac{1}{2}\iint_{\mathbb{R}\times\Omega} V(x)|z|^2 dxdt - \iint_{\mathbb{R}\times\Omega} H(t,x,z)dxdt, \quad (6.2.2)$$

其中 $z = z^+ + z^- \in E$. 若假设 $(A_1)$—$(A_4)$ 成立, 则 $\Phi_\varepsilon \in C^1(E, \mathbb{R})$ 且 $z$ 是 $\Phi_\varepsilon$ 的临界点当且仅当 $z$ 是方程 (DS) 的解.

现在我们将建立方程 (DS) 的解的正则性: 首先, 令 $2M \times 2M(\mathbb{R})$ 为所有 $2M \times 2M$ 实矩阵空间并赋予自然范数, 我们就有如下引理.

**引理 6.2.3** 设 $M \in L^\infty(\mathbb{R} \times \Omega, \mathscr{M}_{2M \times 2M}(\mathbb{R}))$, $H : \mathbb{R} \times \Omega \times \mathbb{R}^{2M} \to \mathbb{R}$ 满足

$$|\nabla_z H(t,x,z)| \leqslant |z| + c|z|^{p-1}, \quad (6.2.3)$$

其中 $c > 0$ 是一个常数, $p \in (2, 2(N+2)/N)$. 如果 $z \in E$ 是下面方程的解

$$Lz + M(t,x)z = \nabla_z H(t,x,z), \quad (6.2.4)$$

则对任意的 $r \geqslant 2$, 成立 $z \in B_r$ 以及

$$\|z\|_{B_r} \leqslant C(\|M\|_\infty, \|z\|, c, p, r).$$

**证明** 注意到, 从文献 [19] 知, 下面的嵌入成立:

$$B_r \hookrightarrow L^q \text{ 是连续的对所有的 } r > 1 \text{ 且 } 0 \leqslant \frac{1}{r} - \frac{1}{q} \leqslant \frac{2}{N+2} \text{ 成立.} \quad (6.2.5)$$

令

$$\varphi(r) := \begin{cases} r(N+2)/(N+2-2r), & 1 < r < (N+2)/2, \\ \infty, & r \geqslant (N+2)/2. \end{cases}$$

则 $B_r \hookrightarrow L^q$ 对所有的 $1 < r \leqslant q < \varphi(r)$ 成立, 且如果 $\varphi(r) < \infty$, 则对 $q = \varphi(r)$ 也成立.

取 $z \in E$ 为方程 (6.2.4) 的一个解, 并记 $w = -M(t,x)z + \nabla_z H(t,x,z)$. 则我们可将方程 (6.2.4) 重写为

$$z = L^{-1}w = L^{-1}(-M(t,x)z + \nabla_z H(t,x,z)).$$

定义 $\chi_z : \mathbb{R} \times \Omega \to \mathbb{R}$ 为

$$\chi_z(t,x) = \begin{cases} 1, & |z(t,x)| < 1, \\ 0, & |z(t,x)| \geqslant 1, \end{cases}$$

并令

$$w_1(t,x) = -M(t,x)z + \nabla_z H(t,x,\chi_z(t,x) \cdot z(t,x)),$$

以及

$$w_2(t,x) = \nabla_z H(t,x,(1-\chi_z(t,x)) \cdot z(t,x)).$$

那么就有 $w = w_1 + w_2$, 由 $M$ 和 $H$ 的假设条件可得

$$|w_1(t,x)| \leqslant C_1|z(t,x)|, \quad |w_2(t,x)| \leqslant C_2|z(t,x)|^{p-1},$$

其中 $C_1$ 仅依赖于 $\|M\|_\infty$, $C_2$ 仅依赖于 (7.2.3) 中的常数 $c$. 因为 $E$ 连续地嵌入 $L^q$, 其中 $q \in [2,r_1], r_1 = 2(N+2)/N$, 我们就有 $w_1 \in L^r$ 对所有的 $[2,r_1]$ 成立, $w_2 \in L^r$ 对所有的 $[1,q_1]$ 成立, 其中 $q_1 = r_1/(p-1)$. 此处我们使用了下面的事实

$$|\{(t,x) \in \mathbb{R} \times \mathbb{R}^N : |z(t,x)| \geqslant 1\}| \leqslant \iint_{\mathbb{R}\times\Omega} |z|^2 dz dt \leqslant \|z\|^2 < \infty.$$

注意到, 当 $r > 1$ 时, $L : B_r \to L^r$ 是一个同胚映射, 因此有

$$\begin{cases} z_1 := L^{-1}w_1 \in B_r, & r \in [2,r_1], \\ z_2 := L^{-1}w_2 \in B_r, & r \in [1,q_1]. \end{cases}$$

我们考虑下面的两种情形.

　　**情形 1**　$q_1 \geqslant (N+2)/2$.

　　在这种情形, 由 (6.2.5) 可知 $z_2 \in L^r$ 对所有的 $r \in [q_1,\infty)$ 成立. 通过插值不等式, $z_2 \in L^r$ 对所有的 $r \in [2,\infty)$ 成立. 因为 $r_1 > q_1 \geqslant (N+2)/2$, 类似的讨论可得 $z_1 \in L^r$ 对所有的 $r \in [2,\infty)$ 成立.

　　**情形 2**　$q_1 < (N+2)/2$.

　　在这种情形, 我们定义迭代序列 $r_{k+1} := \varphi(q_k)$ 以及 $q_{k+1} = r_{k+1}/(p-1) < r_{k+1}$. 若 $z_1 \in B_r$ 对所有的 $[2,r_k]$ 成立, $z_2 \in B_r$ 对所有的 $[2,q_k]$ 成立, 则 $z_1 \in L^r$ 对所有的 $[2,\varphi(r_k)]$ 成立, $z_2 \in L^r$ 对所有的 $[2,\varphi(q_k)]$ 成立. 因此, 由 $\varphi(r_k) > r_{k+1} = \varphi(q_k)$ 可知, $z = z_1 + z_2 \in L^r$ 对所有的 $[2,q_{k+1}]$ 成立. 我们断言: 存在 $k_0 \geqslant 1$ 使得 $q_{k_0} \geqslant (N+2)/2$. 若此断言成立, 则返回情形 1 即可获得 $z \in L^q$ 对所有的 $q \geqslant 2$ 成立.

　　为了证明此断言, 通过迭代序列, 注意到

$$r_k = \frac{2(N+2)}{N(p-1)^{k-1} - 4\sum_{i=1}^{k-2}(p-1)^i} = \frac{2(N+2)(p-2)}{(p-1)^{k-1}(N(p-2)-4)+4}.$$

因为 $2 < p < 2(N+2)/N = 2 + 4/N$, 我们可知存在 $k_0 > 1$ 使得 $r_{k_0} > 0$ 并且 $r_{k_0+1} = \infty$ 或 $r_{k_0+1} < 0$. 这就蕴含了 $q_{k_0} \geqslant (N+2)/2$, 正是所需要的.　　$\square$

## 6.3 反应-扩散系统无穷多几何解

在这节, 我们考虑下面的系统

$$\begin{cases} \partial_t u - \Delta_x u + V(x)u = H_v(t,x,u,v), \\ -\partial_t v - \Delta_x v + V(x)v = H_u(t,x,u,v), \end{cases} \tag{6.3.1}$$

其中 $(t,x) \in \mathbb{R} \times \Omega$, $\Omega = \mathbb{R}^N$ 或 $\Omega \subset \mathbb{R}^N$ 是带有光滑边界 $\partial\Omega$ 的有界区域, $z = (u,v): \mathbb{R} \times \Omega \to \mathbb{R}^M \times \mathbb{R}^M$, $V \in C(\bar{\Omega}, \mathbb{R})$ 以及 $H \in C^1(\mathbb{R} \times \bar{\Omega} \times \mathbb{R}^{2M}, \mathbb{R})$ 周期地依赖于 $t,x$.

我们将处理两种情形: $\Omega = \mathbb{R}^N$ 或 $\Omega \subset \mathbb{R}^N$ 是光滑有界区域. 首先我们给出位势 $V$ 的假设:

(V$_1$) $V \in C(\overline{\Omega}, \mathbb{R})$; 如果 $\Omega = \mathbb{R}^N$, 则位势 $V$ 关于 $x_j$ 是 $T_j$-周期的, 其中 $j = 1, \cdots, N$.

由于 (V$_1$), 算子 $S = -\Delta_x + V$ 是 $L^2(\Omega)$ 中的自伴算子. 而算子 $S$ 的定义域是 $\mathscr{D}(S) = W^{2,2} \cap W_0^{1,2}(\Omega, \mathbb{R}^{2M})$. 用 $\sigma(S)$ 来表示算子 $S$ 的谱. 关于位势 $V$ 的第二个假设是:

(V$_2$) $0 \notin \sigma(S)$.

注意到, $\sigma(S) \subset \mathbb{R}$ 是下方有界的. 如果 $\Omega = \mathbb{R}^N$, 那么 $\sigma(S)$ 都是连续谱. 算子 $S$ 在 $0$ 的下方允许有本质谱.

我们对哈密顿量 $H$ 的假设条件是:

(H$_1$) $H \in C^1(\mathbb{R} \times \Omega \times \mathbb{R}^{2M}, \mathbb{R})$ 关于 $t$ 是 $T_0$-周期的; 如果 $\Omega = \mathbb{R}^N$, 则 $H$ 关于 $x_j$ 是 $T_j$-周期的, 其中 $j = 1, \cdots, N$;

(H$_2$) 存在常数 $\beta > 2$ 使得

$$0 < \beta H(t,x,z) \leqslant H_z(t,x,z)z \quad 对任意的 t \in \mathbb{R}, x \in \Omega, z \neq 0 都成立;$$

(H$_3$) 存在常数 $\alpha \in (2, 2(N+2)/N)$ 以及 $a_1 > 0$ 使得

$$|H_z(t,x,z)|^{\alpha'} \leqslant a_1 H_z(t,x,z)z \quad 对任意的 t \in \mathbb{R}, x \in \Omega, |z| \geqslant 1 都成立,$$

其中 $\alpha' := \alpha/(\alpha-1)$ 是共轭数;

(H$_4$) 当 $z \to 0$ 时, $H_z(t,x,z) = o(|z|)$ 关于 $t$ 和 $x$ 是一致的.

有很多的非线性项的模型满足 (H$_1$)—(H$_4$). 例如:

$$H(t,x,u,v) = a(t,x)|u|^p + b(t,x)|v|^q, \tag{6.3.2}$$

其中 $2 < p, q < 2(N+2)/N$; 如果 $\Omega = \mathbb{R}^N$, 则函数 $a, b : \mathbb{R} \times \Omega \to (0, \infty)$ 需要关于变量 $t$ 是 $T_0$-周期的, 关于 $x_j$ 是 $T_j$-周期的.

**定理 6.3.1** ([16]) 设 $(V_1)$, $(V_2)$ 以及 $(H_1)$—$(H_4)$ 成立. 则系统 (6.3.1) 在 $B_r(\mathbb{R} \times \Omega, \mathbb{R}^{2M})$ 中至少存在一个解 $z$, 其中 $2 \leqslant r < \infty$.

为了得到解的多重性的结果, 我们需要进一步的假设条件:

$(H_5)$ 存在 $p \in (2, 2(N+2)/N)$ 以及 $\delta, a_2 > 0$ 使得

$$|H_z(t, x, z + w) - H_z(t, x, z)| \leqslant a_2(1 + |z|^{p-1})|w|$$

对任意的 $(t, x, z) \in \mathbb{R} \times \Omega \times \mathbb{R}^{2M}$ 和 $|w| \leqslant \delta$ 都成立;

$(H_6)$ $H$ 关于 $z$ 是偶的: $H(t, x, -z) = H(t, x, z)$ 对任意的 $(t, x, z) \in \mathbb{R} \times \Omega \times \mathbb{R}^{2M}$ 都成立.

非线性项的模型 (6.3.2) 满足假设 $(H_1)$—$(H_6)$.

当 $\Omega = \mathbb{R}^N$ 时, 系统 (6.3.1) 的两个解 $z_1$ 和 $z_2$ 被称为在几何意义上是不同的, 如果 $z_1 \neq k * z_2$ 对所有的 $0 \neq k = (k_0, k_1, \cdots, k_N) \in \mathbb{Z}^{1+N}$ 成立, 其中

$$k * z(t, x) := z(t + k_0 T_0, x_1 + k_1 T_1, \cdots, x_N + k_N T_N).$$

当 $\Omega$ 为有界区域时, 系统 (6.3.1) 的两个解 $z_1$ 和 $z_2$ 被称为在几何意义上是不同的, 如果 $z_1 \neq k * z_2$ 对所有的 $0 \neq k \in \mathbb{Z}$ 成立, 其中

$$k * z(t, x) := z(t + k T_0, x).$$

**定理 6.3.2** ([16]) 设 $(V_1)$, $(V_2)$ 以及 $(H_1)$—$(H_6)$ 成立. 则系统 (6.3.1) 在 $B_r(\mathbb{R} \times \Omega, \mathbb{R}^{2M})$ 中有无穷多个几何意义上不同的解 $z$, 其中 $2 \leqslant r < \infty$.

我们只给出 $\Omega = \mathbb{R}^N$ 情况下的详细证明. 若 $\Omega \subset \mathbb{R}^N$ 有界, 定理可被类似地证明并且在某些地方更简单.

### 6.3.1 基本引理

我们回到系统 (6.3.1), 作用在 $\mathcal{H}_0 = L^2(\Omega, \mathbb{R}^{2M})$ 上的算子 $A = \mathcal{J}_0 S = \mathcal{J}_0(-\Delta + V)$ 和 $\mathcal{J}A$ 都是自伴的, 其定义域为 $\mathscr{D}(A) = \mathscr{D}(\mathcal{J}A) = W^{2,2} \cap W_0^{1,2}(\Omega, \mathbb{R}^{2M})$.

**引理 6.3.3** 如果 $0 \notin \sigma(S)$, 则 $0 \notin \sigma(A) \cup \sigma(\mathcal{J}A)$.

**证明** 我们只需证明 $0 \notin \sigma(\mathcal{J}A)$, 同理可以证明 $0 \notin \sigma(A)$. 反证, 若 $0 \in \sigma(\mathcal{J}A)$. 则存在一列 $z_n = (u_n, v_n) \in \mathscr{D}(\mathcal{J}A)$ 满足 $|z_n|_2^2 = |u_n|_2^2 + |v_n|_2^2 = 1$ 且 $|\mathcal{J}Az_n|_2^2 = |Su_n|_2^2 + |Sv_n|_2^2 \to 0$. 不失一般性, 我们可假设 $|u_n|_2 \geqslant \delta$(其中 $\delta > 0$ 是常数). 令 $\widetilde{u}_n := u_n/|u_n|_2$, 则 $\widetilde{u}_n \in \mathscr{D}(S)$, $|\widetilde{u}_n|_2 = 1$ 并且当 $n \to \infty$ 时, $|S\widetilde{u}_n|_2 = |Su_n|_2/|u_n|_2 \leqslant |Su_n|_2/\delta \to 0$. 这意味着 $0 \in \sigma(S)$, 矛盾. $\qquad\square$

由引理 6.3.3, 对任意的 $z \in W^{2,2} \cap W^{1,2}(\Omega, \mathbb{R}^{2M})$, 我们有

$$d_1 \|z\|_{W^{2,2}}^2 \leqslant |Az|_2^2 = \int_\Omega |Az|^2 dx \leqslant d_2 \|z\|_{W^{2,2}}^2, \tag{6.3.3}$$

其中常数 $d_1, d_2 > 0$.

正如第 6.2 节, 令 $\mathcal{H} := L^2(\mathbb{R}, \mathcal{H}_0)$. 那么, 在范数等价意义下

$$\mathcal{H} \cong L^2(\mathbb{R} \times \Omega, \mathbb{R}^{2M}) \cong \left[ L^2(\mathbb{R} \times \Omega) \right]^{2M} \cong \left[ L^2(\mathbb{R}) \otimes L^2(\Omega) \right]^{2M},$$

其中 $\otimes$ 是张量积. 回顾: 对任意的 $r \geqslant 1$, 集合

$$C_0^\infty(\mathbb{R}) \otimes C_0^\infty(\Omega, \mathbb{R}^{2M}) = \left\{ \sum_{i=1}^n f_i g_i : n \in \mathbb{N}, \ f_i \in C_0^\infty(\mathbb{R}), \ g_i \in C_0^\infty(\Omega, \mathbb{R}^{2M}) \right\}$$

在 $\mathcal{H}$ 和 $B_r(\mathbb{R} \times \Omega, \mathbb{R}^{2M})$ 中都稠密. 令 $L := \mathcal{J}\partial_t + A$ 是作用在 $\mathcal{H}$ 中的自伴算子且定义域为 $\mathscr{D}(L) = B_2(\mathbb{R} \times \Omega, \mathbb{R}^{2M})$. 引理 6.3.5 就蕴含着在 $\mathscr{D}(L)$ 和 $B_2$ 中的范数是等价的. 显然上节的假设 ($A_2$) 成立. 另外, 若 $0 \notin \sigma(S)$, 则由引理 6.3.3 可知 ($A_1$) 也是成立的. 因此, 由命题 6.2.1 就可以得到下面的引理.

**引理 6.3.4**　如果 $0 \notin \sigma(S)$, 则 $0 \notin \sigma(L)$.

现在考虑算子 $L_0 := \mathcal{J}\partial_t + \mathcal{J}_0(-\Delta + 1)$. 这是 $\mathcal{H}$ 中的自伴算子, 其定义域为 $\mathscr{D}(L_0) = \mathscr{D}(L)$. 因为 $-\Delta + 1 \geqslant 1$, 则由引理 6.3.4 推出 $0 \notin \sigma(L_0)$. 注意到 $L = L_0 + \mathcal{J}_0(V - 1)$.

**引理 6.3.5**　对任意的 $r \geqslant 1$, 存在常数 $d_1, d_2 > 0$ 使得

$$d_1 \|z\|_{B_r}^r \leqslant |L_0 z|_r^r = \iint_{\mathbb{R} \times \Omega} |L_0 z|^r dx dt \leqslant d_2 \|z\|_{B_r}^r, \quad 对所有的 \ z \in B_r.$$

因此, $L_0 : B_r \to L^r$ 是同构的, $r \geqslant 1$.

**证明**　我们首先考虑 $\Omega = \mathbb{R}^N$. 令 $\mathcal{F}_t$ 和 $\mathcal{F}_x$ 分别是关于 $t$ 和 $x$ 的 Fourier 变换, 且 $\mathcal{F} := \mathcal{F}_t \circ \mathcal{F}_x$ 是关于 $(t, x)$ 的 Fourier 变换. 由于 $z \in B_r(\mathbb{R} \times \mathbb{R}^N, \mathbb{R}^{2M})$ 当且仅当 $(1 + \tau^2 + |y|^4)^{\frac{1}{2}} |(\mathcal{F}z)(\tau, y)| \in L^r(\mathbb{R} \times \mathbb{R}^N)$. 后者又等价于 $(1 + \tau^2)^{\frac{1}{2}} |(\mathcal{F}_t z)(\tau, x)|$ 和 $|(1 + |y|^4)^{\frac{1}{2}}(\mathcal{F}_x z)(t, y)|$ 在 $L^r(\mathbb{R} \times \mathbb{R}^N)$ 中. 接下来我们看到下面的范数等价:

$$\|z\|_{B_r} \sim \left| \left( 1 + \tau^2 + |y|^4 \right)^{\frac{1}{2}} (\mathcal{F}z)(\tau, y) \right|_r$$
$$\sim \left| \left( 1 + \tau^2 \right)^{\frac{1}{2}} (\mathcal{F}_t z)(\tau, x) \right|_r + \left| \left( 1 + |y|^4 \right)^{\frac{1}{2}} (\mathcal{F}_x z)(t, y) \right|_r.$$

通过直接的计算得到

$$|(\mathcal{F}(L_0 z))(\tau, y)| = \left( \tau^2 + (1 + |y|^2)^2 \right)^{\frac{1}{2}} |(\mathcal{F}z)(\tau, y)|.$$

从而得到结论. 对于 $\Omega$ 有界的情况, 根据 $z \in B_r(\mathbb{R} \times \Omega, \mathbb{R}^{2M})$ 当且仅当 $\phi z \in B_r(\mathbb{R} \times \mathbb{R}^N, \mathbb{R}^{2M})$ 对所有的 $\phi \in C_0^\infty(\mathbb{R} \times \Omega, \mathbb{R})$ 成立, 作相同的处理可以得到结论. $\quad\square$

现在我们回到自伴算子 $L$. 由引理 6.3.4, 存在 $b > 0$ 使得 $[-b, b] \cap \sigma(L) = \varnothing$. 令 $\{F_\lambda\}_{\lambda \in \mathbb{R}}$ 是 $L$ 的谱族和 $U = 1 - 2F_0$. 则 $U$ 是 $\mathcal{H}$ 的一个酉同构且有 $L = U|L| = |L|U$. 相应的正交分解为

$$\mathcal{H} = \mathcal{H}^- \oplus \mathcal{H}^+, \quad z = z^- + z^+,$$

其中 $\mathcal{H}^\pm = \{z \in \mathcal{H} : Uz = \pm z\}$. 由

$$|Lz|_2^2 = \int_{-\infty}^{-b} \lambda^2 d(F_\lambda z, z)_2 + \int_b^\infty \lambda^2 d(F_\lambda z, z)_2 \geqslant b^2 |z|_2^2$$

可以得到

$$|Lz|_2^2 \leqslant |z|_2^2 + |Lz|_2^2 \leqslant (1 + b^{-2})|Lz|_2^2. \tag{6.3.4}$$

因此, $\mathscr{D}(L)$ 是一个 Hilbert 空间, 其中内积为

$$(z_1, z_2)_L = (Lz_1, Lz_2)_2.$$

**引理 6.3.6** 如果 $0 \notin \sigma(S)$, 则对所有的 $z \in \mathscr{D}(L)$

$$d_1\|z\|_{B_2} \leqslant \|z\|_L \leqslant d_2\|z\|_{B_2}.$$

**证明** 给定 $f_1, f_2 \in C_0^\infty(\mathbb{R})$ 且 $g_1, g_2 \in C_0^\infty(\Omega, \mathbb{R}^{2M})$, 分部积分得到

$$\iint_{\mathbb{R} \times \Omega} \left( \langle (\partial_t f_1)Jg_1, f_2 \cdot Ag_2 \rangle + \langle f_1 \cdot Ag_1, (\partial_t f_2)Jg_2 \rangle \right) dxdt$$

$$= \left( \int_{\mathbb{R}} (\partial_t f_1)f_2 dt \right) \cdot \left( \int_\Omega \langle Jg_1, Ag_2 \rangle dx \right) + \left( \int_{\mathbb{R}} f_1 \partial_t f_2 dt \right) \cdot \left( \int_\Omega \langle Ag_1, Jg_2 \rangle dx \right)$$

$$= -\left( \int_{\mathbb{R}} f_1 \partial_t f_2 dt \right) \cdot \left( \int_\Omega \langle Jg_1, Ag_2 \rangle dx \right) + \left( \int_{\mathbb{R}} f_1 \partial_t f_2 dt \right) \cdot \left( \int_\Omega \langle Jg_1, Ag_2 \rangle dx \right)$$

$$= 0,$$

其中这里用到了 $J^\mathrm{T}A = A^\mathrm{T}J$. 则对 $z = \sum_{i=1}^n f_ig_i \in C_0^\infty(\mathbb{R}) \otimes C_0^\infty(\Omega, \mathbb{R}^{2M})$, 我们有

$$\|z\|_L^2 = \iint_{\mathbb{R} \times \Omega} |Lz|^2 dxdt = \iint_{\mathbb{R} \times \Omega} \left| \sum_{i=1}^n \left( J\partial_t(f_ig_i) + A(f_ig_i) \right) \right|^2 dxdt$$

$$= \iint_{\mathbb{R} \times \Omega} (|\partial_t z|^2 + |Az|^2) dxdt$$

$$= |\partial_t z|_2^2 + |Az|_2^2. \tag{6.3.5}$$

因为 $C_0^\infty(\mathbb{R}) \otimes C^\infty(\Omega, \mathbb{R}^{2M})$ 在 $\mathscr{D}(L) = B_2(\mathbb{R} \times \Omega, \mathbb{R}^{2M})$ 中稠密, 等式 (6.3.5) 对所有的 $z \in \mathscr{D}(L)$ 都成立. □

**引理 6.3.7** 当 $\Omega = \mathbb{R}^N$ 时, 由引理 6.3.6 可知, 若 $N = 1$, 则 $\mathscr{D}(L)$ 连续嵌入 $L^r(\mathbb{R} \times \mathbb{R}^N, \mathbb{R}^{2M})$, 以及紧嵌入 $L_{\text{loc}}^r(\mathbb{R} \times \Omega, \mathbb{R}^{2M})$ 对任意的 $r \geqslant 2$ 成立; 若 $N \geqslant 2$, 则 $\mathscr{D}(L)$ 连续嵌入 $L^r(\mathbb{R} \times \mathbb{R}^N, \mathbb{R}^{2M})$ 对任意的 $r$ 满足 $0 \leqslant (1/2 - 1/r)(1 + N/2) \leqslant 1$ 成立, 以及紧嵌入 $L_{\text{loc}}^r(\mathbb{R} \times \Omega, \mathbb{R}^{2M})$ 对任意的 $r \geqslant 2$ 且满足 $(1/2 - 1/r)(1 + N/2) < 1$ 成立 (见 [19]). 当 $\Omega$ 为光滑有界区域时

$$\|u\|_{W^{s,r}(\Omega, \mathbb{R}^{2M})} = \inf_{\substack{g \in W^{k,r}(\mathbb{R}^N, \mathbb{R}^{2M}) \\ g|_\Omega = u}} \|g\|_{W^{k,r}(\mathbb{R}^N, \mathbb{R}^{2M})}$$

(参看 [108]). 因此, 上述嵌入结果对 $\Omega$ 有界仍然成立. 这里 "到 $L_{\text{loc}}^r$ 中是紧的" 意味着嵌入 $\mathscr{D}(L) \to L^r((a,b) \times \Omega, \mathbb{R}^{2M})$ 是紧的对所有的 $-\infty < a < b < \infty$ (证明可参考 [27, 引理 A.1]).

令 $E = \mathscr{D}(|L|^{\frac{1}{2}})$ 且赋予内积为

$$(z_1, z_2) = (|L|^{\frac{1}{2}} z_1, |L|^{\frac{1}{2}} z_2)_2,$$

以及范数为 $\|z\| = (z, z)^{\frac{1}{2}}$. 正如 6.2 节所述, 我们有分解

$$E = E^- \oplus E^+, \quad \text{其中 } E^\pm = E \cap \mathcal{H}^\pm,$$

这是关于 $(\cdot, \cdot)_2$ 和 $(\cdot, \cdot)$ 的正交分解. 由此分解我们可以将 $z \in E$ 写为 $z = z^- + z^+$.

**引理 6.3.8** 若 $N = 1$, 则 $E$ 连续嵌入 $L^r(\mathbb{R} \times \Omega, \mathbb{R}^{2M})$ 以及紧嵌入 $L_{\text{loc}}^r(\mathbb{R} \times \Omega, \mathbb{R}^{2M})$ 对任意的 $r \geqslant 2$ 成立; 若 $N \geqslant 2$, 则 $E$ 连续嵌入 $L^r(\mathbb{R} \times \Omega, \mathbb{R}^{2M})$ 对任意的 $r \in [2, 2(N+2)/N]$ 成立以及紧嵌入 $L_{\text{loc}}^r(\mathbb{R} \times \Omega, \mathbb{R}^{2M})$ 对任意的 $r \in [2, 2(N+2)/N]$ 成立.

**证明** 我们仅仅考虑 $N \geqslant 2$ 且 $\Omega = \mathbb{R}^N$ 的情形. 由插值空间的定义可得

$$E = \mathscr{D}(|L|^{\frac{1}{2}}) \cong [\mathscr{D}(L), L^2]_{\frac{1}{2}}.$$

由注 6.3.7, 嵌入

$$E \cong [\mathscr{D}(L), L^2]_{\frac{1}{2}} \hookrightarrow [L^r, L^2]_{\frac{1}{2}} \hookrightarrow L^q$$

是连续的, 其中

$$r = \begin{cases} \infty, & N = 2, \\ 2(N+2)/(N-2), & N \geqslant 3 \text{ 且 } q \text{ 满足 } q = 2(N+2)/N. \end{cases}$$

对于 $r \in (2, q)$, 由 Hölder 不等式推出

$$|z|_r \leqslant |z|_2^{1-\theta} |z|_q^\theta, \quad \theta = \frac{q(r-2)}{r(q-2)}.$$

因此, $E$ 连续嵌入 $L^r$ 中对于 $r \in [2, 2(N+2)/N]$. 类似地, 再次应用注 6.3.7 得到 $E$ 嵌入 $L_{\text{loc}}^r$ 中是紧的对于 $r \in [1, 2(N+2)/N)$. $\qquad\square$

**引理 6.3.9** 在定理 6.3.1 的假设下, 泛函 $\Phi : E \to \mathbb{R}$

$$\Phi(z) = \frac{1}{2} (\|z^+\|^2 - \|z^-\|^2) - \iint_{\mathbb{R} \times \Omega} H(t, x, z) dx dt$$

是 $C^1(E, \mathbb{R})$ 的. $\Phi$ 的临界点是 (6.3.1) 的解并且是 $B_r(\mathbb{R} \times \Omega, \mathbb{R}^{2M})$ 中的元素, 其中 $2 \leqslant r < \infty$.

### 6.3.2 定理 6.3.1 的证明

由引理 6.3.9, 只需证明 $\Phi$ 的临界点的存在性, 其中 $\Phi$ 定义在空间 $E = X \oplus Y$ 上, $X = E^+, Y = E^-$. 定理 6.3.1 的证明将借助于临界点定理 (定理 3.3.6). 首先我们验证泛函 $\Phi$ 满足定理 3.3.6 的条件.

因为 $H(t, x, z) \geqslant 0$, 所以泛函 $\Psi(z) = \iint_{\mathbb{R} \times \Omega} H(t, x, z) dx dt$ 是下方有界的. 令 $z_n \rightharpoonup z$. 则由引理 6.3.8 知在 $L_{\text{loc}}^2$ 中 $z_n \to z$, 因此, $z_n(t, x) \to z(t, x) \text{a.e.} (t, x) \in \mathbb{R} \times \Omega$. 由 Fatou 引理得到

$$\liminf_{n \to \infty} \iint_{\mathbb{R} \times \Omega} H(t, x, z_n) dx dt \geqslant \iint_{\mathbb{R} \times \Omega} \lim_{n \to \infty} H(t, x, z_n) dx dt$$
$$= \iint_{\mathbb{R} \times \Omega} H(t, x, z) dx dt,$$

这就证明了 $\Psi$ 的下半连续性. 对任意的 $\omega \in C_0^\infty$, 由 Lebesgue 控制收敛定理, 当 $n \to \infty$ 时得到

$$\Psi'(z_n)\omega = \iint_{\mathbb{R} \times \Omega} H_z(t, x, z_n)\omega dx dt \to \Psi'(z)\omega.$$

再结合 (6.2.5) 推出 $\Psi'$ 是弱序列连续的. 定理 3.3.1 的一个应用证明了 $\Phi$ 满足 $(\Phi_0)$.

注意到, 由 $(H_3)$ 和 $(H_4)$ 可得, 对任意的 $\varepsilon > 0$, 存在 $c_\varepsilon$ 使得对所有的 $(t, x, z)$

$$H(t, x, z) \leqslant \varepsilon |z|^2 + c_\varepsilon |z|^\alpha. \tag{6.3.6}$$

因此, 对任意的 $z \in E^+$

$$\Phi(z) \geqslant \frac{1}{2} \|z\|^2 - \varepsilon |z|_2^2 - c_\varepsilon |z|_\alpha^\alpha.$$

由 $\alpha > 2$, 不难验证 $\Phi$ 满足 $(\Phi_2)$: 存在 $r > 0$ 使得 $\kappa := \inf \Phi(S_r Y) > \Phi(0) = 0$.

选取 $e \in E^+$, $\|e\| = 1$. 由 $(H_2)$ 和 $(H_3)$ 可得, 对任意的 $\varepsilon > 0$, 存在 $c_\varepsilon > 0$ 使得对所有的 $(t, x, z)$

$$H(t, x, z) \geqslant c_\varepsilon |z|^\beta - \varepsilon |z|^2. \tag{6.3.7}$$

因此, 对 $z = z^- + \zeta e$, 我们有

$$\Phi(z) \leqslant \frac{1}{2}(\zeta^2 - \|z^-\|^2) + \varepsilon |z|_2^2 - c_\varepsilon |z|_\beta^\beta,$$

故存在 $R > r$ 使得 $\sup \Phi(\partial Q) = 0$, 其中 $Q := \{z + \zeta e : z \in E^-, \|z\| < R, 0 < \zeta < R\}$.

由定理 3.3.6 产生一列 $\{z_k\}$ 使得 $\Phi'(z_k) \to 0$ 且满足 $\Phi(z_k) \to c, \kappa \leqslant c \leqslant \sup \Phi(\bar{Q})$. 使用条件 $(H_2)$—$(H_4)$, 不难验证 $\{z_k\}$ 是有界的. 我们断言: 存在 $a > 0$ 及 $\mathbb{R} \times \Omega$ 中的子列 $\{y_k\}$ 使得

$$\lim_{k \to \infty} \iint_{B(y_k, 1)} |z_k|^2 dx dt \geqslant a. \tag{6.3.8}$$

若不然, 则由 Lions 集中紧性原理的变形 [80], 在 $L^s$ 中 $z_k \to 0$ 对任意的 $s \in (2, (2N+4)/N)$ 成立. 由 $(H_3)$ 和 $(H_4)$ 可得, 对任意的 $\varepsilon > 0$, 存在 $c_\varepsilon > 0$ 使得对所有的 $(t, x, z)$

$$|H_z(t, x, z)| \leqslant c_\varepsilon |z|^{\alpha - 1} + \varepsilon |z|.$$

因此, 由 Hölder 不等式我们得到

$$\lim_{k \to \infty} \iint_{\mathbb{R}^{1+N}} H_z(t, x, z_k) z_k^\pm dx dt = 0,$$

则当 $k \to \infty$ 时

$$\|z_k^+\|^2 = \Phi'(z_k) z_k^+ + \iint_{\mathbb{R} \times \Omega} H_z(t, x, z_k) z_k^+ dx dt \to 0.$$

这意味着 $\lim_{k \to \infty} \Phi(z_k) \leqslant 0$, 矛盾. 由 (6.3.8) 我们可以假设存在与 $k$ 无关的常数 $\rho > 0$ 以及当 $\Omega$ 有界时, 存在 $y_k' \in T_0 \mathbb{Z}$, 当 $\Omega = \mathbb{R}^N$ 时, 存在 $y_k' \in T_0 \mathbb{Z} \times \cdots \times T_N \mathbb{Z}$ 使得

$$\iint_{B(y_k', \rho)} |z_k|^2 dx dt > \frac{a}{2}. \tag{6.3.9}$$

我们通过 $y_k'$ 改变 $z_k$ 得到 $\bar{z}_k := y_k' * z_k$. 显然 $\|\bar{z}_k\| = \|z_k\|$ 并且我们可假设 $\bar{z}_k$ 在 $E$ 中 $\bar{z}_k \rightharpoonup z$, 在 $L_{\text{loc}}^2(\mathbb{R} \times \Omega, \mathbb{R}^{2M})$ 中 $\bar{z}_k \to z$. 由 (6.3.9) 和 $H$ 的周期性, 我们得到 $z \neq 0$ 且 $\Phi'(z) = 0$.

接下来我们证明定理 6.3.2.

### 6.3.3  定理 6.3.2 的证明

我们将应用定理 3.3.10. 前面我们已经证明了 ($\Phi_0$) 和 ($\Phi_2$). 因为 $H$ 关于 $z$ 是偶的并且 $H(t,x,0)=0$, 显然 ($\Phi_1$) 满足. 正如定理 6.3.1 的证明中构造环绕结构一样, ($\Phi_4$) 也满足. 若

$$\text{系统 (6.3.1) 只有有限多个几何意义上不同的解.} \tag{6.3.10}$$

我们将证明条件 ($\Phi_I$) 满足. 那么应用定理 3.3.10, 我们能得到一列无界的临界值, 这与 (6.3.10) 矛盾. 因此, (6.3.10) 不成立并且系统 (6.3.1) 有无穷多个几何意义上不同的解. 因此我们现在假设 (6.3.10) 成立. 注意到, 存在 $\alpha > 0$ 使得

$$\inf \Phi(\mathcal{K}) > \alpha,$$

其中 $\mathcal{K} := \{z \in E \setminus \{0\} : \Phi'(z) = 0\}$. 令 $\mathcal{F} \subset \mathcal{K}$ 表示在 $\mathbb{Z}^{1+N}$ 的作用下任意选择的 $\mathcal{K}$ 的轨道所组成的集合. 由于 $H$ 关于 $z$ 是偶的, 我们可以假设 $\mathcal{F} = -\mathcal{F}$. 对任意的 $r$, 用 $[r]$ 表示 $r$ 的整数部分. 类似于引理 4.5.4, 我们有:

($\star$) 令 $\{z_n\}$ 是 $\Phi$ 的 (PS)$_c$-序列. 则 $c \geqslant 0, \{z_n\}$ 是有界的, 并且要么 $z_n \to 0$ (对应的 $c = 0$); 要么 $c \geqslant \alpha$ 并且存在 $l \leqslant [c/\alpha], w_i \in \mathcal{F}, i = 1, \cdots, l$, 以及若 $\Omega$ 是有界的, 存在 $l$ 个序列 $\{a_{in}\} \subset \mathbb{Z}$, 若 $\Omega = \mathbb{R}^N$, 存在 $l$ 个序列 $\{a_{in}\} \subset \mathbb{Z}^{1+N}, i = 1, \cdots, l$ 使得

$$\left\| z_n - \sum_{i=1}^{\ell} a_{in} * w_i \right\| \to 0, \quad n \to \infty,$$

$$|a_{in} - a_{jn}| \to \infty, \quad n \to \infty, \quad \text{若 } i \neq j,$$

并且

$$\sum_{i=1}^{\ell} \Phi(w_i) = c.$$

只是在 ($\star$) 的证明中假设 ($H_5$) 被用到.

给定一个紧区间 $J \subset (0, \infty), d := \max J$, 令 $\ell := [d/\alpha]$ 且当 $\Omega$ 有界时, 令

$$[\mathcal{F}, \ell] := \left\{ \sum_{i=1}^{j} k_i * w_i : 1 \leqslant j \leqslant l, k_i \in \mathbb{Z}, w_i \in \mathcal{F} \right\};$$

当 $\Omega = \mathbb{R}^N$ 时, 令

$$[\mathcal{F}, \ell] := \left\{ \sum_{i=1}^{j} k_i * w_i : 1 \leqslant j \leqslant l, k_i \in \mathbb{Z}^{1+N}, w_i \in \mathcal{F} \right\}.$$

作为 $(\star)$ 的结果, 我们知道 $[\mathcal{F}, \ell]$ 是一个 $(PS)_J$-吸引集. 不难证明

$$\inf\{\|u^+ - v^+\| : u, v \in [\mathcal{F}, \ell], u^+ \neq v^+\} > 0$$

(参看 [117]). 因此 $(\Phi_I)$ 满足并且定理 6.3.2 证明完.

## 6.4 反应-扩散系统集中行为

在本节, 我们考虑下面的反应-扩散系统

$$\begin{cases} \partial_t u = \varepsilon^2 \Delta_x u - u - V(x)u = \partial_v H(u, v), \\ \partial_t v = -\varepsilon^2 \Delta_x v + v + V(x)v = \partial_u H(u, v), \end{cases} \tag{6.4.1}$$

即考虑下面等价的系统

$$\begin{cases} \partial_t u = \Delta_x u - u - V_\varepsilon(x)u = \partial_v H(u, v), \\ \partial_t v = -\Delta_x v + v + V_\varepsilon(x)v = \partial_u H(u, v), \end{cases} \tag{6.4.2}$$

其中 $V_\varepsilon(x) = V(\varepsilon x)$. 假设 Hamilton 量 $H : \mathbb{R}^M \times \mathbb{R}^M \to \mathbb{R}$ 有 $H(\xi) = G(|\xi|) := \int_0^{|\xi|} g(s) s \, ds$ 的形式并且 $g$ 满足:

$(H_1)$ $g \in C[0, \infty) \cap C^1(0, \infty)$ 且满足 $g(0) = 0$, $g'(s) \geqslant 0$, $g'(s)s = o(s)$ 以及存在常数 $C > 0$ 使得对任意的 $s \geqslant 1$, 我们有

$$g'(s) \leqslant C s^{\frac{4-N}{N}}.$$

$(H_2)$ 函数 $s \mapsto g(s) + g'(s)s$ 在 $\mathbb{R}^+$ 是严格递增的.

$(H_3)$ (i) 存在常数 $\beta > 2$ 使得 $0 < \beta G(s) \leqslant g(s)s^2, \forall s > 0$;

(ii) 存在常数 $\alpha > 2$ 以及 $p \in (2, 2(N+2)/N)$ 使得 $g(s) \leqslant \alpha s^{p-2}$, $\forall s \geqslant 1$.

一般来说, 条件 $(H_2)$ 可被替换为限制 $\nabla^2 H(\xi)$ 在原点以及无穷远处的增长性, 然而我们发现单调性将本质地成为证明中的关键所在. 假设条件 $(H_3)$ 是关于 $G$ 的标准超二次假设. 这样的假设也可以被替换为下面的渐近二次假设: 我们首先记 $\hat{G}(s) := g(s)s^2/2 - G(s)$, 并假设

$(H_3')$ (i) 存在常数 $b > 1 + \sup|V|$ 使得当 $s \to \infty$ 时, $g(s) \to b$;

(ii) 当 $s > 0$ 时, $\hat{G}(s) > 0$ 且当 $s \to \infty$ 时, $\hat{G}(s) \to \infty$.

此时, 我们的结论如下.

**定理 6.4.1** ([57]) 设 $(V)$, $(H_1)$—$(H_2)$ 以及 $(H_3)$ 或 $(H_3')$ 成立. 此外, 存在 $\mathbb{R}^N$ 中的一个有界开集 $\Lambda$ 使得

$$\underline{c} := \min_\Lambda V < \min_{\partial \Lambda} V. \tag{6.4.3}$$

则对充分小的 $\varepsilon > 0$, 系统 (6.4.1) 拥有一个非平凡解 $\tilde{z}_\varepsilon = (u_\varepsilon, v_\varepsilon) \in B^r(\mathbb{R} \times \mathbb{R}^N, \mathbb{R}^{2M})$, $\forall r \geqslant 2$ 且满足

(i) 存在 $y_\varepsilon \in \Lambda$ 使得 $\lim\limits_{\varepsilon \to 0} V(y_\varepsilon) = \underline{c}$ 且对任意的 $\rho > 0$, 我们有

$$\liminf_{\varepsilon \to 0} \varepsilon^{-N} \int_\mathbb{R} \int_{B_{\varepsilon\rho}(y_\varepsilon)} |\tilde{z}_\varepsilon|^2 dx dt > 0,$$

以及对任意的 $t \in \mathbb{R}$, 我们有

$$\lim_{\substack{R \to \infty \\ \varepsilon \to 0}} \|\tilde{z}_\varepsilon(t, \cdot)\|_{L^\infty(\mathbb{R}^N \setminus B_{\varepsilon R}(y_\varepsilon))} = 0;$$

(ii) 记 $w_\varepsilon(t, x) = \tilde{z}_\varepsilon(t, \varepsilon x + y_\varepsilon)$, 则当 $\varepsilon \to 0$ 时, $v_\varepsilon$ 在 $B^2(\mathbb{R} \times \mathbb{R}^N, \mathbb{R}^{2M})$ 中收敛到极限方程

$$\begin{cases} \partial_t u = \Delta_x u - u - \underline{c} v + \partial_v H(u, v), \\ \partial_t v = -\Delta_x v + v + \underline{c} u - \partial_u H(u, v) \end{cases}$$

的极小能量解.

作为定理 6.4.1 的一个推论, 我们有如下结论.

**推论 6.4.2** ([57])  设 (V), $(H_1)$—$(H_2)$ 以及 $(H_3)$ 或 $(H_3')$ 成立. 此外, 存在 $\mathbb{R}^N$ 中互不相交的有界区域 $\Lambda_j, j = 1, \cdots, k$ 以及常数 $c_1 < c_2 < \cdots < c_k$ 使得

$$c_j := \min_{\Lambda_j} V < \min_{\partial \Lambda_j} V. \tag{6.4.4}$$

则对充分小的 $\varepsilon > 0$, 系统 (6.4.1) 至少拥有 $k$ 个非平凡解 $\tilde{z}_\varepsilon^j = (u_\varepsilon^j, v_\varepsilon^j) \in B^r(\mathbb{R} \times \mathbb{R}^N, \mathbb{R}^{2M})(j = 1, \cdots, k)$, $\forall r \geqslant 2$ 且满足

(i) 对每一个 $\Lambda_j$, 存在 $y_\varepsilon^j \in \Lambda^j$ 使得 $\lim\limits_{\varepsilon \to 0} V(y_\varepsilon^j) = c_j$ 且对任意的 $\rho > 0$, 我们有

$$\liminf_{\varepsilon \to 0} \varepsilon^{-N} \int_\mathbb{R} \int_{B_{\varepsilon\rho}(y_\varepsilon^j)} |\tilde{z}_\varepsilon^j|^2 dx dt > 0,$$

以及对任意的 $t \in \mathbb{R}$, 我们有

$$\lim_{\substack{R \to \infty \\ \varepsilon \to 0}} \|\tilde{z}_\varepsilon^j(t, \cdot)\|_{L^\infty(\mathbb{R}^N \setminus B_{\varepsilon R}(y_\varepsilon^j))} = 0;$$

(ii) 记 $w_\varepsilon^j(t, x) = \tilde{z}_\varepsilon^j(t, \varepsilon x + y_\varepsilon^j)$, 则当 $\varepsilon \to 0$ 时, $v_\varepsilon$ 在 $B^2(\mathbb{R} \times \mathbb{R}^N, \mathbb{R}^{2M})$ 中收敛到极限方程

$$\begin{cases} \partial_t u = \Delta_x u - u - c_j v + \partial_v H(u, v), \\ \partial_t v = -\Delta_x v + v + c_j u - \partial_u H(u, v) \end{cases}$$

的极小能量解.

### 6.4.1 抽象的临界点定理

在叙述抽象定理之前, 我们介绍一些记号和定义. 记 $E$ 是一个实 Hilbert 空间, 用 $\langle \cdot, \cdot \rangle$ 表示 $E$ 上的标量内积, 并用 $\|\cdot\|$ 表示 $E$ 上的范数. $E$ 的对偶空间记作 $E^*$. 用 $C^k(E, \mathbb{R})$, $k \geqslant 1$ 记作 $k$-次 Frechét 可微的泛函空间. 符号 $\mathscr{L}(E)$ 表示所有 $E$ 上的有界线性映射, 并赋予一般的算子范数; 用 $\mathscr{L}_s(E)$ 表示上述空间赋予了强算子拓扑. 算子 $A$ 在 $\mathscr{L}(E)$ 中的对偶算子记作 $A^*$. 用 $E_w$ 表示空间 $E$ 赋予的弱拓扑. 对于李群 $G$, 用 $\mathscr{T}: G \to U(E)$ 表示 $G$ 到 $E$ 上的酉算子中的表示. 记 $\mathscr{G} = \mathscr{T}(G)$, 在不发生混淆的时候, 直接用 $\mathscr{G}$ 代替 $G$ 来表示该李群.

**定义 6.4.3** 设 $M \subset E$ 且对每个 $g \in \mathscr{G}$ 都有 $g(M) = M$, 则称 $M$ 是 $\mathscr{G}$-不变的. 设 $\Phi$ 是定义在 $E$ 上的泛函且对每个 $g \in \mathscr{G}$ 都有 $\Phi \circ g = \Phi$, 则称 $\Phi$ 是 $\mathscr{G}$-不变的. 设 $h: E \to E$ 是 $E$ 上的映射且对每个 $g \in \mathscr{G}$ 都有 $h \circ g = g \circ h$, 则称映射 $h$ 是 $\mathscr{G}$-等变的.

设 $\{A_\varepsilon\}_{\varepsilon>0} \subset \mathscr{L}(E)$ 是一族 $\mathscr{G}$-等变的自伴算子. $\{\Psi_\varepsilon\}_{\varepsilon>0} \subset C^2(E, \mathbb{R})$ 是一族 $\mathscr{G}$-不变泛函, 记 $\psi_\varepsilon := \nabla\Psi_\varepsilon : E \to E$. 考虑 $E$ 上的直和分解 $E = X \oplus Y$ 满足 $X$ 及 $Y$ 都是 $\mathscr{G}$-不变正交子空间, 用 $P^X$ 及 $P^Y$ 分别表示对应的投影, 对于 $z \in E$, 记 $z^X := P^X z$ 以及 $z^Y := P^Y z$. 接下来, 对 $\varepsilon > 0$ 充分小时, 我们将考虑如下泛函的临界点

$$\Phi_\varepsilon : E \to \mathbb{R}, \quad \Phi_\varepsilon(z) := \frac{1}{2}\left(\|z^X\|^2 - \|z^Y\|^2\right) + \frac{1}{2}\langle A_\varepsilon z, z \rangle - \Psi_\varepsilon(z).$$

设 $A_0 \in \mathscr{L}(E)$ 是一个 $\mathscr{G}$-等变自伴算子且 $\Psi_0$ 为 $\mathscr{G}$-不变的 $C^2$ 泛函, 记 $\psi_0 := \nabla\Psi_0 : E \to E$. 则作为奇异极限泛函, 我们将考察

$$\Phi_0 : E \to \mathbb{R}, \quad \Phi_0(z) := \frac{1}{2}\left(\|z^X\|^2 - \|z^Y\|^2\right) + \frac{1}{2}\langle A_0 z, z \rangle - \Psi_0(z).$$

注意到, 我们考虑的是当参数 $\varepsilon$ 充分小时的变分问题, 故可选取 $\mathcal{E} = [0, 1]$, 我们将考虑泛函族 $\{\Phi_\varepsilon\}_{\varepsilon \in \mathcal{E}} := \{\Phi_0\} \cup \{\Phi_\varepsilon\}_{\varepsilon \in (0,1]}$. 现在, 假设这些泛函族满足:

(A1) 存在 $\theta \in (0, 1)$ 使得 $\sup\limits_{\varepsilon \in (0,1]} \|A_\varepsilon\| \leqslant \theta$.

(A2) 在 $\mathscr{L}_s(E)$ 中, 当 $\varepsilon \to 0$ 时, $A_\varepsilon \to A_0$.

(N1) 对每个 $\varepsilon \in \mathcal{E}$, $\Psi_\varepsilon$ 是非负凸泛函且 $\psi_\varepsilon : E_w \to E_w$ 是序列连续的.

(N2) 对每个 $z \in E$, 在 $E$ 中, 当 $\varepsilon \to 0$ 时有 $\psi_\varepsilon(z) \to \psi_0(z)$.

(N3) 存在与 $\varepsilon$ 无关的函数 $\kappa \in C(\mathbb{R}^+, \mathbb{R}^+)$, 使得对所有 $z, v, w \in E$ 以及 $\varepsilon \in \mathcal{E}$ 都有

$$\left|\Psi_\varepsilon''(z)[v, w]\right| \leqslant \kappa(\|z\|) \cdot \|v\| \cdot \|w\|.$$

(N4) 对所有的 $\varepsilon \in \mathcal{E}$ 以及 $z \in E \setminus \{0\}$, $\widehat{\Psi}_\varepsilon(z) := \Psi_\varepsilon'(z)z/2 - \Psi_\varepsilon(z) > 0$, 并且 $\widehat{\Psi}_\varepsilon : E_w \to \mathbb{R}$ 是序列下半连续的.

(N5) 对任意的 $\varepsilon \in \mathcal{E}$, 任取 $z \in E \setminus \{0\}$ 及 $w \in E$ 都成立

$$\big(\Psi_\varepsilon''(z)[z,z] - \Psi_\varepsilon'(z)z\big) + 2\big(\Psi_\varepsilon''(z)[z,w] - \Psi_\varepsilon'(z)w\big) + \Psi_\varepsilon''(z)[w,w] > 0.$$

**定义 6.4.4**　一个 $\mathcal{G}$-不变泛函 $\Phi \in C^1(E, \mathbb{R})$ 称作满足 $\mathcal{G}$-弱 $(C)_c$-条件, 如果对任意 $(C)_c$-序列 $\{z_n\}$ 都存在相应的 $\{g_n\} \subset \mathcal{G}$ 使得 $\{g_n z_n\}$ 在子列意义下弱收敛并且弱极限在 $E \setminus \{0\}$ 中.

下面, 我们将利用上述引进的概念和条件对泛函族 $\{\Phi_\varepsilon\}_{\varepsilon \in \mathcal{E}}$ 给出抽象定理.

**定理 6.4.5** (抽象临界点定理)　设泛函族 $\{\Phi_\varepsilon\}_{\varepsilon \in \mathcal{E}}$ 满足 (A1)—(A2), (N1)—(N5) 且

(I1) 存在与 $\varepsilon$ 无关的常数 $\rho, \tau > 0$, 使得 $\Phi_\varepsilon\big|_{B_\rho^X} \geqslant 0$ 以及 $\Phi_\varepsilon\big|_{S_\rho^X} \geqslant \tau$, 其中 $B_\rho^X := B_\rho \cap X = \{z \in X : \|z\| \leqslant \rho\}$ 以及 $S_\rho^X := \partial B_\rho^X = \{z \in X : \|z\| = \rho\}$;

(I2) 对任意的 $e \in X \setminus \{0\}$, 记 $E_e = \mathbb{R}^+ e \oplus Y$, 则当 $z \in E_e$ 且 $\|z\| \to \infty$ 时, $\sup\limits_{z \in E_e} \Phi_0(z) = \infty$ 或 $\Phi_0(z) \to -\infty$.

此外, 对任意的 $c \in \mathbb{R} \setminus \{0\}$ 及 $\varepsilon \neq 0$, $\Phi_\varepsilon$ 还满足 $\mathcal{G}$-弱 $(C)_c$-条件以及

$$c_0 = \inf_{e \in X} \sup_{z \in E_e} \Phi_0(z) < \infty$$

是 $\Phi_0$ 的临界值, 那么

(1) 对充分小的 $\varepsilon$, $\Phi_\varepsilon$ 都有一个临界值

$$c_\varepsilon = \inf_{e \in X} \sup_{z \in E_e} \Phi_\varepsilon(z);$$

(2) $c_\varepsilon$ 是 $\Phi_\varepsilon$ 的极小能量, 并且当 $\varepsilon \to 0$ 时, $c_\varepsilon \leqslant c_0 + o_\varepsilon(1)$.

**注 6.4.6**　定理 6.4.5 似乎是关于强不定奇异扰动的第一个抽象定理. 条件 (I1) 与 (I2) 是关于泛函族的几何假设, 它们刻画了强不定泛函的环绕结构. 条件 (I2) 放松了 [30,53] 中关于非线性 Dirac 方程的假设.

**注 6.4.7**　定理 6.4.5 中, $c_0$ 是 $\Phi_0$ 的临界值这一假设在应用中并不难验证. 事实上, 我们所面对的极限问题往往是一个自治系统, 如此一来其对应的能量泛函 $\Phi_0$ 将在一个包含 $\mathcal{G}$ 的更大的李群作用下不变. 因此, $c_0$ 的存在性以及极小极大刻画将由标准的变分理论得到. 定理 6.4.5 中的第二个结论目前是最优的, 并在后续的应用中是关键的 (关于 Schrödinger 方程的研究参见 [75,90] 等, 关于 Dirac 方程的研究参见 [30,53]).

**注 6.4.8**　正如上面所说, $\Phi_0$ 虽然是 $\mathcal{G}$-不变的, 但我们不能期盼 $\Phi_0$ 满足 $\mathcal{G}$-弱 $(C)_c$-条件. 这是因为存在另一个李群 $\mathcal{G}'$ 使得 $\mathcal{G} \subsetneqq \mathcal{G}'$ 并且 $\Phi_0$ 是 $\mathcal{G}'$-不变的. 事实上, 在应用中, 我们会看到定理 6.4.5 并不是平凡的, 因为我们将处理的问题

中 $\Phi_0$ 并不会像 $\Phi_\varepsilon$ 一样满足所谓的 $\mathscr{G}$-弱 $(C)_c$-条件. 因此, 我们的证明并不单单随着参数 $\varepsilon$ 的变化取极限这么简单.

定理 6.4.5 的证明需要一些其他的引理. 在证明定理 6.4.5 之前, 我们总假设定理 6.4.5 的所有假设成立.

注意到 $\Psi_\varepsilon(z) \geqslant 0$ 并且由 (N1) 可推出

$$\Psi_\varepsilon''(z)[w, w] \geqslant 0, \quad \forall w \in E.$$

事实上, 上式是利用 $\Psi_\varepsilon \in C^2(E, \mathbb{R})$ 以及 $\Psi_\varepsilon$ 对每个 $\varepsilon \in \mathcal{E}$ 都满足凸性. 再由 (I1), 可得 $\Phi_\varepsilon(0) \geqslant 0$, 进而我们得到 $\Psi_\varepsilon(0) = 0$. 此外, 由 (N3) 可得

$$\Psi_\varepsilon(z) = \int_0^1 \int_0^t \Psi_\varepsilon''(sz)[z, z] ds dt \leqslant C(\kappa, \|z\|)\|z\|^2, \quad \forall z \in E, \tag{6.4.5}$$

其中 $C(\kappa, \|z\|) > 0$ 是仅依赖于函数 $\kappa$ 以及 $\|z\|$ 的常数.

下面, 固定 $\varepsilon \in \mathcal{E}$, 我们定义非线性泛函 $\phi_v : Y \to \mathbb{R}$ 为

$$\phi_v(w) = \Phi_\varepsilon(v + w), \quad \forall v \in X.$$

由 (A1) 与 (A2) 我们得到 $\sup\limits_{\varepsilon \in \mathcal{E}} \|A_\varepsilon\| \leqslant \theta < 1$, 进而可推出

$$\phi_v(w) \leqslant \frac{1 + \theta}{2}\|v\|^2 - \frac{1 - \theta}{2}\|w\|^2. \tag{6.4.6}$$

此外, 简单的估计可得

$$\begin{aligned} \phi_v''(w)[z, z] &= -\|z\|^2 + \langle A_\varepsilon z, z \rangle - \Psi_\varepsilon''(v + w)[z, z] \\ &\leqslant -(1 - \theta)\|z\|^2 \end{aligned} \tag{6.4.7}$$

对任意的 $w, z \in Y$ 成立.

因此, 由 (6.4.6) 以及 (6.4.7), 我们得到 $\phi_v$ 是严格凹的且当 $\|w\| \to \infty$ 时, $\phi_v(w) \to -\infty$. 从而由 $\phi_v$ 的弱上半连续性即得存在 $\phi_v$ 的唯一的最大值点 $h_\varepsilon(v)$, 且 $h_\varepsilon(v)$ 为 $\phi_v$ 在 $Y$ 上的唯一临界点. 如此定义的映射 $h_\varepsilon : X \to Y$ 可以看作是 $\Phi_\varepsilon$ 在 $X$ 上的一个约化映射且满足

$$\Phi_\varepsilon(v + h_\varepsilon(v)) = \phi_v(h_\varepsilon(v)) = \max_{w \in Y} \phi_v(w) = \max_{w \in Y} \Phi_\varepsilon(v + w). \tag{6.4.8}$$

由 (6.4.8), 我们就有

$$0 \leqslant \Phi_\varepsilon(v + h_\varepsilon(v)) - \Phi_\varepsilon(v)$$

$$= -\frac{1}{2}\|h_\varepsilon(v)\|^2 + \frac{1}{2}\langle A_\varepsilon(v + h_\varepsilon(v)), v + h_\varepsilon(v)\rangle - \Psi_\varepsilon\big(v + h_\varepsilon(v)\big)$$

$$\quad -\frac{1}{2}\langle A_\varepsilon v, v\rangle + \Psi_\varepsilon(v)$$

$$\leqslant -\frac{1}{2}\|h_\varepsilon(v)\|^2 + \frac{\theta}{2}\|h_\varepsilon(v)\|^2 + \frac{\theta}{2}\|v\|^2 + \frac{\theta}{2}\|v\|^2 + \Psi_\varepsilon(v)$$

对所有 $v \in X$ 成立. 因此

$$\|h_\varepsilon(v)\|^2 \leqslant \frac{2\theta}{1-\theta}\|v\|^2 + \frac{2}{1-\theta}\Psi_\varepsilon(v),$$

由上式以及 $\Psi_\varepsilon$ 的有界性 (可见 (6.4.5)), 可得 $h_\varepsilon$ 是有界映射. 如果 $v \in X$ 以及 $g \in \mathscr{G}$, 则由 $\Phi_\varepsilon$ 的不变性以及 (6.4.8), 可得

$$\Phi_\varepsilon\big(gv + h_\varepsilon(gv)\big) = \Phi_\varepsilon\big(v + g^{-1}h_\varepsilon(gv)\big) \leqslant \Phi_\varepsilon\big(v + h_\varepsilon(v)\big)$$

$$= \Phi_\varepsilon\big(gv + gh_\varepsilon(v)\big) \leqslant \Phi_\varepsilon\big(gv + h_\varepsilon(gv)\big).$$

因此, 我们得到

$$\Phi_\varepsilon\big(gv + gh_\varepsilon(v)\big) = \Phi_\varepsilon\big(gv + h_\varepsilon(gv)\big),$$

再结合 (6.4.8) 就有 $g \circ h_\varepsilon = h_\varepsilon \circ g$, 即 $h_\varepsilon$ 是 $\mathscr{G}$-等变映射.

下面我们定义 $\pi : X \times Y \to Y$ 为

$$\pi(v, w) = P^Y \circ \mathcal{R} \circ \Phi_\varepsilon'(v + w) = P^Y \circ \nabla\Phi_\varepsilon(v + w),$$

其中 $P^Y$ 是正交投影以及 $\mathcal{R} : E^* \to E$ 表示由 Riesz 表示定理得到的同胚映射. 注意到, 对任意 $v \in X$, 由 $h_\varepsilon$ 的定义得到

$$0 = \phi_v'\big(h_\varepsilon(v)\big)w = \Phi_\varepsilon'\big(v + h_\varepsilon(v)\big)w, \quad \forall w \in Y.$$

这就蕴含着

$$\pi\big(v, h_\varepsilon(v)\big) = 0, \quad \forall v \in X. \tag{6.4.9}$$

注意到, $\partial_w \pi(v, w) = P^Y \circ \mathcal{R} \circ \Phi_\varepsilon''(v + w)\big|_Y$ 是 $Y$ 上的有界线性算子且由 (6.4.7), 我们立即得到 $\partial_w \pi(v, w)$ 是一个同胚映射并满足

$$\big\|\partial_w \pi(v, w)^{-1}\big\| \leqslant \frac{1}{1-\theta}, \quad \forall v \in X. \tag{6.4.10}$$

因此, 由 (6.4.9), (6.4.10) 以及隐函数定理, 我们就得到 $h_\varepsilon : X \to Y$ 具有 $C^1$ 光滑性且

$$h_\varepsilon'(v) = -\partial_w \pi\big(v, h_\varepsilon(v)\big)^{-1} \circ \partial_v \pi\big(v, h_\varepsilon(v)\big), \quad \forall v \in X,$$

其中 $\partial_v \pi(v, w) = P^Y \circ \mathcal{R} \circ \Phi_\varepsilon''(v + w)\big|_X$.

现在, 记

$$I_\varepsilon : X \to \mathbb{R}, \quad I_\varepsilon(v) = \Phi_\varepsilon\big(v + h_\varepsilon(v)\big).$$

我们就有 $I_\varepsilon \in C^1(X, \mathbb{R})$ 是良定义的 $\mathscr{G}$-不变泛函. 并且由之前的讨论, 我们有如下命题.

**命题 6.4.9** 设 (A1)—(A2), (N1) 以及 (N3) 成立. 则对每个 $\varepsilon \in \mathcal{E}$ 都有 $I_\varepsilon \in C^1(X, \mathbb{R})$ 并且 $I_\varepsilon$ 的临界点与 $\Phi_\varepsilon$ 的临界点之间存在一一对应关系, 即 $v \mapsto v + h_\varepsilon(v)$ 是上述两个泛函的临界点集之间的同胚映射. 此外, 如果 $\{v_n\} \subset X$ 是 $I_\varepsilon$ 的 (C)$_c$-序列, 则 $\{v_n + h_\varepsilon(v_n)\}$ 就是 $\Phi_\varepsilon$ 的 (C)$_c$-序列.

**注 6.4.10** 上述命题中的第二个结论似乎并不是直接看得出来的, 但是, 通过求 $I_\varepsilon$ 的导数, 我们看到

$$I_\varepsilon'(v)w = \Phi_\varepsilon'\big(v + h_\varepsilon(v)\big)\big(w + h_\varepsilon'(v)w\big) = \Phi_\varepsilon'\big(v + h_\varepsilon(v)\big)(w + y)$$

对所有 $v, w \in X$ 以及 $y \in Y$ 成立. 因此 $\|I_\varepsilon'(v)\|_X = \big\|\Phi_\varepsilon'\big(v + h_\varepsilon(v)\big)\big\|_{E^*}$, 这就是命题 6.4.9 中的第二句话. 这里, 我们要指出关于强不定泛函在 $E^+$ 上的约化 (在强可微性条件下) 已经有广泛的应用, 可参见 [85,86]. 在文献 [85,86] 中, 约化分为两个步骤: 首先将约化到整个 $E^+$ 上然后再将新泛函约化到一个 $E^+$ 中的 Nehari 流形上. 然而, 本节中, 我们将考察在几何条件 (I2) 下的泛函, 上述文献中所谓的 Nehari 流形将不能完全定义在 $E^+$ 中的每个方向, 故而我们将利用截然不同的一些方法.

为了阐述我们的下一个结论, 首先给出一些观察. 事实上, 由 $h_\varepsilon(v)$ 的定义, 若记 $z = w - h_\varepsilon(v)$, 其中 $w \in Y$ 并令 $l(t) := \Phi_\varepsilon(v + h_\varepsilon(v) + tz)$, 我们就有 $l(1) = \Phi_\varepsilon(v + w)$, $l(0) = \Phi_\varepsilon\big(v + h_\varepsilon(v)\big)$ 以及 $l'(0) = 0$. 所以, 利用等式

$$l(1) - l(0) = \int_0^1 (1-s)l''(s)ds,$$

我们即得

$$\Phi_\varepsilon(v + w) - \Phi_\varepsilon\big(v + h_\varepsilon(v)\big) = \int_0^1 (1-s)\Phi_\varepsilon''\big(v + h_\varepsilon(v) + sz\big)[z, z]ds$$

$$= -\int_0^1 (1-s)\big(\|z\|^2 - \langle A_\varepsilon z, z\rangle\big)ds$$

$$- \int_0^1 (1-s)\Psi_\varepsilon''\big(v + h_\varepsilon(v) + sz\big)[z, z]ds.$$

因此,

$$\Phi_\varepsilon\big(v + h_\varepsilon(v)\big) - \Phi_\varepsilon(v + w)$$

$$= \frac{1}{2}\|z\|^2 - \frac{1}{2}\langle A_\varepsilon z, z\rangle + \int_0^1 (1-s)\Psi_\varepsilon''\big(v + h_\varepsilon(v) + sz\big)[z, z]ds \qquad (6.4.11)$$

对所有 $v \in X$ 以及 $w \in Y$ 成立.

**引理 6.4.11** 设 (A1)—(A2) 以及 (N1)—(N3) 成立. 则对每个 $v \in X$, 当 $\varepsilon \to 0$ 时, 在 $Y$ 中都有 $h_\varepsilon(v) \to h_0(v)$.

**证明** 为了简化符号, 记 $z_\varepsilon = v + h_\varepsilon(v)$, $w = v + h_0(v)$ 以及 $v_\varepsilon = z_\varepsilon - w$. 当 $\varepsilon \to 0$ 时, 我们将证明 $\|v_\varepsilon\| \to 0$.

考虑到

$$\Phi_\varepsilon(z) = \Phi_0(z) + \frac{1}{2}\langle (A_\varepsilon - A_0)z, z\rangle - \big(\Psi_\varepsilon(z) - \Psi_0(z)\big), \qquad \forall z \in E,$$

我们能推出

$$\begin{aligned}
&\big(\Phi_\varepsilon(z_\varepsilon) - \Phi_\varepsilon(w)\big) + \big(\Phi_0(w) - \Phi_0(z_\varepsilon)\big) \\
&= \frac{1}{2}\langle (A_\varepsilon - A_0)z_\varepsilon, z_\varepsilon\rangle - \frac{1}{2}\langle (A_\varepsilon - A_0)w, w\rangle + \big(\Psi_0(z_\varepsilon) - \Psi_0(w)\big) \\
&\quad - \big(\Psi_\varepsilon(z_\varepsilon) - \Psi_\varepsilon(w)\big).
\end{aligned} \qquad (6.4.12)$$

注意到

$$\Psi_0(z_\varepsilon) - \Psi_0(w) = \Psi_0(w)v_\varepsilon + \int_0^1 (1-s)\Psi_0''(w + sv_\varepsilon)[v_\varepsilon, v_\varepsilon]ds, \qquad (6.4.13)$$

$$\Psi_\varepsilon(z_\varepsilon) - \Psi_\varepsilon(w) = \Psi_\varepsilon'(w)v_\varepsilon + \int_0^1 (1-s)\Psi_\varepsilon''(w + sv_\varepsilon)[v_\varepsilon, v_\varepsilon]ds, \qquad (6.4.14)$$

以及由 (6.4.11) 能推出

$$\begin{aligned}
&\Phi_\varepsilon(z_\varepsilon) - \Phi_\varepsilon(w) \\
&= \frac{1}{2}\|v_\varepsilon\|^2 - \frac{1}{2}\langle A_\varepsilon v_\varepsilon, v_\varepsilon\rangle + \int_0^1 (1-s)\Psi_\varepsilon''(z_\varepsilon - sv_\varepsilon)[v_\varepsilon, v_\varepsilon]ds,
\end{aligned} \qquad (6.4.15)$$

以及

$$\begin{aligned}
&\Phi_0(w) - \Phi_0(z_\varepsilon) \\
&= \frac{1}{2}\|v_\varepsilon\|^2 - \frac{1}{2}\langle A_0 v_\varepsilon, v_\varepsilon\rangle + \int_0^1 (1-s)\Psi_0''(w + sv_\varepsilon)[v_\varepsilon, v_\varepsilon]ds.
\end{aligned} \qquad (6.4.16)$$

由上述 (6.4.12)—(6.4.16) 以及 $\Psi_\varepsilon$ 的凸性, 即得

$$\|v_\varepsilon\|^2 - \frac{1}{2}\langle (A_\varepsilon + A_0)v_\varepsilon, v_\varepsilon\rangle$$

$$\leqslant \frac{1}{2}\langle (A_\varepsilon - A_0)z_\varepsilon, z_\varepsilon\rangle - \frac{1}{2}\langle (A_\varepsilon - A_0)w, w\rangle + \Psi_0'(w)v_\varepsilon - \Psi_\varepsilon'(w)v_\varepsilon$$

$$= \frac{1}{2}\langle (A_\varepsilon - A_0)v_\varepsilon, v_\varepsilon\rangle + \langle (A_\varepsilon - A_0)w, v_\varepsilon\rangle + \Psi_0'(w)v_\varepsilon - \Psi_\varepsilon'(w)v_\varepsilon.$$

这说明

$$\|v_\varepsilon\|^2 - \langle A_\varepsilon v_\varepsilon, v_\varepsilon\rangle \leqslant \langle (A_\varepsilon - A_0)w, v_\varepsilon\rangle + \langle \psi_0(w) - \psi_\varepsilon(w), v_\varepsilon\rangle,$$

并且通过 (A2) 和 (N2), 我们还能得到

$$(1 - \theta)\|v_\varepsilon\|^2 \leqslant o_\varepsilon(1)\|v_\varepsilon\|,$$

进而证明所需结论. □

作为引理 6.4.11 的一个推论, 我们先给出泛函族 $I_\varepsilon$ 以及 $I_0$ 的关系, 即如下推论.

**推论 6.4.12** 若条件 (A1)—(A2) 以及 (N1)—(N3) 成立, 则对每个 $v \in X$, 当 $\varepsilon \to 0$ 时, 我们有 $I_\varepsilon(v) \to I_0(v)$.

**证明** 正如在引理 6.4.11 的证明中一样, 我们对取定的 $v \in X$, 记 $z_\varepsilon = v + h_\varepsilon(v)$, $w = v + h_0(v)$ 以及 $v_\varepsilon = z_\varepsilon - w$.

由 $I_\varepsilon$ 的定义以及引理 6.4.11, 我们只需证明当 $\varepsilon \to 0$ 时, $\Psi_\varepsilon(z_\varepsilon) \to \Psi_0(w)$ 即可. 事实上, 当 $\varepsilon \to 0$ 时, 我们已经有

$$\langle A_\varepsilon z_\varepsilon, z_\varepsilon\rangle = \langle A_0 w, w\rangle + \langle (A_\varepsilon - A_0)w, w\rangle + O(\|v_\varepsilon\|)$$

以及 $\|v_\varepsilon\| = o_\varepsilon(1)$.

由 (6.4.5), 我们得到

$$\Psi_\varepsilon(z_\varepsilon) = \int_0^1 \Psi_\varepsilon'(tz_\varepsilon)z_\varepsilon dt = \int_0^1 \int_0^t \Psi_\varepsilon''(sz_\varepsilon)[z_\varepsilon, z_\varepsilon]ds dt, \tag{6.4.17}$$

$$\Psi_0(w) = \int_0^1 \Psi_0'(tw)w dt = \int_0^1 \int_0^t \Psi_0''(sw)[w, w]ds dt. \tag{6.4.18}$$

此外, 由 (N3), 我们不难推出关于函数族 $\{f_\varepsilon\}$, 其中

$$f_\varepsilon : [0, 1] \to \mathbb{R}, \ f_\varepsilon(t) = \Psi_\varepsilon'(tz_\varepsilon)z_\varepsilon$$

是一致有界且等度连续的. 则由 Arzelà-Ascoli 定理, 得到 $\{f_\varepsilon\}$ 在 $C[0, 1]$ 中是紧集. 注意到, 当 $\varepsilon \to 0$ 时, 在 $E$ 中我们有 $z_\varepsilon \to w$, 进而我们就有 $f_\varepsilon(t) \to f_0(t)$ 在闭区间 $[0, 1]$ 上点点成立. 因此, $f_\varepsilon$ 在 $C[0, 1]$-拓扑下收敛到 $f_0$. 结合 (6.4.17) 与 (6.4.18), 当 $\varepsilon \to 0$ 时, 我们就有 $\Psi_\varepsilon(z_\varepsilon)$ 收敛到 $\Psi_0(w)$. □

接下来, 对于 $\varepsilon \neq 0$, 我们将给出 $I_\varepsilon$ 的几何结构. 首先回顾我们假设

$$c_0 = \inf_{e \in X \setminus \{0\}} \sup_{z \in E_e} \Phi_0(z) \tag{6.4.19}$$

是 $\Phi_0$ 的临界值, 则我们有如下命题.

**命题 6.4.13**  在定理 6.4.5 的假设条件下, 当 $\varepsilon > 0$ 充分小时, $I_\varepsilon$ 满足山路定理的条件:

(1) $I_\varepsilon(0) = 0$ 且存在与 $\varepsilon$ 无关的常数 $r > 0$ 以及 $\tau > 0$ 使得 $I_\varepsilon|_{S_r^X} \geqslant \tau$;

(2) 存在 $v_0 \in X$ 使得 $\|v_0\| > r$ 且 $I_\varepsilon(v_0) < 0$. 此外,

$$c_\varepsilon' = \inf_{\nu \in \Gamma_\varepsilon} \max_{t \in [0,1]} I_\varepsilon(\nu(t)) \tag{6.4.20}$$

是 $I_\varepsilon$ 的一个临界值, 其中

$$\Gamma_\varepsilon = \left\{ \nu \in C([0,1], X) : \nu(0) = 0,\ I_\varepsilon(\nu(1)) < 0 \right\}.$$

在证明命题 6.4.13 之前, 我们将先给出一些关于定义在 (6.4.19) 中 $\Phi_0$ 的临界值 $c_0$ 的等价刻画. 这些等价刻画将在后续证明中起到至关重要的作用. 记

$$c_0' = \inf_{\nu \in \Gamma_0} \max_{t \in [0,1]} I_0(\nu(t)),$$

以及

$$c_0'' = \inf_{e \in X \setminus \{0\}} \sup_{t \geqslant 0} I_0(te),$$

其中 $\Gamma_0 := \left\{ \nu \in C([0,1], X) : \nu(0) = 0,\ I_0(\nu(1)) < 0 \right\}.$

**引理 6.4.14**  若条件 (A1)—(A2), (N1)—(N5) 以及 (I1)—(I2) 成立. 如果 $c_0 < \infty$ 是 $\Phi_0$ 的临界值, 则 $c_0 = c_0' = c_0''$.

**证明**  显然地, 由 (I2) 以及 $c_0 < \infty$, 直接由 $I_0$ 的定义即有 $c_0' \leqslant c_0'' \leqslant c_0$. 因此, 下面我们将仅仅证明 $c_0 \leqslant c_0'$.

**断言 1**  若 $v \in X \setminus \{0\}$ 满足 $I_0'(v)v = 0$, 则 $I_0''(v)[v, v] < 0$.

为了证明断言 1, 我们首先需要做一些基本的计算. 回顾 $h_0(v)$ 的定义 (它是 $\phi_v$ 在 $Y$ 上的唯一临界点), 我们就有

$$-\langle h_0(v), y \rangle + \langle A_0(v + h_0(v)), y \rangle - \Psi_0'(v + h_0(v))y = 0, \quad \forall y \in Y. \tag{6.4.21}$$

记 $z = v + h_0(v)$ 以及 $w = h_0'(v)v - h_0(v)$, 则

$$I_0'(v)v = \|v\|^2 - \langle h_0(v), h_0'(v)v \rangle + \langle A_0(v + h_0(v)), v + h_0'(v)v \rangle$$
$$- \Psi_0'(v + h_0(v))(v + h_0'(v)v)$$

$$= \|v\|^2 + \langle A_0\big(v + h_0(v)\big), v\rangle - \Psi_0'\big(v + h_0(v)\big)v$$

$$= \|v\|^2 - \langle h_0(v), z^Y + y\rangle + \langle A_0\big(v + h_0(v)\big), z + y\rangle$$

$$\quad - \Psi_0'\big(v + h_0(v)\big)(z + y)$$

$$= \Phi_0'(z)(z + y) \tag{6.4.22}$$

对所有 $y \in Y$ 成立. 由于 (6.4.21) 对 $v \in X$ 都成立, 通过等式两边对 $v$ 求导数, 我们得到

$$0 \equiv -\langle -h_0'(v)v, y\rangle + \langle A_0\big(v + h_0'(v)v\big), y\rangle$$

$$\quad - \Psi_0''\big(v + h_0(v)\big)\big[(v + h_0'(v)v), y\big] \tag{6.4.23}$$

对所有 $y \in Y$ 成立. 因此, 我们在 (6.4.23) 中选取 $y = z^Y + w = h_0'(v)v$, 即有

$$I_0''(v)[v, v] = \|v\|^2 + \langle A_0(z + w), v\rangle - \Psi_0''(z)[z + w, v]$$

$$= \|v\|^2 - \|z^Y + w\|^2 - \langle A_0(z + w), z + w\rangle$$

$$\quad - \Psi_0''(z)[z + w, z + w]$$

$$= \Phi_0''(z)[z + w, z + w]. \tag{6.4.24}$$

考虑到 $\Phi_0'(z)z = I_0'(v)v = 0$(可由 (6.4.22) 得到), 则由 (N5) 以及 $z \neq 0$, 我们就能推出

$$I_0''(v)[v, v] = \Phi_0''(z)[z + w, z + w]$$

$$= \Phi_0''(z)[z, z] + 2\Phi_0''(z)[z, w] + \Phi_0''(z)[w, w]$$

$$= \|z^X\|^2 - \|z^Y\|^2 + \langle A_0 z, z\rangle - \Psi_0''(z)[z, z]$$

$$\quad + 2\big(-\langle z^X, w\rangle + \langle A_0 z, w\rangle - \Psi_0''(z)[z, w]\big)$$

$$\quad + \big(-\|w\|^2 + \langle A_0 w, w\rangle - \Psi_0''(z)[w, w]\big)$$

$$= \big(\Psi_0'(z)z - \Psi_0''(z)[z, z]\big) + 2\big(\Psi_0'(z)w - \Psi_0''(z)[z, w]\big)$$

$$\quad - \Psi_0''(z)[w, w] - \|w\|^2 + \langle A_0 w, w\rangle$$

$$< 0. \tag{6.4.25}$$

现取 $v \in X \setminus \{0\}$, 我们看出函数 $t \mapsto I_0(tv)$ 至多存在一个非平凡的临界点 $t = t(v) > 0$ 其 (如果存在) 将是最大值点. 记

$$\mathscr{M} = \big\{t(v)v : v \in X \setminus \{0\},\ t(v) < \infty\big\}.$$

因为 $c_0$ 是 $\Phi_0$ 的临界值, 则 $\mathscr{M} \neq \varnothing$. 同时, 我们还注意到

$$c_0'' = \inf_{z \in \mathscr{M}} I_0(z).$$

此外, 由 (I2) 以及 $\mathscr{M} \neq \varnothing$, 我们得到 $\Gamma_0 \neq \varnothing$.

**断言 2**　$c_0'' = c_0$.

取 $e \in \mathscr{M}$, 则 $\Phi_0'\big(e + h_0(e)\big)\big|_{E_e} = 0$. 因此 $c_0 \leqslant \max\limits_{z \in E_e} \Phi_0(z) = I_0(e)$, 这就可推出 $c_0 \leqslant c_0''$.

**断言 3**　$c_0'' \leqslant c_0'$.

我们仅需证明对于给定的 $\nu \in \Gamma_0$, 存在 $\bar{t} \in [0, 1]$ 使得 $\nu(\bar{t}) \in \mathscr{M}$. 若不然, 也就是 $\nu([0, 1]) \cap \mathscr{M} = \varnothing$. 由 (I1), 我们有

$$I_0'(\nu(t))\nu(t) > 0, \quad \text{当 } t > 0 \text{ 充分小}.$$

因为函数 $t \mapsto I_0'(\nu(t))\nu(t)$ 是连续的且 $I_0'(\nu(t))\nu(t) \neq 0$ 对所有 $t \in (0, 1]$ 成立, 我们就得到

$$I_0'(\nu(t))\nu(t) > 0, \quad \forall t \in [0, 1].$$

则由 (N4), 我们就能推得

$$\begin{aligned}
I_0(\nu(t)) &= \frac{1}{2} I_0(\nu(t))\nu(t) + \widehat{\Psi}_0\big(\nu(t) + h_0(\nu(t))\big) \\
&\geqslant \frac{1}{2} I_0(\nu(t))\nu(t) > 0
\end{aligned}$$

对所有 $t \in (0, 1]$ 都成立, 这就得到矛盾.

由上面断言 1、断言 2 以及断言 3, 我们就完成了引理 6.4.14 的证明.　　□

**证明**　[命题 6.4.13 的证明]　由于对任意的 $v \in X$, 我们有 $I_\varepsilon(v) \geqslant \Phi_\varepsilon(v)$. 因此, (1) 很容易地从 (I1) 得到.

为了证明 (2), 记 $w = w^X + w^Y \in E = X \oplus Y$ 为 $\Phi_0$ 的临界点使得 $\Phi_0(w) = c_0$. 则由命题 6.4.9 可得 $w^Y = h_0\big(w^X\big)$. 作为引理 6.4.14 的一个直接推论, 我们有

$$c_0 = I_0\big(w^X\big) = \max_{t \geqslant 0} I_0\big(tw^X\big),$$

且由 (I2), 我们得到存在充分大的 $t_0 > 0$ 使得

$$I_0\big(t_0 w^X\big) < -1.$$

结合推论 6.4.12, 当 $\varepsilon \to 0$ 时, 我们立即得到

$$I_\varepsilon\big(t_0 w^X\big) = I_0\big(t_0 w^X\big) + o(1) \leqslant -\frac{1}{2} + o_\varepsilon(1).$$

因此, 存在 $\varepsilon_0 > 0$ 使得 $I_\varepsilon\big(t_0 w^X\big) < 0$ 对所有 $\varepsilon \in (0, \varepsilon_0]$ 都成立.

在山路结构下, 我们可以得到 $I_\varepsilon$ 的一列 $(C)_{c'_\varepsilon}$-序列 $\{v_\varepsilon^n\}_{n=1}^\infty$. 由命题 6.4.9 以及 $\Phi_\varepsilon$ 的 $\mathscr{G}$-弱 $(C)_{c'_\varepsilon}$-条件, 我们得出, 存在 $v_\varepsilon \neq 0$ 使得 $I'_\varepsilon(v_\varepsilon) = 0$. 此外, 由 (N4), 我们得到

$$
\begin{aligned}
c'_\varepsilon &= \lim_{n\to\infty} \left( I_\varepsilon(v_\varepsilon^n) - \frac{1}{2} I'_\varepsilon(v_\varepsilon^n) v_\varepsilon^n \right) \\
&= \lim_{n\to\infty} \left( \Phi_\varepsilon\big(v_\varepsilon^n + h_\varepsilon(v_\varepsilon^n)\big) - \frac{1}{2} \Phi'_\varepsilon\big(v_\varepsilon^n + h_\varepsilon(v_\varepsilon^n)\big)\big(v_\varepsilon^n + h_\varepsilon(v_\varepsilon^n)\big) \right) \\
&= \lim_{n\to\infty} \left( \frac{1}{2} \Psi'_\varepsilon\big(v_\varepsilon^n + h_\varepsilon(v_\varepsilon^n)\big)\big(v_\varepsilon^n + h_\varepsilon(v_\varepsilon^n)\big) - \Psi_\varepsilon\big(v_\varepsilon^n + h_\varepsilon(v_\varepsilon^n)\big) \right) \\
&= \lim_{n\to\infty} \widehat{\Psi}_\varepsilon\big(v_\varepsilon^n + h_\varepsilon(v_\varepsilon^n)\big) \geqslant \widehat{\Psi}_\varepsilon\big(v_\varepsilon + h_\varepsilon(v_\varepsilon)\big) \\
&= I_\varepsilon(v_\varepsilon) - \frac{1}{2} I'_\varepsilon(v_\varepsilon) v_\varepsilon = I_\varepsilon(v_\varepsilon) > 0.
\end{aligned}
\tag{6.4.26}
$$

令

$$
c''_\varepsilon := \inf_{e \in X\setminus\{0\}} \sup_{t\geqslant 0} I_\varepsilon(te),
$$

并回顾在定理 6.4.5 中定义的 $c_\varepsilon$,

$$
c_\varepsilon := \inf_{e \in X\setminus\{0\}} \sup_{z \in E_e} \Phi_\varepsilon(z).
$$

我们首先重复引理 6.4.14 中断言 1 的证明, 我们将得到: 对于 $e \in X\setminus\{0\}$, 函数 $t \mapsto I_\varepsilon(te)$ 至多存在一个非平凡临界点 $t = t(e) > 0$ 并且它 (如果存在) 将是最大值点.

注意 (6.4.26) 以及 $v_\varepsilon \in X\setminus\{0\}$ 是 $I_\varepsilon$ 的一个临界点, 说明

$$
c''_\varepsilon \leqslant \sup_{t\geqslant 0} I_\varepsilon(tv_\varepsilon) = I_\varepsilon(v_\varepsilon) \leqslant c'_\varepsilon < \infty.
$$

在另一方面, 我们不难验证 $c'_\varepsilon \leqslant c''_\varepsilon$. 因此, 我们就有 $c'_\varepsilon = c''_\varepsilon$. 同时, 由 $h_\varepsilon$ 的定义可知

$$
I_\varepsilon(te) = \Phi_\varepsilon\big(te + h_\varepsilon(te)\big) = \max_{w \in Y} \Phi_\varepsilon(te + w),
$$

进而有

$$
\sup_{t\geqslant 0} I_\varepsilon(te) = \sup_{t\geqslant 0} \max_{w \in Y} \Phi_\varepsilon(te + w) = \sup_{z \in E_e} \Phi_\varepsilon(z).
$$

这就蕴含着 $c_\varepsilon = c''_\varepsilon$. 通过对 $e \in X\setminus\{0\}$ 取下确界, 我们就得到 $c_\varepsilon = c'_\varepsilon = c''_\varepsilon$.

由上面的讨论, 如果我们能证明

$$
I_\varepsilon(v_\varepsilon) \geqslant c''_\varepsilon,
\tag{6.4.27}
$$

则我们就能立即从 (6.4.26) 推出 $I_\varepsilon(v_\varepsilon) = c_\varepsilon'$.

事实上, 若记

$$\mathscr{M}_\varepsilon := \left\{ t(v)v : \ v \in X \setminus \{0\}, \ 0 < t(v) < \infty \text{ 使得 } I_\varepsilon'(t(v)v)v = 0 \right\},$$

我们就有

$$c_\varepsilon'' = \inf_{z \in \mathscr{M}_\varepsilon} I_\varepsilon(z).$$

由于 $v_\varepsilon \in \mathscr{M}_\varepsilon$, (6.4.27) 显然成立. 这就完成了命题 6.4.13 的证明.    □

由命题 6.4.13, 我们有如下引理.

**引理 6.4.15**  取 $\varepsilon \in (0, \varepsilon_0]$ 使得命题 6.4.13 成立, 则 $c_\varepsilon = c_\varepsilon' = c_\varepsilon''$ 将刻画出 $\Phi_\varepsilon$ 的极小能量.

为了完成抽象定理 (定理 6.4.5) 的证明, 我们将描述由命题 6.4.13 所找到的临界值的渐近收敛行为.

**引理 6.4.16**  取 $\varepsilon \in (0, \varepsilon_0]$ 使得命题 6.4.13 成立, 则当 $\varepsilon \to 0$ 时, $c_\varepsilon \leqslant c_0 + o_\varepsilon(1)$.

**证明**  再次记 $w = w^X + w^Y \in E = X \oplus Y$ 为 $\Phi_0$ 的临界点使得 $\Phi_0(w) = I_0(w^X) = c_0$. 选取 $t_0 > 0$ 使得 $I_0(t_0 w^X) \leqslant -1$. 由引理 6.4.14 以及引理 6.4.15, 当 $\varepsilon \to 0$ 时, 我们仅需证明

$$I_\varepsilon(tw^X) = I_0(tw^X) + o_\varepsilon(1) \quad \text{关于 } t \in [0, t_0] \text{ 一致成立}. \tag{6.4.28}$$

如此一来, 我们仅需证明函数族 $\{f_\varepsilon\} \subset C[0, t_0]$,

$$f_\varepsilon(t) := I_\varepsilon(tw^X)$$

是一致有界且等度连续的. 如果能够证明 $\{f_\varepsilon\}$ 在 $C[0, t_0]$ 中是紧的, 则由推论 6.4.12 就能得到 (6.4.28) 成立.

显然, $f_\varepsilon \in C^1$ 并且 $\{f_\varepsilon\}$ 以及 $\{f_\varepsilon'\}$ 在闭区间 $[0, t_0]$ 上的一致有界性可直接由 (A1)—(A2) 以及 (N3) 得到. 故利用 Arzelà-Ascoli 定理, 我们即得 $\{f_\varepsilon\}$ 在 $C[0, t_0]$ 中是紧集. 因此, 当 $\varepsilon \to 0$ 时, 由 (6.4.28) 我们就得到

$$c_\varepsilon \leqslant \sup_{t \geqslant 0} I_\varepsilon(tw^X) = \sup_{t \in [0, t_0]} I_\varepsilon(tw^X) = \sup_{t \in [0, t_0]} I_0(tw^X) + o_\varepsilon(1)$$

$$= \sup_{t \geqslant 0} I_0(tw^X) + o_\varepsilon(1) = I_0(w^X) + o_\varepsilon(1)$$

$$= c_0 + o_\varepsilon(1).$$

这就完成了引理 6.4.16 的证明.    □

现在, 结合命题 6.4.13、引理 6.4.15 以及引理 6.4.16, 我们就可总结下面的结论, 并结合命题 6.4.9 就可完成对抽象临界点定理 (定理 6.4.5) 的所有证明.

**命题 6.4.17** 在定理 6.4.5 的假设条件下, 对充分小的 $\varepsilon > 0$, $I_\varepsilon$ 拥有一个非平凡临界值

$$c_\varepsilon = \inf_{e \in X \setminus \{0\}} \sup_{t \geqslant 0} I_\varepsilon(te).$$

此外, 当 $\varepsilon \to 0$ 时, $c_\varepsilon \leqslant c_0 + o_\varepsilon(1)$.

### 6.4.2 修正泛函

正如 6.1 节, 方程能重新写为

$$\mathcal{J} \partial_t z = -Az - V_\varepsilon(x)z + g(|z|)z, \quad z = (u, v),$$

或更一般的形式

$$Lz + V_\varepsilon(x)z = g(|z|)z, \quad z = (u, v), \tag{6.4.29}$$

其中 $L := \mathcal{J} \partial_t + A, A = \mathcal{J}_0(-\Delta_x + 1)$. 回顾 6.2 节, 对于 $r \geqslant 1$, 我们引入下面的 Banach 空间

$$B_r(\mathbb{R} \times \mathbb{R}^N, \mathbb{R}^{2M}) := W^{1,r}(\mathbb{R}, L^r(\mathbb{R}^N, \mathbb{R}^{2M})) \cap L^r(\mathbb{R}, W^{2,r}(\mathbb{R}^N, \mathbb{R}^{2M})),$$

并赋予范数

$$\|z\|_{B_r} := \left( \iint_{\mathbb{R} \times \mathbb{R}^N} \left( |z|^r + |\partial_t z|^r + |\Delta_x z|^r \right) dx dt \right)^{\frac{1}{r}}. \tag{6.4.30}$$

在后文中, 如若不发生混淆, 我们将上述空间简记为 $B_r$.

现在我们将算子 $L$ 作用在函数空间 $L^2 := L^2(\mathbb{R} \times \mathbb{R}^N, \mathbb{R}^{2M})$ 上. 不难发现, 此时 $L$ 成为一个自伴微分算子并伴有定义域

$$\mathcal{D}(L) = B_2 := W^{1,2}(\mathbb{R}, L^2(\mathbb{R}^N, \mathbb{R}^{2M})) \cap L^2(\mathbb{R}, W^{2,2}(\mathbb{R}^N, \mathbb{R}^{2M})).$$

记 $\sigma(L)$ 与 $\sigma_e(L)$ 分别为算子 $L$ 的谱集以及本质谱集.

**命题 6.4.18** $\sigma(L) = \sigma_e(L) \subset \mathbb{R} \setminus (-1, 1)$. 特别地, $\sigma(L)$ 关于原点对称.

**证明** 由 $V(x)$ 关于 $x_j$ 是 $T_j$-周期的可知 $L$ 是 $\mathbb{Z}$-作用不变的, 因此, $\sigma(L) = \sigma_e(L)$.

假设 $\mu \in \sigma(L)$, 则存在 $z_n = (u_n, v_n) \in \mathcal{D}(L), |z_n|_2 = 1$ 使得 $|(L-\mu)z_n|_2 \to 0$. 则我们有

$$((L - \mu)z_n, \mathcal{J}_0 z_n)_2 = (\mathcal{J} \partial_t z_n, \mathcal{J}_0 z_n)_2 + (\mathcal{J}_0(-\Delta_x + 1)z_n, \mathcal{J}_0 z_n)_2 - \mu(z_n, \mathcal{J}_0 z_n)_2$$

$$= ((-\Delta_x + 1)z_n, \bar{z}_n)_2 - \mu(z_n, \bar{z}_n)_2$$
$$\geqslant 1 - |\mu|.$$

令 $n \to \infty$ 就有 $|\mu| \geqslant 1$, 即 $\sigma(L) \subset \mathbb{R} \setminus (-1, 1)$.

令 $\lambda \in \sigma(L) \cap (0, \infty), z_n \in \mathcal{D}(L), |z_n|_2 = 1$ 使得 $|(L - \lambda)z_n|_2 \to 0$. 我们需要证明 $-\lambda \in \sigma(L)$. 定义 $\hat{z}_n = \mathcal{F}_1 z_n$, 其中

$$\mathcal{F}_1 = \begin{pmatrix} -I & 0 \\ 0 & I \end{pmatrix}.$$

则 $|\hat{z}_n|_2 = 1$. 显然 $\mathcal{F}_1 \mathcal{J} = -\mathcal{J}\mathcal{F}_1, \mathcal{F}_1 \mathcal{J}_0 = -\mathcal{J}_0 \mathcal{F}_1$ 且

$$L\hat{z}_n = -\mathcal{F}_1 L z_n.$$

因此, 当 $n \to \infty$ 时

$$|(L - (-\lambda))\hat{z}_n|_2 = |\mathcal{F}_1(L - \lambda)z_n|_2 = |(L - \lambda)z_n|_2 \to 0.$$

这意味着 $-\lambda \in \sigma(L)$. 类似地, 若 $\lambda \in \sigma(L) \cap (-\infty, 0)$, 则 $-\lambda \in \sigma(L)$. 因此, $\sigma(L)$ 是对称的. □

由命题 6.4.18 以及重复 6.2 节的变分框架操作, 函数空间 $L^2$ 将具有正交分解:

$$L^2 = L^+ \oplus L^-, \quad z = z^+ + z^-, \tag{6.4.31}$$

使得算子 $L$ 分别在 $L^+$ 与 $L^-$ 上是正定和负定的. 为了构造能量泛函使得其临界点成为方程 (6.4.1) 的解, 我们引入 $E := (|L|^{\frac{1}{2}})$ 并赋予内积

$$\langle z_1, z_2 \rangle = \left(|L|^{\frac{1}{2}} z_1, |L|^{\frac{1}{2}} z_2\right)_2,$$

以及诱导范数 $\|z\| = \langle z, z \rangle^{\frac{1}{2}}$, 其中 $|L|$ 以及 $|L|^{\frac{1}{2}}$ 分别表示算子 $L$ 的绝对值以及 $|L|$ 的平方根. 作为介于函数空间 $B_2$ 和 $L^2$ 之间的插值空间, $E$(构成 Hilbert 空间) 将具有直和分解

$$E = E^+ \oplus E^-, \quad 其中 E^\pm = E \cap L^\pm.$$

此分解关于 $(\cdot, \cdot)_2$ 以及 $\langle \cdot, \cdot \rangle$ 都是正交的. 由上述空间分解, 我们记 $z = z^+ + z^- \in E$, 并引入下面的二次型

$$a(z_1, z_2) = \langle z_1^+, z_2^+ \rangle - \langle z_1^-, z_2^- \rangle, \quad 其中 z_1, z_2 \in E.$$

如此定义的二次型 $a(\cdot, \cdot)$ 在 $E$ 上是对称且连续的, 对于 $z_1, z_2 \in B_2$ 恰有

$$a(z_1, z_2) = \int_{\mathbb{R}} \int_{\mathbb{R}^N} Lz_1 \cdot z_2 dx dt.$$

我们在此引入次临界假设条件: $H : \mathbb{R}^M \times \mathbb{R}^M \to \mathbb{R}$ 满足 $H(\xi) = G(|\xi|) := \int_0^{|\xi|} g(s)s\, ds$, 且 $g(0) = 0$, 存在常数 $p \in (2, 2(N+2)/N)$, $c_1 > 0$ 使得对所有 $s \geqslant 0$ 都有 $g(s) \leqslant c_1(1 + s^{p-2})$. 可见, 存在常数 $a_1, a_2$ 使得

$$|\nabla H(z)| \leqslant a_1|z| + a_2|z|^{\frac{N+4}{N}}, \quad \text{其中 } z \in \mathbb{R}^{2M}.$$

注意到, 当 $N \geqslant 2$ 时, $E$ 连续地嵌入 $L^r$, $r \in [2, 2(N+2)/N]$; 紧嵌入 $L^r_{\text{loc}}$, $r \in [1, 2(N+2)/N)$. 因而, 经过标准的验证就可以得到

$$J_\varepsilon(z) = \frac{1}{2}a(z, z) + \frac{1}{2}\int_{\mathbb{R}} \int_{\mathbb{R}^N} V_\varepsilon(x)|z|^2 dx dt - \int_{\mathbb{R}} \int_{\mathbb{R}^N} G(|z|) dx dt, \quad z \in E$$

是 Frechét 可微的, 且这样定义的泛函的所有临界点都将是方程 (6.4.29) 的解.

由于 $\sigma(L) \subset \mathbb{R} \setminus (-1, 1)$, 我们可得

$$|z|_2^2 \leqslant \|z\|^2, \quad \text{其中 } z \in E. \tag{6.4.32}$$

如此, 由算子 $L$ 带来的 $E$ 上的分解同样对 $L^r$ 产生了自然的诱导分解, 即存在常数 $d_r > 0$ 使得

$$d_r|z^{\pm}|_r^r \leqslant |z|_r^r, \quad \text{其中 } z \in E. \tag{6.4.33}$$

一个很自然的想法是通过定理 6.4.5 来寻找泛函的临界点, 并随后获得关于临界点的渐近行为. 但由于 $\mathscr{G}$-弱 $(C)_c$-条件的缺失, 我们发现抽象临界点定理很难直接应用到泛函族上. 下面, 我们将转向对原问题的能量泛函族做一定的修正使之能够适应于抽象定理中的各项条件.

选取 $s_0 > 0$ 使得 $g'(s_0)s_0 + g(s_0) = (a - |V|_\infty)/2$, 于是我们将考察新的函数 $\tilde{g} \in C^1(0, \infty)$, 其定义为

$$\frac{d}{ds}(\tilde{g}(s)s) = \begin{cases} g'(s)s + g(s), & s \leqslant s_0, \\ (a - |V|_\infty)/2, & s > s_0, \end{cases} \tag{6.4.34}$$

并且令

$$f(\cdot, s) = \chi_\Lambda g(s) + (1 - \chi_\Lambda)\tilde{g}(s), \tag{6.4.35}$$

其中 $\Lambda$ 就是出现在定理 6.4.1 条件中的有界开集, $\chi_\Lambda$ 为特征函数. 不难验证, 由条件 $(H_1)$ 与 $(H_2)$ 就能得到 $F$ 为 Carathéodory 函数并满足

($F_1$) $f_s(x,s)$ 几乎处处存在, 当 $\lim\limits_{s\to 0} f(x,s) = 0$ 关于 $x \in \mathbb{R}^N$ 一致成立;

($F_2$) 对所有 $x$ 有 $0 \leqslant f(x,s)s \leqslant g(s)s$;

($F_3$) 对任意的 $x \notin \Lambda$ 及 $s > 0$, 有 $0 < 2F(x,s) \leqslant f(x,s)s^2 \leqslant (a - |V|_\infty)s^2/2$, 其中 $F(x,s) = \displaystyle\int_0^s f(x,\tau)\tau d\tau$;

($F_4$) (i) 如果 ($H_3$) 满足, 则对任意的 $x \notin \Lambda$ 以及 $s > 0$, 有 $0 < F(x,s) \leqslant f(x,s)s^2/\theta$,

(ii) 如果 ($H_3'$) 满足, 则对任意的 $s > 0$, 有 $\widehat{F}(x,s) := f(x,s)s^2/2 - F(x,s) > 0$;

($F_5$) 对任意的 $x$ 以及 $s > 0$, 有 $d(f(x,s)s)/ds \geqslant 0$;

($F_6$) ($H_3$) 或 ($H_3'$) 成立, 都有当 $s \to \infty$ 时, $\widehat{F}(x,s) \to \infty$ 关于 $x \in \mathbb{R}^N$ 一致成立.

为了符号使用方便, 我们分别用 $f_\varepsilon(x,s)$, $F_\varepsilon(x,s)$ 表示 $f(\varepsilon x, s)$, $F(\varepsilon x, s)$. 现在我们定义修正泛函 $\Phi_\varepsilon : E \to \mathbb{R}$ 如下

$$\begin{aligned}
\Phi_\varepsilon(z) &= \frac{1}{2}a(z,z) + \frac{1}{2}\int_{\mathbb{R}}\int_{\mathbb{R}^N} V_\varepsilon(x)|z|^2 dxdt - \int_{\mathbb{R}}\int_{\mathbb{R}^N} F_\varepsilon(x,|z|)dxdt \\
&= \frac{1}{2}(\|z^+\|^2 - \|z^-\|^2) + \frac{1}{2}\int_{\mathbb{R}}\int_{\mathbb{R}^N} V_\varepsilon(x)|z|^2 dxdt - \Psi_\varepsilon(z), \quad z \in E.
\end{aligned}$$

则我们看到, $\Phi_\varepsilon \in C^2(E,\mathbb{R})$ 且 $\Phi_\varepsilon$ 的临界点对应于下面方程的解

$$Lz + V_\varepsilon(x)z = f_\varepsilon(x,|z|)z, \quad z = (u,v).$$

在后面, 我们假设 $0 \in \Lambda$, 因此对应的极限方程为

$$Lz + V_0 z = g(|z|)z, \quad z = (u,v),$$

对应的能量泛函为

$$\begin{aligned}
\Phi_0(z) &= \frac{1}{2}a(z,z) + \frac{1}{2}\int_{\mathbb{R}}\int_{\mathbb{R}^N} V_0|z|^2 dxdt - \int_{\mathbb{R}}\int_{\mathbb{R}^N} G(|z|)dxdt \\
&= \frac{1}{2}(\|z^+\|^2 - \|z^-\|^2) + \frac{1}{2}\int_{\mathbb{R}}\int_{\mathbb{R}^N} V_0|z|^2 dxdt - \Psi_0(z), \quad z \in E,
\end{aligned}$$

其中 $V_0 := V(0)$.

为了应用之前建立的抽象定理, 我们将对泛函族展开逐步分析. 如同 6.2 节中建立的框架, 我们有 $E = E^+ \oplus E^-$, 并且 $A_\varepsilon$ 通过定义 $z \mapsto |L|^{-1}V_\varepsilon(\cdot)z$ 将自然地成为 $E$ 上的自伴算子. 类似地, $A_0$ 将定义为 $z \mapsto |L|^{-1}V_0 z$. 显然, 我们所面对的泛函 $\Phi_\varepsilon$ 以及 $\Phi_0$ 具有我们在抽象理论中需要的形式. 我们将在后续验证所有抽象临界点定理中出现的条件.

### 6.4.3　群作用

我们用 $\star$ 表示 $\mathscr{G} := \mathbb{R}$ 在函数空间 $E$ 上的平移作用: 对于 $z \in E$ 以及 $g \in \mathscr{G}$, 定义 $(g \star z)(t, x) = z(t - g, x)$. 注意到, $V$ 以及 $H$ 与时间变量 $t$ 无关, 我们就得到, 对所有的 $\varepsilon > 0, \Phi_\varepsilon$ 都是 $\mathscr{G}$-不变的. 此外, 若用 $\bar{\star}$ 表示: $\mathscr{G}' = \mathbb{R} \times \mathbb{R}^N$ 在 $E$ 上的作用: $(g' \bar{\star} z)(t, x) = z(t - g_1, x - g_2)$, 其中 $g' = (g_1, g_2) \in \mathscr{G}'$. 我们即得 $\Phi_0$ 在作用 $\mathscr{G}'$ 下是不变的.

**二次型部分**　从定义 $A_\varepsilon, A_0 \in \mathcal{L}(E)$ 以及 (6.4.32), 可知

$$
\begin{aligned}
\|A_\varepsilon\| &= \sup\{\langle A_\varepsilon z, z \rangle : u \in E, \|z\| = 1\} \\
&= \sup\{(A_\varepsilon z, z)_2 : u \in E, \|z\| = 1\} \\
&\leqslant |V|_\infty \cdot \sup\{(z, z)_2 : u \in E, \|z\| = 1\} \\
&\leqslant |V|_\infty < 1.
\end{aligned}
$$

因此 (A1) 成立. 现验证 (A2). 注意到, 当 $\varepsilon \to 0$ 时, $V_\varepsilon(x) \to V_0(x)$ 在有界集上一致成立. 因此, 对每一个 $z \in E$, 当 $\varepsilon \to 0$ 时, 我们得到

$$
\begin{aligned}
\|A_\varepsilon z - A_0 z\| &= \sup_{\|w\|=1} \langle (A_\varepsilon - A_0)z, w \rangle \\
&= \sup_{\|w\|=1} ((V_\varepsilon(\cdot) - V_0)z, w)_2 \\
&\leqslant \sup_{\|w\|=1} |(V_\varepsilon(\cdot) - V_0)z|_2 |w|_2 \\
&\leqslant |(V_\varepsilon(\cdot) - V_0)z|_2 = o(1).
\end{aligned}
$$

因此 (A2) 成立.

**非线性部分**　非线性部分的性质 (N1)—(N5) 将基于条件 $(F_1)$—$(F_6)$.

$$
G(|z|) = \int_0^{|z|} g(s)s\, ds \geqslant \int_0^{|z|} f_\varepsilon(x, s)s\, ds = F_\varepsilon(x, |z|),
$$

即 $\Psi_0(z) \geqslant \Psi_\varepsilon(z) \geqslant 0$. 注意到 $d(g(s)s)/ds \geqslant 0$ 以及 $d(f_\varepsilon(x, s)s)/ds \geqslant 0$ 对所有 $x \in \mathbb{R}^N$ 成立, 我们就得到 $\Psi_\varepsilon''(z)[w, w] \geqslant 0$ 对所有 $z, w \in E$ 以及 $\varepsilon \in \mathcal{E}$ 成立.

回顾我们对非线性函数 $H$ 的假设条件 (见 $(H_1)$, $(H_3)$ 或 $(H_3')$). 结合嵌入 $E \hookrightarrow L^r, r \in [2, (2(N+2))/N)$, 我们立即得出当 $z_n \rightharpoonup z$ 时就有 $\{z_n\}$ 在 $L^r$ 有界并在 $L^r_{\text{loc}}$ 中收敛到 $z$, $r \in [1, (2(N+2))/N)$. 此外, 注意到我们假设 $0 \in \Lambda$, 故 $\chi_\Lambda(\varepsilon x) \to 1$ a.e. $x \in \mathbb{R}^N$. 进而, 不难直接验证对于 $\Psi_\varepsilon, \varepsilon \in \mathcal{E}$, 条件 (N1) 及 (N2) 均满足. 此处, 我们值得注意的是 $|L|^{-1} : E^* \to E$ 就是由 Riesz 表示定理所诱导的同胚映射.

(N3) 的成立较为显然, 这是因为我们修正后的非线性函数满足

$$|f_\varepsilon(x,s)| \leqslant |\chi_\Lambda(\varepsilon x)g(s)| + |1 - \chi_\Lambda(\varepsilon x)\tilde{g}(s)| \leqslant |g(s)| + |\tilde{g}(s)|$$

对所有 $z \in \mathbb{R}^{2M}$ 都成立. 因此, 由 (H$_1$) 以及嵌入 $E \hookrightarrow L^{\frac{2(N+2)}{N}}$, 我们就有

$$|\Psi_\varepsilon''(z)[v,w]| \leqslant C_1\|v\| \cdot \|w\| + C_2\|z\|^{\frac{4}{N}} \cdot \|v\| \cdot \|w\|,$$

进而 (N3) 成立.

接下来仅剩 (N4) 与 (N5) 的验证. 由于对泛函 $\Psi_0$ 的验证过程将与对 $\Psi_\varepsilon$ 的验证类似, 我们将仅对后者做详细说明. 首先, 注意到 (F$_3$) 以及 (F$_4$) 说明

$$\hat{F}(x,s) := \frac{1}{2}f(x,s)s^2 - F(x,s) > 0.$$

直接计算发现, 当 $z \neq 0$ 时

$$\hat{\Psi}_\varepsilon(z) = \int_\mathbb{R}\int_{\mathbb{R}^N} \frac{1}{2}f_\varepsilon(x,|z|)|z|^2 - F_\varepsilon(x,|z|)dxdt > 0,$$

并且序列下半连续将直接地由 Fatou 引理给出. 接下来, 为了验证 (N5), 我们注意到对任意 $z,v,w \in E$

$$\Psi_\varepsilon'(z)w = \int_\mathbb{R}\int_{\mathbb{R}^N} f_\varepsilon(x,|z|)z \cdot w dxdt,$$

以及

$$\Psi_\varepsilon''(z)[v,w] = \int_\mathbb{R}\int_{\mathbb{R}^N} f_\varepsilon(x,|z|)v \cdot w + \partial_s f_\varepsilon(x,|z|)|z|\frac{z \cdot v}{|z|} \cdot \frac{z \cdot w}{|z|}dxdt.$$

我们就得到

$$(\Psi_\varepsilon''(z)[z,z] - \Psi_\varepsilon'(z)z) + 2(\Psi_\varepsilon''(z)[z,w] - \Psi_\varepsilon'(z)w) + \Psi_\varepsilon''(z)[w,w]$$

$$= \int_\mathbb{R}\int_{\mathbb{R}^N} f_\varepsilon(x,|z|)|w|^2 + \partial_s f_\varepsilon(x,|z|)|z|\left(|z| + \frac{z \cdot w}{|z|}\right)^2 dxdt. \qquad (6.4.36)$$

结合 (F$_1$), 我们立马由上述等式得到 (N5).

### 6.4.4  几何结构与 $\mathscr{G}$-弱紧性

从条件 (H$_1$) 以及 $F$ 的定义, 我们得到, 存在 $C > 0$ 使得

$$|G(|z|)| \leqslant \frac{1 - |V|_\infty}{4}|z|^2 + C|z|^{\frac{2(N+2)}{N}}, \qquad (6.4.37)$$

以及

$$|F(x,|z|)| \leqslant \frac{1 - |V|_\infty}{4}|z|^2 + C|z|^{\frac{2(N+2)}{N}} \tag{6.4.38}$$

对所有 $(x, z) \in \mathbb{R} \times \mathbb{R}^{2M}$ 都成立. 因此, 我们有如下引理.

**引理 6.4.19** 存在 $\rho, \tau > 0$, 均与 $\varepsilon \in \mathcal{E}$ 无关, 使得 $\Phi_\varepsilon|_{B_\rho^+} \geqslant 0$ 并且 $\Phi_\varepsilon|_{S_\rho^+} \geqslant \tau$, 其中

$$B_\rho^+ := B_\rho \cap E^+ = \{z \in E^+ : \|z\| \geqslant \rho\},$$

$$S_\rho^+ := \partial B_\rho^+ = \{z \in E^+ : \|z\| = \rho\}.$$

**证明** 为了方便, 记 $2^* = 2(N+2)/N$. 注意到, 通过嵌入 $E \hookrightarrow L^{2^*}$, 对于 $z \in E$, 我们有 $|z|_{2^*} \leqslant C\|z\|$. 引理的证明将显而易见, 这是因为对于 $z \in E^+$,

$$\begin{aligned}
\Phi(z) &= \frac{1}{2}\|z\|^2 + \frac{1}{2}\int_{\mathbb{R}}\int_{\mathbb{R}^N} V_\varepsilon(x)|z|^2 dx dt - \Psi_\varepsilon(z) \\
&\geqslant \frac{1}{2}\|z\|^2 - \frac{|V|_\infty}{2}\int_{\mathbb{R}}\int_{\mathbb{R}^N}|z|_2^2 dx dt - \left(\frac{1-|V|_\infty}{4}|z|_2^2 + C|z|_{2^*}^{2^*}\right) \\
&\geqslant \frac{1-|V|_\infty}{4}\|z\|^2 - C'\|z\|^{2^*},
\end{aligned}$$

其中 $C, C' > 0$ 与 $\varepsilon$ 无关, 由 $2^* > 2$ 立即得到所要结论. $\qquad \square$

上述引理直接说明条件 (I1) 对于泛函族 $\{\Phi_\varepsilon\}_{\varepsilon \in \mathcal{E}}$ 成立. 条件 (I2) 的证明则将分成下面两个引理来叙述.

**引理 6.4.20** 对于超二次非线性问题, 即 (H₃) 成立. 对 $e \in E^+ \setminus \{0\}$, 当 $z \in E_e$ 且 $\|z\| \to \infty$ 时, $\Phi_0(z) \to -\infty$.

**证明** 首先由 (H₁) 以及 (H₃)(i), 可知对任意 $\delta > 0$ 存在 $c_\delta > 0$ 使得

$$G(|z|) \geqslant c_\delta|z|^\beta - \delta|z|^2, \quad \forall z \in \mathbb{R}^{2M}.$$

任取 $e \in E^+ \setminus \{0\}$, 由 (6.4.33), 对于 $z = se + v \in E_e$, 我们有

$$\begin{aligned}
\Phi_0(z) &= \frac{1}{2}\|se\|^2 - \frac{1}{2}\|v\|^2 + \frac{1}{2}\int_{\mathbb{R}}\int_{\mathbb{R}^N} V_\varepsilon(x)|se+v|^2 dx dt - \Psi_0(se+v) \\
&\leqslant \frac{s^2}{2}\|e\|^2 - \frac{1}{2}\|v\|^2 + \frac{|V|_\infty}{2}|se+v|_2^2 + \delta|se+v|_2^2 - c_\delta|se+v|_\beta^\beta \\
&\leqslant \frac{1+|V|_\infty + 2\delta}{2}s^2\|e\|^2 - \frac{1-|V|_\infty - 2\delta}{2}\|v\|^2 - c_\delta s^\beta|e|_\beta^\beta.
\end{aligned}$$

由于 $\beta > 2$, 取 $\delta$ 充分小, 我们就得到所要结论. $\qquad \square$

**引理 6.4.21** 对于渐近二次非线性问题, 即 (H₃′) 成立. 当 $z \in E_e$ 且 $\|z\| \to \infty$ 时, 就有 $\sup_{z \in E_e} \Phi_0(z) = \infty$ 或 $\Phi_0(z) \to -\infty$.

**证明**　首先我们假设 $\sup\limits_{z\in E_e}\Phi_0(z)=C<\infty$. 则由引理 6.4.19, 不妨取 $C>0$. 若不然, 存在序列 $\{z_n\}\subset E_e$ 满足 $\|z_n\|\to\infty$ 且存在 $C_0>0$ 使得 $\Phi_0(z_n)\geqslant -C_0$ 对所有 $n$ 成立. 记 $v_n=z_n/\|z_n\|$, 则 $\|v_n\|=1$. 因此, 存在 $v\in E$ 使得 $v_n\rightharpoonup v, v_n^-\to v^-, v_n^+\to v^+\in\mathbb{R}^+e$, 以及

$$-\frac{C_0}{\|z_n\|}\leqslant\frac{\Phi_0(z_n)}{\|z_n\|}\leqslant\frac{1}{2}\|v_n^+\|^2-\frac{1}{2}\|v_n^-\|^2+\frac{|V|_\infty}{2}|v_n|_2^2.\tag{6.4.39}$$

我们断言 $v^+\neq 0$. 事实上, 若不然, 则当 $n\to\infty$ 时, 由 (6.4.39) 得到

$$\frac{1-|V|_\infty}{2}\|v_n^-\|^2\leqslant\frac{1+|V|_\infty}{2}\|v_n^+\|^2+\frac{C_0}{\|z_n\|}\to 0,$$

得到矛盾.

通过计算得到, 对于 $\lambda>0$,

$$\frac{d}{d\lambda}\Phi_0(\lambda v_n)=\frac{1}{\lambda}\Phi_0'(\lambda v_n)(\lambda v_n)=\frac{1}{\lambda}(2\Phi_0(\lambda v_n)-2\hat{\Psi}_0(\lambda v_n))$$

$$\leqslant\frac{2C}{\lambda}-\frac{2}{\lambda}\int_\mathbb{R}\int_{\mathbb{R}^N}\hat{G}(\lambda|v_n|)dxdt.$$

同时, 对于充分小的 $\delta>0$, 我们有

$$\int_\mathbb{R}\int_{\mathbb{R}^N}\hat{G}(\lambda|v_n|)dxdt\geqslant\iint_{\{(t,x)\in\mathbb{R}\times\mathbb{R}^N:|v_n|\geqslant\delta\}}\hat{G}(\lambda|v_n|)dxdt$$

$$\geqslant\tilde{G}_\delta(\lambda)\cdot\left|\{(t,x)\in\mathbb{R}\times\mathbb{R}^N:|v_n|\geqslant\delta\}\right|,\tag{6.4.40}$$

其中

$$\tilde{G}_\delta(\lambda):=\inf\{\hat{G}(|z|):z\in\mathbb{R}^{2M},|z|\geqslant\delta\}.$$

此外, 不难验证当 $\delta$ 取得充分小时, $\left|\{(t,x)\in\mathbb{R}\times\mathbb{R}^N:|v_n|\geqslant\delta\}\right|\geqslant r_0$ 对于适当的 $r_0>0$ 及所有 $n$ 都成立. 事实上, 如果这样的 $r_0$ 不存在, 我们就有 $v_n\to 0$. 但是这将与 $v^+\neq 0$ 的事实矛盾. 现在, 由 (6.4.40) 以及 $(\mathrm{H}_3')$(ii), 当 $\lambda\to\infty$ 时, 我们推得 $\tilde{G}_\delta(\lambda)\to\infty$ 并且

$$\frac{d}{d\lambda}\Phi_0(\lambda v_n)\leqslant\frac{2C}{\lambda}-2r_0\frac{\tilde{G}_\delta}{\lambda}$$

$$\leqslant\frac{2C}{\lambda}-\frac{3C}{\lambda}$$

$$=-\frac{C}{\lambda}$$

对所有 $n$ 以及 $\lambda \geqslant \lambda_0$ 成立, 其中 $\lambda_0 > 0$ 充分大. 因此, 当 $n \to \infty$ 时, 我们有

$$
\begin{aligned}
\Phi_0(z_n) = \Phi_0(\|z_n\|v_n) &= \int_0^{\|z_n\|} \frac{d}{d\lambda} \Phi_0(\lambda v_n) d\lambda \\
&\leqslant \Phi_0(\lambda_0 v_n) - \int_{\lambda_0}^{\|z_n\|} \frac{C}{\lambda} d\lambda \\
&\leqslant C - C \int_{\lambda_0}^{\|z_n\|} \frac{1}{\lambda} d\lambda \to -\infty,
\end{aligned}
$$

这就得到矛盾. $\qquad\square$

下面的引理将致力于证明修正后的泛函 $\Phi_\varepsilon$ 的 $\mathscr{G}$-弱紧性. 由 $(\mathrm{F}_4)(\mathrm{i})$, 我们不难得到当 $(\mathrm{H}_3)(\mathrm{i})$ 满足时,

$$
\hat{F}(x,s) \geqslant \frac{\beta-2}{2\beta} f(x,s)s^2 \geqslant \frac{\beta-2}{2} F(x,s) > 0 \tag{6.4.41}
$$

对所有 $x \in \Lambda$ 及 $s > 0$ 成立. 结合 $(\mathrm{H}_3)(\mathrm{ii})$ 可得

$$
(f(x,s)s)^\sigma \leqslant a_1 f(x,s)s^2 \leqslant a_2 \hat{F}(x,s) \tag{6.4.42}
$$

对所有 $|z| \geqslant r_1$ 以及 $x \in \Lambda$ 成立, 其中 $\sigma = p/(p-1)$ 以及 $r_1$ 取得适当小使得

$$
|f(x,s)| \leqslant \frac{1-|V|_\infty}{4}, \quad \forall s \leqslant s_1, \ x \in \mathbb{R}^N. \tag{6.4.43}
$$

**引理 6.4.22** 对任意 $\varepsilon > 0, c \in \mathbb{R} \setminus \{0\}$, $\Phi_\varepsilon$ 满足 $\mathscr{G}$-弱 $(\mathrm{C})_c$-条件.

**证明** 我们将从任意 $\Phi_\varepsilon$ 的 $(\mathrm{C})_c$-序列的有界性开始证明. 事实上, 取序列 $\{z_n\}$ 满足

$$
\Phi_\varepsilon(z_n) \to c \quad \text{以及} \quad (1+\|z_n\|)\Phi_\varepsilon'(z_n) \to 0 \ (n \to \infty).
$$

因此, 存在 $C > 0$ 使得

$$
C \geqslant \Phi_\varepsilon(z_n) - \frac{1}{2}\Phi_\varepsilon'(z_n)z_n = \int_{\mathbb{R}} \int_{\mathbb{R}^N} \hat{F}_\varepsilon(x,|z_n|)dxdt > 0, \tag{6.4.44}
$$

以及

$$
\begin{aligned}
o_n(1) = \Phi_\varepsilon'(z_n)(z_n^+ - z_n^-) = &\|z_n\|^2 + \int_{\mathbb{R}} \int_{\mathbb{R}^N} V_\varepsilon(x)z_n \cdot (z_n^+ - z_n^-)dxdt \\
&- \int_{\mathbb{R}} \int_{\mathbb{R}^N} f_\varepsilon(x,|z_n|)z_n \cdot (z_n^+ - z_n^-)dxdt. \tag{6.4.45}
\end{aligned}
$$

**情形 1　超二次非线性条件**　由 $F$ 的定义以及 (6.4.45), 我们立即得到

$$
\|z_n\|^2 - |V|_\infty \int_{\mathbb{R}} \int_{\mathbb{R}^N} |z_n| \cdot |z_n^+ - z_n^-| dx dt
$$

$$
\leqslant \int_{\mathbb{R}} \int_{\mathbb{R}^N} f_\varepsilon(x, |z_n|) |z_n| \cdot |z_n^+ - z_n^-| dx dt + o_n(1)
$$

$$
\leqslant \int_{\mathbb{R}} \int_{\Lambda_\varepsilon} f_\varepsilon(x, |z_n|) |z_n| \cdot |z_n^+ - z_n^-| dx dt
$$

$$
+ \frac{1 - |V|_\infty}{2} \int_{\mathbb{R}} \int_{\mathbb{R}^N} |z_n| \cdot |z_n^+ - z_n^-| dx dt + o_n(1), \tag{6.4.46}
$$

其中 $\Lambda_\varepsilon := \{x \in \mathbb{R}^N : \varepsilon x \in \Lambda\}$. 因此, 再由 (6.4.42) 及 (6.4.43), 我们不难验证

$$
\frac{1 - |V|_\infty}{4} \|z_n\|^2 \leqslant \iint_{\{(t,x) \in \mathbb{R} \times \Lambda_\varepsilon : |z_n| \geqslant r_1\}} f_\varepsilon(x, |z_n|) |z_n| \cdot |z_n^+ - z_n^-| dx dt + o_n(1)
$$

$$
\leqslant \left( \iint_{\{(t,x) \in \mathbb{R} \times \Lambda_\varepsilon : |z_n| \geqslant r_1\}} \left( f_\varepsilon(x, |z_n|) |z_n| \right)^\sigma dx dt \right)^{\frac{1}{\sigma}} |z_n^+ - z_n^-|_p
$$

$$
+ o_n(1).
$$

由 (6.4.42), (6.4.44) 以及 Sobolev 嵌入定理, 我们得到

$$
\frac{1 - |V|_\infty}{4} \|z_n\|^2 \leqslant C_1 \|z_n\| + o_n(1).
$$

因此 $\{z_n\}$ 在 $E$ 中是有界的.

**情形 2　渐近二次非线性条件**　在这种情形, 假设当 $n \to \infty$ 时, $\|z_n\| \to \infty$ 并记 $v_n = z_n / \|z_n\|$. 则 $|v_n|_2^2 \leqslant C_2$ 且 $|v_n|_{2^*}^2 \leqslant C_3$, 其中 $2^* := (2(N+2))/N$. 由 (6.4.33) 以及 (6.4.45), 我们得出

$$
o(1) = \|z_n\|^2 \left( \|v_n\|^2 + \int_{\mathbb{R}} \int_{\mathbb{R}^N} V_\varepsilon(x) v_n \cdot (v_n^+ - v_n^-) dx dt \right.
$$

$$
\left. - \int_{\mathbb{R}} \int_{\mathbb{R}^N} f_\varepsilon(x, |z_n|) v_n \cdot (v_n^+ - v_n^-) dx dt \right)
$$

$$
\geqslant \|z_n\|^2 \left( (1 - |V|_\infty) - \int_{\mathbb{R}} \int_{\mathbb{R}^N} f_\varepsilon(x, |z_n|) v_n \cdot (v_n^+ - v_n^-) dx dt \right).
$$

因此

$$
\liminf_{n \to \infty} \int_{\mathbb{R}} \int_{\mathbb{R}^N} f_\varepsilon(x, |z_n|) v_n \cdot (v_n^+ - v_n^-) dx dt \geqslant \ell := 1 - |V|_\infty. \tag{6.4.47}
$$

为了得到矛盾, 我们首先记

$$
d(r) := \inf\{\hat{F}(x, s) : x \in \mathbb{R}^N \text{ 且 } s > r\},
$$

$$\Omega_n(\rho, r) := \{(t, x) \in \mathbb{R} \times \mathbb{R}^N : \rho \leqslant |z_n(t, x)| \leqslant r\},$$

以及

$$c_\rho^r := \inf\left\{\frac{\hat{F}(x, s)}{s^2} : x \in \mathbb{R}^N \text{ 且 } \rho \leqslant s \leqslant r\right\},$$

由 (F$_6$) 知, 当 $r \to \infty$ 时, $d(r) \to \infty$. 因此

$$\hat{F}_\varepsilon(x, |z_n(t, x)|) \geqslant c_\rho^r |z_n(t, x)|^2, \quad \forall (t, x) \in \Omega_n(\rho, r).$$

再由 (6.4.44), 我们就有

$$C \geqslant \iint_{\Omega_n(0, \rho)} \hat{F}(\varepsilon x, |z_n|)dxdt + c_\rho^r \iint_{\Omega_n(0, \rho)} |z_n|^2 dxdt + d(r) \cdot |\{\Omega_n(r, \infty)\}|.$$

注意到, 上述估计式说明当 $r \to \infty$ 时, $|\{\Omega_n(r, \infty)\}| \leqslant C/d(r) \to 0$ 关于 $n$ 一致成立, 并且对于任意取定的 $0 < \rho < r$, 当 $n \to \infty$ 时,

$$\iint_{\Omega_n(\rho, r)} |v_n|^2 dxdt = \frac{1}{\|z_n\|^2} \iint_{\Omega_n(\rho, r)} |z_n|^2 dxdt \leqslant \frac{C}{c_\rho^r \|z_n\|^2} \to 0.$$

现在, 我们选取 $0 < \delta < \ell/3$. 由 (F$_1$), 存在 $\rho_\delta > 0$ 使得

$$f_\varepsilon(x, s) < \frac{\delta}{C_2}$$

对所有 $x \in \mathbb{R}^N$ 以及 $s \in [0, \rho_\delta]$ 成立. 因此,

$$\iint_{\Omega_n(0, \rho_\delta)} f_\varepsilon(x, |z_n|)|v_n| \cdot |v_n^+ - v_n^-|dxdt \leqslant \frac{\delta}{C_2}|v_n|_2^2 \leqslant \delta$$

对所有 $n$ 成立. 由 (H$_1$), (H$_3'$)(i) 以及 $F$ 的定义, 存在 $\tilde{C} > 0$ 使得 $0 \leqslant f(x, z) \leqslant \tilde{C}$ 对所有 $(x, z)$ 成立. 利用 Hölder 不等式, 我们可选取 $r_\delta$ 充分大使得

$$\iint_{\Omega_n(r_\delta, \infty)} f_\varepsilon(x, |z_n|)|v_n| \cdot |v_n^+ - v_n^-|dxdt$$

$$\leqslant \tilde{C} \iint_{\Omega_n(r_\delta, \infty)} |v_n| \cdot |v_n^+ - v_n^-|dxdt$$

$$\leqslant \tilde{C} \cdot |\{\Omega_n(r_\delta, \infty)\}|^{\frac{1}{N+2}} \cdot |v_n|_2 \cdot |v_n^+ - v_n^-|_2$$

$$\leqslant \tilde{C}' \cdot |\{\Omega_n(r_\delta, \infty)\}|^{\frac{1}{N+2}} \leqslant \delta$$

对所有 $n$ 成立. 此外, 存在充分大的 $n_0$ 使得

$$\iint_{\Omega_n(\rho_\delta,r_\delta)} f_\varepsilon(x,|z_n|)|v_n|\cdot|v_n^+ - v_n^-|dxdt$$

$$\leqslant \tilde{C}\iint_{\Omega_n(\rho_\delta,r_\delta)} |v_n|\cdot|v_n^+ - v_n^-|dxdt$$

$$\leqslant \tilde{C}\cdot|v_n|_2\left(\iint_{\Omega_n(\rho_\delta,r_\delta)}|v_n|^2 dxdt\right)^{\frac{1}{2}} \leqslant \delta$$

对所有 $n \geqslant n_0$ 成立. 因此, 当 $n$ 充分大时, 我们就有

$$\int_\mathbb{R}\int_{\mathbb{R}^N} f_\varepsilon(x,|z_n|)|v_n|\cdot|v_n^+ - v_n^-|dxdt \leqslant 3\delta < \ell,$$

这就得到矛盾. 因此 $\{z_n\}$ 的有界性得到证明.

下一步, 我们将证明 $(\mathrm{C})_c$-序列 $\{z_n\}$ 的 $\mathscr{G}$-弱紧性, 其中 $c \neq 0$. 固定 $\varepsilon > 0$, 选取 $\varphi \in C_0^\infty(\mathbb{R}^N)$ 使得 $\overline{\Lambda_\varepsilon} \subset \mathrm{supp}\,\varphi$ 并且

$$\varphi(x) = \begin{cases} 1, & x \in \overline{\Lambda_\varepsilon}, \\ 0, & x \notin N_1(\overline{\Lambda_\varepsilon}), \end{cases}$$

其中 $N_1(\overline{\Lambda_\varepsilon}) := \{x \in \mathbb{R}^N : \mathrm{dist}(x,\overline{\Lambda_\varepsilon}) < 1\}$. 记 $z_n' = \varphi\cdot z_n$, 则由 $\{z_n\}$ 的有界性知, $\{z_n'\}$ 在 $E$ 中也是有界的. 我们断言存在 $\{g_n\} \subset \mathscr{G} := \mathbb{R}$ 以及 $t_0,\delta_0 > 0$ 使得

$$\int_{g_n-t_0}^{g_n+t_0}\int_{N_1(\overline{\Lambda_\varepsilon})} |z_n'|^2 dxdt \geqslant \delta_0, \quad \forall n \geqslant 1. \tag{6.4.48}$$

则由紧嵌入 $E \hookrightarrow L_{\mathrm{loc}}^2$, 我们就得到新序列 $\{g_n \star z_n\}$ 拥有一列弱收敛子列, 并满足其弱极限在 $E \setminus \{0\}$ 中 (此处我们利用到 $|z_n| \geqslant |z_n'|$).

现在我们证明 (6.4.48), 若不然, 也就是

$$\lim_{n\to\infty}\sup_{g\in\mathbb{R}}\int_{g-r}^{g+r}\int_{N_1(\overline{\Lambda_\varepsilon})} |z_n'|^2 dxdt = 0, \quad \forall r > 0.$$

由于 $\Lambda_\varepsilon$ 是有界集, 结合 $z_n'$ 的定义, 我们可得到 $\{z_n'\}$ 是消失的. 由 Lions 集中紧性原理[80], 我们就有 $|z_n'|_q \to 0$ 对所有 $q \in (2,2(N+2)/N)$ 都成立. 此时, 由 (6.4.43), (6.4.45) 及 $F$ 的定义, 我们即得

$$\frac{1-|V|_\infty}{4}\|z_n\|^2$$

$$\leqslant \iint_{\{(t,x)\in\mathbb{R}\times\Lambda_\varepsilon:|z_n|\geqslant r_1\}} f_\varepsilon(x,|z_n|)|z_n|\cdot|z_n^+ - z_n^-|dxdt + o_n(1)$$

$$\leqslant \iint_{\{(t,x)\in\mathbb{R}\times N_1(\overline{\Lambda_\varepsilon}):|z_n'|\geqslant r_1\}} f_\varepsilon(x,|z_n'|)|z_n'|\cdot|z_n^+ - z_n^-|dxdt + o_n(1).$$

值得注意的是, 上面的估计对于超二次与渐近二次非线性条件都是成立的. 此外, 必定存在常数 $C_0 > 0$ 以及 $p_0 \in (2, 2(N+2)/N)$ 使得

$$|f(x,s)| \leqslant C_0 s^{p_0 - 2}, \ \forall x \in \mathbb{R}^N \ \text{以及} \ s \geqslant r_1.$$

事实上, 对于超二次非线性条件, 我们可选取 $p_0 = p$; 对于渐近二次非线性条件, 我们可选取 $p_0 = q \in (2, 2(N+2)/N)$. 则由 Hölder 不等式以及 $|z_n'|_q \to 0$ 对所有 $q \in (2, 2(N+2)/N)$ 成立的事实, 我们就得到在 $E$ 中 $z_n \to 0$, 这就蕴含着 $\Phi_\varepsilon(z_n) \to 0$. 这将与我们的假设 ($\{z_n\}$ 是 (C)$_c$-序列满足 $c \neq 0$) 矛盾. □

### 6.4.5 自治系统

接下来, 我们还需验证在条件 (H$_1$), (H$_2$) 以及 (H$_3$) 或 (H$_3'$) 下, 泛函 $\Phi_0$ 具有临界值

$$c_0 = \inf_{r \in E^+ \backslash \{0\}} \sup_{z \in E_e} \Phi_0(z) < \infty,$$

其中 $E_e = \mathbb{R}^+ e \oplus E^-$.

下面, 我们将考察自治系统

$$\begin{cases} \partial_t u = \Delta_x u - v - \mu u + H_v(u,v), \\ -\partial_t v = \Delta_x v - u - \mu u + H_u(u,v), \end{cases} \tag{6.4.49}$$

其中 $\mu \in (-1,1)$. 注意到 $H(\xi) = \displaystyle\int_0^{|\xi|} g(s) s \, ds, \ \forall \xi \in \mathbb{R}^{2M}$, 则 (6.4.49) 能写为如下形式

$$Lz + \mu z = g(|z|) z,$$

其中 $z = (u,v)$. 方程 (6.4.49) 的解对应于下列 $\mathscr{G}'$-不变泛函的临界点

$$\mathscr{T}_\mu := \frac{1}{2} \left( \|z^+\|^2 - \|z^-\|^2 \right) + \frac{\mu}{2} \int_{\mathbb{R}} \int_{\mathbb{R}^N} |z|^2 \, dx \, dt - \Psi_0(z),$$

其中 $z = z^+ + z^- \in E = E^+ \oplus E^-$. 显然地, 当 $\mu = V_0$ 时, 我们所定义的 $\mathscr{T}_{V_0}$ 恰好就是 $\Phi_0$. 下面, 为了记号上的方便, 我们记

$$\mathscr{H}_\mu := \{ z \in E \backslash \{0\} : \mathscr{T}_\mu'(z) = 0 \} \ \text{以及} \ \gamma_\mu := \inf \{ \mathscr{T}_\mu(z) : z \in \mathscr{H}_\mu \}.$$

下面的两个命题, 作为已知的关于系统 (6.4.49) 的存在性结论, 将在后续证明中用到.

**命题 6.4.23** 设 (H$_1$) 及 (H$_3$) 成立, 则超二次非线性系统 (6.4.49) 存在一个非平凡解 $z$, 且对所有 $r \geqslant 2$, $z$ 属于 $B_r(\mathbb{R} \times \mathbb{R}^N, \mathbb{R}^{2M})$.

**命题 6.4.24** 设 ($H_1$) 及 ($H_3'$) 成立, 则渐近二次非线性系统存在一个非平凡解 $z$, 且对所有 $r \geqslant 2, z$ 属于 $B_r(\mathbb{R} \times \mathbb{R}^N, \mathbb{R}^{2M})$.

上述命题将通过应用强不定泛函的环绕定理证得, 相关的证明可在文献中完全查到.

对于固定的 $v \in E^+$, 令 $\phi_v : E^- \to \mathbb{R}$ 定义为 $\phi_v(w) = \mathscr{T}_\mu(v + w)$. 我们有

$$\phi_v(w) \leqslant \frac{1 + |\mu|}{2}\|v\|^2 - \frac{1 - |\mu|}{2}\|w\|^2. \tag{6.4.50}$$

此外, 对于任意的 $w, z \in E^-$,

$$\begin{aligned}\phi_v''(w)[z, z] &= -\|z\|^2 - \mu \int_{\mathbb{R}} \int_{\mathbb{R}^N} |z|^2 dx dt - \Psi_0''(v + w)[z, z] \\ &\leqslant -(1 - |\mu|)\|z\|^2,\end{aligned} \tag{6.4.51}$$

上式利用到了 $\Psi_0$ 的凸性. 作为 (6.4.50) 以及 (6.4.51) 的直接推论, 我们得到, 存在唯一的 $C^1$ 映射 $\mathscr{T}_\mu : E^+ \to E^-$ 使得

$$\mathscr{T}_\mu(v + \mathscr{T}_\mu(v)) = \max_{w \in E^-} \mathscr{T}_\mu(v + w).$$

在此, 类似于 6.4.1 节, 我们知道 $\mathscr{T}_\mu$ 的有界性以及 $C^1$ 光滑性.

现在, 我们考察新定义的泛函

$$\mathscr{R}_\mu : E^+ \to \mathbb{R}, \quad \mathscr{R}_\mu(v) = \mathscr{T}_\mu(v + \mathscr{J}_\mu(v)).$$

此处, 值得注意的是, 泛函 $\mathscr{R}_\mu$ 以及 $\mathscr{J}_\mu$ 的临界点直接存在一一对应关系, 即映射 $v \mapsto v + \mathscr{J}_\mu(v)$. 记

$$\Gamma_\mu = \{\nu \in C([0, 1], E^+) : \nu(0) = 0, \mathscr{R}_\mu(\nu(1)) < 0\},$$

并考虑下面的极小极大刻画

$$d_\mu^1 = \inf_{\nu \in \Gamma_\mu} \max_{t \in [0,1]} \mathscr{R}_\mu(\nu(t)) \quad \text{以及} \quad d_\mu^2 = \inf_{v \in E^+ \setminus \{0\}} \max_{t \geqslant 0} \mathscr{R}_\mu(tv),$$

我们就有如下结论.

**引理 6.4.25** 对于自治系统 (6.4.49), 设 ($H_1$), ($H_2$) 以及 ($H_3$) 或 ($H_3'$) 成立, 则

(1) $\gamma_\mu > 0$ 可达, 且 $\gamma_\mu = d_\mu^1 = d_\mu^2$;

(2) 当 $\mu_1 > \mu_2$, 就有 $\gamma_{\mu_1} > \gamma_{\mu_2}$.

**证明** 首先证明 (1), 我们取 $\{z_n\} \subset \mathscr{H}_\mu$ 使得 $\mathscr{T}_\mu(z_n) \to \gamma_\mu$. 显然, $\{z_n\}$ 是一个 $(C)_{\gamma_\mu}$-序列, 进而是有界序列.

**断言**  $\inf\{\|z\| : z \in \mathscr{H}_\mu\} > 0$.

事实上, 对于 $z \in \mathscr{H}_\mu$, 我们有

$$0 = \|z\|^2 + \mu \int_{\mathbb{R}} \int_{\mathbb{R}^N} z \cdot (z^+ - z^-) dx dt - \Psi_0(z)(z^+ - z^-).$$

利用 $(\mathrm{H}_1)$, 对于充分小的 $\delta > 0$,

$$(1 - |\mu|)\|z\|^2 \leqslant \Psi_0(z)(z^+ - z^-) \leqslant \delta|z|_2^2 + C_\delta|z|_{2^*}^{2^*},$$

这说明 $\|z\|^2 \leqslant C'_\delta\|z\|^{2^*}$ 或者等价地, $C''_\delta \leqslant \|z\|^{2^*-2}$, 进而断言得到证明.

我们不难得到 $\gamma_\mu \geqslant 0$, 并且如果 $\gamma_\mu = 0$, 我们立即得到

$$(1 - |\mu|)\|z_n\|^2 \leqslant \Psi_0(z_n)(z_n^+ - z_n^-) = \int_{\mathbb{R}} \int_{\mathbb{R}^N} g(|z_n|)z_n \cdot (z_n^+ - z_n^-) dx dt, \quad (6.4.52)$$

以及

$$o(1) = \mathscr{T}_\mu(z_n) = \mathscr{T}_\mu(z_n) - \frac{1}{2}\mathscr{T}'_\mu(z_n)z_n = \int_{\mathbb{R}} \int_{\mathbb{R}^N} \widehat{G}(|z_n|) dx dt. \quad (6.4.53)$$

对于超二次非线性项来说, 采用类似于引理 6.4.22(见情形 1) 的讨论, 我们就有

$$\frac{1 - |\mu|}{4}\|z_n\|^2$$

$$\leqslant \left( \iint_{\{(t,x) \in \mathbb{R} \times \Lambda_\varepsilon : |z_n| \geqslant r_1\}} (g(|z_n|)|z_n|)^\sigma dx dt \right)^{\frac{1}{\sigma}} |z_n^+ - z_n^-|_p + o_n(1)$$

$$\leqslant C \left( \int_{\mathbb{R}} \int_{\mathbb{R}^N} \widehat{G}(|z_n|) dx dt \right)^{\frac{1}{\sigma}} \|z_n\| + o_n(1).$$

结合 (6.4.53), 我们就推得当 $n \to \infty$ 时, $\|z_n\| \to 0$, 得到矛盾. 对于渐近二次非线性条件, 由 (6.4.52) 以及 $\inf_{n \geqslant 1} \|z_n\| > 0$ 就可得 $\{z_n\}$ 非消失. 再根据 $\mathscr{T}_\mu$ 是 $\mathscr{G}'$-不变的, 平移变换意义之下, 我们不妨设 $z_n \rightharpoonup z_0 \in \mathscr{H}_\mu$. 因为对任意的 $z \in \mathbb{R}^{2M}$ 成立 $\widehat{G}(|z|) \geqslant 0$, 故由 Fatou 引理, 有 $\iint_{\mathbb{R}} \int_{\mathbb{R}^N} \widehat{G}(|z_0|) dx dt = 0$. 这与 $z_0 \neq 0$ 矛盾.

上述证明得出 $\{z_n\}$ 是 $\mathscr{H}_\mu$ 中的一列非消失序列且满足 $\mathscr{T}_\mu(z_n) \to \gamma_\mu$. 由集中紧原理以及 $\mathscr{T}_\mu$ 的 $\mathscr{G}'$-不变性, 我们即得 $\gamma_\mu$ 是可达的.

注意到 $\gamma_\mu$ 是 $\mathscr{H}_\mu$ 的极小能量, 则不难验证 $\gamma_\mu \leqslant d_\mu^1 \leqslant d_\mu^2$. 为了证明 $d_\mu^2 \leqslant \gamma_\mu$, 我们注意到: 对于 $v \in E^+ \setminus \{0\}$, 函数 $t \mapsto \mathscr{R}_\mu(tv)$ 至多存在一个非平凡临界点 $t = t(v) > 0$, 且若此临界点存在, 则其将成为该函数的最大值点. 记

$$\mathscr{M}_\mu := \{t(v)v : v \in E^+ \setminus \{0\}, t(v) < \infty\},$$

则我们就有 $\mathscr{M}_\mu \neq \varnothing$ (这是因为 $\gamma_\mu$ 可以取到). 同时,

$$d_\mu^2 = \inf_{v \in \mathscr{M}_\mu} \mathscr{R}_\mu(v).$$

注意到, 对 $z \in \mathscr{H}_\mu$ 满足 $\mathscr{T}_\mu(z) = \gamma_\mu$, 则由引理 6.4.20 以及引理 6.4.21, 我们有 $\mathscr{R}_\mu(tz^+) \to -\infty$ 并且 $z^+ \in \mathscr{M}_\mu$ 满足 $\mathscr{R}(z^+) = \gamma_\mu$. 因此, $d_\mu^2 \leqslant \mathscr{R}(z^+) = \gamma_\mu$.

现在证明 (2). 取 $z \in \mathscr{H}_{\mu_1}$ 满足 $\mathscr{T}_{\mu_1}(z) = \gamma_{\mu_1}$, 我们就有 $z^+$ 是 $\mathscr{R}_{\mu_1}$ 的临界点且 $\gamma_{\mu_1} = \mathscr{R}_{\mu_1}(z^+) = \max_{t \geqslant 0} \mathscr{R}_{\mu_1}(tz^+)$. 取 $\tau > 0$ 使得 $\mathscr{R}_{\mu_2}(\tau z^+) = \max_{t \geqslant 0} \mathscr{R}_{\mu_2}(tz^+)$, 我们就有

$$\begin{aligned}
\gamma_{\mu_1} = \mathscr{R}_{\mu_1}(z^+) &= \max_{t \geqslant 0} \mathscr{R}_{\mu_1}(tz^+) \\
&\geqslant \mathscr{R}_{\mu_1}(\tau z^+) = \mathscr{T}_{\mu_1}\big(\tau z^+ + \mathscr{J}_{\mu_1}(\tau z^+)\big) \\
&\geqslant \mathscr{T}_{\mu_1}\big(\tau z^+ + \mathscr{J}_{\mu_2}(\tau z^+)\big) \\
&= \mathscr{T}_{\mu_2}\big(\tau z^+ + \mathscr{J}_{\mu_2}(\tau z^+)\big) + \frac{\mu_1 - \mu_2}{2}\big|\tau z^+ + \mathscr{J}_{\mu_2}(\tau z^+)\big|_2^2 \\
&= \mathscr{R}_{\mu_2}(\tau z^+) + \frac{\mu_1 - \mu_2}{2}\big|\tau z^+ + \mathscr{J}_{\mu_2}(\tau z^+)\big|_2^2 \\
&\geqslant \gamma_{\mu_2} + \frac{\mu_1 - \mu_2}{2}\big|\tau z^+ + \mathscr{J}_{\mu_2}(\tau z^+)\big|_2^2,
\end{aligned}$$

即所要结论. $\qquad\square$

此外, 从映射 $\mathscr{J}_\mu$ 的定义说明

$$\mathscr{R}_\mu(te) = \mathscr{T}_\mu\big(te + \mathscr{J}_\mu(te)\big) = \max_{w \in E^-} \mathscr{T}_\mu(te + w),$$

进而

$$\sup_{t \geqslant 0} \mathscr{R}_\mu(te) = \sup_{t \geqslant 0} \max_{w \in E^-} \mathscr{T}_\mu(te + w) = \sup_{z \in E_e} \mathscr{T}_\mu(z).$$

通过对所有 $e \in E^+ \setminus \{0\}$ 取下确界, 我们就有

$$\gamma_\mu = \inf_{e \in E^+ \setminus \{0\}} \sup_{z \in E_e} \mathscr{T}_\mu(z),$$

因此, 对于 $\mu = V_0$ 的情形, 我们得到 $\Phi_0$ 具有临界值

$$c_0 = \inf_{e \in E^+ \setminus \{0\}} \sup_{z \in E_e} \Phi_0(z) < \infty,$$

而这就恰是我们所需要的.

### 6.4.6 主要结论的证明

由上几节的准备工作, 通过应用定理 6.4.5, 我们就得到下面的命题.

**命题 6.4.26** 设 (V), $(H_1)$, $(H_2)$ 以及 $(H_3)$ 或 $(H_3')$ 满足. 当 $\varepsilon > 0$ 充分小时, 修正泛函 $\Phi_\varepsilon$ 具有一个非平凡临界值, 该临界值可表示为

$$c_\varepsilon = \inf_{e \in E^+ \setminus \{0\}} \sup_{z \in E_e} \Phi_\varepsilon(z).$$

此外, $c_\varepsilon$ 是 $\Phi_\varepsilon$ 的极小能量, 并且当 $\varepsilon \to 0$ 时, 有 $c_\varepsilon \leqslant c_0 + o_\varepsilon(1)$, 其中

$$c_0 = \inf_{e \in E^+ \setminus \{0\}} \sup_{z \in E_e} \Phi_0(z).$$

下面, 我们将着手证明反应-扩散系统 (6.4.2) 的集中现象. 取 $\{x_\varepsilon\}$ 为 $\Lambda_\varepsilon$ 中这样的点使得 $V_\varepsilon(x_\varepsilon) = \underline{c}$, 我们将考察下面的方程

$$Lz + \hat{V}_\varepsilon(x)z = f_\varepsilon(x + x_\varepsilon, |z|)z, \tag{6.4.54}$$

及其能量泛函 $\hat{\Phi}_\varepsilon : E \to \mathbb{R}$ 为

$$\hat{\Phi}_\varepsilon(z) = \frac{1}{2}\left(\|z^+\|^2 - \|z^-\|^2\right) + \frac{1}{2}\int_{\mathbb{R}}\int_{\mathbb{R}^N} \hat{V}_\varepsilon(x)|z|^2 dxdt$$
$$- \int_{\mathbb{R}}\int_{\mathbb{R}^N} F_\varepsilon(x + x_\varepsilon, |z|)dxdt,$$

其中 $\hat{V}_\varepsilon(x) = V\big(\varepsilon(x + x_\varepsilon)\big)$. 注意到, 令 $z_\varepsilon \in E$ 是方程

$$Lz + V_\varepsilon(x)z = f(x, |z|)z$$

的解且能量为 $\Phi_\varepsilon(z_\varepsilon) = c_\varepsilon$, 记 $w_\varepsilon(t, x) = z_\varepsilon(t, x + x_\varepsilon)$, 则不难得到 $w_\varepsilon$ 就是方程 (6.4.54) 的解且能量为 $\hat{\Phi}_\varepsilon(w_\varepsilon) = \Phi_\varepsilon(z_\varepsilon) = c_\varepsilon$. 注意到, 当 $\varepsilon \to 0$ 时, $\hat{V}_\varepsilon(x) \to \underline{c}$ 在关于 $x$ 的有界集上一致成立, 故定理 6.4.5 将同样适用于新的泛函族 $\{\hat{\Phi}_\varepsilon\}_{\varepsilon > 0} \cup \{\mathscr{T}_{\underline{c}}\}$. 综上所述, 我们就得到下面的关于 $c_\varepsilon$ 上界的另一刻画.

**引理 6.4.27** 对于命题 6.4.26 中所得到的 $c_\varepsilon$, 我们有

$$\limsup_{\varepsilon \to 0} c_\varepsilon \leqslant \gamma_{\underline{c}}.$$

不失一般性, 可假设 $V_0 := V(0) = \underline{c}$. 为了方便记号, 我们记

$$\mathscr{H}_\varepsilon := \left\{ z \in E \setminus \{0\} : \Phi_\varepsilon'(z) = 0 \right\}, \quad \mathscr{L}_\varepsilon := \left\{ z \in \mathscr{H}_\varepsilon : \Phi_\varepsilon(z) = c_\varepsilon \right\},$$

以及

$$\mathscr{A} := \left\{ x \in \Lambda : V(x) = V_0 \right\}.$$

则下面的引理成立.

**引理 6.4.28** 在命题 6.4.26 的假设下, 则对所有充分小的 $\varepsilon > 0$ 以及 $z_\varepsilon \in \mathscr{H}_\varepsilon$, 函数 $|z_\varepsilon(t, \cdot)|$ 拥有一个 (全局) 最大值点 $x_\varepsilon \in \Lambda_\varepsilon$, 满足

$$\lim_{\varepsilon \to 0} V(\varepsilon x_\varepsilon) = c_\varepsilon.$$

此外, 记 $w_\varepsilon(t, x) = z_\varepsilon(t, x + x_\varepsilon)$, 则 $|w_\varepsilon|$ 在无穷远处一致衰减且 $\{w_\varepsilon\}$ 在 $B_2(\mathbb{R} \times \mathbb{R}^N, \mathbb{R}^{2M})$ 中收敛到极限方程

$$Lz + \underline{c}z = g(|z|)z$$

的极小能量解.

**证明** 我们的证明将建立在 $\{z_\varepsilon\}_{\varepsilon>0}$ 的有界性上 (有界性可参见引理 6.4.22). 接下来的证明将分为六个步骤.

**第一步** $\{z_\varepsilon\}$ 是非消失序列.

若不然, 则对所有 $R > 0$, 当 $\varepsilon \to 0$ 时都有

$$\sup_{(t,x) \in \mathbb{R} \times \mathbb{R}^N} \int_{t-R}^{t+R} \int_{B_R(x)} |z_\varepsilon|^2 dx dt \to 0.$$

则根据 Lions 集中紧性原理[80], 对所有 $q \in (2, 2(N+2)/N)$ 都有 $|z_\varepsilon|_q \to 0$. 注意到, 类似于引理 6.4.22 的证明, 存在常数 $C_0 > 0$ 以及 $p_0 \in (2, 2(N+2)/N)$ 使得对充分小的 $r_1 > 0$ 就有

$$|f(x, s)| \leqslant C_0 s^{p_0 - 2}, \quad \forall x \in \mathbb{R}^N \text{以及 } s \geqslant r_1.$$

因此

$$\frac{1 - |V|_\infty}{4} \|z_\varepsilon\|^2 \leqslant \iint_{\{(t,x) \in \mathbb{R} \times \mathbb{R}^N : |z_\varepsilon| \geqslant r_1\}} f_\varepsilon(x, |z_\varepsilon|) |z_\varepsilon| \cdot |z_\varepsilon^+ - z_\varepsilon^-| dx = o_\varepsilon(1),$$

这就蕴含着 $\Phi_\varepsilon(z_\varepsilon) \to 0$, 得到矛盾.

**第二步** $\{\chi_{\Lambda_\varepsilon} \cdot z_\varepsilon\}$ 非消失, 即存在 $(t_\varepsilon, x_\varepsilon) \in \mathbb{R} \times \overline{\Lambda}_\varepsilon$ 以及常数 $R, \delta > 0$ 使得

$$\int_{t_\varepsilon - R}^{t_\varepsilon + R} \int_{B_R(x_\varepsilon)} |\chi_{\Lambda_\varepsilon} \cdot z_\varepsilon|^2 dx dt \geqslant \delta.$$

事实上, 如果 $\{\chi_{\Lambda_\varepsilon} \cdot z_\varepsilon\}$ 是消失的, 由第一步, 我们就有 $\{(1 - \chi_{\Lambda_\varepsilon}) \cdot z_\varepsilon\}$ 非消失. 则存在 $(t_\varepsilon, x_\varepsilon) \in \mathbb{R} \times (\mathbb{R}^N \setminus \overline{\Lambda}_\varepsilon)$ 以及常数 $R, \delta > 0$ 使得

$$\int_{t_\varepsilon - R}^{t_\varepsilon + R} \int_{B_R(x_\varepsilon)} |z_\varepsilon|^2 dx dt \geqslant \delta.$$

记 $w_\varepsilon(t,x) = z_\varepsilon(t, x + x_\varepsilon)$, 那么 $w_\varepsilon$ 将满足方程

$$Lw_\varepsilon + \hat{V}_\varepsilon(x)w_\varepsilon = f_\varepsilon(x + x_\varepsilon, |w_\varepsilon|)w_\varepsilon, \tag{6.4.55}$$

其中 $\hat{V}_\varepsilon(x) := V(\varepsilon(x + x_\varepsilon))$. 此外, 在 $E$ 中有 $w_\varepsilon \rightharpoonup w \neq 0$ 并且在 $L^q_{\text{loc}}$ 中, $q \in [1, 2(N+2)/N)$, 有 $w_\varepsilon \to w$. 注意到, $\{\chi_{\Lambda_\varepsilon} \cdot z_\varepsilon\}$ 消失, 说明在所有 $L^q$ 中, $q \in (2, 2(N+2)/N)$, 都有 $\chi_{\Lambda_\varepsilon} \cdot z_\varepsilon \to 0$. 现在, 不失一般性, 我们假设 $V(\varepsilon x_\varepsilon) \to V_\infty$, 任取 $\psi \in C_0^\infty(\mathbb{R} \times \mathbb{R}^N, \mathbb{R}^{2M})$ 作为试验函数代入 (6.4.55) 中, 就有

$$
\begin{aligned}
0 &= \lim_{\varepsilon \to 0} \int_{\mathbb{R}} \int_{\mathbb{R}^N} \left( Lw_\varepsilon + \hat{V}_\varepsilon(x)w_\varepsilon - f_\varepsilon(x + x_\varepsilon, |w_\varepsilon|)w_\varepsilon \right) \cdot \psi \, dx \, dt \\
&= \int_\varepsilon \int_{\varepsilon^N} \left( Lw + V_\infty w - (1 - \chi_\infty)\tilde{g}(|w|)w \right) \cdot \psi \, dx \, dt,
\end{aligned}
$$

其中 $\chi_\infty$ 是 $\mathbb{R}^N$ 中某个半空间的特征函数, 当

$$\limsup_{\varepsilon \to 0} \text{dist}\,(x_\varepsilon, \partial\Lambda_\varepsilon) < \infty$$

或者 $\chi_\infty \equiv 0$(这是由于 $\Lambda$ 是带有光滑边界的开集, 则我们就有 $\chi_\Lambda(\varepsilon(\cdot + x_\varepsilon))$ 在 $\mathbb{R}^N$ 上几乎点点收敛到 $\chi_\infty(\cdot)$ 并且 $x_\varepsilon \in \mathbb{R}^N \setminus \overline{\Lambda}_\varepsilon$). 进而 $w$ 将满足方程

$$Lw + V_\infty w = (1 - \chi_\infty)\tilde{g}(|w|)w. \tag{6.4.56}$$

然而, 选取 $w^+ - w^-$ 作为试验函数代入 (6.4.56) 后, 我们就有

$$
\begin{aligned}
0 &= \|w\|^2 + V_\infty \int_{\mathbb{R}} \int_{\mathbb{R}^N} w \cdot (w^+ - w^-) \, dx \, dt \\
&\quad - \int_{\mathbb{R}} \int_{\mathbb{R}^N} (1 - \chi_\infty)\tilde{g}(|w|)w \cdot (w^+ - w^-) \, dx \, dt \\
&\geqslant \|w\|^2 - |V|_\infty \|w\|^2 - \frac{1 - |V|_\infty}{2}\|w\|^2 \\
&= \frac{1 - |V|_\infty}{2}\|w\|^2.
\end{aligned}
$$

因此, $w = 0$, 得到矛盾.

**第三步** 若 $x_\varepsilon \in \mathbb{R}^N$ 以及 $R, \delta > 0$ 使得

$$\int_{\mathbb{R}} \int_{B_R(x_\varepsilon)} |\chi_{\Lambda_\varepsilon} \cdot z_\varepsilon|^2 \, dx \, dt \geqslant \delta,$$

那么就有 $\varepsilon x_\varepsilon \to \mathscr{A}$.

首先，由第二步，我们已经得知满足上式的 $x_\varepsilon$ 确实存在并且我们可选取 $x_\varepsilon \in \Lambda_\varepsilon$（即 $\varepsilon x_\varepsilon \in \Lambda$）．在子列意义下，当 $\varepsilon \to 0$ 时可假设 $\varepsilon x_\varepsilon \to x_0 \in \overline{\Lambda}$．再次记 $w_\varepsilon(t,x) = z_\varepsilon(t, x + x_\varepsilon)$，则在 $E$ 中 $w_\varepsilon \rightharpoonup w \neq 0$ 并且 $w$ 满足方程

$$Lw + V(x_0)w = f_\infty(x, |w|)w, \tag{6.4.57}$$

其中 $f_\infty(x,s) = \chi_\infty g(s) + (1 - \chi_\infty)\tilde{g}(s)$ 并且 $\chi_\infty$ 是 $\mathbb{R}^N$ 中某个半空间的特征函数，当

$$\limsup_{\varepsilon \to 0} \operatorname{dist}(x_\varepsilon, \partial \Lambda_\varepsilon) < \infty$$

或者 $\chi_\infty \equiv 1$（可根据 $x_\varepsilon \in \Lambda_\varepsilon$ 得到）．用 $S_\infty$ 表示 (6.4.57) 的对应能量泛函：

$$S_\infty := \frac{1}{2}\left(\|z^+\|^2 - \|z^-\|^2\right) + \frac{V(x_0)}{2}|z|_2^2 - \Psi_\infty(z),$$

其中

$$\Psi_\infty(z) := \int_{\mathbb{R}} \int_{\mathbb{R}^N} F_\infty(x, |z|)dxdt.$$

注意到 $\Psi_\infty(z) \leqslant \Psi_0(z)$，我们有

$$S_\infty(z) \geqslant \mathcal{J}_{V(x_0)}(z) = \mathcal{J}_{V_0}(z) + \frac{V(x_0) - V_0}{2}|z|_2^2, \quad \forall z \in E.$$

并且利用 $\Psi_\infty$ 的凸性，对于 $z \in E \setminus \{0\}$ 以及 $w \in E$，我们就有

$$\left(\Psi_\infty''(z)[z,z] - \Psi_\infty'(z)z\right) + 2\left(\Psi_\infty''(z)[z,w] - \Psi_\infty'(z)w\right) + \Psi_\infty''(z)[w,w] > 0.$$

定义 $h_\infty : E^+ \to E^-$ 以及 $I_\infty : E^+ \to \mathbb{R}$ 为

$$S_\infty\big(v + h_\infty(v)\big) = \max_{z \in E^-} S_\infty(v + z),$$

$$I_\infty(v) = S_\infty\big(v + h_\infty(v)\big).$$

因为 $w \neq 0$ 是 $S_\infty$ 的一个临界点，我们就得到 $w^+$ 就是 $I_\infty$ 的临界点，并且 $I_\infty(w^+) = \max_{t \geqslant 0} I_\infty(tw^+)$．取 $\tau > 0$ 使得 $\mathscr{R}_{V_0}(\tau w^+) = \max_{t \geqslant 0} \mathscr{R}_{V_0}(tw^+)$，则

$$\begin{aligned} S_\infty(w) = I_\infty(w^+) &= \max_{t \geqslant 0} I_\infty(tw^+) \\ &\geqslant I_\infty(\tau w^+) = S_\infty\big(\tau w^+ + h_\infty(\tau w^+)\big) \\ &\geqslant S_\infty\big(\tau w^+ + \mathscr{J}_{V_0}(\tau w^+)\big) \\ &\geqslant \mathscr{T}_{V_0}\big(\tau w^+ + \mathscr{J}_{V_0}(\tau w^+)\big) + \frac{V(x_0) - V_0}{2}\big|\tau w^+ + \mathscr{J}_{V_0}(\tau w^+)\big|_2^2 \end{aligned}$$

第 6 章　反应-扩散系统

· 174 ·

$$= \mathscr{R}_{V_0}(\tau w^+) + \frac{V(x_0) - V_0}{2}|\tau w^+ + \mathscr{J}_{V_0}(\tau w^+)\big|_2^2$$

$$\geqslant \gamma_{V_0} + \frac{V(x_0) - V_0}{2}|\tau w^+ + \mathscr{J}_{V_0}(\tau w^+)\big|_2^2. \tag{6.4.58}$$

另一方面, 由 Fatou 引理可得

$$\liminf_{\varepsilon \to 0} c_\varepsilon = \liminf_{\varepsilon \to 0} \left( \Phi_\varepsilon(z_\varepsilon) - \frac{1}{2}\Phi_\varepsilon'(z_\varepsilon)z_\varepsilon \right)$$

$$= \liminf_{\varepsilon \to 0} \int_{\mathbb{R}} \int_{\mathbb{R}^N} \hat{F}_\varepsilon(x, |z_\varepsilon|)dxdt$$

$$= \liminf_{\varepsilon \to 0} \int_{\mathbb{R}} \int_{\mathbb{R}^N} \hat{F}_\varepsilon(x + x_\varepsilon, |w_\varepsilon|)dxdt$$

$$\geqslant \int_{\mathbb{R}} \int_{\mathbb{R}^N} \hat{F}_\infty(x, |w|)dxdt$$

$$= S_\infty(w) - \frac{1}{2}S_\infty'(w)w = S_\infty(w),$$

其中 $\widehat{F}_\infty(x,s) := f_\infty(x,s)s^2/2 - F_\infty(x,s)$. 因此, 结合(6.4.58), 我们就有

$$\liminf_{\varepsilon \to 0} c_\varepsilon \geqslant \gamma_{V_0}.$$

特别地, 当 $V(x_0) \neq V_0$ 时, $\liminf_{\varepsilon \to 0} c_\varepsilon > \gamma_{V_0}$. 则结合 $V_0 = \underline{c}$ 以及 $c_\varepsilon \leqslant \gamma_{\underline{c}} + o_\varepsilon(1)$ 可得到 $x_0 \in \mathscr{A}$ 及 $\chi_\infty \equiv 1$ (即 $f_\infty(x,s) \equiv g(s)$).

**第四步** 若 $w_\varepsilon$ 是由第三步得出的基态解, 则在 $E$ 中 $w_\varepsilon \to w$.

我们只需要证明存在子列 $\{w_{\varepsilon_j}\}$ 满足 $w_{\varepsilon_j} \to w$. 注意到, 我们已经得到 $w$ 是下列方程的基态解

$$Lw + V_0 w = g(|w|)w, \tag{6.4.59}$$

并且

$$\lim_{\varepsilon \to 0} \int_{\mathbb{R}} \int_{\mathbb{R}^N} \widehat{F}_\varepsilon(x + x_\varepsilon, |w_\varepsilon|)dxdt = \int_{\mathbb{R}} \int_{\mathbb{R}^N} \widehat{G}(|w|)dxdt.$$

取 $\eta : [0, \infty) \to [0, 1]$ 为一光滑函数, 满足当 $s \leqslant 1$ 时, $\eta(s) = 1$; 当 $s \geqslant 2$ 时, $\eta(s) = 0$. 定义 $\tilde{w}_j(t,x) = \eta((2|(t,x)|)/j)w(t,x)$, 这里 $|(t,x)| = (t^2 + |x|^2)^{\frac{1}{2}}$. 则当 $j \to \infty$ 时,

$$\|\tilde{w}_j - w\| \to 0, \quad |\tilde{w}_j - w|_q \to 0 \tag{6.4.60}$$

对所有的 $q \in [2, 2(N+2)/N]$ 成立. 记 $B_d := \{(t,x) \in \mathbb{R} \times \mathbb{R}^N : |(t,x)| \leqslant d\}$. 则存在子列 $\{w_{\varepsilon_j}\}$ 使得: 对任意 $\delta > 0$ 都存在 $r_\delta > 0$ 满足

$$\limsup_{j \to \infty} \iint_{B_j \setminus B_r} |w_{\varepsilon_j}|^q dxdt \leqslant \delta$$

对所有 $r \geqslant r_\delta$ 成立. 这里我们不妨取

$$q = \begin{cases} p, & \text{当超二次非线性条件满足,} \\ 2, & \text{当渐近二次非线性条件满足,} \end{cases}$$

其中 $p \in (2, 2(N+2)/N)$ 是条件 (H$_2$) 中的固定常数. 记 $v_j = w_{\varepsilon_j} - \tilde{w}_j$, 则 $\{v_j\}$ 在 $E$ 上是有界的且

$$\lim_{j\to\infty} \left| \int_{\mathbb{R}} \int_{\mathbb{R}^N} F_{\varepsilon_j}(x + x_{\varepsilon_j}, |w_{\varepsilon_j}|) - F_{\varepsilon_j}(x + x_{\varepsilon_j}, |v_j|) - F_{\varepsilon_j}(x + x_{\varepsilon_j}, |\tilde{w}_j|) dx dt \right| = 0, \tag{6.4.61}$$

以及

$$\lim_{j\to\infty} \left| \int_{\mathbb{R}} \int_{\mathbb{R}^N} \left[ f_{\varepsilon_j}(x + x_{\varepsilon_j}, |w_{\varepsilon_j}|) w_{\varepsilon_j} - f_{\varepsilon_j}(x + x_{\varepsilon_j}, |v_j|) v_j \right.$$
$$\left. - f_{\varepsilon_j}(x + x_{\varepsilon_j}, |\tilde{w}_j|) \tilde{w}_j \right] \cdot \varphi dx dt \right| = 0 \tag{6.4.62}$$

关于 $\varphi \in E$ 且 $\|\varphi\| \leqslant 1$ 一致成立. 利用 $w$ 的衰减性以及当 $j \to \infty$ 时, $\hat{V}_{\varepsilon_j}(x) \to V_0$, $F_{\varepsilon_j}(x + x_{\varepsilon_j}, |w|) \to G(|w|)$ 在 $\mathbb{R}^N$ 的有界集上一致成立, 我们不难验证

$$\int_{\mathbb{R}} \int_{\mathbb{R}^N} \hat{V}_{\varepsilon_j}(x) w_{\varepsilon_j} \cdot \tilde{w}_j dx dt \to \int_{\mathbb{R}} \int_{\mathbb{R}^N} V_0 \cdot |w|^2 dx dt,$$

$$\int_{\mathbb{R}} \int_{\mathbb{R}^N} F_{\varepsilon_j}(x + x_{\varepsilon_j}, |\tilde{w}_j|) dx dt \to \int_{\mathbb{R}} \int_{\mathbb{R}^N} G(|w|) dx dt.$$

再利用 $w_{\varepsilon_j}$ 满足

$$L w_{\varepsilon_j} + \hat{V}_{\varepsilon_j}(x) w_{\varepsilon_j} = f_\varepsilon(x + x_\varepsilon, |w_{\varepsilon_j}|) w_{\varepsilon_j}, \tag{6.4.63}$$

并且记 $\hat{\Phi}_\varepsilon$ 为 (6.4.63) 对应的能量泛函, 则当 $j \to \infty$ 时, 我们就有

$$\hat{\Phi}_{\varepsilon_j}(v_j) = \hat{\Phi}_{\varepsilon_j}(w_{\varepsilon_j}) - S_\infty(w)$$
$$+ \int_{\mathbb{R}} \int_{\mathbb{R}^N} F_{\varepsilon_j}(x + x_{\varepsilon_j}, |w_{\varepsilon_j}|) - F_{\varepsilon_j}(x + x_{\varepsilon_j}, |v_j|)$$
$$- F_{\varepsilon_j}(x + x_{\varepsilon_j}, |\tilde{w}_j|) dx dt + o_j(1)$$
$$= o_j(1),$$

这就蕴含着 $\hat{\Phi}_{\varepsilon_j}(v_j) \to 0$. 类似地, 当 $j \to \infty$ 时,

$$\hat{\Phi}'_{\varepsilon_j}(v_j)\varphi = \int_{\mathbb{R}} \int_{\mathbb{R}^N} \left[ f_{\varepsilon_j}(x + x_{\varepsilon_j}, |w_{\varepsilon_j}|) w_{\varepsilon_j} - f_{\varepsilon_j}(x + x_{\varepsilon_j}, |v_j|) v_j \right.$$
$$\left. - f_{\varepsilon_j}(x + x_{\varepsilon_j}, |\tilde{w}_j|) \tilde{w}_j \right] \cdot \varphi dx dt + o_j(1)$$
$$= o_j(1)$$

关于 $\|\varphi\| \leqslant 1$ 一致成立, 这就蕴含着 $\hat{\Phi}'_{\varepsilon_j}(v_j) \to 0$. 因此,

$$o(1) = \hat{\Phi}_{\varepsilon_j}(v_j) - \frac{1}{2}\hat{\Phi}'_{\varepsilon_j}(v_j)v_j = \int_{\mathbb{R}}\int_{\mathbb{R}^N}\widehat{F}_{\varepsilon_j}(x + x_{\varepsilon_j}, |v_j|)dxdt. \quad (6.4.64)$$

根据 $(F_6)$ 以及正则性结论, 我们就得到 $\{|v_j|_\infty\}$ 是有界的并且对于固定的 $r > 0$ 成立

$$\int_{\mathbb{R}}\int_{\mathbb{R}^N}\widehat{F}_{\varepsilon_j}(x + x_{\varepsilon_j}, |v_j|)dxdt \geqslant C_r \iint_{\{(t,x)\in\mathbb{R}\times\mathbb{R}^N : |v_j|\geqslant r\}} |v_j|^2 dxdt,$$

其中 $C_r$ 仅依赖于 $r$. 故当 $j \to \infty$ 时

$$\iint_{\{(t,x)\in\mathbb{R}\times\mathbb{R}^N : |v_j|\geqslant r\}} |v_j|^2 dxdt \to 0$$

对任意固定的 $r > 0$ 成立. 注意到, $\{|v_j|_\infty\}$ 是有界的, 则

$$\begin{aligned}
(1 - |V|_\infty)\|v_j\|^2 &\leqslant \|v_j\|^2 + \int_{\mathbb{R}}\int_{\mathbb{R}^N}\hat{V}_{\varepsilon_j}(x)v_j \cdot (v_j^+ - v_j^-)dxdt \\
&= \hat{\Phi}'_{\varepsilon_j}(v_j)(v_j^+ - v_j^-) \\
&\quad + \int_{\mathbb{R}}\int_{\mathbb{R}^N}f_{\varepsilon_j}(x + x_{\varepsilon_j}, |v_j|)v_j \cdot (v_j^+ - v_j^-)dxdt \\
&\leqslant o_j(1) + \frac{1 - |V|_\infty}{2}\|v_j\|^2 \\
&\quad + C_\infty \iint_{\{(t,x)\in\mathbb{R}\times\mathbb{R}^N : |v_j|\geqslant r\}} |v_j| \cdot |v_j^+ - v_j^-|dxdt \\
&\leqslant o_j(1) + \frac{1 - |V|_\infty}{2}\|v_j\|^2,
\end{aligned}$$

即 $\|v_j\| = o_j(1)$. 结合 (6.4.60) 就有在 $E$ 中 $w_{\varepsilon_j} \to w$.

**第五步** 当 $\varepsilon \to 0$ 时, 在 $B_2(\mathbb{R}\times\mathbb{R}^N, \mathbb{R}^{2M})$ 中有 $w_\varepsilon \to w$.

我们只需证明当 $\varepsilon \to 0$ 时, $|L(w_\varepsilon - w)|_2 \to 0$(这是因为 $|Lz|_2$ 是 $B_2$ 上的等价范数). 由 (6.4.59) 和 (6.4.63), 我们有

$$L(w_\varepsilon - w) = f_\varepsilon(x + x_\varepsilon, |w_\varepsilon|)w_\varepsilon - g(|w|)w - (\hat{V}_\varepsilon(x)w_\varepsilon - V_0 w).$$

利用第四步的结论以及一致 $L^\infty$ 估计, 则不难得到, 当 $\varepsilon \to 0$ 时, $|L(w_\varepsilon - w)|_2 \to 0$.

**第六步** 当 $|(t,x)| \to \infty$ 时, $w_\varepsilon(t,x) \to 0$ 关于充分小的 $\varepsilon$ 一致成立.

注意到, 如果 $w_\varepsilon = (w_\varepsilon^1, w_\varepsilon^2) : \mathbb{R}\times\mathbb{R}^N \to \mathbb{R}^{2M}$ 是 (6.4.63) 的解, 则 $\widehat{w}_\varepsilon(t,x) := (w_\varepsilon^1(t,x), w_\varepsilon^2(-t,x))$ 满足下面形式的方程

$$\partial_t \widehat{w}_\varepsilon - \Delta_x \widehat{w}_\varepsilon + \widehat{w}_\varepsilon = \widehat{f}_\varepsilon(t,x), \quad (t,x) \in \mathbb{R}\times\mathbb{R}^N.$$

由引理 6.2.3, 我们得到 $\widehat{f}_\varepsilon \in L^q$ 对所有 $q \geqslant 2$ 都成立. 再根据第五步以及算子插值理论, 我们就有 $w_\varepsilon \to w$ 在所有 $B^r(\mathbb{R} \times \mathbb{R}^N, \mathbb{R}^{2M})$ 中对 $q \geqslant 2$ 都成立. 故而, 不难得出在 $L^q$ 中 $\widehat{f}_\varepsilon \to \widehat{f}_0$, $q \geqslant 2$. 则由正则性理论 (看推论 6.5.14) 知, 当 $|(t,x)| \to \infty$ 时, 我们有 $|\widehat{w}_\varepsilon(t,x)| \to 0$, 即我们所需要的 $\{w_\varepsilon\}$ 的一致衰减性结论.

现在, 由上述的六个步骤, 我们就完全证明所需结论.      □

**证明**　[定理 6.4.1 的证明]　定义

$$\tilde{z}_\varepsilon(t,x) = z_\varepsilon\left(t, \frac{x}{\varepsilon}\right), \quad y_\varepsilon = \varepsilon x_\varepsilon.$$

则 $\tilde{z}_\varepsilon = (\tilde{u}, \tilde{v})$ 是下面系统的解

$$\begin{cases} \partial_t u = \varepsilon^2 \Delta_x u - u - V(x)v + f(x, |z|)v, \\ -\partial_t v = \varepsilon^2 \Delta_x v - v - V(x)u + f(x, |z|)u, \\ z = (u,v) \in B^2(\mathbb{R} \times \mathbb{R}^N, \mathbb{R}^{2M}). \end{cases}$$

由 $y_\varepsilon$ 是最大值点以及下面的事实

$$\lim_{\substack{R \to \infty \\ \varepsilon \to 0}} \|z_\varepsilon(t, \cdot)\|_{L^\infty(\mathbb{R}^N \setminus B_R(x_\varepsilon))} = 0,$$

可得

$$\lim_{\substack{R \to \infty \\ \varepsilon \to 0}} \|\tilde{z}_\varepsilon(t, \cdot)\|_{L^\infty(\mathbb{R}^N \setminus B_{\varepsilon R}(y_\varepsilon))} = 0. \tag{6.4.65}$$

注意到, 当 $\varepsilon \to 0$ 时, $y_\varepsilon \to \mathscr{A}$. 此外, 假设条件

$$\min_\Lambda V < \min_{\partial \Lambda} V,$$

以及 (6.4.65) 就蕴含着: 对充分小的 $\varepsilon > 0$, 当 $x \notin \Lambda$ 时, 都成立 $|\tilde{z}_\varepsilon(t,x)| < s_0$. 因此, 由 $F$ 的定义, 当 $\varepsilon > 0$ 充分小时, 我们有 $F(x, \tilde{z}_\varepsilon) = H(\tilde{z}_\varepsilon)$. 注意到, 我们实际上已经证明了, 当 $\varepsilon > 0$ 充分小时, $\tilde{z}_\varepsilon$ 是 (6.4.49) 的解. 因此, 结合 (6.4.65) 及引理 6.4.28, 我们就完成定理的证明.      □

## 6.5　一些扩展

在本节, 我们将介绍一些相关的结果.

### 6.5.1　更一般的非线性

若 Hamilton 系统满足更一般的非线性假设, 定理 6.3.1 和定理 6.3.2 的结果仍然成立. 简单起见我们只考虑 $\Omega = \mathbb{R}^N$ 的情况. 令

$$\tilde{H}(t, x.z) := \frac{1}{2} H_z(t, x, z)z - H(t, x, z),$$

条件 $(H_2)$, $(H_3)$ 可以被下面的渐近性条件代替:

$(A_1)$ 当 $|z| \to \infty$ 时, $H_z(t,x,z) - V_\infty(t,z) = o(|z|)$ 关于 $(t,x)$ 是一致的, 其中 $\inf V_\infty > \sup V$;

$(A_2)$ 若 $z \neq 0$, 则 $\tilde{H}(t,x,z) > 0$, 此外, 当 $|z| \to \infty$ 时, $\tilde{H}(t,x.z) \to \infty$ 关于 $(t,x)$ 是一致的;

或被下面的超线性条件代替

$(S_1)$ 当 $|z| \to \infty$ 时, $H(t,x,z)/|z|^2 \to \infty$ 关于 $(t,x)$ 是一致的;

$(S_2)$ 若 $z \neq 0$, 则 $\tilde{H}(t,x,z) > 0$, 此外, 且存在 $r > 0$ 使得当 $|z| \geqslant r$ 时, 有

$$|H_z(t,x,z)|^\sigma \leqslant c_1 \tilde{H}(t,x.z)|z|^\sigma,$$

其中, 若 $N = 1$, 则 $\sigma > 1$; 若 $N \geqslant 2$, 则 $\sigma > 1 + N/2$.

**定理 6.5.1** 设 $(V_1)$, $(V_2)$, $(H_1)$ 和 $(H_4)$ 成立. 另设 $(A_1)$—$(A_2)$ 或 $(S_1)$—$(S_2)$ 成立. 则 (FS) 至少有一个非平凡解 $z \in B_r, r \geqslant 2$. 进而若 $H(t,x,z)$ 关于 $z$ 是偶的, 则 (FS) 有无穷多个几何意义上不同的解 $z \in B_r$, $r \geqslant 2$.

证明定理 6.3.1 和定理 6.3.2 时, 其主要不同点在于 $(PS)_c$-序列被 $(C)_c$-序列代替. 然而, 这点可以沿着第 5 章 Schrödinger 方程的研究进行下去.

### 6.5.2 更一般的系统

首先, 我们考虑下面在 $\mathbb{R} \times \mathbb{R}^N$ 上反应-扩散方程的同宿型解的存在性和多重性

$$\begin{cases} \partial_t u - \Delta_x u + b(t,x) \cdot \nabla_x u + V(x)u = H_v(t,x,u,v), \\ -\partial_t v - \Delta_x u - b(t,x) \cdot \nabla_x v + V(x)v = H_u(t,x,u,v). \end{cases} \quad (6.5.1)$$

$(V_0)$ $a := \min V > 0$ 且 $V$ 关于 $x_j$ 是 $T_j$ 周期的, $j = 1, \cdots, N$;

$(B_0)$ $b \in C^1(\mathbb{R} \times \mathbb{R}^N, \mathbb{R}^N)$, $\mathrm{div}\, b(t,x) = 0$ 且 $b$ 关于 $t$ 是 $T_0$ 周期的以及关于 $x_j$ 是 $T_j$ 周期的, $j = 1, \cdots, N$.

根据 [88], 假设 $(B_0)$ 是一个技巧上所必需的条件. 下面的结果来自 [52].

**定理 6.5.2** ([52]) 设 $(V_0)$, $(B_0)$, $(H_1)$ 和 $(H_4)$ 成立. 并且假设 $(A_1)$—$(A_2)$ 或 $(S_1)$—$(S_2)$ 成立. 则系统 (6.5.1) 至少有一个非平凡解 $z \in B_r, r \geqslant 2$. 此外, 若 $H(t,x,z)$ 关于 $z$ 是偶的, 则系统 (6.5.1) 有无穷多个几何意义上不同的解 $z \in B_r, r \geqslant 2$.

证明定理 6.5.1 和定理 6.5.2 时其主要不同点在于变分框架的建立. 我们概述如下.

令 $L := \mathcal{J}(\partial_t + b \cdot \nabla_x) + A$. 由于条件 $(B_0)$, $L$ 是作用在 $L^2(\mathbb{R} \times \mathbb{R}^N, \mathbb{R}^{2M})$ 上且定义域为 $\mathscr{D}(L) = B_2(\mathbb{R} \times \mathbb{R}^N, \mathbb{R}^{2M})$ 的自伴算子. 令 $\underline{\lambda} := \inf(\sigma(L) \cap (0, \infty))$.

已经知道 $\mathcal{S} = -\Delta_x + V$ 是 $L^2(\mathbb{R}^N, \mathbb{R})$ 上的自伴算子. 由 $(V_0)$ 可得 $\sigma(\mathcal{S}) \subset [a, \infty)$.

**引理 6.5.3**  设 $(V_0)$ 和 $(B_0)$ 成立. 则

(1°) $\sigma(L) = \sigma_e(L)$, i.e., $L$ 只有本质谱;

(2°) $\sigma(L) \subset \mathbb{R} \setminus (-a, a)$;

(3°) $\sigma(L)$ 关于 0 是对称的, 即 $\sigma(L) \cap (-\infty, 0) = -\sigma(L) \cap (0, \infty)$;

(4°) $a \leqslant \underline{\lambda} \leqslant \max V$.

**证明**  由 $(V_0)$ 和 $(B_0)$ 可知 $L$ 与 $\mathbb{Z}$-作用 $*$ 是交换的, 所以 $\sigma(L) = \sigma_e(L)$, 因此 (1°) 成立.

为了证明 (2°), 用反证法, 也就是存在 $\mu \in (-a, a) \cap \sigma(L)$. 令 $z_n = (u_n, v_n) \in \mathscr{D}(L), |z_n|_2 = 1$ 使得 $|(L - \mu)z_n|_2 \to 0$. 记

$$\bar{z}_n = \mathcal{J}_0 z_n = (v_n, u_n),$$

我们得到

$$((L - \mu)z_n, \bar{z}_n)_2 = (\mathcal{J}(\partial_t + b\partial \cdot \nabla_x)z_n, \bar{z}_n)_2 + (\mathcal{S}z_n, \bar{z}_n)_2 - \mu(z_n, \bar{z}_n)_2$$
$$= (\mathcal{S}z_n, \bar{z}_n)_2 - \mu(z_n, \bar{z}_n)_2 \geqslant a - |\mu|,$$

因此, $a = |\mu|$, 这就得到矛盾, 从而证明了 (2°).

现在验证 (3°). 令 $\lambda \in \sigma(L) \cap (0, \infty), z_n \in \mathscr{D}(L), |z_n|_2 = 1$ 且在 $L^2$ 中 $z_n \rightharpoonup 0$ 使得 $|(L - \lambda)z_n|_2 \to 0$. 我们将证明 $-\lambda \in \sigma(L)$. 定义 $\hat{z}_n = \mathcal{F}_1 z_n$, 其中

$$\mathcal{F}_1 = \begin{pmatrix} -I & 0 \\ 0 & I \end{pmatrix}.$$

则 $|\hat{z}_n|_2 = 1$ 且在 $L^2$ 中 $\hat{z}_n \rightharpoonup 0$. 显然 $\mathcal{F}_1\mathcal{J} = -\mathcal{J}\mathcal{F}_1, \mathcal{F}_1\mathcal{J}_0 = -\mathcal{J}_0\mathcal{F}_1$ 且

$$L\hat{z}_n = -\mathcal{F}_1 L z_n.$$

因此, 当 $n \to \infty$ 时,

$$|(L - (-\lambda))\hat{z}_n|_2 = |\mathcal{F}_1(L - \lambda)z_n|_2 = |(L - \lambda)z_n|_2 \to 0.$$

这意味着 $-\lambda \in \sigma(L)$. 类似地, 若 $\lambda \in \sigma(L) \cap (-\infty, 0)$, 则 $-\lambda \in \sigma(L)$. 这就证明了 (3°).

最后, 我们证明 (4°). 由 (2°) 可知, $\underline{\lambda} \geqslant a$. 为进一步讨论, 我们视 $\mathcal{J}\partial_t$ 为 $L^2(\mathbb{R}, \mathbb{R}^{2m})$ 上的自伴算子, 并且类似地将 $-\Delta_x$ 也视为 $L^2(\mathbb{R}^N, \mathbb{R})$ 上的自伴算子. 由 Fourier 变换可以看出 $\sigma(\mathcal{J}\partial_t) = \mathbb{R}$. 令 $f_n \in \mathscr{D}(\mathcal{J}\partial_t), |f_n|_2^2 = \int_{\mathbb{R}} |f_n|^2 dt = 1$

且 $|\mathcal{J}\partial_t f_n|_2 \to 0$. 因为 $\sigma(-\Delta_x) = [0, \infty)$, 我们可以选择 $g_n \in \mathscr{D}(-\Delta_x), |g_n|_2^2 = \int_{\mathbb{R}^N} |g_n|^2 dt = 1$ 且 $|\Delta_x g_n|_2 \to 0$. 令 $z_n = f_n g_n$. 则 $|z_n|_2 = 1$ 且满足

$$|Lz_n|_2 \leqslant |\mathcal{J}\partial_t f_n|_2 + |b|_\infty |\nabla_x g_n|_2 + |\Delta_x g_n|_2 + \max V \to \max V.$$

这就蕴含着 $\lambda \in \sigma(L), a \leqslant |\lambda| \leqslant \max V$. 由 (3°) 知 $\pm\lambda \in \sigma(L)$. 因此, $\underline{\lambda} \leqslant \max V$.

$\square$

回顾: $L_0 := \mathcal{J}\partial_t + \mathcal{J}_0(-\Delta_x + 1)$ 且

$$d_1 \|z\|_{B_r}^r \leqslant |L_0 z|_r^r \leqslant d_2 \|z\|_{B_r}^r \tag{6.5.2}$$

对所有的 $z \in B_r$ 成立 (见引理 6.3.5).

**引理 6.5.4** 设 $(V_0)$ 和 $(B_0)$ 成立. 则

$$c_1 |L_0 z|_2^2 \leqslant |Lz|_2^2 \leqslant c_2 |L_0 z|_2^2$$

对所有的 $z \in B_2$ 成立. 进而,

$$c_1' \|z\|_{B_2}^2 \leqslant |Lz|_2^2 \leqslant c_2' \|z\|_{B_2}^2$$

对所有的 $z \in B_2$ 成立.

**证明** 由 (6.5.2) 中第二个不等式以及下面的关系式

$$Lz = L_0 z + \mathcal{J}_0(V - 1)z + \mathcal{J}b \cdot \nabla_x z$$

就可以推出

$$|Lz|_2^2 \leqslant |L_0 z|_2^2 + d_3(|z|_2^2 + |\nabla_x z|_2^2) \leqslant c_2 |L_0 z|_2^2.$$

我们现在证明左边的不等式. 若不然, 存在一列 $\{z_n\} \subset B_2, |L_0 z_n|_2 = 1, |Lz_n|_2 \to 0$. 正如之前, 令 $\bar{z}_n = \mathcal{J}_0 z_n$, 我们有

$$(Lz_n, \bar{z}_n)_2 = (\mathcal{S}z_n, z_n)_2 = \int_{\mathbb{R}\times\mathbb{R}^N} (|\nabla_x z_n|^2 + V|z_n|^2) dx dt,$$

因此,

$$\int_{\mathbb{R}\times\mathbb{R}^N} (|\nabla_x z_n|^2 + V|z_n|^2) dx dt \leqslant |Lz_n|_2 |\bar{z}_n|_2 = |Lz_n|_2 \to 0.$$

特别地, $|z_n|_2 \to 0$ 且 $|\mathcal{J}b \cdot \nabla_x z_n|_2 \to 0$. 注意到

$$(\mathcal{J}_0 \mathcal{S}z_n, \mathcal{J}\partial_t z_n)_2 = (\mathcal{J}\partial_t \mathcal{J}_0 \mathcal{S}z_n, z_n)_2 = (\mathcal{J}_0 \mathcal{S}\mathcal{J}\partial_t z_n, z_n)_2 = (\mathcal{J}\partial_t z_n, \mathcal{J}_0 \mathcal{S}z_n)_2.$$

所以,

$$\begin{aligned}
|Lz_n|_2^2 &= |\mathcal{J}(\partial_t + b\cdot\nabla_x)z_n + \mathcal{J}_0\mathcal{S}z_n|_2^2\\
&= |(\partial_t + b\cdot\nabla_x)z_n|_2^2 + |\mathcal{S}z_n|_2^2 + (\mathcal{J}(\partial_t+b\cdot\nabla_x)z_n, \mathcal{J}_0\mathcal{S}z_n)_2\\
&\quad + (\mathcal{J}_0\mathcal{S}z_n, \mathcal{J}(\partial_t+b\cdot\nabla_x)z_n)_2\\
&= |\partial_t z_n|_2^2 + |\mathcal{S}z_n|_2^2 + (\mathcal{J}\partial_t z_n, \mathcal{J}_0\mathcal{S}z_n)_2 + (\mathcal{J}_0\mathcal{S}z_n, \mathcal{J}\partial_t z_n)_2 + o_n(1)\\
&= |L_0 z_n|_2^2 + o_n(1),
\end{aligned}$$

即, $1 = |L_0 z_n|_2^2 = |Lz_n|_2^2 + o_n(1) \to 0$, 矛盾. 因此, $c_1|L_0 z|_2^2 \leqslant |Lz|_2^2$ 对所有的 $z \in B_2$. □

由引理 6.5.3 可以得到 $L^2 = L^2(\mathbb{R}\times\mathbb{R}^N, \mathbb{R}^{2M})$ 有正交分解

$$L^2 = L^- \oplus L^+, \quad z = z^- + z^+$$

使得 $L$ 在 $L^+$ 和 $L^-$ 上分别是正定的和负定的.

令 $E := \mathscr{D}(|L|^{\frac{1}{2}})$ 是 Hilbert 空间, 其内积为

$$(z_1, z_2) = (|L|^{\frac{1}{2}}z_1, |L|^{\frac{1}{2}}z_2)_2,$$

范数为 $\|z\| = (z,z)^{\frac{1}{2}}$. $E$ 有正交分解

$$E = E^- \oplus E^+, \quad \text{其中 } E^\pm = E \cap L^\pm.$$

清楚地, $\|z\|^2 \geqslant a|z|_2^2$ 对所有的 $z \in E$ 成立.

作为引理 6.5.4 的一个结论, 我们有如下引理.

**引理 6.5.5**　$E$ 连续嵌入 $L^r$, 对任意的 $r \geqslant 2$, 若 $N = 1$, 且对任意的 $r \in [2, N^*]$, 若 $N \geqslant 2$. $E$ 紧嵌入 $L^r_{\mathrm{loc}}$, 对任意的 $r \in [1, N^*)$.

在 $E$ 上我们定义泛函

$$\Phi(z) := \frac{1}{2}\|z^+\|^2 - \frac{1}{2}\|z^-\|^2 - \Psi(z), \quad \text{其中 } \int_{\mathbb{R}\times\mathbb{R}^N} H(t,x,z)dxdt.$$

由假设 $\Phi \in C^1(E, \mathbb{R})$ 且其临界点是 (6.5.1) 的解.

下面的结果来源于 [42]. 首先, 考虑下面关于分数阶反应-扩散系统无穷多几何不同解的存在性

$$\begin{cases}
\partial_t u + (-\Delta)^s u + V(x)u = H_v(t,x,u,v),\\
-\partial_t v + (-\Delta)^s v + V(x)v = H_u(t,x,u,v),
\end{cases} \tag{6.5.3}$$

其中 $0 < s < 1, (t, x) \in \mathbb{R} \times \mathbb{R}^N$. 分数阶 Laplace 算子 $(-\Delta)^s$ 定义为

$$(-\Delta)^s z = C(n, s) \text{ p.v.} \int_{\mathbb{R}^n} \frac{z(t, x) - z(t, y)}{|x - y|^{n + 2s}} dy.$$

我们假设非线性位势 $V$ 满足:

$(V_0)$ $V \in C(\mathbb{R}^N, \mathbb{R}), a := \min V > 0$ 且 $V$ 关于 $x_j$ 是 $T_j$ 周期的, $j = 1, \cdots, N$.

对于 Hamilton 量 $H$ 的假设条件是:

$(H_0)$ $H \in C^1(\mathbb{R} \times \mathbb{R}^N \times \mathbb{R}^{2M}, \mathbb{R}), H(t, x, 0) = 0, H \geqslant 0$ 关于 $t$ 是 $T_0$-周期的, 关于 $x_j$ 是 $T_j$-周期的, 其中 $j = 1, \cdots, N$;

$(H_1)$ 当 $z \to 0$ 时, $H_z(t, x, z) = o(|z|)$ 关于 $t$ 和 $x$ 是一致的.

下面考虑渐近情形:

$(H_2)$ 当 $|z| \to \infty$ 时, $H_z(t, x, z) - V_\infty(t, z) = o(|z|)$ 关于 $(t, x)$ 是一致的, 其中 $\inf V_\infty > \sup V$;

$(H_3)$ 若 $z \neq 0$, 则 $\tilde{H}(t, x, z) > 0$, 此外, 当 $|z| \to \infty$ 时, $\tilde{H}(t, x.z) \to \infty$ 关于 $(t, x)$ 是一致的, 其中 $\tilde{H}(t, x, z) = H_z(t, x, z)z/2 - H(t, x, z)$.

我们注意到, 这里有些指标和 $s = 1$ 的情形有些不一样, 首先我们定义

$$N^* = \begin{cases} (4Ns + 2N)/(2Ns + N - 2s), & N > \max\{2, 4s\}, \\ (2N + 8s)/(N + 2s), & 4s < N \leqslant 2(0 < s < 1/2), \\ (2N + 4)/(N + 1), & 2 < N \leqslant 4s(1/2 < s < 1), \\ 8/3, & N \leqslant \min\{2, 4s\}. \end{cases}$$

对于超线性情形, 假设

$(H_2')$ 存在常数 $\beta > 2$ 使得

$$0 < \beta H(t, x, z) \leqslant H_z(t, x, z)z, \text{ 对任意的 } t \in \mathbb{R}, x \in \mathbb{R}^N, z \neq 0 \text{ 都成立};$$

$(H_3')$ 存在常数 $\alpha \in (2, N^*)$ 以及 $c > 0$ 使得

$$|H_z(t, x, z)|^{\alpha'} \leqslant c H_z(t, x, z)z, \text{ 对任意的 } t \in \mathbb{R}, x \in \mathbb{R}^N, |z| \geqslant 1 \text{ 都成立},$$

其中 $\alpha' := \alpha/(\alpha - 1)$ 是共轭数.

我们的第一个结果如下.

**定理 6.5.6** ([42]) 设 $(V_0)$, $(H_0)$—$(H_1)$ 以及 $(H_2)$—$(H_3)$ 或 $(H_2')$—$(H_3')$ 成立, $0 < s < 1$. 则系统 (6.5.3) 至少有一个非平凡解 $z \in B_2^s$. 此外, 若 $H(t, x, z)$ 关于 $z$ 是偶的, 则系统 (6.5.3) 有无穷多个几何意义上不同的解 $z \in B_2^s$.

在定理 6.5.6 中,

$$B_r^s = B_r^s(\mathbb{R} \times \mathbb{R}^N, \mathbb{R}^{2M}) := W^{1,r}(\mathbb{R}, L^r(\mathbb{R}^N, \mathbb{R}^{2M})) \cap L^r(\mathbb{R}, W^{2s,r}(\mathbb{R}^N, \mathbb{R}^{2M})),$$

这是一个 Banach 空间, 赋予范数

$$\|z\| = \max \left\{ \|z\|_{W^{1,r}(\mathbb{R}, L^r(\mathbb{R}^N, \mathbb{R}^{2M}))}, \|z\|_{L^r(\mathbb{R}, W^{2s,r}(\mathbb{R}^N, \mathbb{R}^{2M}))} \right\}.$$

其次, 考虑下面关于分数阶反应-扩散系统半经典的集中现象

$$\begin{cases} \partial_t u + \varepsilon^{2s}(-\Delta)^s u + u + V(x)v = H_v(u,v), \\ -\partial_t v + \varepsilon^{2s}(-\Delta)^s v + v + V(x)u = H_u(u,v). \end{cases} \tag{6.5.4}$$

假设 $V$ 满足:

$(\mathrm{H}_2')$ $V$ 是局部 Hölder 连续的且 $\max|V| < 1$.

假设 $H: \mathbb{R}^M \times \mathbb{R}^M \to \mathbb{R}$ 有 $H(\xi) = G(|\xi|) := \displaystyle\int_0^{|\xi|} g(s)s\, ds$ 的形式并且 $g$ 满足:

$(\mathrm{H}_1)$ $g \in C[0,\infty) \cap C^1(0,\infty)$ 且满足 $g(0) = 0, g'(s) \geqslant 0, g'(s)s = o(s)$ 以及存在常数 $C > 0$ 使得对任意的 $s \geqslant 1$, 成立

$$g'(s) \leqslant Cs^{N^*-3};$$

$(\mathrm{H}_2)$ 函数 $s \mapsto g(s) + g'(s)s$ 在 $\mathbb{R}^+$ 上是严格递增的.

此外, 考虑超线性情形:

$(\mathrm{H}_3)$ 存在常数 $\beta > 2$ 使得 $0 < \beta G(s) \leqslant g(s)s^2, \forall s > 0$;

$(\mathrm{H}_4)$ 存在常数 $\alpha > 2$ 以及 $p \in (2, N^*)$ 使得 $g(s) \leqslant \alpha s^{p-2}, \forall s \geqslant 1$.

对于渐近情形:

$(\mathrm{H}_3')$ 存在 $b > \max|V| + a$ 使得当 $s \to \infty$ 时, $g(s) \to b$;

$(\mathrm{H}_4')$ 当 $s > 0$ 时, $\widehat{G}(s) > 0$, 并且当 $s \to \infty$ 时有 $\widehat{G}(s) \to \infty$.

**定理 6.5.7** ([42])　设 (V), $(\mathrm{H}_1)$—$(\mathrm{H}_2)$ 以及 $(\mathrm{H}_3)$—$(\mathrm{H}_4)$ 或 $(\mathrm{H}_3')$—$(\mathrm{H}_4')$ 成立, $0 < s < 1$. 此外, 存在 $\mathbb{R}^N$ 中的一个有界开集 $\Lambda$ 使得

$$\underline{c} := \min_\Lambda V < \min_{\partial\Lambda} V.$$

则对充分小的 $\varepsilon > 0$, 系统 (6.5.4) 拥有一个非平凡解 $\tilde{z}_\varepsilon = (u_\varepsilon, v_\varepsilon) \in B_2^s$ 且满足

(i) 存在 $y_\varepsilon \in \Lambda$ 使得 $\lim\limits_{\varepsilon \to 0} V(y_\varepsilon) = \underline{c}$ 且对任意的 $\rho > 0$, 我们有

$$\liminf_{\varepsilon \to 0} \varepsilon^{-N} \int_{\mathbb{R}} \int_{B_{\varepsilon\rho}(y_\varepsilon)} |\tilde{z}_\varepsilon|^2 dx dt > 0,$$

以及对任意的 $t \in \mathbb{R}$, 我们有

$$\lim_{\substack{R \to \infty \\ \varepsilon \to 0}} \|\tilde{z}_\varepsilon(t, \cdot)\|_{L^\infty(\mathbb{R}^N \setminus B_{\varepsilon R}(y_\varepsilon))} = 0;$$

(ii) 记 $w_\varepsilon(t, x) = \tilde{z}_\varepsilon(t, \varepsilon x + y_\varepsilon)$, 则当 $\varepsilon \to 0$ 时, $v_\varepsilon$ 在 $B_2^s$ 中收敛到极限方程

$$\begin{cases} \partial_t u + (-\Delta)^s u + u + \underline{c}v = \partial_v H(u, v), \\ -\partial_t v + (-\Delta)^s v + v + \underline{c}u = \partial_u H(u, v) \end{cases}$$

的极小能量解.

作为定理 6.5.7 的一个推论, 我们有如下推论.

**推论 6.5.8** ([42]) 设 (V), $(H_1)$—$(H_2)$ 以及 $(H_3)$—$(H_4)$ 或 $(H_3')$—$(H_4')$ 成立, $0 < s < 1$. 此外, 存在 $\mathbb{R}^N$ 中互不相交的有界区域 $\Lambda_j, j = 1, \cdots, k$ 以及常数 $c_1 < c_2 < \cdots < c_k$ 使得

$$c_j := \min_{\Lambda_j} V < \min_{\partial \Lambda_j} V.$$

则对充分小的 $\varepsilon > 0$, 系统 (6.5.4) 至少拥有 $k$ 个非平凡解 $\tilde{z}_\varepsilon^j = (u_\varepsilon^j, v_\varepsilon^j) \in B_2^s$ 且满足:

(i) 对每一个 $\Lambda_j$, 存在 $y_\varepsilon^j \in \Lambda^j$ 使得 $\lim_{\varepsilon \to 0} V(y_\varepsilon^j) = c_j$ 且对任意的 $\rho > 0$, 我们有

$$\liminf_{\varepsilon \to 0} \varepsilon^{-N} \int_{\mathbb{R}} \int_{B_{\varepsilon \rho}(y_\varepsilon^j)} |\tilde{z}_\varepsilon^j|^2 dx dt > 0,$$

以及对任意的 $t \in \mathbb{R}$, 我们有

$$\lim_{\substack{R \to \infty \\ \varepsilon \to 0}} \|\tilde{z}_\varepsilon^j(t, \cdot)\|_{L^\infty(\mathbb{R}^N \setminus B_{\varepsilon R}(y_\varepsilon^j))} = 0;$$

(ii) 记 $w_\varepsilon^j(t, x) = \tilde{z}_\varepsilon^j(t, \varepsilon x + y_\varepsilon^j)$, 则当 $\varepsilon \to 0$ 时, $v_\varepsilon$ 在 $B_2^s$ 中收敛到极限方程

$$\begin{cases} \partial_t u + (-\Delta)^s u + u + c_j v = \partial_v H(u, v), \\ -\partial_t v + (-\Delta)^s v + v + c_j u = \partial_u H(u, v) \end{cases}$$

的极小能量解.

证明定理 6.5.6 和定理 6.5.7 时其主要不同点在于工作空间和线性算子的分解. 我们就主要概述工作空间, 其线性算子具体的分解我们可参看原文献. 回顾

$$B_r^s = B_r^s(\mathbb{R} \times \mathbb{R}^N, \mathbb{R}^{2M}) := W^{1,r}(\mathbb{R}, L^r(\mathbb{R}^N, \mathbb{R}^{2M})) \cap L^r(\mathbb{R}, W^{2s,r}(\mathbb{R}^N, \mathbb{R}^{2M})),$$

则对 $0 < s < 1/2$, $\|\cdot\|$ 范数等价于

$$\|z\|_{B_r^s} = \left( \int_{\mathbb{R}} \left( \int_{\mathbb{R}^N} |z|^r + |\partial_t z|^r + \int_{\mathbb{R}^N} \int_{\mathbb{R}^N} \frac{|z(t,x) - z(t,y)|^r}{|x-y|^{N+2sr}} dxdy \right) dt \right)^{\frac{1}{r}},$$

则对 $1/2 < s < 1$, $\|\cdot\|$ 范数等价于

$$\|z\|_{B_r^s} = \left( |z|_r^r + |\partial_t z|_r^r + |Dz|_r^r + \int_{\mathbb{R}} \int_{\mathbb{R}^N \times \mathbb{R}^N} \frac{|z(t,x) - z(t,y)|^r}{|x-y|^{N+\{2s\}r}} dxdydt \right)^{\frac{1}{r}},$$

其中 $Dz$ 是 $z$ 关于 $x$ 的导数, $2s = [2s] + 2s$, $[2s]$ 为取整, $0 < \{2s\} = 2s - 1 < 1$.

注意到, $B_r^{\frac{1}{2}} = W^{1,r}(\mathbb{R} \times \mathbb{R}^N, \mathbb{R}^{2M})$, 这就蕴含着 $\|z\|_{B_r^{\frac{1}{2}}} = \left( |z|_r^r + |\partial_t z|_r^r + |Dz|_r^r \right)^{\frac{1}{r}} = \|z\|_{W^{1,r}(\mathbb{R} \times \mathbb{R}^N, \mathbb{R}^{2M})}$. $B_r^s$ 是 $C_0^\infty(\mathbb{R} \times \mathbb{R}^N, \mathbb{R}^{2M})$ 关于范数 $\|\cdot\|_{B_r^s}$ 的完备化空间. 特别地, $B_2^s$ 是 Hilbert 空间.

**引理 6.5.9**　$B_2^s$ 连续嵌入 $L^r(\mathbb{R} \times \mathbb{R}^N, \mathbb{R}^{2M})$, 对任意的 $r \in [2, p_*]$, 以及 $B_2^s$ 紧嵌入 $L_{\text{loc}}^r(\mathbb{R} \times \mathbb{R}^N, \mathbb{R}^{2M})$, 对任意的 $r \in [2, p_*)$, 其中

$$p_* := p_*(N, s) = \begin{cases} (4Ns + 2N)/(2Ns + N - 4s), & N > \max\{2, 4s\}, \\ (2N+4)/N, & 4s < N \leqslant 2, \\ 4, & N \leqslant \min\{2, 4s\}. \end{cases}$$

令 $E := \mathcal{D}(|L|^{\frac{1}{2}})$ 是 Hilbert 空间, 其内积为

$$(z_1, z_2) = (|L|^{\frac{1}{2}} z_1, |L|^{\frac{1}{2}} z_2)_2,$$

范数为 $\|z\| = (z, z)^{\frac{1}{2}}$.

**引理 6.5.10**　$E$ 连续嵌入 $L^r(\mathbb{R} \times \mathbb{R}^N, \mathbb{R}^{2M})$, 对任意的 $r \in [2, N^*]$, 以及 $E$ 紧嵌入 $L_{\text{loc}}^r(\mathbb{R} \times \mathbb{R}^N, \mathbb{R}^{2M})$, 对任意的 $r \in [2, N^*)$.

在 $E$ 上我们定义泛函

$$\Phi(z) := \frac{1}{2} \|z^+\|^2 - \frac{1}{2} \|z^-\|^2 - \Psi(z), \quad 其中 \ \Psi(z) = \int_{\mathbb{R} \times \mathbb{R}^N} H(t, x, z) dxdt,$$

以及

$$\Phi_\varepsilon(z) := \frac{1}{2} \|z^+\|^2 - \frac{1}{2} \|z^-\|^2 + \frac{1}{2} \int_{\mathbb{R}} \int_{\mathbb{R}^N} V_\varepsilon(x) |z|^2 dxdt - \Psi_\varepsilon(z),$$

其中 $\Psi_\varepsilon(z) = \int_{\mathbb{R} \times \mathbb{R}^N} H(|z|) dxdt$. 由假设知, $\Phi, \Phi_\varepsilon \in C^1(E, \mathbb{R})$. 此外, $\Phi$ 的临界点是系统 (6.5.3) 的解, $\Phi_\varepsilon$ 的临界点是系统 (6.5.4) 的解.

最后这部分我们主要提供一些关于 $t$-向异性 Sobolev 空间的嵌入结果以及本章中用到的正则性理论. 下面的嵌入定理可参看 [114, 定理 1.4.1].

**定义 6.5.11** 一个区域 $\Omega \subset \mathbb{R}^N$ 被称作满足一致内锥条件是指: 如果存在一个有限锥 $C$ 使得每一点 $x \in \Omega$ 是一个包含于 $\Omega$ 内且全等于 $C$ 的有限锥 $C_x$ 的顶点.

我们需要指出的是, $C_x$ 未必仅通过 $C$ 的平移变换得到, 事实上, 所有的刚体变换都是允许的.

在叙述嵌入定理之前, 我们先约定一些符号: 对于给定的 $T_1 < T_2, 1 \leqslant r < \infty$ 以及 $\Omega \subset \mathbb{R}^N$. 令 $Q := (T_1, T_2) \times \Omega$ 以及

$$B^r(Q) := W^{1,r}\big((T_1, T_2), L^r(\Omega)\big) \cap L^r\big((T_1, T_2), W^{2,r}(\Omega)\big),$$

并且赋予通常意义下的范数

$$\|u\|_{B^r(Q)} = \left( \iint_Q \left( |u|^r + |\partial_t u|^r + |\nabla u|^r + \sum_{1 \leqslant i,j \leqslant N} |\partial_{ij}^2 u|^r \right) dx dt \right)^{\frac{1}{r}}.$$

记 $C^{\alpha, \frac{\alpha}{2}}(\overline{Q}), 0 < \alpha < 1$ 为所有 $Q$ 上的函数满足

$$\|u\|_{C^{\alpha, \frac{\alpha}{2}}(\overline{Q})} := \sup_{(t,x) \in Q} |u(t,x)| + \sup_{\substack{(t_1,x_1),(t_2,x_2) \in Q \\ (t_1,x_1) \neq (t_2,x_2)}} \frac{|u(t_1,x_1) - u(t_2,x_2)|}{d^\alpha\big((t_1,x_1),(t_2,x_2)\big)} < \infty,$$

这里 $d(\cdot, \cdot)$ 为 $\mathbb{R} \times \mathbb{R}^N$ 上的双曲度量, 即

$$d\big((t_1,x_1),(t_2,x_2)\big) = \max \left\{ |x_1 - x_2|, |t_1 - t_2|^{\frac{1}{2}} \right\}.$$

**定理 6.5.12** (t-向异性嵌入定理) 设 $\Omega \subset \mathbb{R}^N$ 为一有界区域, $1 \leqslant r < \infty$.
(i) 如果 $\Omega$ 满足一致内锥条件, 则当 $r = (N+2)/2$ 时,

$$B^r(Q) \hookrightarrow L^q(Q), \quad 1 \leqslant q < \infty,$$

而且对任意的 $u \in B^r(Q)$ 都有

$$\|u\|_{L^q(Q)} \leqslant C(N, q, Q)\|u\|_{B^r(Q)}, \quad 1 \leqslant q < \infty;$$

当 $r < (N+2)/2$ 时, 就有

$$B^r(Q) \hookrightarrow L^q(Q), \quad 1 \leqslant q \leqslant \frac{(N+2)r}{N+2-2r},$$

并且对任意的 $u \in B^r(Q)$ 都有

$$\|u\|_{L^q(Q)} \leqslant C(N, r, Q)\|u\|_{B^r(Q)}, \quad 1 \leqslant q \leqslant \frac{(N+2)r}{N+2-2r}.$$

(ii) 若 $\partial\Omega$ 适当光滑, 则当 $r > (N+2)/2$ 时,

$$B^r(Q) \hookrightarrow C^{\alpha,\frac{\alpha}{2}}(\overline{Q}), \quad 0 < \sigma \leqslant 2 - \frac{N+2}{r},$$

并且对任意的 $u \in B^r(Q)$ 都有

$$\|u\|_{C^{\alpha,\frac{\alpha}{2}}(\overline{Q})} \leqslant C(N,r,Q)\|u\|_{B^r(Q)}, \quad 0 < \alpha \leqslant 2 - \frac{N+2}{r}.$$

下面, 我们将引入一个出自文献 [79] 中的正则性结果. 为此, 我们记 $B_\rho := \{x \in \mathbb{R}^N : |x| < \rho\}, \rho > 0$.

**定理 6.5.13** (双曲内估计) 设 $1 < r < \infty$, $\rho > 0$ 并记 $Q_\rho = (-\rho^2, 0] \times B_\rho$. 如果 $u \in L^r(Q_\rho)$ 是下列方程的一个解

$$\partial_t u - \Delta u + u = f, \quad (t,x) \in Q_\rho,$$

其中 $f \in L^r(Q_\rho)$, 则对任意的 $0 < \sigma < \rho$ 都有

$$\|u\|_{B^r(Q_{\sigma,\rho})} \leqslant C(N,\rho,\sigma) \cdot (\|f\|_{L^r(Q_\rho)} + \|u\|_{L^r(Q_\rho)}),$$

此处 $Q_{\sigma,\rho} := \left(-(\rho-\sigma)^2, 0\right] \times B_{\rho-\sigma}$.

结合嵌入定理, 我们将有如下的推论.

**推论 6.5.14** 设 $(N+2)/2 < r < \infty$, $\rho > 0$, 并记 $Q_\rho = (-\rho^2, 0] \times B_\rho$. 如果 $u \in L^r(Q_\rho)$ 是下列方程的一个解

$$\partial_t u - \Delta u + u = f, \quad x \in Q_\rho,$$

其中 $f \in L^r(Q_\rho)$. 则对任意的 $0 < \sigma < \rho$ 都有

$$\|u\|_{C^{\alpha,\frac{\alpha}{2}}(\overline{Q_{\sigma,\rho}})} \leqslant C(N,r,\rho,\sigma) \cdot (\|f\|_{L^r(Q_\rho)} + \|u\|_{L^r(Q_\rho)}),$$

此处 $0 < \alpha \leqslant 2 - (N+2)/r$.

# 第 7 章 非线性 Dirac 方程

本章的目的是研究非线性 Dirac 方程在不同假设条件下半经典解的存在性及集中性. 首先我们介绍 Dirac 方程的物理背景以及目前的研究现状. 在 7.2 节, 我们给出了 Dirac 方程的变分框架. 在 7.3—7.5 节, 我们分别研究带有非线性位势 Dirac 方程、带有局部线性位势 Dirac 方程以及带有竞争位势 Dirac 方程解的集中性. 在最后一节, 我们给出了关于自旋流形的一些相关结果.

## 7.1 引　　言

粒子物理学中出现的 Dirac 方程是由英国物理学家 Paul Dirac 提出的一种相对论下的复向量方程, 其中 $\mathbb{R} \times \mathbb{R}^3$ 上自由的 (即无外力场) Dirac 方程:

$$-i\hbar\partial_t\psi = ic\hbar\sum_{k=1}^{3}\alpha_k\partial_k\psi - mc^2\beta\psi, \qquad \psi : \mathbb{R} \times \mathbb{R}^3 \to \mathbb{C}^4$$

已经被公认为是用于描述带有质量的相对论电子的基本模型. 方程中的 $c$ 是光速, $\hbar$ 是 Planck 常数, $m$ 是带电粒子的质量, $\alpha_1$, $\alpha_2$, $\alpha_3$ 以及 $\beta$ 是 $4 \times 4$ 的 Pauli 矩阵:

$$\alpha_k = \begin{pmatrix} 0 & \sigma_k \\ \sigma_k & 0 \end{pmatrix}, \quad k = 1, 2, 3, \quad \beta = \begin{pmatrix} I_2 & 0 \\ 0 & -I_2 \end{pmatrix},$$

其中

$$\sigma_1 = \begin{pmatrix} 0 & 1 \\ 1 & 0 \end{pmatrix}, \quad \sigma_2 = \begin{pmatrix} 0 & -i \\ i & 0 \end{pmatrix}, \quad \sigma_3 = \begin{pmatrix} 1 & 0 \\ 0 & -1 \end{pmatrix},$$

以及 $I_2$ 是 $2 \times 2$ 单位矩阵. 很容易验证 $\beta$ 以及 $\alpha_k$ 满足下面的反交换性质

$$\begin{cases} \alpha_k\alpha_l + \alpha_l\alpha_k = 2\delta_{kl}I_4, \\ \alpha_k\beta + \beta\alpha_k = 0, \\ \beta^2 = I_4. \end{cases}$$

这一自由模型很好地给出了自然界许多真实粒子的近似描述. 在此基础上, 为了更进一步地刻画真实的粒子运动, 我们就必须引入 (新的) 非线性项. 一般说

来, 在非线性外力场下的 Dirac 方程可表示为

$$-i\hbar\partial_t\psi = ic\hbar\sum_{k=1}^{3}\alpha_k\partial_k\psi - mc^2\beta\psi - M(x)\psi + \nabla_\psi F(x,\psi).\qquad(7.1.1)$$

在方程 (7.1.1) 中出现的函数 $M(x)$ 与 $\nabla_\psi F(x,\psi)$ 来自于非线性粒子物理中的数学模型, 主要用于逼近刻画真实的外力场. 其中非线性耦合项 $\nabla_\psi F(x,\psi)$ 刻画了量子电动力学中的自耦合作用, 给出了一个与真实粒子非常接近的描述. 关于非线性项 $F$ 的多种例子可以在标量自耦合作用理论中找到, 其中 $F$ 既可以是多项式型的也可以是非多项式型的函数 (这里就包括了 $|\psi|^\lambda$, $\sin|\psi|$ 等特殊情形). 大量的非线性函数已经被公认为是统一场论中合理的基本数学模型 (参见 [65,66,72] 等).

对于 Dirac 方程的研究, 从变分学的角度来谈, 我们关心的是形如 $\psi(t,x) = e^{\frac{i\xi t}{\hbar}}u(x)$ 的稳态解 (也可称为驻波解). 在研究稳定态问题中, 一个自然的前提假设就是

$$\nabla_\psi F(x,e^{i\xi}\phi) = e^{i\xi}\,\nabla_\psi F(x,\phi)$$

对所有的 $\xi\in\mathbb{R}$ 和 $\phi\in\mathbb{C}^4$ 成立. 在此条件下, 稳态解 $\psi$ 满足方程 (7.1.1) 当且仅当函数 $u$ 满足方程

$$-ic\hbar\sum_{k=1}^{3}\alpha_k\partial_k u + mc^2\beta u + \big(M(x)+\xi\big)u = \nabla_\psi F(x,\phi).\qquad(7.1.2)$$

于是, 在 (7.1.2) 两边同除以 $c$, 我们就得到了如下的 (一般型) 稳态 Dirac 方程:

$$-i\hbar\sum_{k=1}^{3}\alpha_k\partial_k u + mc\beta u + V(x)u = \nabla_\psi F(x,u).\qquad(7.1.3)$$

稳态 Dirac 方程不断地吸引着众多学者们的关注, 在假设外力场 $V(x)$ 与非线性项 $F(x,u)$ 满足一定的条件后, 大量的文献致力于研究方程 (7.1.3) 解的存在性问题 (参见 [11,15,22,32–34,61,64,83,111] 等相关文献). 在这里, 值得一提的是, 当非线性函数 $F$ 满足

$$F(x,u) = \frac{1}{2}G(\beta u\cdot u),\quad G\in C^1(\mathbb{R},\mathbb{R}),\quad \text{其中 } \beta u\cdot u := (\beta u,u)\qquad(7.1.4)$$

时, 文献 [11,22,61,83] 对 $G$ 提出了适当的假设后, 对方程 (7.1.3) 进行了细致的研究. 此处, 形如 (7.1.4) 的非线性函数 $F$ 称为 Soler 模型 (详见 [100]), 而在这样一个特殊模型下, 我们将探寻具有如下表示的特解

$$u(x) = \begin{pmatrix} v(r) \\ 0 \\ iw(r)\cos\vartheta \\ iw(r)e^{i\phi}\sin\vartheta \end{pmatrix},\qquad(7.1.5)$$

其中 $(r, \vartheta, \phi)$ 是 $\mathbb{R}^3$ 的球面坐标系. 如此, (7.1.3) 将等价地转化成一个常微分方程组:

$$
\begin{cases}
\hbar w' + (2\hbar w)/r = v\big[g(v^2 - w^2) - (a + V(r))\big], \\
\hbar v' = w\big[g(v^2 - w^2) - (a - V(r))\big],
\end{cases}
\tag{7.1.6}
$$

其中 $g(s) = G'(s)$. 在假设 $V(r)$ 为常数并且 $\hbar = 1$ 后, 文献 [11, 22, 83] 利用打靶法获得了方程 (7.1.6) 的无穷多个解. 文献 [61] 中, 在假设了 $V(x) \in (-a, 0)$ 后, M. Esteban 和 E. Séré 率先将变分法引入 Soler 模型的研究中, 建立了一套整体的变分技巧. 由于在文献 [61] 中, 对非线性项 $g$ 没有增长性限制, 作者利用截断方法获得了方程 (7.1.6) 的无穷多个束缚态解. 并在此基础上, 利用变分方法的一般性, 在文献 [61] 中, 作者还考虑了一些更一般的非线性模型 (此时特殊表示 (7.1.5) 不再满足), 例如

$$
F(u) = |\beta u \cdot u|^{p_1}/2 + b|u \cdot u|^{p_2},
$$

其中 $b \neq 0$, $1 < p_1, p_2 < 3/2$, $\gamma\beta\alpha_1\alpha_2\alpha_3$(更多的例子可参见 [107]). 在这样的非线性条件下, 作者回到问题的原型 (7.1.3), 利用集中紧原理, 获得了在一般性条件下的存在性结论. 作为后续的研究, 特别是对非自治问题的研究, 典型的有文献 [34, 53]. 在建立严格的变分框架后, 当 $V(x)$ 是 $4 \times 4$ 对称矩阵值函数且 $F(u) \sim |u|^p$, $p \in (2, 3)$ 时, 文献 [34, 53] 对非自治方程 (7.1.3) 获得了一系列解的存在性与多重性结论.

## 7.2 变 分 框 架

为了记号方便, 记 $\varepsilon = \hbar, a = mc, \alpha = (\alpha_1, \alpha_2, \alpha_3)$, $\alpha \cdot \nabla = \sum_{k=1}^{3} \alpha_k \partial_k$, 我们将考虑如下形式的稳态非线性 Dirac 方程

$$
-i\varepsilon\alpha \cdot \nabla w + a\beta w + V(x)w = g(|w|)w.
\tag{7.2.1}
$$

作变量替换 $x \mapsto \varepsilon x$, 则方程 (7.2.1) 等价于方程

$$
-i\alpha \cdot \nabla u + a\beta u + V_\varepsilon(x)u = g(|u|)u,
\tag{7.2.2}
$$

即 $u$ 是方程 (7.2.1) 的解 $\Leftrightarrow w_\varepsilon(x) := u(x/\varepsilon)$ 是方程 (7.2.2) 的解, 其中 $V_\varepsilon(x) = V(\varepsilon x)$. 因此, 要研究方程 (7.2.1), 仅需研究方程 (7.2.2) 即可.

记 $H_0 = -i\alpha \cdot \nabla + a\beta$ 为 $L^2 \equiv L^2(\mathbb{R}^3, \mathbb{C}^4)$ 上的自伴微分算子, 其定义域为 $\mathscr{D}(H_0) = H^1 \equiv H^1(\mathbb{R}^3, \mathbb{C}^4)$. 众所周知, $\sigma(H_0) = \sigma_c(H_0) = \mathbb{R} \setminus (-a, a)$. 因此, $L^2$ 将有如下的正交分解:

$$L^2 = L^+ \oplus L^-, \quad u = u^+ + u^-, \tag{7.2.3}$$

使得 $H_0$ 在 $L^+$ 和 $L^-$ 上分别是正定的和负定的. 取 $E := \mathscr{D}(|H_0|^{\frac{1}{2}}) = H^{\frac{1}{2}}(\mathbb{R}^3, \mathbb{C}^4)$, 并赋予内积

$$(u, v) = \Re(|H_0|^{\frac{1}{2}} u, |H_0|^{\frac{1}{2}} v)_2,$$

以及诱导范数 $\|u\| = (u, u)^{\frac{1}{2}}$, 这里 $|H_0|$ 和 $|H_0|^{\frac{1}{2}}$ 分别表示算子 $H_0$ 的绝对值和 $|H_0|$ 的平方根. 由于 $\sigma(H_0) = \mathbb{R} \setminus (-a, a)$, 我们可以得到: 对所有 $u \in E$,

$$a|u|_2^2 \leqslant \|u\|^2. \tag{7.2.4}$$

注意到, 如此定义的范数与 $H^{\frac{1}{2}}$-范数等价, 所以 $E$ 连续地嵌入 $L^q$, $\forall q \in [2, 3]$, 并且紧嵌入 $L_{\text{loc}}^q$, $\forall q \in [1, 3)$.

显然, 通过 $E$ 的定义不难看出其具有如下正交分解

$$E = E^+ \oplus E^-, \quad \text{其中 } E^\pm = E \cap L^\pm, \tag{7.2.5}$$

并且该分解关于 $(\cdot, \cdot)_2$ 和 $(\cdot, \cdot)$ 都是正交的. 值得注意的是, 这样的分解对所有的 $L^q$, $q \in (1, \infty)$, 诱导了一个自然分解:

**命题 7.2.1** 取 $E^+ \oplus E^-$ 是 $E$ 由算子 $\sigma(H_0)$ 的正负部导出的正交分解. 对任意的 $q \in (1, \infty)$, 则

$$L^q = \text{cl}_q E_q^+ \oplus \text{cl}_q E_q^-,$$

其中 $E_q^\pm := E^\pm \cap L^q$ 以及 $\text{cl}_q$ 表示在 $L^q$ 中的闭包. 特别地, 对任意的 $q \in (1, \infty)$, 存在常数 $d_q > 0$, 使得当 $u \in E \cap L^q$ 时成立

$$d_q |u^\pm|_q \leqslant |u|_q. \tag{7.2.6}$$

当 $q \neq 2$ 时, 在 $L^q$ 中的符号 "$\oplus$" 表示拓扑直和. 在证明命题 7.2.1 前, 我们将先介绍如下的乘子概念 (参见 [101, 第四章]).

**引理 7.2.2** 设 $m$ 是 $\mathbb{R}^n$ 上的一个有界可测函数, 定义一个 $L^2 \cap L^q$ 上的线性算子 $T_m$ 为 $(T_m u)\hat{\ }(\xi) = m(\xi)\hat{u}(\xi)$, 其中 $\hat{u}$ 表示 $u$ 的 Fourier 变换. 称 $m$ 是一个 $L^q$-乘子 $(1 \leqslant q \leqslant \infty)$ 如果当 $u \in L^2 \cap L^q$ 时就有 $T_m u \in L^q$ (注意到这个在 $L^2$ 中是自然满足的), 并且 $T_m$ 是有界的, 即

$$|T_m u|_q \leqslant \tilde{A} \cdot |u|_q, \quad u \in L^2 \cap L^q, \tag{7.2.7}$$

其中 $\tilde{A}$ 与 $u$ 无关.

注意到, 如果 (7.2.7) 满足, 并且 $p < \infty$, 则 $T_m$ 在整个 $L^q$ 上存在唯一的有界延拓, 并且依然满足相同的不等式.

**证明** [命题 7.2.1 的证明] 首先我们注意到, 我们的空间定义域是 $\mathbb{R}^3$. 回忆矩阵 $\sigma_k$, $k = 1, 2, 3$ 的相关定义 (见 Pauli 矩阵), 我们将考虑微分算子 $H_0 = -i\alpha \cdot \nabla + a\beta$ 的相关性质. $H_0$ 是一个常系数的微分算子, 在 Fourier 域 $\xi = (\xi_1, \xi_2, \xi_3)$ 上, 它转化为一个矩阵型的乘性算子:

$$\hat{H}_0(\xi) = \begin{pmatrix} 0 & \sum_{k=1}^{3} \xi_k \sigma_k \\ \sum_{k=1}^{3} \xi_k \sigma_k & 0 \end{pmatrix} + \begin{pmatrix} a & 0 \\ 0 & -a \end{pmatrix}.$$

经过直接计算, 可得 $\hat{H}_0(\xi)$ 具有两个特征值: $\pm\sqrt{a^2 + |\xi|^2}$. 记 $P^{\pm}$ 为 $E$ 上的投影算子, 其核空间分别为 $E^{\mp}$. 不难发现, 在 Fourier 域上 $P^{\pm}$ 恰好就是由有界光滑矩阵值函数构成的乘性算子:

$$(P^+ u)\hat{}(\xi) = \left(\frac{1}{2} + \frac{a}{2\sqrt{a^2 + |\xi|^2}}\right) \begin{pmatrix} I & \Sigma(\xi) \\ \Sigma(\xi) & A(\xi) \end{pmatrix} \begin{pmatrix} \hat{U} \\ \hat{V} \end{pmatrix},$$

$$(P^- u)\hat{}(\xi) = \left(\frac{1}{2} + \frac{a}{2\sqrt{a^2 + |\xi|^2}}\right) \begin{pmatrix} A(\xi) & -\Sigma(\xi) \\ -\Sigma(\xi) & I \end{pmatrix} \begin{pmatrix} \hat{U} \\ \hat{V} \end{pmatrix},$$

其中 $I$ 表示 $2 \times 2$ 恒等算子, 以及

$$A(\xi) = \frac{\sqrt{a^2 + |\xi|^2} - a}{a + \sqrt{a^2 + |\xi|^2}} \cdot I, \quad \Sigma(\xi) = \sum_{k=1}^{3} \frac{\xi_k \sigma_k}{a + \sqrt{a^2 + |\xi|^2}}.$$

这里我们使用了记号 $\hat{u} = (\hat{U}, \hat{V}) \in \mathbb{C}^4$ 以及 $\hat{U} = (\hat{u}_1, \hat{u}_2) \in \mathbb{C}^2$, $\hat{V} = (\hat{u}_3, \hat{u}_4) \in \mathbb{C}^2$.

为了证明 $P^{\pm}$ 是 $L^q$-乘子, 我们需要使用 $\mathbb{R}^3$ 上的 Marcinkiewicz 乘子定理 (参见 [101, 第四章, 定理 6]). 通过直接计算, 对于矩阵中的每个分支, 所有乘性函数的 $k$-阶 $(0 < k \leqslant 3)$ 偏导数的绝对值都是有界函数, 并被 $B/|\xi|^k$ 控制 (这里 $B > 0$ 是一个常数). 因此, 作为一个直接的结论, $P^{\pm}$ 是 $L^q$-乘子对所有的 $q \in (1, \infty)$ 成立. 这说明 $P^{\pm}$ 关于 $L^q$-范数都是连续的. 注意到 $P^{\pm}(E^{\mp}) = \{0\}$, 我们不难得到 $P^{\pm}$ 可以连续延拓为 $L^q$ 上的投影算子 (依然记为 $P^{\pm}$) 并满足 $P^{\pm}(\mathrm{cl}_q E_q^{\mp}) = \{0\}$. □

**注 7.2.3** $H^{\frac{1}{2}} := E = E^+ \oplus E^-$ 到 $E^+$ (或者 $E^-$) 上的投影算子关于 $L^q$-范数的连续性是至关重要的. 这样的性质并不是对所有 $H^{\frac{1}{2}}$ 的直和分解都是成立的. 事实上, 通过命题 7.2.1 的证明过程我们可以总结出: 对于每个 $q \in (1, \infty)$, $L^q$ 可以分解为两个无穷维子空间的直和, 且这样的分解是通过 Dirac 算子 $H_0$ 的正部、负部的投影空间所直接诱导的.

下面将建立问题 (7.2.2) 的变分框架, 假设非线性项 $g$ 满足: 存在常数 $p \in (2,3)$ 以及 $c_1 > 0$ 使得

$$|g(s)| \leqslant c_1(1 + |s|^{p-2}).$$

在 $E$ 上定义泛函

$$
\begin{aligned}
\Phi_\varepsilon(u) &= \frac{1}{2} H_0 u \cdot \bar{u} dx + \frac{1}{2} \int_{\mathbb{R}^3} V_\varepsilon(x)|u|^2 dx - \int_{\mathbb{R}^3} G(|u|) dx \\
&= \frac{1}{2}(\|u^+\|^2 - \|u^-\|^2) + \frac{1}{2} \int_{\mathbb{R}^3} V_\varepsilon(x)|u|^2 dx - \int_{\mathbb{R}^3} G(|u|) dx, \quad (7.2.8)
\end{aligned}
$$

其中 $u = u^+ + u^- \in E$ 以及

$$G(|u|) = \int_0^{|u|} g(t) t dt.$$

则 $\Phi_\varepsilon \in C^1(E, \mathbb{R})$. 进一步, $u \in \mathscr{D}(H_0)$ 是 $\Phi_\varepsilon$ 的临界点当且仅当 $u$ 是方程 (7.2.2) 的解. 此外, 对任意的 $u, v \in E$, 有

$$
\begin{aligned}
\Phi_\varepsilon'(u)v &= \langle u^+ - u^-, v \rangle + \Re \int_{\mathbb{R}^3} V_\varepsilon(x)u \cdot \bar{v} dx - \Re \int_{\mathbb{R}^3} g(|u|)u \cdot \bar{v} dx \\
&= \Re \int_{\mathbb{R}^3} \big[ H_0 u + V_\varepsilon(x)u + g(|u|)u \big] \cdot \bar{v} dx.
\end{aligned}
$$

现在将建立方程 (7.2.2) 的解的正则性. 设 $\mathscr{K}_\varepsilon := \{u \in E : \Phi_\varepsilon'(u) = 0\}$ 是 $\Phi_\varepsilon$ 的临界点集. 如果 $\inf\{\Phi_\varepsilon(u) : u \in \mathscr{K}_\varepsilon \backslash \{0\}\}$ 在 $u_0$ 点可达, 则称 $u_0$ 为极小能量解. 类似文献 [35, 引理 3.19] 以及 [61, 命题 3.2] 中的迭代讨论, 我们有下列引理.

**引理 7.2.4**   如果 $u \in \mathscr{K}_\varepsilon$ 且 $|\Phi_\varepsilon(u)| \leqslant C_1$ 以及 $|u|_2 \leqslant C_2$, 则对任意的 $q \in [2, \infty)$, 我们有 $u \in W^{1,q}(\mathbb{R}^3)$, 其中 $\|u\|_{W^{1,q}} \leqslant \Lambda_q$, 这里 $\Lambda_q$ 仅依赖于 $C_1, C_2$ 以及 $q$.

令 $\mathscr{S}_\varepsilon$ 为 $\Phi_\varepsilon$ 所有的基态解 (极小能量解). 如果 $u \in \mathscr{S}_\varepsilon$, 则 $\mathscr{S}_\varepsilon$ 在 $E$ 中是有界的 (这在后面将证明), 因此对任意的 $u \in \mathscr{S}_\varepsilon$, 成立 $|u|_2 \leqslant C_2$, 其中 $C_2$ 为与 $\varepsilon$ 无关的正常数. 因此, 从引理 7.2.4 可知, 对每一个 $q \in [2, \infty)$, 存在与 $\varepsilon$ 无关的常数 $C_q > 0$ 使得

$$\|u\|_{W^{1,q}} \leqslant C_q, \quad \forall u \in \mathscr{S}_\varepsilon.$$

结合 Sobolev 嵌入定理可知, 存在与 $\varepsilon$ 无关的常数 $C_\infty > 0$ 使得

$$|u|_\infty \leqslant C_\infty, \quad \forall u \in \mathscr{S}_\varepsilon. \quad (7.2.9)$$

本节最后, 我们将给出一些符号的说明, 在后面的几节中会使用到.

对任意 $r > 0$, 令 $B_r := \{u \in E : \|u\| \leqslant r\}$ 以及

$$B_r^+ = B_r \cap E^+ = \{u \in E^+ : \|u\| \leqslant r\},$$
$$S_r^+ = \partial B_r^+ = \{u \in E^+ : \|u\| = r\}.$$

正如在文献 [103, 104] 中, 对任意的 $e \in E^+$, 令

$$E_e := E^- \oplus \mathbb{R}^+ e,$$

其中 $\mathbb{R}^+ := [0, \infty)$.

## 7.3 带有非线性位势 Dirac 方程解的集中性

在本节, 我们研究如下带有非线性位势的 Dirac 方程

$$-i\varepsilon \sum_{k=1}^{3} \alpha_k \partial_k u + a\beta u = P(x)|u|^{p-2}u, \quad x \in \mathbb{R}^3. \tag{7.3.1}$$

即考虑下面等价的方程

$$-i\alpha \cdot \nabla u + a\beta u = P_\varepsilon(x)|u|^{p-2}u, \quad x \in \mathbb{R}^3, \tag{7.3.2}$$

其中 $P_\varepsilon(x) = P(\varepsilon x)$, 假设 $P$ 满足

$(\mathrm{P}_0)$ $\displaystyle\inf_{x \in \mathbb{R}^3} P(x) > 0$ 以及 $\displaystyle\limsup_{|x| \to \infty} P(x) < \max_{x \in \mathbb{R}^3} P(x)$.

令 $m := \displaystyle\max_{x \in \mathbb{R}^3} P(x)$ 以及

$$\mathscr{P} := \{x \in \mathbb{R}^3 : P(x) = m\}.$$

**定理 7.3.1** ([30])  设 $p \in (2, 3)$ 以及 $(\mathrm{P}_0)$ 成立. 则对充分小的 $\varepsilon > 0$,

(i) 方程 (7.3.1) 至少有一个极小能量解 $w_\varepsilon$ 且满足 $w_\varepsilon \in W^{1,q}(\mathbb{R}^3, \mathbb{C}^4)$, $\forall q \geqslant 2$;

(ii) $\mathscr{J}_\varepsilon$ 在 $H^1(\mathbb{R}^3, \mathbb{C}^4)$ 中是紧的;

(iii) 存在 $|w_\varepsilon|$ 的最大值点 $x_\varepsilon$ 使得 $\displaystyle\lim_{\varepsilon \to 0} \mathrm{dist}(x_\varepsilon, \mathscr{P}) = 0$. 此外, 对任意这种最大值序列 $x_\varepsilon$, 则 $u_\varepsilon(x) := w_\varepsilon(\varepsilon x + x_\varepsilon)$ 收敛到下面极限方程

$$-i\alpha \cdot \nabla u + a\beta u = m|u|^{p-2}u$$

的极小能量解;

(iv) 存在与 $\varepsilon$ 无关的正常数 $C_1, C_2$ 使得

$$|\omega_\varepsilon(x)| \leqslant C_1 e^{-\frac{C_2}{\varepsilon}|x - x_\varepsilon|}, \quad \forall x \in \mathbb{R}^3.$$

对应于方程 (7.3.2) 的能量泛函定义为

$$\Phi_\varepsilon(u) := \frac{1}{2}\int_{\mathbb{R}^3} H_0 u \cdot \bar{u}\, dx - \Psi_\varepsilon(u) = \frac{1}{2}\|u^+\|^2 - \frac{1}{2}\|u^-\|^2 - \Psi_\varepsilon(u),$$

其中 $u = u^+ + u^- \in E$ 以及

$$\Psi_\varepsilon(u) := \frac{1}{p}\int_{\mathbb{R}^3} P_\varepsilon(x)|u|^p dx.$$

不难验证, $\Phi_\varepsilon \in C^1(E, \mathbb{R})$ 且泛函 $\Phi_\varepsilon$ 的临界点即为方程 (7.3.2) 的解.

不难验证如下引理.

**引理 7.3.2**   $\Psi_\varepsilon$ 是弱序列下半连续的以及 $\Phi_\varepsilon'$ 是弱序列连续的.

**引理 7.3.3**   泛函 $\Phi_\varepsilon$ 拥有下面的性质:

(i) 存在与 $\varepsilon > 0$ 无关的常数 $r > 0$ 以及 $\rho > 0$, 使得 $\Phi_\varepsilon|_{B_r^+} \geqslant 0$ 以及 $\Phi_\varepsilon|_{S_r^+} \geqslant \rho$;

(ii) 对任意的 $e \in E^+ \setminus \{0\}$, 存在与 $\varepsilon > 0$ 无关的常数 $R = R_e > 0$ 以及 $C = C_e > 0$, 使得 $\Phi_\varepsilon(u) < 0, \forall u \in E_e \setminus B_R$ 以及 $\max \Phi_\varepsilon(E_e) \leqslant C$.

**证明**   (i) 对任意 $u \in E^+$, 则

$$\Phi_\varepsilon(u) = \frac{1}{2}\|u\|^2 - \Psi_\varepsilon(u) \geqslant \frac{1}{2}\|u\|^2 - \frac{1}{p}m|u|^p,$$

因为 $p > 2$, 我们可知 (i) 成立.

(ii) 取 $e \in E^+ \setminus \{0\}$. 对任意的 $u = se + v \in E_e$, 由 (7.2.6) 可得

$$\begin{aligned}\Phi_\varepsilon(u) &= \frac{1}{2}\|se\|^2 - \frac{1}{2}\|v\|^2 - \Psi_\varepsilon(u) \\ &\leqslant \frac{1}{2}s^2\|e\|^2 - \frac{1}{2}\|v\|^2 - \frac{\pi_p s^p}{p}\inf P|e|_p^p,\end{aligned} \tag{7.3.3}$$

因为 $p > 2$, 我们可知 (ii) 也成立.                                         □

正如 [89, 104], 定义

$$c_\varepsilon := \inf_{e \in E^+ \setminus \{0\}} \max_{u \in E_e} \Phi_\varepsilon(u).$$

**引理 7.3.4**   存在与 $\varepsilon > 0$ 无关的常数 $C$ 使得 $\rho \leqslant c_\varepsilon < C$.

**证明**   一方面, 由引理 7.3.3 以及 $c_\varepsilon$ 的定义, 不难看出 $c_\varepsilon \geqslant \rho$. 另一方面, 任取 $e \in E^+$ 且满足 $\|e\| = 1$, 则从 (7.3.3) 可得 $c_\varepsilon \leqslant C \equiv C_e$.        □

对任意的 $u \in E^+$, 类似于文献 [6] 中的约化, 定义如下映射 $\phi_u : E^- \to \mathbb{R}$,

$$\phi_u(v) = \Phi_\varepsilon(u + v).$$

对任意 $v, w \in E^-$, 简单的计算有

$$\phi_u''(v)[w, w] = -\|w\|^2 - \Psi_\varepsilon''(u + v)[w, w] \leqslant -\|w\|^2.$$

此外,

$$\phi_u(v) \leqslant \frac{1}{2}(\|u\|^2 - \|v\|^2).$$

因此, 存在唯一的 $h_\varepsilon : E^+ \to E^-$ 使得

$$\phi_u(h_\varepsilon(u)) = \max_{v \in E^-} \phi_u(v).$$

显然, 对任意 $v \in E^-$, 我们有

$$0 = \phi_u'(h_\varepsilon(u))v = -(h_\varepsilon(u), v) - \Psi_\varepsilon'(u + h_\varepsilon(u))v,$$

以及

$$v \neq h_\varepsilon(u) \Leftrightarrow \Phi_\varepsilon(u + v) < \Phi_\varepsilon(u + h_\varepsilon(u)).$$

注意到, 对任意的 $u \in E^+$ 以及 $v \in E^-$,

$$\phi_u(v) - \phi_u\big(h_\varepsilon(u)\big)$$
$$= \int_0^1 (1 - t)\phi_u''\big(h_\varepsilon(u) + t(v - h_\varepsilon(u))\big)[v - h_\varepsilon(u), v - h_\varepsilon(u)]dt$$
$$= -\int_0^1 (1 - t)\bigg(\|v - h_\varepsilon(u)\|^2 + (p - 1)\int_{\mathbb{R}^3} P_\varepsilon(x)|u + h_\varepsilon(u)$$
$$+ t(v - h_\varepsilon(u))|^{p-2}|v - h_\varepsilon(u)|^2 dx\bigg)dt.$$

进而, 我们能推出

$$(p - 1)\int_0^1 \int_{\mathbb{R}^3} (1 - t)P_\varepsilon(x)|u + h_\varepsilon(u) + t(v - h_\varepsilon(u))|^{p-2}|v - h_\varepsilon(u)|^2 dxdt$$
$$+ \frac{1}{2}\|v - h_\varepsilon(u)\|^2$$
$$= \Phi_\varepsilon\big(u + h_\varepsilon(u)\big) - \Phi_\varepsilon(u + v). \tag{7.3.4}$$

定义 $I_\varepsilon : E^+ \to \mathbb{R}$ 为

$$I_\varepsilon(u) = \Phi_\varepsilon(u + h_\varepsilon(u)) = \frac{1}{2}(\|u\|^2 - \|h_\varepsilon(u)\|^2) - \Psi_\varepsilon(u + h_\varepsilon(u)).$$

令

$$\mathscr{N}_\varepsilon := \{u \in E^+ \setminus \{0\} : I_\varepsilon'(u)u = 0\}.$$

**引理 7.3.5**　任取 $u \in E^+ \setminus \{0\}$, 存在唯一的 $t_\varepsilon = t_\varepsilon(u) > 0$ 使得 $t_\varepsilon u \in \mathcal{N}_\varepsilon$.

**证明**　注意到, 如果 $z \in E^+ \setminus \{0\}$ 且满足 $I_\varepsilon'(z)z = 0$, 则不难验证

$$I_\varepsilon''(z)[z, z] < 0 \tag{7.3.5}$$

(可参见 [6, 定理 5.1]). 对任意的 $u \in E^+ \setminus \{0\}$. 令 $\alpha(t) = I_\varepsilon(tu)$, 则 $\alpha(0) = 0$ 以及对充分小的 $t > 0$, 我们有 $\alpha(t) > 0$. 此外, 不难看出, 当 $t \to \infty$ 时, $\alpha(t) \to -\infty$. 因此, 存在 $t_\varepsilon = t_\varepsilon(u) > 0$ 使得

$$I_\varepsilon(t_\varepsilon(u)u) = \max_{t \geqslant 0} I_\varepsilon(tu).$$

注意到,

$$\left. \frac{dI_\varepsilon(tu)}{dt} \right|_{t=t_\varepsilon(u)} = I_\varepsilon'(t_\varepsilon(u)u)u = \frac{1}{t_\varepsilon(u)} I_\varepsilon'(t_\varepsilon(u)u)(t_\varepsilon(u)u) = 0.$$

故由 (7.3.5) 知

$$I_\varepsilon''(t_\varepsilon(u)u)(t_\varepsilon(u)u) < 0.$$

因此, $t_\varepsilon(u)$ 是唯一的.　　　　　　　　　　　　　　　　　　　　　　□

定义

$$d_\varepsilon = \inf_{u \in \mathcal{N}_\varepsilon} I_\varepsilon(u).$$

**引理 7.3.6**　$d_\varepsilon = c_\varepsilon$, 因此存在与 $\varepsilon$ 无关的常数 $C > 0$ 使得 $d_\varepsilon \leqslant C$.

**证明**　事实上, 给定 $e \in E^+$, 如果 $u = v + se \in E_e$ 且 $\Phi_\varepsilon(u) = \max_{z \in E_e} \Phi_\varepsilon(z)$, 则 $\Phi_\varepsilon$ 在 $E_e$ 上的限制 $\Phi_\varepsilon|_{E_e}$ 满足 $(\Phi_\varepsilon|_{E_e})'(u) = 0$, 这意味着 $v = h_\varepsilon(se)$ 以及 $I_\varepsilon'(se)(se) = \Phi_\varepsilon'(u)(se) = 0$, 即 $se \in \mathcal{N}_\varepsilon$. 因此 $d_\varepsilon \leqslant c_\varepsilon$. 另一方面, 如果 $w \in \mathcal{N}_\varepsilon$, 则 $(\Phi_\varepsilon|_{E_w})'(w + h_\varepsilon(w)) = 0$, 故 $c_\varepsilon \leqslant \max_{u \in E_w} \Phi_\varepsilon(u) = I_\varepsilon(w)$. 因此 $d_\varepsilon \geqslant c_\varepsilon$. 这就证明了 $d_\varepsilon = c_\varepsilon$. 现在, 结合引理 7.3.4 立刻推出想要的结论.　　　　□

**引理 7.3.7**　任给 $e \in E^+ \setminus \{0\}$, 存在与 $\varepsilon > 0$ 无关的常数 $T_e > 0$, 使得 $t_\varepsilon \leqslant T_e$, 其中 $t_\varepsilon > 0$ 满足 $t_\varepsilon e \in \mathcal{N}_\varepsilon$.

**证明**　由 $I_\varepsilon'(t_\varepsilon e)(t_\varepsilon e) = 0$ 易知 $\Phi_\varepsilon$ 的限制满足 $(\Phi_\varepsilon|_{E_e})'(t_\varepsilon e + h_\varepsilon(t_\varepsilon e)) = 0$. 因此

$$\Phi_\varepsilon(t_\varepsilon e + h_\varepsilon(t_\varepsilon e)) = \max_{w \in E_e} \Phi_\varepsilon(w).$$

结合引理 7.3.6 以及 (7.3.3), 这就推出结论.　　　　　　　　　　　　　□

### 7.3.1  极限方程

我们将充分使用极限方程来证明我们的主要结果. 对任意 $b > 0$, 考虑下面的常系数方程

$$-i\alpha \cdot \nabla u + a\beta u = b|u|^{p-2}u, \quad u \in H^1(\mathbb{R}^3, \mathbb{C}^4), \tag{7.3.6}$$

方程 (7.3.6) 的解是下面泛函的临界点

$$\Gamma_b(u) := \frac{1}{2}(\|u^+\|^2 - \|u^-\|^2) - \frac{1}{p}b\int_{\mathbb{R}^3}|u|^p dx = \frac{1}{2}(\|u^+\|^2 - \|u^-\|^2) - \Psi_b(u),$$

其中 $u = u^- + u^+ \in E = E^- \oplus E^+$ 以及

$$\Psi_b(u) = \frac{1}{p}b\int_{\mathbb{R}^3}|u|^p dx.$$

下面的集合分别表示 $\Gamma_b$ 的临界点集、极小能量以及极小能量集.

$$\mathscr{L}_b := \{u \in E : \Gamma_b'(u) = 0\},$$
$$\gamma_b := \inf\{\Gamma_b(u) : u \in \mathscr{L}_b \setminus \{0\}\},$$
$$\mathscr{R}_b := \{u \in \mathscr{L}_b : \Gamma_b(u) = \gamma_b, |u(0)| = |u|_\infty\}.$$

下面的引理来源于文献 [34].

**引理 7.3.8**  下面的结论成立:

(i) $\mathscr{L}_b \neq \varnothing, \gamma_b > 0$ 以及对任意的 $q \geqslant 2$, 成立 $\mathscr{L}_b \subset \bigcap_{q \geqslant 2} W^{1,q}$;

(ii) $\gamma_b$ 是可达的以及 $\mathscr{R}_b$ 在 $H^1(\mathbb{R}^3, \mathbb{C}^4)$ 中是紧的;

(iii) 对任意的 $u \in \mathscr{R}$, 存在常数 $C, c > 0$ 使得

$$|u(x)| \leqslant Ce^{-c|x|}, \quad \forall x \in \mathbb{R}^3.$$

正如之前, 我们介绍一些记号:

$$\mathscr{J}_b : E^+ \to E^- : \Gamma_b(u + \mathscr{J}_b(u)) = \max_{v \in E^-} \Gamma_b(u + v),$$
$$J_b : E^+ \to \mathbb{R} : J_b(u) = \Gamma_b(u + \mathscr{J}_b(u)),$$
$$\mathscr{M}_b := \{u \in E^+ \setminus \{0\} : J_b'(u)u = 0\}.$$

显然, 通过从 $E^+$ 到 $E$ 上的单映射 $u \to u + \mathscr{J}_b(u)$ 可知 $J_b$ 和 $\Gamma_b$ 的临界点是一一对应的.

注意到, 类似于 (7.3.4), 对任意的 $u \in E^+$ 以及 $v \in E^-$, 成立

$$(p-1)\int_0^1\int_{\mathbb{R}^3}(1-t)b|u + h_\varepsilon(u) + t(v - \mathscr{J}_b(u))|^{p-2}|v - h_\varepsilon(u)|^2 dxdt$$

$$+ \frac{1}{2} \|v - \mathscr{J}_b(u)\|^2$$
$$= \Gamma_b(u + \mathscr{J}_b(u)) - \Gamma_b(u + v). \tag{7.3.7}$$

也类似于引理 7.3.7, 对每一个 $u \in E^+ \setminus \{0\}$, 存在唯一的 $t = t(u) > 0$ 使得 $tu \in \mathscr{M}_b$.

显然, $J_b$ 拥有山路结构. 令

$$b_1 := \inf\{J_b(u) : u \in \mathscr{M}_b\},$$

$$b_2 := \inf_{\gamma \in \Omega_b} \max_{t \in [0,1]} J_b(\gamma(t)),$$

$$b_3 := \inf_{\gamma \in \tilde{\Omega}_b} \max_{t \in [0,1]} J_b(\gamma(t)),$$

其中

$$\Omega_b := \{\gamma \in C([0,1], E^+) : \gamma(0) = 0, J_b(\gamma(1)) < 0\},$$

以及

$$\tilde{\Omega}_b := \{\gamma \in C([0,1], E^+) : \gamma(0) = 0, \gamma(1) = u_0\},$$

这里 $u_0 \in E^+$ 且满足 $J_b(u_0) < 0$. 则

$$\gamma_b = b_1 = b_2 = b_3,$$

可参见 [34, 引理 3.8].

**引理 7.3.9**   令 $u \in \mathscr{M}_b$ 使得 $J_b(u) = \gamma_b$. 则

$$\max_{w \in E_u} \Gamma_b(w) = J_b(u).$$

**证明**   首先, 由 $u + \mathscr{J}_b(u) \in E_u$ 知

$$J_b(u) = \Gamma_b(u + \mathscr{J}_b(u)) \leqslant \max_{w \in E_u} \Gamma_b(w).$$

另一方面, 对任意的 $w = v + su \in E_u$, 我们有

$$\Gamma_b(w) := \frac{1}{2}\|su\|^2 - \frac{1}{2}\|v\|^2 - \Psi_b(u + sv) \leqslant \Gamma_b(su + \mathscr{J}_b(su)) = J_b(su).$$

因此, 由 $u \in \mathscr{M}_b$ 可得

$$\max_{w \in E_u} \Gamma_b(w) \leqslant \max_{s \geqslant 0} J_b(su) = J_b(u).$$

故结论成立.                                                                                   $\square$

下面的引理描述了对不同参数之间极小能量值的比较, 这对证明解的存在性是非常重要的.

**引理 7.3.10**  如果 $b_1 < b_2$, 则 $\gamma_{b_1} > \gamma_{b_2}$.

**证明**  令 $u \in \mathscr{L}_{b_1}$ 满足 $\Gamma_{b_1}(u) = \gamma_{b_1}$ 并且取 $e = u^+$. 则

$$\gamma_{b_1} = \Gamma_{b_1}(u) = \max_{w \in E_e} \Gamma_{b_1}(w).$$

令 $u_1 \in E_e$ 使得 $\Gamma_{b_2}(u_1) = \max_{w \in E_e} \Gamma_{b_2}(w)$. 我们有

$$\gamma_{b_1} = \Gamma_{b_1}(u) \geqslant \Gamma_{b_1}(u_1) = \Gamma_{b_2}(u_1) + \frac{1}{p}(b_2 - b_1)|u_1|_p^p$$

$$\geqslant \gamma_{b_2} + \frac{1}{p}(b_2 - b_1)|u_1|_p^p.$$

因此, $\gamma_{b_1} > \gamma_{b_2}$.  $\square$

**引理 7.3.11**  对任意的 $\varepsilon > 0$, 我们有 $d_\varepsilon \geqslant \gamma_m$.

**证明**  若不然, 则存在 $\varepsilon_0 > 0$ 使得 $d_{\varepsilon_0} < \gamma_m$. 由定义以及引理 7.3.6, 我们能选择 $e \in E^+ \setminus \{0\}$ 使得 $\max_{u \in E_e} \Phi_{\varepsilon_0}(u) < \gamma_m$. 再次由定义可得 $\gamma_m \leqslant \max_{u \in E_e} \Gamma_m(u)$. 因为 $P_{\varepsilon_0}(x) \leqslant m, \Phi_{\varepsilon_0}(u) \geqslant \Gamma_m(u), \forall u \in E$, 我们得到

$$\gamma_m > \max_{u \in E_e} \Phi_{\varepsilon_0}(u) \geqslant \max_{u \in E_e} \Gamma_m(u) \geqslant \gamma_m,$$

矛盾.  $\square$

### 7.3.2  极小能量解的存在性

现在我们将证明方程 (7.3.2) 基态解的存在性. 关键的一步是证明, 当 $\varepsilon \to 0$ 时, $d_\varepsilon \to \gamma_m$, 也就是下面的引理 7.3.12.

**引理 7.3.12**  当 $\varepsilon \to 0$ 时, $d_\varepsilon \to \gamma_m$.

**证明**  令 $W^0(x) = m - P(x), W_\varepsilon^0(x) = W^0(\varepsilon x)$. 则

$$\Phi_\varepsilon(v) = \Gamma_m(v) + \frac{1}{p} \int_{\mathbb{R}^3} W_\varepsilon^0(x)|v|^p dx. \tag{7.3.8}$$

由引理 7.3.8, 令 $u = u^- + u^+ \in \mathscr{R}_m$ 是方程 (7.3.6) 对应于 $b = m$ 的一个极小能量解, 且令 $e = u^+$. 显然, $e \in \mathscr{M}_m, \mathscr{J}_m(e) = u^-$ 以及 $J_m(e) = \gamma_m$. 则存在唯一的 $t_\varepsilon > 0$ 使得 $t_\varepsilon e \in \mathscr{N}_\varepsilon$. 从而就有

$$d_\varepsilon \leqslant I_\varepsilon(t_\varepsilon e).$$

由引理 7.3.7 知 $\{t_\varepsilon\}$ 是有界的, 不失一般性, 当 $\varepsilon \to 0$ 时, 可假设 $t_\varepsilon \to t_0$. 注意到, 从 (7.3.4), (7.3.7) 可得

$$
\frac{1}{2}\|\mathscr{I}_m(t_\varepsilon e) - h_\varepsilon(t_\varepsilon e)\|^2 + (\mathrm{I})
$$

$$
\leqslant \Phi_\varepsilon(t_\varepsilon e + h_\varepsilon(t_\varepsilon e)) - \Phi_\varepsilon(t_\varepsilon e + \mathscr{I}_m(t_\varepsilon e))
$$

$$
= \Gamma_m(t_\varepsilon e + h_\varepsilon(t_\varepsilon e)) + \frac{1}{p}\int_{\mathbb{R}^3} W_\varepsilon^0(x)|t_\varepsilon e + h_\varepsilon(t_\varepsilon e)|^p dx
$$

$$
- \Gamma_m(t_\varepsilon e + \mathscr{I}_m(t_\varepsilon e)) - \frac{1}{p}\int_{\mathbb{R}^3} W_\varepsilon^0(x)|t_\varepsilon e + \mathscr{I}_m(t_\varepsilon e)|^p dx
$$

$$
= -\Big(\Gamma_m(t_\varepsilon e + \mathscr{I}_m(t_\varepsilon e)) - \Gamma_m(t_\varepsilon e + h_\varepsilon(t_\varepsilon e))\Big)
$$

$$
+ \frac{1}{p}\int_{\mathbb{R}^3} W_\varepsilon^0(x)\Big(|t_\varepsilon e + h_\varepsilon(t_\varepsilon e)|^p - |t_\varepsilon e + \mathscr{I}_m(t_\varepsilon e)|^p\Big)dx.
$$

因此

$$
\|h_\varepsilon(t_\varepsilon e) - \mathscr{I}_m(t_\varepsilon e)\|^2 + (\mathrm{I}) + (\mathrm{II})
$$

$$
\leqslant \frac{1}{p}\int_{\mathbb{R}^3} W_\varepsilon^0(x)\Big(|t_\varepsilon e + \mathscr{I}_m(t_\varepsilon e)|^p - |t_\varepsilon e + \mathscr{I}_m(t_\varepsilon e)|^p\Big)dx, \tag{7.3.9}
$$

其中

$$
(\mathrm{I}) := (p-1)\int_{\mathbb{R}^3}\int_0^1 (1-s)P_\varepsilon(x)\Big(|t_\varepsilon e + h_\varepsilon(t_\varepsilon e)
$$

$$
+ s\big(\mathscr{I}_m(t_\varepsilon e) - h_\varepsilon(t_\varepsilon e)\big)|^{p-2} \cdot |\mathscr{I}_m(t_\varepsilon e) - h_\varepsilon(t_\varepsilon e)|^2\Big)dsdx,
$$

$$
(\mathrm{II}) := (p-1)\int_{\mathbb{R}^3}\int_0^1 (1-s)m\Big(|t_\varepsilon e + \mathscr{I}_m(t_\varepsilon e)
$$

$$
+ s\big(h_\varepsilon(t_\varepsilon e) - \mathscr{I}_m(t_\varepsilon e)\big)|^{p-2} \cdot |h_\varepsilon(t_\varepsilon e) - \mathscr{I}_m(t_\varepsilon e)|^2\Big)dsdx.
$$

注意到

$$
|t_\varepsilon e + h_\varepsilon(t_\varepsilon e)|^p - |t_\varepsilon e + \mathscr{I}_m(t_\varepsilon e)|^p
$$

$$
= |t_\varepsilon e + \mathscr{I}_m(t_\varepsilon e)|^{p-2}\langle t_\varepsilon e + \mathscr{I}_m(t_\varepsilon e), h_\varepsilon(t_\varepsilon e) - \mathscr{I}_m(t_\varepsilon e)\rangle
$$

$$
+ (p-1)\int_0^1 (1-s)(|t_\varepsilon e + \mathscr{I}_m(t_\varepsilon e) + s\big(h_\varepsilon(t_\varepsilon e)
$$

$$
- \mathscr{I}_m(t_\varepsilon e))|^{p-2} \cdot |h_\varepsilon(t_\varepsilon e) - \mathscr{I}_m(t_\varepsilon e)|^2)ds.
$$

代入 (7.3.9), 就有

$$\|h_\varepsilon(t_\varepsilon e) - \mathscr{J}_m(t_\varepsilon e)\|^2 + (\mathrm{I}) + \left(1 - \frac{1}{p}\right)(\mathrm{II})$$

$$\leqslant \frac{1}{p} \int_{\mathbb{R}^3} W_\varepsilon^0(x) |t_\varepsilon e + \mathscr{J}_m(t_\varepsilon e)|^{p-1} |h_\varepsilon(t_\varepsilon e) - \mathscr{J}_m(t_\varepsilon e)| dx$$

$$\leqslant \left( \int_{\mathbb{R}^3} \left(W_\varepsilon^0(x)\right)^{\frac{p}{p-1}} |t_\varepsilon e + \mathscr{J}_m(t_\varepsilon e)|^p dx \right)^{\frac{p}{p-1}} |h_\varepsilon(t_\varepsilon e) - \mathscr{J}_m(t_\varepsilon e)|_p. \qquad (7.3.10)$$

由 $t_\varepsilon \to t_0$ 以及 $e$ 的指数衰减, 可得

$$\limsup_{R \to \infty} \int_{|x| \geqslant R} |t_\varepsilon e + \mathscr{J}_m(t_\varepsilon e)|^p dx = 0,$$

这就蕴含着, 当 $\varepsilon \to 0$ 时

$$\int_{\mathbb{R}^3} \left(W_\varepsilon^0(x)\right)^{\frac{p}{p-1}} |t_\varepsilon e + \mathscr{J}_m(t_\varepsilon e)|^p dx$$

$$= \left( \int_{|x| \leqslant R} + \int_{|x| > R} \right) \left(W_\varepsilon^0(x)\right)^{\frac{p}{p-1}} |t_\varepsilon e + \mathscr{J}_m(t_\varepsilon e)|^p dx$$

$$\leqslant \int_{|x| \leqslant R} \left(W_\varepsilon^0(x)\right)^{\frac{p}{p-1}} |t_\varepsilon e + \mathscr{J}_m(t_\varepsilon e)|^p dx + m^{\frac{p}{p-1}} \int_{|x| > R} |t_\varepsilon e + \mathscr{J}_m(t_\varepsilon e)|^p dx$$

$$= o_\varepsilon(1).$$

因此, 由 (7.3.10) 可得 $\|h_\varepsilon(t_\varepsilon e) - \mathscr{J}_m(t_\varepsilon e)\|^2 \to 0$. 也就是 $h_\varepsilon(t_\varepsilon e) \to \mathscr{J}_m(t_0 e)$. 故当 $\varepsilon \to 0$ 时

$$\int_{\mathbb{R}^3} W_\varepsilon^0(x) |t_\varepsilon e + h_\varepsilon(t_\varepsilon e)|^p dx \to 0.$$

结合 (7.3.8) 可得

$$\Phi_\varepsilon(t_\varepsilon e + h_\varepsilon(t_\varepsilon e)) = \Gamma_m(t_\varepsilon e + h_\varepsilon(t_\varepsilon e)) + o_\varepsilon(1) = \Gamma_m(t_0 e + \mathscr{J}_m(t_0 e)) + o_\varepsilon(1),$$

也就是

$$I_\varepsilon(t_\varepsilon e) = J_m(t_0 e) + o_\varepsilon(1).$$

由引理 7.3.9 知

$$J_m(t_0 e) \leqslant \max_{v \in E_e} \Gamma_m(v) = J_m(e) = \gamma_m.$$

引理 7.3.11 以及 $d_\varepsilon \leqslant I_\varepsilon(t_\varepsilon e)$ 蕴含着

$$\gamma_m \leqslant \lim_{\varepsilon \to 0} d_\varepsilon \leqslant \lim_{\varepsilon \to 0} I_\varepsilon(t_\varepsilon e) = J_m(t_0 e) \leqslant \gamma_m.$$

因此 $d_\varepsilon \to \gamma_m$. □

**引理 7.3.13**　对充分小的 $\varepsilon > 0$, $c_\varepsilon$ 是可达的.

**证明**　给定 $\varepsilon > 0$, 令 $u_n \in \mathscr{N}_\varepsilon$ 是 $I_\varepsilon$ 的极小化序列: $I_\varepsilon(u_n) \to d_\varepsilon$. 由 Eke-
land 变分原理, 我们可假设 $\{u_n\}$ 是 $I_\varepsilon$ 在 $\mathscr{N}_\varepsilon$ 上的 $(\mathrm{PS})_{d_\varepsilon}$-序列. 由标准的讨
论可知, $\{u_n\}$ 实际上是 $I_\varepsilon$ 在 $E^+$ 上的 $(\mathrm{PS})_{d_\varepsilon}$-序列 (参见 [89, 112]). 则 $w_n = u_n + \mathscr{J}_\varepsilon(u_n)$ 是 $\Phi_\varepsilon$ 在 $E$ 上的 $(\mathrm{PS})_{d_\varepsilon}$-序列. 不难验证, $\{w_n\}$ 是有界的. 不失一般
性, 可假设在 $E$ 中 $w_n \rightharpoonup w_\varepsilon = z_\varepsilon^+ + z_\varepsilon^- \in \mathscr{H}_\varepsilon$. 如果 $w_\varepsilon \ne 0$, 则易证 $\Phi_\varepsilon(w_\varepsilon) = d_\varepsilon$.
接下来我们只需仅仅证明, 对充分小的 $\varepsilon > 0$, 有 $w_\varepsilon \ne 0$.

取 $\limsup\limits_{|x| \to \infty} P(x) < b < m$ 且定义

$$P^b(x) = \min\{b, P(x)\}.$$

考虑下面的泛函

$$\Phi_\varepsilon^b(u) = \frac{1}{2}\big(\|u^+\|^2 - \|u^-\|^2\big) - \frac{1}{p}\int_{\mathbb{R}^3} P_\varepsilon^b(x)|u|^p dx,$$

正如之前, 定义 $h_\varepsilon^b : E^+ \to E^-, I_\varepsilon^b : E^+ \to \mathbb{R}, \mathscr{N}_\varepsilon, d_\varepsilon^b$ 等等. 从前面的证明, 不难看
到, 当 $\varepsilon \to 0$ 时

$$\gamma_b \leqslant d_\varepsilon^b \to \gamma_b. \tag{7.3.11}$$

若不然, 即假设存在序列满足 $\varepsilon_j \to 0$ 且 $w_{\varepsilon_j} = 0$. 则在 $E$ 中 $w_n = u_n + h_{\varepsilon_j}(u_n) \to 0$, 在 $L_{\mathrm{loc}}^t(\mathbb{R}^3, \mathbb{C}^4)$ 中 $u_n \to 0$, $t \in [1, 3)$ 以及 $w_n(x) \to 0$ a.e. $x \in \mathbb{R}^3$.
设 $t_n > 0$ 使得 $t_n u_n \in \mathscr{N}_{\varepsilon_j}^b$. 则 $\{t_n\}$ 是有界的, 故当 $n \to \infty$ 时, 可假设 $t_n \to t_0$.
由假设 $(\mathrm{P}_0)$ 知, 集合 $A_\varepsilon := \{x \in \mathbb{R}^3 : P_\varepsilon(x) > b\}$ 是有界的. 注意到, 当 $n \to \infty$
时, 在 $E$ 中 $h_{\varepsilon_j}^b(t_n u_n) \to 0$ 以及在 $L_{\mathrm{loc}}^t(\mathbb{R}^3, \mathbb{C}^4)$ 中 $h_{\varepsilon_j}^b(t_n u_n) \to 0$. 此外, 由引
理 7.3.9 可知, $\Phi_{\varepsilon_j}(t_n u_n + h_{\varepsilon_j}^b t_n u_n) \leqslant I_{\varepsilon_j}(u_n)$. 因此, 当 $n \to \infty$ 时

$$d_{\varepsilon_j}^b \leqslant I_{\varepsilon_j}^b(t_n u_n) = \Phi_{\varepsilon_j}^b(t_n u_n + h_{\varepsilon_j}^b(t_n u_n))$$

$$= \Phi_{\varepsilon_j}(t_n u_n + h_{\varepsilon_j}^b(t_n u_n)) + \frac{1}{p}\int_{\mathbb{R}^3} \big(P_{\varepsilon_j}(x) - P_{\varepsilon_j}^b(x)\big)|t_n u_n + h_{\varepsilon_j}^b(t_n u_n)|^p dx$$

$$\leqslant I_{\varepsilon_j}(u_n) + \frac{1}{p}\int_{A_{\varepsilon_j}} \big(P_{\varepsilon_j}(x) - P_{\varepsilon_j}^b(x)\big)|t_n u_n + h_{\varepsilon_j}^b(t_n u_n)|^p dx$$

$$= d_{\varepsilon_j} + o_n(1),$$

故 $d_{\varepsilon_j}^b \leqslant d_{\varepsilon_j}$. 令 $\varepsilon_j \to 0$ 可得

$$\gamma_b \leqslant \gamma_m,$$

这与 $\gamma_m < \gamma_b$ 矛盾. □

**引理 7.3.14** 对充分小的 $\varepsilon > 0$, $\mathscr{J}_\varepsilon$ 是紧的.

**证明** 若不然, 即假设存在序列满足 $\varepsilon_j \to 0$ 且 $\mathscr{J}_{\varepsilon_j}$ 是非紧的. 设 $u_n^j \in \mathscr{J}_{\varepsilon_j}$ 且满足 $u_n^j \rightharpoonup 0 (n \to \infty)$. 正如引理 7.3.13 证明, 我们可以得到矛盾. $\qquad \square$

为了记号使用方便, 记

$$D = -i \sum_{k=1}^3 \alpha_k \partial_k,$$

则 (7.3.2) 可以改写成

$$Du = -a\beta u + P_\varepsilon(x)|u|^{p-2}u.$$

对任意的 $u \in \mathscr{H}_\varepsilon$, 由引理 7.2.4 知 $u \in \bigcap_{q \geqslant 2} W^{1,q}$. 算子 $D$ 作用在上式的两边以及使用事实 $D^2 = -\Delta$ 可得

$$-\Delta u = -a^2 u + r_\varepsilon(x, |u|),$$

其中

$$r_\varepsilon(x, |u|) = |u|^{p-2}\left( D(P_\varepsilon(x)) - i(p-2)P_\varepsilon(x)\sum_{k=1}^3 \alpha_k \frac{\Re\langle \partial_k u, u\rangle}{|u|^2} + P_\varepsilon^2(x)|u|^{p-2}\right).$$

令

$$\operatorname{sgn} u = \begin{cases} \bar{u}/|u|, & u \neq 0, \\ 0, & u = 0. \end{cases}$$

则由 Kato 不等式[29] 可得

$$\Delta|u| \geqslant \Re[\Delta u (\operatorname{sgn} u)].$$

注意到

$$\Re\left[ \left( D(P_\varepsilon(x)) - i(p-2)P_\varepsilon(x)\sum_{k=1}^3 \alpha_k \frac{\Re\langle \partial_k u, u\rangle}{|u|^2}\right) u \frac{\bar{u}}{|u|}\right] = 0.$$

因此

$$\Delta|u| \geqslant (a^2 - (P_\varepsilon(x)|u|^{p-2})^2)|u|. \tag{7.3.12}$$

因为 $u \in W^{1,q}$ 对任意的 $q \geqslant 2$ 成立, 由下解估计[67,98], 我们有

$$|u(x)| \leqslant C_0 \int_{B_1(x)} |u(y)|dy, \tag{7.3.13}$$

其中 $C_0$ 与 $x, u \in \mathscr{H}_\varepsilon,\ \varepsilon > 0$ 无关.

　　**引理 7.3.15**　存在 $|u_\varepsilon|$ 的最大值点 $x_\varepsilon$ 使得 $\lim\limits_{\varepsilon \to 0} \operatorname{dist}(y_\varepsilon, \mathscr{P}) = 0$, 其中 $y_\varepsilon = \varepsilon x_\varepsilon$. 此外, 对任意的这种 $x_\varepsilon$, $v_\epsilon(x) := u_\varepsilon(x + x_\varepsilon)$ 在 $E$ 中收敛到下面极限方程

$$-i\alpha \cdot \nabla u + a\beta u = m|u|^{p-2}u$$

的极小能量解.

　　**证明**　令 $\varepsilon_j \to 0$ 以及 $u_j \in \mathscr{S}_j$, 其中 $\mathscr{S}_j = \mathscr{S}_{\varepsilon_j}$. 则 $\{u_j\}$ 是有界的. 由标准的集中紧讨论可知, 存在序列 $\{x_j\} \subset \mathbb{R}^3$ 以及常数 $R > 0, \delta > 0$ 使得

$$\liminf_{j \to \infty} \int_{B(x_j, R)} |u_j|^2 dx \geqslant \delta.$$

令

$$v_j(x) := u_j(x + x_j).$$

则 $v_j$ 是下面方程的解

$$-i\alpha \cdot \nabla v_j + a\beta v_j = \hat{P}_{\varepsilon_j}(x)|v_j|^{p-2}v_j, \tag{7.3.14}$$

以及其能量为

$$\begin{aligned}
\mathcal{E}(v_j) &= \frac{1}{2}\|v_j^+\|^2 - \frac{1}{2}\|v_j^-\|^2 - \frac{1}{p}\int_{\mathbb{R}^3} \hat{P}_{\varepsilon_j}(x)|v_j|^p dx \\
&= \Phi_{\varepsilon_j}(u_j) = \left(\frac{1}{2} - \frac{1}{p}\right) \int_{\mathbb{R}^3} \hat{P}_{\varepsilon_j}(x)|v_j|^p dx \\
&= d_{\varepsilon_j}, \tag{7.3.15}
\end{aligned}$$

其中 $\hat{P}_{\varepsilon_j}(x) = P(\varepsilon_j(x + x_j))$. 此外由 $v_j$ 的有界性, 我们可设在 $E$ 中 $v_j \rightharpoonup v$, 在 $L^t_{\text{loc}}$ 中 $v_j \to v$, $t \in [1, 3)$ 且 $v \neq 0$.

　　接下来我们断言 $\{\varepsilon_j x_j\}$ 在 $\mathbb{R}^3$ 中是有界的. 若不然, 在子列意义下, 我们可假设 $|\varepsilon_j x_j| \to \infty$. 不失一般性, 不妨假设 $P(\varepsilon_j x_j) \to P_\infty$. 显然, 由假设 $(P_0)$ 知 $m > P_\infty$. 注意到, 对任意的 $\varphi \in C_0^\infty(\mathbb{R}^3, \mathbb{C}^4)$, 成立

$$\begin{aligned}
0 &= \lim_{j \to \infty} \int_{\mathbb{R}^3} \langle H_0 v_j - \hat{P}_{\varepsilon_j}(x)|v_j|^{p-2}v_j, \varphi\rangle dx \\
&= \int_{\mathbb{R}^3} \langle H_0 v - P_\infty|v|^{p-2}v, \varphi\rangle dx.
\end{aligned}$$

因此 $v$ 是下面方程的解

$$-i\alpha \cdot \nabla v + a\beta v = P_\infty|v|^{p-2}v, \tag{7.3.16}$$

以及其能量满足

$$\mathcal{E}(v) := \frac{1}{2}(\|v^+\|^2 - \|v^-\|^2) - \frac{1}{p}\int_{\mathbb{R}^3} P_\infty|v|^p dx \geqslant \gamma_{P_\infty}.$$

注意到, 由引理 7.3.10 以及 $m > P_\infty$ 可知 $\gamma_m < \gamma_{P_\infty}$. 此外, 由 Fatou 引理可得

$$\lim_{j\to\infty}\left(\frac{1}{2} - \frac{1}{p}\right)\int_{\mathbb{R}^3} \hat{P}_{\varepsilon_j}|v_j|^p dx \geqslant \left(\frac{1}{2} - \frac{1}{p}\right)\int_{\mathbb{R}^3} P_\infty|v|^p dx = \mathcal{E}(v).$$

结合 (7.3.15) 便可得

$$\gamma_m < \gamma_{P_\infty} \leqslant \mathcal{E}(v) \leqslant \lim_{\varepsilon\to 0} d_{\varepsilon_j} = \gamma_m,$$

这就得到一个矛盾.

因此 $\{\varepsilon_j x_j\}$ 是有界的. 不妨假设 $y_j = \varepsilon_j x_j \to y_0$. 则 $v$ 是下面方程的解

$$-i\alpha\cdot\nabla v + a\beta v = P(y_0)|v|^{p-2}v.$$

因为 $P(y_0) \leqslant m$, 所以能量满足

$$\mathcal{E}(v) := \frac{1}{2}(\|v^+\|^2 - \|v^-\|^2) - \frac{1}{p}\int_{\mathbb{R}^3} P(y_0)|v|^p dx \geqslant \gamma_{P_\infty} \geqslant \gamma_m.$$

再次应用 (7.3.15) 可得

$$\mathcal{E}(v) = \left(\frac{1}{2} - \frac{1}{p}\right)\int_{\mathbb{R}^3} P(y_0)|v|^p dx \leqslant \lim_{j\to\infty} d_{\varepsilon_j} = \gamma_m.$$

这就蕴含着 $\mathcal{E}(v) = \gamma_m$. 因此 $P(y_0) = m$, 则由引理 7.3.10 可知 $y_0 \in \mathscr{P}$.

从上面的讨论也可知

$$\lim_{j\to\infty}\int_{\mathbb{R}^3} \hat{P}_{\varepsilon_j}|v_j|^p dx = \int_{\mathbb{R}^3} P(y_0)|v|^p dx = \frac{2p\gamma_m}{p-2},$$

则由 Brezis-Lieb 引理可得 $|v_j - v|_p \to 0$, 进而由 (7.2.6) 就有 $|(v_j - v)^\pm|_p \to 0$. 为了证明 $v_j$ 在 $E$ 中收敛到 $v$, 记 $z_j = v_j - v$. 注意到, $z_j^\pm$ 在 $L^p$ 中收敛到 0, 用 $z_j^+$ 在方程 (7.3.14) 中作为检验函数可得

$$(v^+, z_j^+) = o_j(1).$$

类似地, 由 $v$ 的衰减性, (7.3.16) 以及 $z_j^\pm$ 在 $L^2_{loc}$ 中收敛到 0 可得

$$\|z_j^+\|^2 = o_j(1).$$

类似地
$$\|z_j^-\|^2 = o_j(1).$$

这就证明了 $v_j$ 在 $E$ 中收敛到 $v$.

现在我们验证 $v_j$ 在 $H^1$ 中收敛到 $v$. 由 (7.3.14) 以及 (7.3.16), 我们有

$$H_0 z_j = \hat{P}_{\varepsilon_j}(x)(|v_j|^{p-2}v_j - |v|^{p-2}v) + (\hat{P}_{\varepsilon_j}(x) - m)|v|^{p-2}v,$$

以及由 $v$ 的衰减性可知

$$\lim_{R \to \infty} \int_{|x| \leqslant R} \left|(\hat{P}_{\varepsilon_j}(x) - m)|v|^{p-2}v\right|^2 dx = 0.$$

结合一致估计 (7.2.9) 就有 $|H_0 z_j|_2 \to 0$. 因此, $v_j$ 在 $H^1$ 中收敛到 $v$.

由于 (7.3.13), 我们不妨假设 $x_j \in \mathbb{R}^3$ 是 $|u_j|$ 的最大值点. 此外, 从上面的讨论我们很容易看到, 任意这种满足 $y_j = \varepsilon_j x_j$ 的序列收敛到 $\mathscr{P}$ 中.                □

### 7.3.3  衰减估计

**引理 7.3.16**  当 $|x| \to \infty$ 时, $v_j(x) \to 0$ 关于 $j \in \mathbb{N}$ 一致成立.

**证明**  假设这个引理的结论不成立, 则由 (7.3.13) 知, 存在 $\kappa > 0$ 以及 $x_j \in \mathbb{R}^3$ 且 $|x_j| \to \infty$, 使得

$$\kappa \leqslant |v_j(x_j)| \leqslant C_0 \int_{B_1(x_j)} |v_j(x)| dx.$$

由 $v_j$ 在 $H^1$ 中收敛到 $v$ 可得

$$\kappa \leqslant C_0 \int_{B_1(x_j)} |v_j| dx \leqslant C_0 \left(\int_{B_1(x_j)} |v_j(x)|^2 dx\right)^{\frac{1}{2}}$$
$$\leqslant C_0 \left(\int_{\mathbb{R}^3} |v_j - u|^2 dx\right)^{\frac{1}{2}} + C_0 \left(\int_{B_1(x_j)} |u(x)|^2 dx\right)^{\frac{1}{2}} \to 0,$$

这就得到矛盾.                □

**引理 7.3.17**  存在常数 $C > 0$ 使得

$$|u_j(x)| \leqslant C e^{-\frac{a}{\sqrt{\tau}}|x|}, \quad \forall x \in \mathbb{R}^3$$

关于 $j \in \mathbb{N}$ 一致成立.

**证明**  由引理 7.3.16, 选取 $\delta > 0$ 以及 $R > 0$ 使得 $|v_j(x)| \leqslant \delta$, 且对任意的 $R > 0$, $j \in \mathbb{N}$, 我们有

$$\left|\Re\left[r_{\varepsilon_j}(x, |v_j|)v_j \frac{\overline{v_j}}{|v_j|}\right]\right| \leqslant \frac{a^2}{2}|v_j|.$$

结合 (7.3.12) 可得

$$\Delta |v_j| \geqslant \frac{a^2}{2} |v_j|, \quad \forall \, |x| \geqslant R, \quad j \in \mathbb{N}.$$

令 $\Gamma(x) = \Gamma(x, 0)$ 是 $-\Delta + a^2/2$ 的基本解 (参看 [98]). 使用一致有界估计, 我们能够选取 $\Gamma$ 使得 $|v_j(x)| \leqslant a^2 \Gamma(x)/2$ 对 $|x| = R$ 以及任意的 $j \in \mathbb{N}$ 上成立. 令 $z_j = |v_j| - a^2 \Gamma/2$. 则

$$\Delta z_j = \Delta |v_j| - \frac{a^2}{2} \Delta \Gamma \geqslant \frac{a^2}{2} \left( |v_j| - \frac{a^2}{2} \Gamma \right) = \frac{a^2}{2} z_j.$$

由极大值原理可得 $z_j(x) \leqslant 0$ 在 $|x| \geqslant R$ 上成立. 众所周知, 存在常数 $C' > 0$ 使得 $\Gamma(x) \leqslant C' e^{-\frac{a}{\sqrt{2}} |x|}$ 在 $|x| \geqslant 1$ 上成立. 因此,

$$|u_j(x)| \leqslant C e^{-\frac{a}{\sqrt{2}} |x - x_j|}, \quad \forall x \in \mathbb{R}^3$$

关于 $j \in \mathbb{N}$ 一致成立. 这就完成了引理 7.3.17 的证明. $\qquad\square$

### 7.3.4 定理 7.3.1 的证明

定义 $\omega_j(x) := u_j(x/\varepsilon_j)$, 则 $\omega_j$ 是方程组 (7.3.1) 的极小能量解, $x_{\varepsilon_j} := \varepsilon_j y_j$ 是 $|\omega_j|$ 最大值点, 由引理 7.3.13—引理 7.3.15, 我们知定理 7.3.1(i)—(iii) 成立. 此外,

$$
\begin{aligned}
|\omega_j(x)| &= \left| u_j \left( \frac{x}{\varepsilon_j} \right) \right| = \left| v_j \left( \frac{x}{\varepsilon_j} - y_j \right) \right| \\
&\leqslant C e^{-c |\frac{x}{\varepsilon_j} - y_j|} = C e^{-\frac{c}{\varepsilon_j} |x - \varepsilon_j y_j|} = C e^{-\frac{c}{\varepsilon_j} |x - x_{\varepsilon_j}|}.
\end{aligned}
$$

因此, 这就完成了定理 7.3.1 的证明.

## 7.4 带有局部线性位势 Dirac 方程解的集中性

在本节, 我们研究如下带有局部线性位势的 Dirac 方程

$$-i\varepsilon \sum_{k=1}^{3} \alpha_k \partial_k u + a\beta u + V(x)u = g(|u|)u, \quad x \in \mathbb{R}^3, \tag{7.4.1}$$

即考虑下面等价的方程

$$-i\alpha \cdot \nabla u + a\beta u + V_\varepsilon(x)u = g(|u|)u, \quad x \in \mathbb{R}^3, \tag{7.4.2}$$

其中 $V_\varepsilon(x) = V(\varepsilon x)$.

假设线性位势函数 $V$ 满足

$(V_1)$ $V$ 满足局部 Hölder 连续性, 并且 $\max |V| < a$.

对于非线性项, 我们首先引入超二次增长假设:

$(g_1)$ $g(0) = 0, g \in C^1(0, \infty), g'(s) > 0$.

$(g_2)$ (i) 存在 $p \in (2, 3), c_1 > 0$ 使得, 对所有的 $s \geqslant 0$, 有 $g(s) \leqslant c_1(1 + s^{p-2})$.

(ii) 存在 $\theta > 2$ 使得当 $s > 0$ 时有 $0 < G(s) \leqslant g(s)s^2/\theta$.

$(g_3)$ $s \mapsto g'(s)s + g(s)$ 是单调递增函数.

此时, 我们的第一个结论如下.

**定理 7.4.1** ([36])　设 $(V_1)$ 以及 $(g_1)$—$(g_3)$ 成立. 此外, 存在 $\mathbb{R}^3$ 中的有界开集 $\Lambda$ 使得

$$\underline{c} := \min_{\Lambda} V < \min_{\partial \Lambda} V. \tag{7.4.3}$$

则对充分小的 $\varepsilon > 0$,

(i) 方程 (7.4.1) 存在一个解 $w_\varepsilon \in \bigcap_{q \geqslant 2} W^{1,q}$;

(ii) $|w_\varepsilon|$ 在 $\Lambda$ 中拥有 (全局) 最大值点 $x_\varepsilon$ 满足

$$\lim_{\varepsilon \to 0} V(x_\varepsilon) = \underline{c},$$

以及存在与 $\varepsilon$ 无关的常数 $C, c > 0$ 使得

$$|w_\varepsilon(x)| \leqslant Ce^{-\frac{c}{\varepsilon}|x-x_\varepsilon|}, \quad \forall x \in \mathbb{R}^3;$$

(iii) 记 $v_\varepsilon(x) = w_\varepsilon(\varepsilon x + x_\varepsilon)$, 则当 $\varepsilon \to 0$ 时, $v_\varepsilon$ 在 $H^1$ 中收敛到下面极限方程

$$-i\alpha \cdot \nabla v + a\beta v + \underline{c}v = g(|v|)v$$

的极小能量解.

我们的下一个结论是关于渐近二次的非线性项的结果. 记 $\widehat{G}(s) := g(s)s^2/2 - G(s)$, 把条件 $(g_2)$ 换为:

$(g_2')$(i) 存在 $b > \max |V| + a$ 使得当 $s \to \infty$ 时有 $g(s) \to b$;

(ii) 当 $s > 0$ 时, $\widehat{G}(s) > 0$, 并且当 $s \to \infty$ 时有 $\widehat{G}(s) \to \infty$.

那么, 我们的结论如下.

**定理 7.4.2** ([36])　设 $(V_1), (g_1), (g_2')$ 以及 $(g_3)$ 成立, 并且 (7.4.3) 成立, 也就是存在 $\mathbb{R}^3$ 中的有界开集 $\Lambda$ 使得

$$\underline{c} := \min_{\Lambda} V < \min_{\partial \Lambda} V.$$

则对充分小的 $\varepsilon > 0$, 就有

(i) 方程 (7.4.1) 存在一个解 $w_\varepsilon \in \bigcap\limits_{q \geqslant 2} W^{1,q}$;

(ii) $|w_\varepsilon|$ 在 $\Lambda$ 中拥有 (全局) 最大值点 $x_\varepsilon$ 满足

$$\lim_{\varepsilon \to 0} V(x_\varepsilon) = \underline{c},$$

以及存在与 $\varepsilon$ 无关的常数 $C, c > 0$ 使得

$$|w_\varepsilon(x)| \leqslant Ce^{-\frac{c}{\varepsilon}|x - x_\varepsilon|}, \quad \forall x \in \mathbb{R}^3;$$

(iii) 记 $v_\varepsilon(x) = w_\varepsilon(\varepsilon x + x_\varepsilon)$, 则当 $\varepsilon \to 0$ 时, $v_\varepsilon$ 在 $H^1$ 中收敛到极限方程

$$-i\alpha \cdot \nabla v + a\beta v + \underline{c}v = g(|v|)v$$

的极小能量解.

这里有很多满足 $(g_1)$—$(g_3)$ 或 $(g_1)$, $(g_2')$, $(g_3)$ 的例子. 例如

(1) 对于超线性情形, $G(s) = s^p$, 其中 $p \in (2, 3)$.

(2) 对于渐近线性情形, $G(s) = bs^2(1 - 1/\ln(e+s))/2$.

**推论 7.4.3** ([36]) 设 $(V_1)$, $(g_1)$, $(g_3)$ 成立, 以及 $(g_2)$ 或 $(g_2')$ 成立. 如果存在互不相交的有界区域 $\Lambda_j, j = 1, \cdots, k$ 以及常数 $c_1 < \cdots < c_k$ 使得

$$c_j := \min_{\Lambda_j} V < \min_{\partial \Lambda_j} V, \tag{7.4.4}$$

则对充分小的 $\varepsilon > 0$, 就有

(i) 方程 (7.4.1) 至少存在 $k$ 个解 $w_\varepsilon^j \in \bigcap\limits_{q \geqslant 2} W^{1,q}(\mathbb{R}^3, \mathbb{C}^4)$, $j = 1, \cdots, k$;

(ii) $|w_\varepsilon^j|$ 在 $\Lambda_j$ 中拥有 (全局) 最大值点 $x_\varepsilon^j$ 满足

$$\lim_{\varepsilon \to 0} V(x_\varepsilon^j) = c_j,$$

以及存在与 $\varepsilon$ 无关的常数 $C, c > 0$ 使得

$$|w_\varepsilon^j(x)| \leqslant C \exp\left(-\frac{c}{\varepsilon}|x - x_\varepsilon^j|\right);$$

(iii) 记 $v_\varepsilon^j(x) = w_\varepsilon^j(\varepsilon x + x_\varepsilon^j)$, 则当 $\varepsilon \to 0$ 时, $v_\varepsilon^j$ 在 $H^1$ 中收敛到极限方程

$$-i\alpha \cdot \nabla v + a\beta v + c_j v = g(|v|)v$$

的极小能量解.

**注 7.4.4** 注意到, 因为 $\Lambda_j$ 是互不相交的, 故当 $\varepsilon$ 充分小时, 推论 7.4.3 得到的解是不相同的. 此外, 如果在 (7.4.4) 中的 $c_1$ 是 $V$ 的全局最小值, 则推论 7.4.3 描述了多解的集中现象.

**注 7.4.5**　注意到, 对任意的 $x_0 \in \mathbb{R}^3$, $\tilde{V}_\varepsilon(x) = V(\varepsilon(x + x_0))$, 如果 $\tilde{u}$ 是下面方程的解

$$-i\alpha \cdot \nabla \tilde{u} + a\beta\tilde{u} + \tilde{V}_\varepsilon(x)\tilde{u} = g(|\tilde{u}|)\tilde{u},$$

则 $u(x) = \tilde{u}(x - x_0)$ 是 (7.4.2) 的解. 因此, 不失一般性, 可假设 $0 \in \Lambda$ 以及 $V(0) = \min\limits_{x \in \Lambda} V(x)$.

对应于方程 (7.4.2) 的能量泛函定义为

$$\Phi_\varepsilon(u) = \frac{1}{2}\int_{\mathbb{R}^3} H_0 u \cdot \bar{u}dx + \frac{1}{2}\int_{\mathbb{R}^3} V_\varepsilon(x)|u|^2 dx - \int_{\mathbb{R}^3} G(|u|)dx$$
$$= \frac{1}{2}\big(\|u^+\|^2 - \|u^-\|^2\big) + \frac{1}{2}\int_{\mathbb{R}^3} V_\varepsilon(x)|u|^2 dx - \Psi(u),$$

其中 $u = u^+ + u^- \in E$ 以及

$$\Psi(u) := \int_{\mathbb{R}^3} G(|u|)dx.$$

不难验证, $\Phi_\varepsilon \in C^1(E, \mathbb{R})$ 且泛函 $\Phi_\varepsilon$ 的临界点即为方程 (7.4.2) 的解.

接下来, 我们引入泛函 $\Phi_\varepsilon$ 的改进泛函, 在之后, 我们将证明改进泛函满足 $(C)_c$-条件. 选取 $\xi > 0$ 使得 $g'(\xi)\xi + g(\xi) = (a - |V|_\infty)/2$. 现在我们将考虑新的函数 $\tilde{g} \in C^1(0, \infty)$ 满足

$$\frac{d}{ds}\big(\tilde{g}(s)s\big) = \begin{cases} g'(s)s + g(s), & s < \xi, \\ (a - |V|_\infty)/2, & s > \xi, \end{cases}$$

并且令

$$f(\cdot, s) = \chi_\Lambda g(s) + (1 - \chi_\Lambda)\tilde{g}(s), \tag{7.4.5}$$

其中 $\chi_\Lambda$ 表示特征函数. 不难验证, 由条件 $(g_1)$ 与 $(g_3)$ 就能得到 $f$ 为 Carathéodory 函数且满足

$(f_1)$ $f_s(x, s)$ 几乎处处存在, $\lim\limits_{s \to 0} f(x, s) = 0$ 关于 $x \in \mathbb{R}^3$ 一致成立.

$(f_2)$ 对所有 $x$ 有 $0 \leqslant f(x, s)s \leqslant g(s)s$.

$(f_3)$ 对任意的 $x \notin \Lambda$ 以及 $s > 0$, 有 $0 < 2F(x, s) \leqslant f(x, s)s^2 \leqslant (a - |V|_\infty)s^2/2$, 其中 $F(x, s) = \int_0^s f(x, \tau)\tau d\tau$.

$(f_4)$ (i) 如果 $(g_2)$ 满足, 则对任意的 $x \notin \Lambda$ 以及 $s > 0$, 有 $0 < F(x, s) \leqslant (f(x, s)s^2)/\theta$;

(ii) 如果 $(g_2')$ 满足, 则对任意的 $s > 0$, 有 $\widehat{F}(x, s) > 0$, 其中 $\widehat{F}(x, s) = f(x, s)s^2/2 - F(x, s)$.

(f₅) 对任意的 $x$ 以及 $s > 0$, 有 $d(f(x,s)s)/ds \geqslant 0$.

(f₆) (g₂) 或 (g₂′) 成立, 都有 $s \to \infty$ 时, $\widehat{F}(x,s) \to \infty$ 关于 $x \in \mathbb{R}^3$ 一致成立.

现在, 我们定义改进的泛函 $\widetilde{\Phi}_\varepsilon : E \to \mathbb{R}$ 为

$$\widetilde{\Phi}_\varepsilon(u) = \frac{1}{2}\left(\|u^+\|^2 - \|u^-\|^2\right) + \frac{1}{2}\int_{\mathbb{R}^3} V_\varepsilon(x)|u|^2 dx - \Psi_\varepsilon(u),$$

其中 $\Psi_\varepsilon(u) = \displaystyle\int_{\mathbb{R}^3} F(\varepsilon x, |u|)dx$. 不难验证, $\widetilde{\Phi}_\varepsilon \in C^2(E, \mathbb{R})$.

接下来我们将证明 $\widetilde{\Phi}_\varepsilon$ 满足紧性条件. 由于 (f₄)(i), 当 (g₂) 满足时, 对任意的 $x \in \Lambda$ 以及 $s > 0$, 我们有

$$\widehat{F}(x,s) \geqslant \frac{\theta - 2}{2\theta} f(x,s)s^2 \geqslant \frac{\theta - 2}{2} F(x,s) > 0. \tag{7.4.6}$$

此外, 由 (f₁) 以及 (f₂) 知, 存在常数 $a_1 > 0$ 以及充分小的 $r_1 > 0$ 使得, 对任意的 $s \leqslant r_1$, $x \in \mathbb{R}^3$, 我们有

$$f(x,s) \leqslant \frac{a - |V|_\infty}{4}, \tag{7.4.7}$$

并且如果 (g₂) 满足, 则对任意的 $s \geqslant r_1$, 我们有 $f(x,s) \leqslant a_1 s^{p-2}$, 从而就有 $(f(x,s)s)^{\sigma_0-1} \leqslant a_2 s$, 其中 $\sigma_0 := p/(p-1)$. 结合 (f₄)(i) 便可得, 对任意的 $s \geqslant r_1$ 以及 $x \in \Lambda$, 我们有

$$(f(x,s)s)^{\sigma_0} \leqslant a_2 f(x,s)s^2 \leqslant a_3 \widehat{F}(x,s). \tag{7.4.8}$$

**引理 7.4.6** 对任意 $\varepsilon > 0$, 令序列 $\{u_n\}$ 使得 $\widetilde{\Phi}_\varepsilon(u_n)$ 有界并且 $(1 + \|u_n\|)$ $\widetilde{\Phi}_\varepsilon'(u_n) \to 0$. 则 $\{u_n\}$ 有收敛子列.

**证明** 首先我们证明序列 $\{u_n\}$ 在 $E$ 中是有界的. 事实上, 由泛函 $\tilde{\Phi}_\varepsilon$ 的表达式可推出存在 $C > 0$ 使得

$$C \geqslant \tilde{\Phi}_\varepsilon(u_n) - \frac{1}{2}\tilde{\Phi}_\varepsilon'(u_n)u_n = \int_{\mathbb{R}^3} \widehat{F}(\varepsilon x, |u_n|)dx > 0, \tag{7.4.9}$$

以及

$$\begin{aligned}
o_n(1) &= \tilde{\Phi}_\varepsilon'(u_n)(u_n^+ - u_n^-) \\
&= \|u_n\|^2 + \Re \int_{\mathbb{R}^3} V_\varepsilon(x)u_n \cdot (u_n^+ - u_n^-)dx \\
&\quad - \Re \int_{\mathbb{R}^3} f(\varepsilon x, |u_n|)u_n \cdot (u_n^+ - u_n^-)dx.
\end{aligned} \tag{7.4.10}$$

**情形 1** (f₄)(i) 成立.

由 $F$ 的定义以及 (7.4.10), 我们立即得到

$$\|u_n\|^2 - |V|_\infty \int_{\mathbb{R}^3} |u_n| \cdot |u_n^+ - u_n^-| dx$$

$$\leqslant \int_{\mathbb{R}^3} f(\varepsilon x, |u_n|)|u_n| \cdot |u_n^+ - u_n^-| dx + o_n(1)$$

$$\leqslant \int_{\Lambda_\varepsilon} f(\varepsilon x, |u_n|)|u_n| \cdot |u_n^+ - u_n^-| dx$$

$$+ \frac{a - |V|_\infty}{2} \int_{\mathbb{R}^3} |u_n| \cdot |u_n^+ - u_n^-| dx + o_n(1), \tag{7.4.11}$$

其中 $\Lambda_\varepsilon := \{x \in \mathbb{R}^3 : \varepsilon x \in \Lambda\}$. 因此, 由 (7.4.7) 及 (7.4.8), 不难验证

$$\frac{a - |V|_\infty}{4a} \|u_n\|^2$$

$$\leqslant \int_{\{x \in \Lambda_\varepsilon : |u_n(x)| \geqslant r_1\}} f(\varepsilon x, |u_n|)|u_n| \cdot |u_n^+ - u_n^-| dx + o_n(1)$$

$$\leqslant \left( \int_{\{x \in \Lambda_\varepsilon : |u_n(x)| \geqslant r_1\}} \left( f(\varepsilon x, |u_n|)|u_n| \right)^{\sigma_0} dx \right)^{\frac{1}{\sigma_0}} |u_n^+ - u_n^-|_p + o_n(1).$$

由 (7.4.6), (7.4.9) 以及 $E$ 连续嵌入 $L^p$, 我们得到

$$\frac{a - |V|_\infty}{4a} \|u_n\|^2 \leqslant C_1 \|u_n\| + o_n(1).$$

因此, $\{u_n\}$ 在 $E$ 中是有界的.

**情形 2**　$(f_4)(ii)$ 成立.

在这种情形, 假设 $\{u_n\}$ 是无界的, 也就是当 $n \to \infty$ 时, $\|u_n\| \to \infty$. 令 $v_n = u_n/\|u_n\|$, 则 $|v_n|_2^2 \leqslant C_2$ 且 $|v_n|_3^2 \leqslant C_3$. 由 (7.2.4) 以及 (7.4.10), 我们得出

$$o_n(1) = \|u_n\|^2 \left( \|v_n\|^2 + \Re \int_{\mathbb{R}^3} V_\varepsilon(x) v_n \cdot \overline{(v_n^+ - v_n^-)} dx \right.$$

$$\left. - \Re \int_{\mathbb{R}^3} f(\varepsilon x, |u_n|) v_n \cdot \overline{(v_n^+ - v_n^-)} dx \right)$$

$$\geqslant \|u_n\|^2 \left( \frac{a - |V|_\infty}{a} - \Re \int_{\mathbb{R}^3} f(\varepsilon x, |u_n|) v_n \cdot \overline{(v_n^+ - v_n^-)} dx \right).$$

因此

$$\liminf_{n \to \infty} \Re \int_{\mathbb{R}^3} f(\varepsilon x, |u_n|) v_n \cdot \overline{(v_n^+ - v_n^-)} dx \geqslant \ell := \frac{a - |V|_\infty}{a}. \tag{7.4.12}$$

为了得到矛盾, 我们首先记

$$d(r) := \inf\{\widehat{F}(\varepsilon x, s) : x \in \mathbb{R}^3 \text{ 且 } s > r\},$$

$$\Omega_n(\rho, r) := \{x \in \mathbb{R}^3 : \rho \leqslant |u_n(x)| \leqslant r\},$$

以及

$$c_\rho^r := \inf\left\{\frac{\widehat{F}(x, s)}{s^2} : x \in \mathbb{R}^3 \text{ 且 } \rho \leqslant s \leqslant r\right\}.$$

由 (f$_6$) 知, 当 $r \to \infty$ 时, $d(r) \to \infty$. 此外, 我们还能得到

$$\widehat{F}(\varepsilon x, |u_n(x)|) \geqslant c_\rho^r |u_n(x)|^2, \quad \forall x \in \Omega_n(\rho, r).$$

由 (7.4.9), 我们有

$$C \geqslant \int_{\Omega_n(0,\rho)} \widehat{F}(\varepsilon x, |u_n|)dx + c_\rho^r \int_{\Omega_n(0,\rho)} |u_n|^2 dx + d(r) \cdot |\Omega_n(r, \infty)|.$$

这就蕴含着当 $r \to \infty$ 时, $|\Omega_n(r, \infty)| \leqslant C/d(r) \to 0$ 关于 $n$ 一致成立, 且对于任意取定的 $0 < \rho < r$, 当 $n \to \infty$ 时, 我们有

$$\int_{\Omega_n(\rho, r)} |v_n|^2 dx = \frac{1}{\|u_n\|^2} \int_{\Omega_n(\rho, r)} |u_n|^2 dx \leqslant \frac{C}{c_\rho^r \|u_n\|^2} \to 0.$$

现在, 我们选取 $0 < \delta < \ell/3$. 由 (f$_1$) 知, 存在 $\rho_\delta > 0$ 使得 $f(\varepsilon x, s) < \delta/C_2$ 对所有 $x \in \mathbb{R}^3$ 以及 $s \in [0, \rho_\delta]$ 都成立. 因此,

$$\int_{\Omega_n(0,\rho_\delta)} |f(\varepsilon x, |u_n|)| \cdot |v_n| \cdot |v_n^+ - v_n^-| dx \leqslant \frac{\delta}{C_2} |v_n|_2^2 \leqslant \delta$$

对所有 $n$ 成立. 注意到, 由 (g$_1$), (g$_2'$) 以及 (7.4.5) 可知, $0 \leqslant f(\varepsilon x, s) \leqslant b$ 对所有 $(x, s)$ 成立. 利用 Hölder 不等式, 我们可选取充分大的 $r_\delta$ 使得

$$\int_{\Omega_n(r_\delta, \infty)} f_\varepsilon(x, |u_n|)|v_n| \cdot |v_n^+ - v_n^-| dx$$
$$\leqslant b \int_{\Omega_n(r_\delta, \infty)} |v_n| \cdot |v_n^+ - v_n^-| dx$$
$$\leqslant b \cdot |\Omega_n(r_\delta, \infty)|^{\frac{1}{6}} \cdot |v_n|_2 \cdot |v_n^+ - v_n^-|_3$$
$$\leqslant C_b |\Omega_n(r_\delta, \infty)|^{\frac{1}{6}} \leqslant \delta$$

对所有 $n$ 成立. 此外, 存在充分大的 $n_0$ 使得当 $n \geqslant n_0$ 时

$$\int_{\Omega_n(\rho_\delta, r_\delta)} |f(\varepsilon x, |u_n|)| \cdot |v_n| \cdot |v_n^+ - v_n^-| dx$$
$$\leqslant b \int_{\Omega_n(\rho_\delta, r_\delta)} |v_n| \cdot |v_n^+ - v_n^-| dx$$
$$\leqslant b \cdot |v_n|_2 \left(\int_{\Omega_n(\rho_\delta, r_\delta)} |v_n|^2 dx\right)^{\frac{1}{2}} \leqslant \delta.$$

因此, 当 $n \geqslant n_0$ 时, 我们就有

$$\int_{\mathbb{R}^3} |f(\varepsilon x, |u_n|)| \cdot |v_n| \cdot |v_n^+ - v_n^-| dx \leqslant 3\delta < \ell,$$

这与 (7.4.12) 矛盾. 因此, $\{u_n\}$ 的有界性得到证明.

现在我们证明紧性条件. 由 $\{u_n\}$ 的有界性, 存在 $u \in E$ 使得, 子列意义下, 在 $E$ 中 $u_n \rightharpoonup u$, 在 $L_{\mathrm{loc}}^q$ $(q \in [1,3))$ 中 $u_n \to u$. 记 $z_n = u_n - u$, 我们就有 $\{z_n\}$ 有界且 $z_n \rightharpoonup 0$, 并在 $L_{\mathrm{loc}}^q$ 中 $z_n \to 0$.

下面我们将取 $\{u_n\}$ 为一有界 (PS)-序列, 则我们有

$$o_n(1) = \langle u_n^+, z_n^+ \rangle + \Re \int V_\varepsilon(x) u_n \cdot \overline{z_n^+} dx - \Re \int f(\varepsilon x, |u_n|) u_n \cdot \overline{z_n^+} dx, \quad (7.4.13)$$

$$0 = \langle u^+, z_n^+ \rangle + \Re \int V_\varepsilon(x) u \cdot \overline{z_n^+} dx - \Re \int f(\varepsilon x, |u|) u \cdot \overline{z_n^+} dx, \quad (7.4.14)$$

$$o_n(1) = -\langle u_n^-, z_n^- \rangle + \Re \int V_\varepsilon(x) u_n \cdot \overline{z_n^-} dx - \Re \int f(\varepsilon x, |u_n|) u_n \cdot \overline{z_n^-} dx, \quad (7.4.15)$$

$$0 = -\langle u^-, z_n^- \rangle + \Re \int V_\varepsilon(x) u \cdot \overline{z_n^-} dx - \Re \int f(\varepsilon x, |u|) u \cdot \overline{z_n^-} dx. \quad (7.4.16)$$

另一方面, 我们还知道

$$\begin{cases} \Re \int f(\varepsilon x, |u|) u \cdot \overline{z_n^+} dx = o_n(1), \\ \Re \int f(\varepsilon x, |u|) u \cdot \overline{z_n^-} dx = o_n(1), \\ \Re \int f(\varepsilon x, |u_n|) u \cdot \overline{(z_n^+ - z_n^-)} dx = o_n(1). \end{cases} \quad (7.4.17)$$

因此, 由 $f$ 的定义, 我们从 (7.4.13)—(7.4.17) 可推出

$$\frac{a - |V|_\infty}{4a} \|z_n\|^2 \leqslant \Re \int_{\Lambda_\varepsilon} f(\varepsilon x, |u_n|) z_n \cdot \overline{(z_n^+ - z_n^-)} dx + o_n(1).$$

注意到, 对固定的 $\varepsilon$, $\Lambda_\varepsilon := \{x \in \mathbb{R}^3 : \varepsilon x \in \Lambda\}$ 是有界的, 因此 $\|z_n\| = o_n(1)$. $\quad \square$

注意到, 从条件 $(g_1)$ 以及 $(f_2)$, 存在常数 $C > 0$ 使得

$$F(x, s) \leqslant \frac{a - |V|_\infty}{4} s^2 + Cs^p, \quad s \geqslant 0. \quad (7.4.18)$$

因此我们有下面的引理.

**引理 7.4.7**　存在与 $\varepsilon > 0$ 无关的常数 $r > 0, \tau > 0$ 使得 $\tilde{\Phi}_\varepsilon \big|_{B_r^+} \geqslant 0$ 以及 $\tilde{\Phi}_\varepsilon \big|_{S_r^+} \geqslant \tau$.

**证明**　由 Sobolev 嵌入定理以及 (7.2.4), 我们有

$$
\begin{aligned}
\tilde{\Phi}_\varepsilon(u) &= \frac{1}{2}\|u\|^2 - \frac{1}{2}\int_{\mathbb{R}^3} V_\varepsilon(x)|u|^2 dx - \Psi_\varepsilon(u) \\
&\leqslant \frac{1}{2}\|u\|^2 - \frac{|V|_\infty}{2}|u|_2^2 - \left(\frac{a-|V|_\infty}{4}|u|_2^2 + C|u|_p^p\right) \\
&\geqslant \frac{a-|V|_\infty}{4}\|u\|^2 - C'\|u\|^p.
\end{aligned}
$$

因为 $p > 2$, 故可得到结论.　　　　　　　　　　　　　　　　　　　　□

对任意的 $u \in E^+$, 类似于文献 [6], 定义如下映射 $\phi_u : E^- \to \mathbb{R}$,

$$
\phi_u(v) = \Phi_\varepsilon(u+v).
$$

$$
\phi_u(v) \leqslant \frac{a+|V|_\infty}{2a}\|u\|^2 - \frac{a-|V|_\infty}{2a}\|v\|^2. \tag{7.4.19}
$$

对任意 $v, w \in E^-$, 简单计算便有

$$
\begin{aligned}
\phi_u''(v)[w,w] &= -\|w\|^2 - \int_{\mathbb{R}^3} V_\varepsilon(x)|w|^2 dx - \Psi_\varepsilon''(u+v)[w,w] \\
&\leqslant -\frac{a-|V|_\infty}{a}\|w\|^2. \tag{7.4.20}
\end{aligned}
$$

事实上, 直接计算便有

$$
\begin{aligned}
\Psi_\varepsilon''(u+v)[w,w] &= \int_{\mathbb{R}^3}\left[ f_s(\varepsilon x, |u+v|)|u+v|\left(\frac{(u+v)\cdot\bar{w}}{|u+v|\cdot|w|}\right)^2 \right. \\
&\quad \left. + f(\varepsilon x, |u+v|)\right]|w|^2 dx.
\end{aligned}
$$

则从 (f$_5$) 以及 $\left(((u+v)\cdot\bar{w})/(|u+v|\cdot|w|)\right)^2 \leqslant 1$ 可得 $\Psi_\varepsilon''(u+v)[w,w] \geqslant 0$. 因此, 由 (7.4.19) 和 (7.4.20) 可知, 存在唯一的 $h_\varepsilon : E^+ \to E^-$ 使得

$$
\tilde{\Phi}_\varepsilon(u + h_\varepsilon(u)) = \max_{v \in E^-} \tilde{\Phi}_\varepsilon(u+v).
$$

从 $h_\varepsilon$ 的定义, 对任意的 $u \in E^+$, 我们有

$$
\begin{aligned}
0 &\leqslant \tilde{\Phi}_\varepsilon(u+h_\varepsilon(u)) - \tilde{\Phi}_\varepsilon(u) \\
&= -\frac{1}{2}\|h_\varepsilon(u)\|^2 + \frac{1}{2}\int_{\mathbb{R}^3} V_\varepsilon(x)|u+h_\varepsilon(u)|^2 dx - \Psi_\varepsilon(u+h_\varepsilon(u)) \\
&\quad - \frac{1}{2}\int_{\mathbb{R}^3} V_\varepsilon(x)|u|^2 dx + \Psi_\varepsilon(u)
\end{aligned}
$$

$$\leqslant -\frac{a-|V|_\infty}{2a}\|h_\varepsilon\varepsilon(u)\|^2 + \frac{|V|_\infty}{a}\|u\|^2 + \Psi_\varepsilon(u). \tag{7.4.21}$$

因此, $\Psi_\varepsilon$ 的有界性蕴含着 $h_\varepsilon$ 的有界性. 定义 $\pi : E^+ \oplus E^- \to E^-$ 为

$$\pi(u,v) = P^- \circ \mathcal{R} \circ \tilde\Phi'_\varepsilon(u+v),$$

其中 $P^- : E \to E^-$ 是正交投影, $\mathcal{R} : E^* \to E$ 表示由 Riesz 表示定理得到的同胚映射. 注意到, 对每一个 $u \in E^+$, 我们有

$$\pi(u, h_\varepsilon(u)) = 0. \tag{7.4.22}$$

由 $\pi_v(u,v) = P^- \circ \mathcal{R} \circ \tilde\Phi'_\varepsilon(u+v)\big|_{E^-}$ 以及 (7.4.20) 知, $\pi_v(u, h_\varepsilon(u))$ 是一个同胚且满足

$$\left\|\pi_v(u, h_\varepsilon(u))^{-1}\right\| \leqslant \frac{a}{a-|V|_\infty} \tag{7.4.23}$$

对每一个 $u \in E^+$ 都成立. 因此, (7.4.22), (7.4.23) 以及隐函数定理就蕴含着唯一定义的映射 $h_\varepsilon : E^+ \to E^-$ 是 $C^1$ 的且

$$h'_\varepsilon(u) = -\pi_v(u, h_\varepsilon(u))^{-1} \circ \pi_u(u, h_\varepsilon(u)), \tag{7.4.24}$$

其中 $\pi_u(u,v) = P^- \circ \mathcal{R} \circ \tilde\Phi'_\varepsilon(u+v)\big|_{E^+}$. 定义

$$I_\varepsilon : E^+ \to \mathbb{R}, \quad I_\varepsilon(u) = \tilde\Phi_\varepsilon(u + h_\varepsilon(u)).$$

显然, 从 $E^+$ 到 $E$ 上的单映射 $u \to u + h_\varepsilon(u)$ 可知 $I_\varepsilon$ 和 $\tilde\Phi_\varepsilon$ 的临界点一一对应的.

对任意的 $u \in E^+$ 以及 $v \in E^-$, 令 $z = v - h_\varepsilon(u)$ 以及 $\ell(t) = \tilde\Phi_\varepsilon(u + h_\varepsilon(u) + tz)$, 我们就有 $\ell(1) = \tilde\Phi_\varepsilon(u+v), \ell(0) = \tilde\Phi_\varepsilon(u+h_\varepsilon(u))$ 以及 $\ell'(0) = 0$. 因此, 我们得到

$$\ell(1) - \ell(0) = \int_0^1 (1-s)\ell''(s)ds,$$

从而

$$\tilde\Phi_\varepsilon(u+v) - \tilde\Phi_\varepsilon\big(u+h_\varepsilon(u)\big)$$
$$= \int_0^1 (1-s)\tilde\Phi''_\varepsilon\big(u+h_\varepsilon(u)+sz\big)[z,z]ds$$
$$= -\int_0^1 (1-s)\left(\|z\|^2 + \int_{\mathbb{R}^3} V_\varepsilon(x)|z|^2 dx\right)ds - \int_0^1 (1-s)\tilde\Psi''_\varepsilon\big(u+h_\varepsilon(u)+sz\big)[z,z]ds,$$

这就蕴含了

$$\tilde\Phi_\varepsilon(u+h_\varepsilon(u)) - \tilde\Phi_\varepsilon(u+v)$$
$$= \int_0^1 (1-s)\Psi''_\varepsilon(u+h_\varepsilon(u)+sz)[z,z]ds + \frac{1}{2}\|z\|^2 + \frac{1}{2}\int_{\mathbb{R}^3} V_\varepsilon(x)|z|^2 dx. \tag{7.4.25}$$

### 7.4.1 极限方程

这部分我们也将充分利用极限方程来证明我们的主要结果. 设 $g$ 满足 $(g_1)$, $(g_3)$ 以及 $(g_2)$ 或 $(g_2')$. 对任意的 $\mu \in (-a, a)$, 考虑下面的常系数方程

$$-i\alpha \cdot \nabla u + a\beta u + \mu u = g(|u|)u, \quad x \in \mathbb{R}^3. \tag{7.4.26}$$

方程 (7.4.26) 的解是下面泛函的临界点

$$\mathscr{T}_\mu(u) := \frac{1}{2}\big(\|u^+\|^2 - \|u^-\|^2\big) + \frac{\mu}{2}\int_{\mathbb{R}^3} |u|^2 dx - \Psi(u),$$

这里 $u = u^+ + u^- \in E = E^+ \oplus E^-$. 下面的集合分别表示 $\mathscr{T}_\mu$ 的临界点集、极小能量以及极小能量集.

$$\mathscr{H}_\mu := \{u \in E : \mathscr{T}_\mu'(u) = 0\},$$

$$\gamma_\mu := \inf\{\mathscr{T}_\mu(u) : u \in \mathscr{H}_\mu \setminus \{0\}\},$$

$$\mathscr{R}_\mu := \{u \in \mathscr{H}_\mu : \mathscr{T}_\mu(u) = \gamma_\mu, |u(0)| = |u|_\infty\}.$$

正如之前, 我们介绍一些记号:

$$\mathscr{J}_\mu : E^+ \to E^- : \mathscr{T}_\mu(u + \mathscr{J}_\mu(u)) = \max_{v \in E^-} \mathscr{T}_\mu(u + v),$$

$$J_\mu : E^+ \to \mathbb{R} : J_\mu(u) = \mathscr{T}_\mu(u + \mathscr{J}_\mu(u)).$$

从 $\mathscr{J}_\mu$ 的定义知, 对任意的 $z \in E^-$,

$$\mathscr{T}_\mu'(u + \mathscr{J}_\mu(u))z = 0. \tag{7.4.27}$$

类似于 (7.4.21), 成立

$$\|\mathscr{T}_\mu(u)\|^2 \leqslant \frac{2|\mu|}{a - |\mu|}\|u\|^2 + \frac{2a}{a - |\mu|}\Psi_\varepsilon(u). \tag{7.4.28}$$

**超线性情形** 下面的引理我们可以参见 [40] (也可参看 [34]).

**引理 7.4.8** 对于方程 (7.4.26), 我们有

(1) $\mathscr{H}_\mu \setminus \{0\} \neq \varnothing$, $\gamma_\mu > 0$ 且 $\mathscr{H}_\mu \subset \bigcap_{q \geqslant 2} W^{1,q}$;

(2) $\gamma_\mu$ 是可达的且 $\mathscr{R}_\mu$ 在 $H^1(\mathbb{R}^3, \mathbb{C}^4)$ 上是紧的;

(3) 存在与 $\varepsilon$ 无关的常数 $C, c > 0$ 使得对任意的 $w \in \mathscr{R}_\mu$, 我们有

$$|w(x)| \leqslant Ce^{-c|x|}, \quad \forall x \in \mathbb{R}^3.$$

注意到, 由条件 (g₂)(ii) 可知, 对任意的 $\delta > 0$, 存在 $c_\delta > 0$ 使得

$$G(s) \geqslant c_\delta s^\theta - \delta s^2, \quad s \geqslant 0.$$

对 $v \in E^-, u = te + v \in E_e$, 简单地估计, 我们有

$$\mathscr{T}_\mu(u) = \frac{t^2}{2}\|e\|^2 - \frac{\|v\|^2}{2} + \frac{\mu}{2}\int_{\mathbb{R}^3}|te+v|^2dx - \int_{\mathbb{R}^3}G(|te+v|)dx$$

$$\leqslant \frac{a+|\mu+2\delta|}{2a}t^2\|e\|^2 - \frac{a-|\mu+2\delta|}{2a}\|v\|^2 - c_\delta\int_{\mathbb{R}^3}|te+v|^\theta dx.$$

因此, 由 (7.2.6) 得

$$\mathscr{T}_\mu(u) \leqslant \frac{a+|\mu+2\delta|}{2a}t^2\|e\|^2 - \frac{a-|\mu+2\delta|}{2a}\|v\|^2 - C_{\delta,\theta}t^\theta|e|_\theta^\theta.$$

由上面这个估计, 下面的引理成立, 具体证明可参见 [32, 34] (也可参见 7.3 节).

**引理 7.4.9**  下面的结论成立:

(1) 对任意的 $e \in E^+ \setminus \{0\}$, 当 $u \in E_e$ 且满足 $\|u\| \to \infty$ 时, 我们有 $\mathscr{T}_\mu(u) \to -\infty$;

(2) 令 $\Gamma_\mu = \{\nu \in C([0,1], E^+) : \nu(0) = 0, J_\mu(\nu(1)) < 0\}$, 则

$$\gamma_\mu = \inf_{\nu \in \Gamma_\mu} \max_{t \in [0,1]} J_\mu(\nu(t)) = \inf_{u \in E^+ \setminus \{0\}} \max_{t \geqslant 0} J_\mu(tu).$$

(3) 如果 $\mu_1 > \mu_2$, 则 $\gamma_{\mu_1} > \gamma_{\mu_2}$.

类似于 (7.4.25), 对任意的 $u \in E^+, v \in E^-$ 以及 $z = v - \mathscr{J}_\mu(u)$, 我们有

$$\mathscr{T}_\mu(u + \mathscr{J}_\mu(u)) - \mathscr{T}_\mu(u + v)$$
$$= \int_0^1 (1-s)\Psi''(u + \mathscr{J}_\mu(u) + sz)[z,z]ds + \frac{1}{2}\|z\|^2 + \frac{\mu}{2}\int_{\mathbb{R}^3}|z|^2dx. \quad (7.4.29)$$

**渐近线性情形**  首先, 令 $\{E_\lambda\}_{\lambda \in \mathbb{R}}$ 表示算子 $H_0$ 的谱族. 选取常数 $\kappa \in (a + |V|_\infty, b)$. 因为 $H_0$ 在 $\mathbb{Z}^3$ 作用下是不变的, 子空间 $Y_0 := (E_k - E_0)L^2$ 是无穷维的以及

$$a|u|_2^2 \leqslant \|u\|^2 \leqslant \kappa|u|_2^2, \quad \forall u \in Y_0. \quad (7.4.30)$$

选取任意的元素 $e \in Y_0$, 我们有如下引理.

**引理 7.4.10**  下面的结论成立:

(1) 当 $u \in E_e$ 且满足 $\|u\| \to \infty$ 时, 我们有 $\sup \mathscr{T}_\mu(E_e) < \infty$ 以及 $\mathscr{T}_\mu(u) \to -\infty$;

(2) 对任意的 $u \in E^+ \setminus \{0\}$, 则当 $t \to \infty$ 时, $\mathscr{T}_\mu(tu) \to \infty$ 或 $\mathscr{T}_\mu(tu) \to -\infty$.

**证明**　对于 (1) 的证明, 我们可参见 [40, 引理 7.7]. 为了证明 (2), 首先我们假设 $\sup\limits_{t\geqslant 0} J_\mu(tu) = M < \infty$. 利用 (7.4.27), 直接计算便有

$$
\begin{aligned}
\frac{d}{dt}\mathscr{T}_\mu(tu) &= \frac{1}{t}J_\mu'(tu)tu = \frac{1}{t}\mathscr{T}_\mu'(tu + \mathscr{I}_\mu(tu))(tu + \mathscr{I}_\mu'(tu)tu)\\
&= \frac{1}{t}\mathscr{T}_\mu'(tu + \mathscr{I}_\mu(tu))(tu + \mathscr{I}_\mu(tu))\\
&= \frac{2J_\mu(tu)}{t} - \frac{2}{t}\int_{\mathbb{R}^3}\widehat{G}(|tu + \mathscr{I}_\mu(tu)|)dx.
\end{aligned}
\tag{7.4.31}
$$

对 $r > 0$, 我们有

$$
\begin{aligned}
\int_{\mathbb{R}^3}\widehat{G}(|tu + \mathscr{I}_\mu(tu)|)dx &\geqslant \int_{\{x\in\mathbb{R}^3:|u+\frac{\mathscr{I}_\mu(tu)}{t}|\geqslant r\}}\widehat{G}(|tu + \mathscr{I}_\mu(tu)|)dx\\
&\geqslant \widehat{G}(rt)\cdot\left|\left\{x\in\mathbb{R}^3:\left|u + \frac{\mathscr{I}_\mu(tu)}{t}\right|\geqslant r\right\}\right|.
\end{aligned}
\tag{7.4.32}
$$

由 (7.4.28) 以及 $(g_2')$(i) 可知, 集族 $\{(\mathscr{I}_\mu(tu))/t\}_{t>0}\subset E^-$ 是有界的, 则一定存在常数 $\bar\delta > 0$, 使得当 $r > 0$ 充分小时, $|\{x\in\mathbb{R}^3:(\mathscr{I}_\mu(tu))/t\geqslant r\}|\geqslant\bar\delta$ 对任意的 $t > 0$ 成立. 事实上, 如果不存在这样的 $\bar\delta$, 则存在序列 $\{t_j\}$ 使得在 $E$ 中

$$
\frac{\mathscr{I}_\mu(t_ju)}{t_j}\rightharpoonup -u.
$$

然而由 $u\in E^+$ 可得 $u = 0$, 这就得到一个矛盾. 现在, 从 (7.4.32) 和 $(g_2')$(ii) 可得

$$
\frac{d}{dt}J_\mu(tu) \leqslant \frac{2J_\mu(tu)}{t} - 2\bar\delta\cdot\frac{\widehat{G}(rt)}{t} \leqslant \frac{2J_\mu(tu)}{t} - \frac{3M}{t} = -\frac{M}{t}
$$

对充分大的 $t$ 成立. 因此, 当 $t\to\infty$ 时, $J_\mu(tu) = \int_0^t d(J_\mu(tu))/dt \to -\infty$. □

正如引理 7.4.9, 我们考虑

$$
\Gamma_\mu = \{\nu\in C([0,1], E^+) : \nu(0) = 0, J_\mu(\nu(1)) < 0\},
$$

以及极小极大刻画

$$
d_\mu^1 = \inf_{\nu\in\Gamma_\mu}\max_{t\in[0,1]}J_\mu(\nu(t)), \quad d_\mu^2 = \inf_{u\in E^+\setminus\{0\}}\max_{t\geqslant 0}J_\mu(tu).
$$

**引理 7.4.11**　在渐近线性情形下, 下面的结论成立:

(1) $\mathscr{K}_\mu\setminus\{0\}\neq\varnothing, \gamma_\mu > 0$ 且 $\mathscr{K}_\mu\subset\bigcap\limits_{q\geqslant 2}W^{1,q}$;

(2) $\gamma_\mu$ 是可达的且 $\gamma_\mu = d_\mu^1 = d_\mu^2$;

(3) 如果 $\mu_1 > \mu_2$, 则 $\gamma_{\mu_1} > \gamma_{\mu_2}$.

**证明**  (1) 是 [40, 引理 7.3] 的直接结论, 我们仅仅需要证明 (2) 和 (3).

为了证明 (2), 假设 $\{u_n\} \subset \mathscr{K}_\mu \setminus \{0\}$ 使得 $\mathscr{T}_\mu(u_n) \to \gamma_\mu$. 显然, $\{u_n\}$ 是一个 $(C)_c$-序列, 因此是有界的. 正如 [40], $\{u_n\}$ 是非消失的. 因为 $\mathscr{T}_\mu$ 是 $\mathbb{Z}^3$ 不变的, 平移变换意义下, 我们可假设 $u_n \rightharpoonup u \in \mathscr{K}_\mu \setminus \{0\}$. 从而由 Fatou 引理可得

$$\gamma_\mu \leqslant \mathscr{T}_\mu(u) = \mathscr{T}_\mu(u) - \frac{1}{2}\mathscr{T}'_\mu(u)u = \int_{\mathbb{R}^3} \widehat{G}(|u|)dx$$
$$\geqslant \liminf_{n\to\infty} \int_{\mathbb{R}^3} \widehat{G}(|u_n|)dx = \liminf_{n\to\infty}\left(\mathscr{T}_\mu(u_n) - \frac{1}{2}\mathscr{T}'_\mu(u_n)u_n\right)$$
$$= \gamma_\mu.$$

因此, $\gamma_\mu$ 是可达的. 注意到, $\gamma_\mu$ 也是 $J_\mu$ 的极小能量, 不难验证 $\gamma_\mu \leqslant d_\mu^1 \leqslant d_\mu^2$. 为了证明 $d_\mu^2 \leqslant \gamma_\mu$, 首先注意到, 如果 $s > 0$, 则由 $(g_1)$ 可得 $g'(s)s > 0$. 因此, 如果 $u \in E \setminus \{0\}, v \in E$, 我们有

$$(\Psi''(u)[u,u] - \Psi'(u)u) + 2(\Psi''(u)[u,v] - \Psi'(u)v) + \Psi''(u)[v,v]$$
$$= \int_{\mathbb{R}^3} g(|u|)|v|^2dx + \int_{\mathbb{R}^3} g'(|u|)|u|\left(|u| + \frac{\Re u\cdot v}{|u|}\right)^2 dx > 0.$$

正如文献 [6, 定理 5.1], 如果 $u \in E \setminus \{0\}$ 满足 $J'_\mu(z)z = 0$, 则 $J''_\mu(z)[z,z] < 0$. 因此, 对固定的 $u \in E^+ \setminus \{0\}$, 函数 $t \mapsto J_\mu(tu)$ 至多有一个非平凡临界点 $t = t(u) > 0$. 记

$$\mathscr{M}_\mu := \{t(u)u : u \in E^+ \setminus \{0\}, t(u) < \infty\}.$$

因为 $\gamma_\mu$ 是可达的, 我们有 $\mathscr{M}_\mu \neq \varnothing$. 注意到

$$d_\mu^2 = \inf_{z\in\mathscr{M}_\mu} J_\mu(z).$$

因此, 当 $u \in \mathscr{R}_\mu$ 时, 就成立 $d_\mu^2 \leqslant \gamma_\mu$ (因为 $u^+ \in \mathscr{M}_\mu$).

最后, 我们证明 (3). 如果 $u \in \mathscr{R}_{\mu_1}$, 可知 $u^+$ 是 $J_{\mu_1}$ 的临界点且满足 $\gamma_{\mu_1} = J_{\mu_1}(u^+) = \max_{t\geqslant 0} J_{\mu_1}(tu^+)$. 令 $\tau > 0$ 使得 $J_{\mu_2}(\tau u^+) = \max_{t\geqslant 0} J_{\mu_2}(tu^+)$, 我们有

$$\gamma_{\mu_1} = J_{\mu_1}(u^+) = \max_{t\geqslant 0} J_{\mu_1}(tu^+)$$
$$\geqslant J_{\mu_1}(\tau u^+) = \mathscr{T}_{\mu_1}(\tau u^+ + \mathscr{J}_{\mu_1}(\tau u^+))$$
$$\geqslant \mathscr{T}_{\mu_1}(\tau u^+ + \mathscr{J}_{\mu_2}(\tau u^+))$$
$$\geqslant \mathscr{T}_{\mu_2}(\tau u^+ + \mathscr{J}_{\mu_2}(\tau u^+)) + \frac{\mu_1 - \mu_2}{2}|\tau u^+ + \mathscr{J}_{\mu_2}(\tau u^+)|_2^2$$

$$= J_{\mu_2}(\tau u^+) + \frac{\mu_1 - \mu_2}{2}\big|\tau u^+ + \mathscr{J}_{\mu_2}(\tau u^+)\big|_2^2$$

$$\geqslant \gamma_{\mu_2} + \frac{\mu_1 - \mu_2}{2}\big|\tau u^+ + \mathscr{J}_{\mu_2}(\tau u^+)\big|_2^2.$$

这就完成了证明. □

注意到, 由条件 $(V_1)$ 知, 当 $\varepsilon \to 0$ 时, $V_\varepsilon(x) \to V(0)$ 在 $\mathbb{R}^3$ 上的有界区域一致成立. 记 $V_0 = V(0)$, 令 $V^0(x) = V(x) - V(0)$ 以及 $V_\varepsilon^0(x) = V^0(\varepsilon x)$, 则

$$\tilde{\Phi}_\varepsilon(u) = \mathscr{T}_{V_0}(u) + \frac{1}{2}\int_{\mathbb{R}^3} V_\varepsilon^0(x)|u|^2 dx - \int_{\mathbb{R}^3}\big(F(\varepsilon x, |u|) - G(|u|)\big)dx. \quad (7.4.33)$$

**引理 7.4.12** 若 $(f_1)$—$(f_5)$ 成立, 则对任意 $u \in E^+$, 当 $\varepsilon \to 0$ 时, 有 $h_\varepsilon(u) \to \mathscr{J}_{V_0}(u)$.

**证明** 由 (7.4.33) 可得

$$\big(\tilde{\Phi}_\varepsilon(z_\varepsilon) - \tilde{\Phi}_\varepsilon(w)\big) + \big(\mathscr{T}_{V_0}(w) - \mathscr{T}_{V_0}(z_\varepsilon)\big)$$

$$= \frac{1}{2}\int_{\mathbb{R}^3} V_\varepsilon^0(x)(|z_\varepsilon|^2 - |w|^2)dx + \int_{\mathbb{R}^3}(G(|z_\varepsilon|) - G(|w|))dx$$

$$- \int_{\mathbb{R}^3}(F(\varepsilon x, |z_\varepsilon|) - F(\varepsilon x, |w|))dx, \quad (7.4.34)$$

其中 $z_\varepsilon = u + h_\varepsilon(u), w = u + \mathscr{J}_{V_0}(u)$. 记 $v_\varepsilon = z_\varepsilon - w$, 则

$$\int_{\mathbb{R}^3} V_\varepsilon^0(x)(|z_\varepsilon|^2 - |w|^2)dx = \int_{\mathbb{R}^3} V_\varepsilon^0(x)|v_\varepsilon|^2 dx + 2\Re\int_{\mathbb{R}^3} V_\varepsilon^0(x)w \cdot \bar{v}_\varepsilon dx,$$

以及

$$\int_{\mathbb{R}^3}(G(|z_\varepsilon|) - G(|w|))dx - \int_{\mathbb{R}^3}(F(\varepsilon x, |z_\varepsilon|) - F(\varepsilon x, |w|))dx$$

$$= \Re\int_{\mathbb{R}^3} g(|w|)w \cdot \bar{v}_\varepsilon dx - \Re\int_{\mathbb{R}^3} f(\varepsilon x, |w|)w \cdot \bar{v}_\varepsilon dx$$

$$+ \int_0^1 (1-s)\Psi''(w + sv_\varepsilon)[v_\varepsilon, v_\varepsilon]ds$$

$$- \int_0^1 (1-s)\Psi_\varepsilon''(w + sv_\varepsilon)[v_\varepsilon, v_\varepsilon]ds.$$

类似于 (7.4.25) 以及 (7.4.29), 得

$$\int_0^1 (1-s)\Psi_\varepsilon''(z_\varepsilon - sv_\varepsilon)[v_\varepsilon, v_\varepsilon]ds + \frac{1}{2}\|v_\varepsilon\|^2 + \frac{1}{2}\int_{\mathbb{R}^3} V_\varepsilon(x)|v_\varepsilon|^2 dx = \tilde{\Phi}_\varepsilon(z_\varepsilon) - \tilde{\Phi}_\varepsilon(w),$$

以及

$$\int_0^1 (1-s)\Psi''(w+sv_\varepsilon)[v_\varepsilon,v_\varepsilon]ds + \frac{1}{2}\|v_\varepsilon\|^2 + \frac{V_0}{2}\int_{\mathbb{R}^3}|v_\varepsilon|^2 dx = \mathscr{T}_{V_0}(w) - \mathscr{T}_{V_0}(z_\varepsilon).$$

因此结合 (7.4.34), (7.4.18) 以及 $f$ 的定义, 我们有

$$\begin{aligned}
\|v_\varepsilon\|^2 + V_0|v_\varepsilon|_2^2 &\leqslant \Re\int_{\mathbb{R}^3} V_\varepsilon^0(x)w\cdot\bar{v}_\varepsilon dx + \Re\int_{\mathbb{R}^3} g(|w|)w\cdot\bar{v}_\varepsilon dx \\
&\quad - \Re\int_{\mathbb{R}^3} f(\varepsilon x,|w|)w\cdot\bar{v}_\varepsilon dx \\
&\leqslant \int_{\mathbb{R}^3}|V_\varepsilon^0(x)|\cdot|w|\cdot|v_\varepsilon|dx + c_1\int_{\mathbb{R}^3\backslash\Lambda_\varepsilon}|w|\cdot|v_\varepsilon|dx \\
&\quad + c_1\int_{\mathbb{R}^3\backslash\Lambda_\varepsilon}|w|^{p-1}\cdot|v_\varepsilon|dx + \frac{a-|V|\infty}{2}\int_{\mathbb{R}^3\backslash\Lambda_\varepsilon}|w|\cdot|v_\varepsilon|dx \\
&\leqslant \left(\int_{\mathbb{R}^3}|V_\varepsilon^0(x)|^2|w|^2 dx\right)^{\frac{1}{2}}|v_\varepsilon|_2 + c_2\left(\int_{\mathbb{R}^3\backslash\Lambda_\varepsilon}|w|^2 dx\right)^{\frac{1}{2}}|v_\varepsilon|_2 \\
&\quad + c_1\left(\int_{\mathbb{R}^3\backslash\Lambda_\varepsilon}|w|^p dx\right)^{\frac{p-1}{p}}|v_\varepsilon|_p.
\end{aligned} \tag{7.4.35}$$

因为当 $\varepsilon \to 0$ 时, $V_\varepsilon^0(x) \to 0$ 在 $\mathbb{R}^3$ 的有界集上一致成立, 这就有

$$\int_{\mathbb{R}^3}|V_\varepsilon^0(x)|^2|w|^2 dx = o_\varepsilon(1).$$

此外, 由 $w$ 在无穷远处的衰减性可知

$$\limsup_{R\to\infty}\int_{|x|\geqslant R}|w|^q dx = 0,$$

其中 $q = 2, p$. 因此, 由于 $0 \in \Lambda$, 故当 $\varepsilon \to 0$ 时, 这就蕴含着

$$\int_{\mathbb{R}^3\backslash\Lambda_\varepsilon}|w|^2 dx = o_\varepsilon(1),$$

$$\int_{\mathbb{R}^3\backslash\Lambda_\varepsilon}|w|^p dx = o_\varepsilon(1).$$

结合 (7.4.35) 就得 $\|v_\varepsilon\| = \|h_\varepsilon(u) - \mathscr{J}_{V_0}(u)\| = o_\varepsilon(1)$. 这就完成了引理的证明. $\square$

**引理 7.4.13**　设 $(f_1)$—$(f_6)$ 成立. 则对充分小的 $\varepsilon > 0$, 泛函 $I_\varepsilon$ 拥有山路结构:

(i) $I_\varepsilon(0) = 0$ 以及存在与 $\varepsilon > 0$ 无关的常数 $r > 0$ 以及 $\tau > 0$, 使得 $\Phi_\varepsilon|_{S_r^+} \geqslant \tau$;

(ii) 存在与 $\varepsilon > 0$ 无关的元素 $u_0 \in E^+$, 使得 $\|u_0\| > r$ 以及 $I_\varepsilon(u_0) < 0$.

**证明**  (i) 很容易地从引理 7.4.7 得到. 为了证明 (ii), 令 $w = w^+ + w^- \in \mathscr{R}_{V_0}$ 是下面方程的极小能量解

$$-i\alpha \cdot \nabla u + a\beta u + V_0 u = g(|u|)u$$

且满足 $|w(0)| = \max_{x \in \mathbb{R}^3} |w(x)|$. 从引理 7.4.9(2) 以及引理 7.4.11(2) 可知

$$\gamma_{V_0} = \inf_{\gamma \in \Gamma_0} \max_{t \in [0,1]} J_{V_0}(\gamma(t)) = \inf_{e \in E^+ \setminus \{0\}} \max_{t \geqslant 0} J_{V_0}(tu),$$

其中 $\Gamma_0 := \{\gamma \in C([0,1], E^+) : \gamma(0) = 0, J_{V_0}(\gamma(1)) < 0\}$. 从引理 7.4.9(1) 以及 7.4.10(2) 可知, 存在充分大的 $t_0 > 0$ 使得

$$J_{V_0}(t_0 w^+) = \frac{1}{2}\big(\|t_0 w^+\|^2 - \|\mathscr{I}_{V_0}(t_0 w^+)\|^2\big) + \frac{V_0}{2}\int_{\mathbb{R}^3} |t_0 w^+ + \mathscr{I}_{V_0}(t_0 w^+)|^2 dx$$
$$- \int_{\mathbb{R}^3} G(|t_0 w^+ + \mathscr{I}_{V_0}(t_0 w^+)|)dx < -1.$$

因此, 存在充分大的 $R_0 > 0$ 使得

$$\frac{1}{2}\big(\|t_0 w^+\|^2 - \|\mathscr{I}_{V_0}(t_0 w^+)\|^2\big) + \frac{V_0}{2}\int_{\mathbb{R}^3} |t_0 w^+ + \mathscr{I}_{V_0}(t_0 w^+)|^2 dx$$
$$- \int_{B_{R_0}} G(|t_0 w^+ + \mathscr{I}_{V_0}(t_0 w^+)|)dx \leqslant -\frac{1}{2}. \tag{7.4.36}$$

注意到, $V_\varepsilon(x) \to V_0$ 在 $\mathbb{R}^3$ 的有界集上一致成立, 结合引理 7.4.12 和 (7.4.36), 当 $\varepsilon \to 0$ 时,

$$I_\varepsilon(t_0 w^+) = \frac{1}{2}\big(\|t_0 w^+\|^2 - \|h_\varepsilon(t_0 w^+)\|^2\big) + \frac{1}{2}\int_{\mathbb{R}^3} V_\varepsilon(x)|t_0 w^+ + h_\varepsilon(t_0 w^+)|^2 dx$$
$$- \int_{\mathbb{R}^3} F(\varepsilon x, |t_0 w^+ + h_\varepsilon(t_0 w^+)|)dx$$
$$\leqslant \frac{1}{2}\big(\|t_0 w^+\|^2 - \|h_\varepsilon(t_0 w^+)\|^2\big) + \frac{1}{2}\int_{\mathbb{R}^3} V_\varepsilon(x)|t_0 w^+ + h_\varepsilon(t_0 w^+)|^2 dx$$
$$- \int_{\Lambda_\varepsilon} G(|t_0 w^+ + h_\varepsilon(t_0 w^+)|)dx$$
$$\leqslant \frac{1}{2}\big(\|t_0 w^+\|^2 - \|\mathscr{I}_{V_0}(t_0 w^+)\|^2\big) + \frac{V_0}{2}\int_{\mathbb{R}^3} |t_0 w^+ + \mathscr{I}_{V_0}(t_0 w^+)|^2 dx$$
$$- \int_{B_{R_0}} G(|t_0 w^+ + \mathscr{I}_{V_0}(t_0 w^+)|)dx$$
$$\leqslant -\frac{1}{2} + o_\varepsilon(1).$$

因此, 存在 $\varepsilon_0 > 0$ 使得对任意的 $\varepsilon \in (0, \varepsilon_0]$ 成立 $I_\varepsilon(t_0 w^+) < 0$. □

**引理 7.4.14** 设 (f$_1$)—(f$_6$) 成立. 则对任意的 $\varepsilon > 0$, $I_\varepsilon$ 满足 (C)$_c$-条件.

**证明** 首先, 从 $h_\varepsilon$ 的定义有

$$\widetilde{\Phi}_\varepsilon'(u + h_\varepsilon(u))z = 0, \quad \forall u \in E^+, \quad z \in E^-. \tag{7.4.37}$$

直接计算便有

$$\begin{aligned} I_\varepsilon'(u)u &= \widetilde{\Phi}_\varepsilon'(u + h_\varepsilon(u))(u + h_\varepsilon'(u)u) \\ &= \widetilde{\Phi}_\varepsilon'(u + h_\varepsilon(u))(u + h_\varepsilon(u)) \\ &= \widetilde{\Phi}_\varepsilon'(u + h_\varepsilon(u))(u - h_\varepsilon(u)). \end{aligned} \tag{7.4.38}$$

现在令 $\{w_n\} \subset E^+$ 是 $I_\varepsilon$ 的一个 (C)$_c$-序列, 且定义 $u_n := w_n + h_\varepsilon(w_n)$. 从引理 7.4.6, 不难验证 $\{u_n\}$ 拥有收敛子列. 因此, $I_\varepsilon$ 满足 (C)$_c$-条件. □

定义

$$c_\varepsilon := \inf_{v \in \Gamma_\varepsilon} \max_{t \in [0,1]} I_\varepsilon(\nu(t)),$$

其中 $\Gamma_\varepsilon := \{\nu \in C([0,1], E^+) : \nu(0) = 0, I_\varepsilon(\nu(1)) < 0\}$. 则 $\tau \leqslant c_\varepsilon < \infty$ 是良定义的且是 $I_\varepsilon$ 的临界值 (也是 $\widetilde{\Phi}_\varepsilon$ 的临界值).

**引理 7.4.15** $c_\varepsilon = \inf_{u \in E^+ \backslash \{0\}} \max_{t \geqslant 0} I_\varepsilon(tu)$.

**证明** 令 $d_\varepsilon = \inf_{u \in E^+ \backslash \{0\}} \max_{t \geqslant 0} I_\varepsilon(tu)$, 则由 (f$_6$) 以及引理 7.4.10 的证明知 $d_\varepsilon \geqslant c_\varepsilon$. 接下来我们证明另外一个不等式. 注意到, 如果 $s > 0$, 则由 (g$_1$),(g$_3$) 以及 $f$ 的定义可得 $f_s(x, s)s > 0$. 因此, 如果 $u \in E \backslash \{0\}, v \in E$, 我们有

$$(\Psi_\varepsilon''(u)[u, u] - \Psi_\varepsilon'(u)u) + 2(\Psi_\varepsilon''(u)[u, v] - \Psi_\varepsilon'(u)v) + \Psi_\varepsilon''(u)[v, v]$$
$$= \int_{\mathbb{R}^3} f(\varepsilon x, |u|)|v|^2 dx + \int_{\mathbb{R}^3} f_s(\varepsilon x, |u|)|u| \left(|u| + \frac{\Re u \cdot v}{|u|}\right)^2 dx > 0.$$

正如文献 [6], 如果 $z \in E^+ \backslash \{0\}$ 满足 $I_\varepsilon'(z)z = 0$, 则 $I_\varepsilon''(z)[z, z] < 0$. 因此, 对固定的 $u \in E^+ \backslash \{0\}$, 函数 $t \mapsto I_\varepsilon(tu)$ 至多有一个非平凡临界点 $t = t(u) > 0$. 记

$$\mathcal{N} := \{t(u)u : u \in E^+ \backslash \{0\}, t(u) < \infty\},$$

由于引理 7.4.13 和引理 7.4.14, 我们有 $\mathcal{N} \neq \varnothing$. 注意到

$$d_\varepsilon = \inf_{z \in \mathcal{N}} I_\varepsilon(z).$$

因此, 我们仅仅需证明对任给的 $v \in \Gamma_\varepsilon$, 存在 $\bar{t} \in [0, 1]$ 使得 $v(\bar{t}) \in \mathcal{N}$. 若不然, 即假设 $v([0,1]) \cap \mathcal{N} = \varnothing$. 由 (f$_1$) 以及引理 7.4.7 可知

$$I_\varepsilon'(v(t))v(t) > 0$$

对充分小的 $t > 0$ 成立. 因为函数 $t \mapsto I_\varepsilon'(v(t))v(t)$ 是连续的以及 $I_\varepsilon'(v(t))v(t) \neq 0, \forall t \in (0,1]$, 我们有

$$I_\varepsilon(v(t)) = \frac{1}{2}I_\varepsilon'(v(t))v(t) + \int_{\mathbb{R}^3} \widehat{F}(\varepsilon x, |v(t) + h_\varepsilon(v(t))|)dx$$
$$\geqslant \frac{1}{2}I_\varepsilon'(v(t))v(t) > 0,$$

这与 $\Gamma_\varepsilon$ 的定义矛盾. 因此, 当 $v \in \Gamma_\varepsilon$ 时, $v(t)$ 必定穿过 $\mathscr{N}$, 从而就有 $d_\varepsilon \leqslant c_\varepsilon$. □

**引理 7.4.16** $c_\varepsilon \leqslant \gamma_{V_0} + o_\varepsilon(1)$.

**证明** 令 $w = w^+ + w^- \in \mathscr{R}_{V_0}$ 且设 $t_0 > 0$ 使得 $J_{V_0}(t_0 w^+) \leqslant -1$. 由于引理 7.4.12 以及引理 7.4.15, 我们只需证明

$$I_\varepsilon(tw^+) = J_{V_0}(tw^+) + o_\varepsilon(1) \tag{7.4.39}$$

关于 $t \in [0, t_0]$ 一致成立. 为了证明这个, 我们仅仅只需证明下面的集族 $\{H_\varepsilon\} \subset C([0,t_0])$,

$$H_\varepsilon : [0, t_0] \to \mathbb{R}, \quad t \mapsto I_\varepsilon(tw^+) - J_{V_0}(tw^+) \tag{7.4.40}$$

是等度连续的即可. 注意到, 由 (7.4.23), (7.4.24) 可知, $h_\varepsilon$ 和 $\tilde{\Phi}_\varepsilon''$ 的有界性蕴含着 $h_\varepsilon'$ 的有界性. 因此, 定义在 (7.4.40) 中的集族的导数是一致有界的. 从而应用 Arzelà-Ascoli 定理即可得到想要的结论. □

### 7.4.2 改进方程解的存在性

在这部分, 我们将证明改进方程在超线性和渐近线性两种情形下解的存在性, 也就是考虑下面的方程

$$-i\alpha \cdot \nabla u + a\beta u + V_\varepsilon(x)u = f(\varepsilon x, |u|)u, \tag{7.4.41}$$

其中 $f$ 定义在 (7.4.5) 中. 为了符号方便, 记

$$\mathscr{A} = \{x \in \Lambda : V(x) = V_0\}.$$

和 7.3 节一样, 令

$$D = -i\sum_{k=1}^3 \alpha_k \partial_k,$$

则 (7.4.41) 可以改写成

$$Du = -a\beta u - V_\varepsilon(x)u + f(\varepsilon x, |u|)u.$$

算子 $D$ 作用在上式的两边以及使用事实 $D^2 = -\Delta$ 可得

$$\Delta u = (a^2 - V_\varepsilon^2(x))u - f^2(\varepsilon x, |u|)u + D(V_\varepsilon(x) - f(\varepsilon x, |u|))u.$$

注意到

$$\Re\left[\left(D(P_\varepsilon(x)) - f^2(\varepsilon x, |u|)\right)u \cdot \frac{\bar{u}}{|u|}\right] = 0.$$

因此, 类似于 7.3 节, 由 Kato 不等式可得

$$\Delta|u| \geqslant (a^2 - V_\varepsilon^2(x))|u| - f^2(\varepsilon x, |u|)|u|. \tag{7.4.42}$$

故由 (7.4.42) 以及 $u$ 的正则性可知, 存在与 $\varepsilon$ 无关的常数 $M > 0$ 使得

$$\Delta|u| \geqslant -M|u|,$$

因此, 由下解估计[67,98], 我们有

$$|u(x)| \leqslant C_0 \int_{B_1(x)} |u(y)|dy,$$

其中 $C_0 > 0$ 与 $x, \varepsilon$ 以及 $u \in \mathscr{L}_\varepsilon$ 无关.

**引理 7.4.17**　假设 $(f_1)$—$(f_6)$ 成立. 对充分小的 $\varepsilon > 0$, 令 $u_\varepsilon \in \mathscr{L}_\varepsilon$, 则 $|u_\varepsilon|$ 拥有全局最大值点 $x_\varepsilon \in \Lambda_\varepsilon$ 使得

$$\lim_{\varepsilon \to 0} V(\varepsilon x_\varepsilon) = V_0 = \min_{x \in \Lambda} V(x).$$

此外, 记 $v_\varepsilon = u_\varepsilon(x + x_\varepsilon)$, 则 $|v_\varepsilon|$ 在无穷远处一致衰减且 $v_\varepsilon$ 在 $H^1$ 中收敛到下面方程

$$-i\alpha \cdot \nabla v + a\beta v + V_0 v = g(|v|)v$$

的极小能量解.

**证明**　设 $u_\varepsilon \in E$ 是 $\widetilde{\Phi}_\varepsilon$ 的临界点且满足 $\widetilde{\Phi}_\varepsilon(u_\varepsilon) = c_\varepsilon$. 则 $\{u_\varepsilon\}$ 在 $E$ 中是有界的. 下面我们通过五步来证明此引理.

**第一步**　$\{u_\varepsilon\}$ 是非消失的.

若不然, 则对所有的所有 $R > 0$, 当 $\varepsilon \to 0$ 时, 成立

$$\sup_{x \in \mathbb{R}^3} \int_{B_R(x)} |u_\varepsilon|^2 dx \to 0.$$

则由集中紧性原理, 我们就得到对所有 $q \in (2, 3)$ 都有 $|u_\varepsilon|_q \to 0$. 因为 $\{u_\varepsilon\}$ 在 $E$ 中是有界的, 则对固定的 $r > 0$ 以及所有的 $\varepsilon > 0$, 我们有 $\left|\{x \in \mathbb{R}^3 : |u_\varepsilon(x)| \geqslant r\}\right|$ 是一致有界的. 因此, 当 $\varepsilon \to 0$ 时,

$$\int_{\{x \in \mathbb{R}^3 : |u_\varepsilon(x)| \geqslant r\}} |u_\varepsilon|^2 dx \to 0.$$

从而就有

$$c_\varepsilon = \widetilde{\Phi}_\varepsilon(u_\varepsilon) - \frac{1}{2}\widetilde{\Phi}'_\varepsilon(u_\varepsilon)u_\varepsilon = \int_{\mathbb{R}^3} \widehat{F}(\varepsilon x, |u_\varepsilon|)dx = o_\varepsilon(1),$$

这与 $c_\varepsilon \geqslant \tau > 0$ 矛盾.

**第二步**　$\{\chi_{\Lambda_\varepsilon} \cdot u_\varepsilon\}$ 是非消失的.

事实上, 如果 $\{\chi_{\Lambda_\varepsilon} \cdot u_\varepsilon\}$ 是消失的, 则由第一步我们就有 $\{(1-\chi_{\Lambda_\varepsilon}) \cdot u_\varepsilon\}$ 是非消失的. 则存在常数 $R, \delta > 0$ 使得 $B_R(x_\varepsilon) \subset \mathbb{R}^3 \setminus \Lambda_\varepsilon$ 以及

$$\int_{B_R(x_\varepsilon)} |u_\varepsilon|^2 dx \geqslant \delta.$$

记 $v_\varepsilon(x) = u_\varepsilon(x + x_\varepsilon)$, 那么 $v_\varepsilon$ 将满足方程

$$-i\alpha \cdot \nabla v_\varepsilon + a\beta v_\varepsilon + \hat{V}_\varepsilon(x)v_\varepsilon = f(\varepsilon(x + x_\varepsilon), |v_\varepsilon|)v_\varepsilon, \tag{7.4.43}$$

其中 $\hat{V}_\varepsilon(x) := V(\varepsilon(x + x_\varepsilon))$. 此外, 在 $E$ 中有 $v_\varepsilon \rightharpoonup v \neq 0$ 并且在 $L^q_{\text{loc}}$ 中 $v_\varepsilon \to v, q \in [1, 3)$. 不失一般性, 我们假设 $V_\varepsilon(x_\varepsilon) \to V_\infty$, 任取 $\psi \in C_0^\infty(\mathbb{R}^3, \mathbb{C}^4)$ 作为试验函数代入 (7.4.43) 中, 就有

$$0 = \lim_{\varepsilon \to 0} \int_{\mathbb{R}^3} \big(-i\alpha \cdot \nabla v_\varepsilon + a\beta v_\varepsilon + \hat{V}_\varepsilon(x)v_\varepsilon - f(\varepsilon(x + x_\varepsilon), |v_\varepsilon|)v_\varepsilon\big)\bar{\psi}dx$$

$$= \int_{\mathbb{R}^3} \big(-i\alpha \cdot \nabla v + a\beta v + V_\infty v - \tilde{g}(|v|)v\big) \cdot \bar{\psi}dx.$$

进而 $v$ 将满足方程

$$-i\alpha \cdot \nabla v + a\beta v + V_\infty v = \tilde{g}(|v|)v. \tag{7.4.44}$$

然而, 选取 $v^+ - v^-$ 作为试验函数代入 (7.4.44) 后, 我们立得

$$0 = \|v\|^2 + V_\infty \int_{\mathbb{R}^3} v \cdot \overline{(v^+ - v^-)}dx - \int_{\mathbb{R}^3} \tilde{g}(|v|)v \cdot \overline{(v^+ - v^-)}dx$$

$$\geqslant \|v\|^2 - \frac{|V|_\infty}{a}\|v\|^2 - \frac{a - |V|_\infty}{2a}\|v\|^2$$

$$= \frac{a - |V|_\infty}{2a}\|v\|^2.$$

因此, 就有 $v = 0$, 得到矛盾.

**第三步**　若 $x_\varepsilon \in \mathbb{R}^3$ 以及 $R, \delta > 0$ 满足

$$\int_{B_R(x_\varepsilon)} |\chi_{\Lambda_\varepsilon} \cdot u_\varepsilon|^2 dx \geqslant \delta,$$

那么就有 $\varepsilon x_\varepsilon \to \mathscr{A}$.

首先, 由第二步, 我们已经得知满足上式的 $x_\varepsilon$ 确实存在, 并且我们可选取 $x_\varepsilon \in \Lambda_\varepsilon$. 假设, 在子列意义下, 当 $\varepsilon \to 0$ 时, $\varepsilon x_\varepsilon \to x_0 \in \overline{\Lambda}$. 再次, 记 $v_\varepsilon(x) = u_\varepsilon(x + x_\varepsilon)$, 我们得到 $v_\varepsilon \rightharpoonup v \neq 0$ 并且 $v$ 满足方程

$$-i\alpha \cdot \nabla v + a\beta v + V(x_0)v = f_\infty(x, |v|)v, \tag{7.4.45}$$

其中 $f_\infty(x, s) = \chi_\infty g(s) + (1 - \chi_\infty)\tilde{g}(s)$, 并且 $\chi_\infty$ 是 $\mathbb{R}^3$ 中某个半空间的特征函数当

$$\limsup_{\varepsilon \to 0} \operatorname{dist}(x_\varepsilon, \partial\Lambda_\varepsilon) < \infty$$

或者 $\chi_\infty \equiv 1$ (可根据 $x_\varepsilon \in \Lambda_\varepsilon$ 得到). 记 $S_\infty$ 表示 (7.4.45) 的对应能量泛函:

$$S_\infty := \frac{1}{2}\left(\|u^+\|^2 - \|u^-\|^2\right) + \frac{V(x_0)}{2}|u|_2^2 - \Psi_\infty(u),$$

其中

$$\Psi_\infty(u) := \int_{\mathbb{R}^3} F_\infty(x, |u|)dx, \quad F_\infty(x, s) := \int_0^s f_\infty(x, \tau)\tau d\tau.$$

注意到 $\Psi_\infty(u) \leqslant \Psi(u)$, 我们立即推出

$$S_\infty(u) \geqslant \mathscr{T}_{V(x_0)}(u) = \mathscr{T}_{V_0}(u) + \frac{V(x_0) - V_0}{2}|u|_2^2, \quad \forall u \in E.$$

此外, 如果 $s > 0$, 则从 $(g_1)$, $(g_3)$ 以及 $\tilde{g}$ 的定义可得 $\tilde{g}'(s)s > 0$. 因此, 对任意的 $u \in E \setminus \{0\}$ 以及 $v \in E$, 我们就有

$$\left(\Psi_\infty''(u)[u, u] - \Psi_\infty'(u)u\right) + 2\left(\Psi_\infty''(u)[u, v] - \Psi_\infty'(u)v\right) + \Psi_\infty''(u)[v, v]$$

$$= \int_{\mathbb{R}^3} f_\infty(x, |u|)|v|^2 dx + \int_{\mathbb{R}^3} \partial_s f_\infty(x, |u|)|u|\left(|u| + \frac{\Re u \cdot v}{|u|}\right)^2 dx > 0.$$

下面我们定义 $h_\infty : E^+ \to E^-$ 以及 $I_\infty : E^+ \to \mathbb{R}$ 为

$$S_\infty\left(u + h_\infty(u)\right) = \max_{v \in E^-} S_\infty(u + v),$$

$$I_\infty(u) = S_\infty\left(u + h_\infty(u)\right).$$

同样地, 对任意的 $u \in E^+ \setminus \{0\}$ 且满足 $I_\infty'(u)u = 0$, 就成立 $I_\infty''(u)[u, u] < 0$ (参看 [6]). 由于已经有 $v \neq 0$ 是 $S_\infty$ 的一个临界点, 我们就得到 $v^+$ 就是 $I_\infty$ 的临界点并且 $I_\infty(v^+) = \max_{t \geqslant 0} I_\infty(tv^+)$. 取 $\tau > 0$ 使得 $J_{V_0}(\tau v^+) = \max_{t \geqslant 0} J_{V_0}(tv^+)$, 我们推出

$$S_\infty(v) = I_\infty(v^+) = \max_{t \geqslant 0} I_\infty(tv^+)$$

$$\geqslant I_\infty(\tau v^+) = S_\infty\left(\tau v^+ + h_\infty(\tau v^+)\right)$$

$$\geqslant S_\infty\left(\tau v^+ + \mathscr{J}_{V_0}(\tau v^+)\right)$$

$$\geqslant \mathscr{T}_{V_0}\left(\tau v^+ + \mathscr{J}_{V_0}(\tau v^+)\right) + \frac{V(x_0) - V_0}{2}\left|\tau v^+ + \mathscr{J}_{V_0}(\tau v^+)\right|_2^2$$

$$= J_{V_0}(\tau v^+) + \frac{V(x_0) - V_0}{2}\left|\tau v^+ + \mathscr{J}_{V_0}(\tau v^+)\right|_2^2$$

$$\geqslant \gamma_{V_0} + \frac{V(x_0) - V_0}{2}\left|\tau v^+ + \mathscr{J}_{V_0}(\tau v^+)\right|_2^2. \tag{7.4.46}$$

与此同时, 由 Fatou 引理, 我们得到

$$\begin{aligned} \liminf_{\varepsilon \to 0} c_\varepsilon &= \liminf_{\varepsilon \to 0}\left(\widetilde{\Phi}_\varepsilon(u_\varepsilon) - \frac{1}{2}\widetilde{\Phi}_\varepsilon'(u_\varepsilon)u_\varepsilon\right) \\ &= \liminf_{\varepsilon \to 0}\int_{\mathbb{R}^3}\widehat{F}_\varepsilon(x, |x_\varepsilon|)dx \\ &= \liminf_{\varepsilon \to 0}\int_{\mathbb{R}^3}\widehat{F}_\varepsilon(x + x_\varepsilon, |v_\varepsilon|)dx \\ &\geqslant \int_{\mathbb{R}^3}\widehat{F}_\infty(x, |v|)dx \\ &= S_\infty(v) - \frac{1}{2}S_\infty'(v)v = S_\infty(v), \end{aligned}$$

其中 $\widehat{F}_\infty(x, s) := f_\infty(x, s)s^2/2 - F_\infty(x, s), (x, s) \in \mathbb{R}^3 \times \mathbb{R}^+$. 因此, 结合 (7.4.46), 我们就有

$$\liminf_{\varepsilon \to 0} c_\varepsilon \geqslant \gamma_{V_0},$$

以及当 $V(x_0) \neq V_0$ 时, $c_\varepsilon > \gamma_{V_0}$. 因此, 由引理 7.4.16 立即就有 $x_0 \in \mathscr{A}$ 及 $\chi_\infty \equiv 1$ (即 $f_\infty(x, s) \equiv g(s)$).

**第四步**  若 $v_\varepsilon$ 是由第三步得到的基态解, 则在 $E$ 中 $v_\varepsilon \to v$.

我们只需要证明存在子列 $\{v_{\varepsilon_j}\}$ 满足在 $E$ 中 $v_{\varepsilon_j} \to v$. 注意到, 我们已经得到 $v$ 是下列方程的基态解

$$-i\alpha \cdot \nabla v + a\beta v + V_0 v = g(|v|)v, \tag{7.4.47}$$

并且

$$\lim_{\varepsilon \to 0}\int_{\mathbb{R}^3}\widehat{F}_\varepsilon(x + x_\varepsilon, |v_\varepsilon|)dx = \int_{\mathbb{R}^3}\widehat{G}(|v|)dx.$$

取 $\eta : [0, \infty) \to [0, 1]$ 为一光滑函数满足 $\eta(s) = 1$ 当 $s \leqslant 1$ 时, $\eta(s) = 0$ 当 $s \geqslant 2$ 时. 定义 $\tilde{v}_j(x) = \eta(2|x|/j)v(x)$. 则当 $j \to \infty$ 时

$$\|\tilde{v}_j - v\| \to 0 \quad \text{且} \quad |\tilde{v}_j - v|_q \to 0 \tag{7.4.48}$$

对 $q \in [2,3]$ 成立. 记 $B_d := \{x \in \mathbb{R}^3 : |x| \leqslant d\}$, 我们得到存在子列 $\{v_{\varepsilon_{j_n}}\}$ 使得, 对任意 $\delta > 0$ 都存在 $r_\delta > 0$ 满足

$$\limsup_{j \to \infty} \int_{B_j \setminus B_r} |v_{\varepsilon_j}|^q dx \leqslant \delta$$

对所有 $r \geqslant r_\delta$ 成立, 其中

$$q = \begin{cases} p, & \text{当超二次非线性条件满足,} \\ 2, & \text{当渐近二次非线性条件满足,} \end{cases}$$

这里 $p \in (2,3)$ 是条件 $(g_2)$ 中的固定常数. 记 $z_j = v_{\varepsilon_j} - \tilde{v}_j$, 我们就有 $\{z_j\}$ 在 $E$ 中有界并且

$$\lim_{j \to \infty} \left| \int_{\mathbb{R}^3} F_{\varepsilon_j}(x+x_{\varepsilon_j}, |v_{\varepsilon_j}|) - F_{\varepsilon_j}(x+x_{\varepsilon_j}, |z_j|) - F_{\varepsilon_j}(x+x_{\varepsilon_j}, |\tilde{v}_j|) dx \right| = 0, \quad (7.4.49)$$

以及

$$\lim_{j \to \infty} \left| \Re \int_{\mathbb{R}^3} \left[ f_{\varepsilon_j}(x+x_{\varepsilon_j}, |v_{\varepsilon_j}|)v_{\varepsilon_j} - f_{\varepsilon_j}(x+x_{\varepsilon_j}, |z_j|)z_j \right. \right.$$
$$\left. \left. - f_{\varepsilon_j}(x+x_{\varepsilon_j}, |\tilde{v}_j|)\tilde{v}_j \right] \cdot \bar{\varphi} dx \right| = 0 \quad (7.4.50)$$

关于 $\varphi \in E$ 且 $\|\varphi\| \leqslant 1$ 一致成立 (此处证明可仿照 [40, 引理 7.10]). 利用 $v$ 的衰减性以及事实 $\hat{V}_{\varepsilon_j}(x) \to V_0$, $F_{\varepsilon_j}(x+x_{\varepsilon_j}, |s|) \to G(s)$ 在 $\mathbb{R}^3$ 的有界集上一致成立, 我们不难验证

$$\Re \int_{\mathbb{R}^3} \hat{V}_{\varepsilon_j}(x)v_{\varepsilon_j} \cdot \tilde{v}_j dx \to \Re V_0 \int_{\mathbb{R}^3} |v|^2 dx, \quad \int_{\mathbb{R}^3} F_{\varepsilon_j}(x+x_{\varepsilon_j}, |\tilde{v}_j|) dx \to \int_{\mathbb{R}^3} G(|v|) dx.$$

记 $\hat{\Phi}_\varepsilon$ 为 (7.4.43) 对应的能量泛函, 当 $j \to \infty$ 时, 我们就有

$$\hat{\Phi}_{\varepsilon_j}(z_j) = \hat{\Phi}_{\varepsilon_j}(v_{\varepsilon_j}) - S_\infty(v)$$
$$+ \int_{\mathbb{R}^3} F_{\varepsilon_j}(x+x_{\varepsilon_j}, |v_{\varepsilon_j}|) - F_{\varepsilon_j}(x+x_{\varepsilon_j}, |z_j|)$$
$$- F_{\varepsilon_j}(x+x_{\varepsilon_j}, |\tilde{v}_j|) dx + o_j(1)$$
$$= o_j(1),$$

这说明 $\hat{\Phi}_{\varepsilon_j}(z_j) \to 0$. 同理, 当 $j \to \infty$ 时, 我们有

$$\hat{\Phi}'_{\varepsilon_j}(z_j)\varphi = \Re \int_{\mathbb{R}^3} \left[ f_{\varepsilon_j}(x+x_{\varepsilon_j}, |v_{\varepsilon_j}|)v_{\varepsilon_j} - f_{\varepsilon_j}(x+x_{\varepsilon_j}, |z_j|)z_j \right.$$
$$\left. - f_{\varepsilon_j}(x+x_{\varepsilon_j}, |\tilde{v}_j|)\tilde{v}_j \right] \cdot \bar{\varphi} dx + o_j(1)$$
$$= o_j(1)$$

关于 $\|\varphi\| \leqslant 1$ 一致成立, 即说明 $\hat{\Phi}'_{\varepsilon_j}(z_j) \to 0$. 因此,

$$o_j(1) = \hat{\Phi}_{\varepsilon_j}(z_j) - \frac{1}{2}\hat{\Phi}'_{\varepsilon_j}(z_j)z_j = \int_{\mathbb{R}^3} \widehat{F}_{\varepsilon_j}(x + x_{\varepsilon_j}, |z_j|)dx. \tag{7.4.51}$$

由 $(f_6)$ 以及正则性结论, 对于固定的 $r > 0$ 成立

$$\int_{\mathbb{R}^3} \hat{F}_{\varepsilon_j}(x + x_{\varepsilon_j}, |z_j|)dx \geqslant C_r \int_{\{x \in \mathbb{R}^3 : |z_j| \geqslant r\}} |z_j|^2 dx,$$

其中 $C_r$ 仅依赖 $r$. 故当 $j \to \infty$ 时

$$\int_{\{x \in \mathbb{R}^3 : |z_j| \geqslant r\}} |z_j|^2 dx \to 0$$

对任意固定的 $r > 0$ 成立. 注意到, $\{|z_j|_\infty\}$ 是有界的, 则

$$\left(1 - \frac{|V|_\infty}{a}\right)\|z_j\|^2 \leqslant \|z_j\|^2 + \Re \int_{\mathbb{R}^3} \hat{V}_{\varepsilon_j}(x)z_j \cdot (z_j^+ - z_j^-)dx$$

$$= \hat{\Phi}'_{\varepsilon_j}(z_j)(z_j^+ - z_j^-) + \Re \int_{\mathbb{R}^3} f_{\varepsilon_j}(x + x_{\varepsilon_j}, |z_j|)v_j \cdot \overline{(z_j^+ - z_j^-)}dx$$

$$\leqslant o_j(1) + \frac{a - |V|_\infty}{2a}\|z_j\|^2 + C_\infty \int_{\{x \in \mathbb{R}^3 : |z_j| \geqslant r\}} |z_j| \cdot |z_j^+ - z_j^-|dx$$

$$\leqslant o_j(1) + \frac{a - |V|_\infty}{2a}\|z_j\|^2,$$

即当 $j \to \infty$ 时, $\|z_j\| \to 0$. 结合 (7.4.48), 我们就有在 $E$ 中 $v_{\varepsilon_j} \to v$.

**第五步** 当 $|x| \to \infty$ 时, $v_\varepsilon(x) \to 0$ 关于充分小的 $\varepsilon > 0$ 一致成立.

若不然, 即存在 $\delta > 0$ 以及 $y_\varepsilon \in \mathbb{R}^3$ 且 $|y_\varepsilon| \to \infty$, 使得

$$\delta \leqslant |v_\varepsilon(y_\varepsilon)| \leqslant C_0 \int_{B_1(y_\varepsilon)} |v_\varepsilon(y)|dy.$$

由 $v_\varepsilon$ 在 $H^1$ 中收敛到 $v$ 可得, 当 $\varepsilon \to 0$ 时,

$$\delta \leqslant C_0 \left(\int_{B_1(y_\varepsilon)} |v_\varepsilon|^2 dx\right)^{\frac{1}{2}}$$

$$\leqslant C_0 \left(\int_{\mathbb{R}^3} |v_\varepsilon - v|^2 dx\right)^{\frac{1}{2}} + C_0 \left(\int_{B_1(x_\varepsilon)} |v|^2 dx\right)^{\frac{1}{2}} \to 0,$$

这就得到矛盾.

由第五步, 我们可不妨假设在第三步中的序列 $\{x_\varepsilon\}$ 是 $|u_\varepsilon|$ 的最大值点. 此外, 从上面的讨论我们很容易看到, 对任意这种点 $x_\varepsilon$ 满足 $\varepsilon x_\varepsilon$ 收敛到 $\mathscr{A}$ 中.

现在我们验证 $v_j$ 在 $H^1$ 中收敛到 $v$. 由 (7.4.43) 以及 (7.4.47), 我们有

$$H_0(v_\varepsilon - v) = f(\varepsilon(x + x_\varepsilon), |v_j|)v_j - g(|v|)v - (\hat{V}_\varepsilon(x)v_j - V(x_0)v).$$

从第四步以及在 (7.2.9) 中的一致估计知, 当 $\varepsilon \to 0$ 时, 有 $|H_0(v_\varepsilon - v)|_2 \to 0$. 因此, $v_j$ 在 $H^1$ 中收敛到 $v$. $\square$

上面的五步已经证明了一致衰减性质, 更进一步, 我们能证明衰减速度是指数衰减.

**引理 7.4.18** 存在与 $\varepsilon > 0$ 无关的常数 $C > 0$ 使得

$$|u_\varepsilon(x)| \leqslant Ce^{-c_0|x-x_\varepsilon|}, \quad x \in \mathbb{R}^3,$$

其中 $c_0 = \sqrt{a^2 - |V|_\infty^2}$.

**证明** 由 (7.4.42) 以及一致衰减性, 能选取充分大的 $R > 0$ 使得

$$\Delta|v_\varepsilon| \geqslant (a^2 - |V|_\infty^2)|v_\varepsilon|$$

关于 $|x| \geqslant R$ 以及充分小的 $\varepsilon > 0$ 一致成立. 令 $\Gamma(x) = \Gamma(x, 0)$ 是 $-\Delta + (a^2 - |V|_\infty^2)$ 的基本解 (参看 [98]). 使用一致有界估计, 我们能够选取 $\Gamma$ 使得 $|v_\varepsilon(x)| \leqslant (a^2 - |V|_\infty^2)\Gamma(x)$ 对 $|x| = R$ 以及任意充分小的 $\varepsilon > 0$ 成立. 令 $z_\varepsilon = |v_\varepsilon| - (a^2 - |V|_\infty^2)\Gamma$. 则

$$\Delta z_\varepsilon = \Delta|v_\varepsilon| - (a^2 - |V|_\infty^2)\Delta\Gamma$$
$$\geqslant (a^2 - |V|_\infty^2)(|v_\varepsilon| - (a^2 - |V|_\infty^2)\Gamma) = (a^2 - |V|_\infty^2)z_\varepsilon.$$

由极大值原理可得 $z_\varepsilon(x) \leqslant 0$ 在 $|x| \geqslant R$ 上成立. 众所周知, 存在常数 $C' > 0$ 使得 $\Gamma(x) \leqslant C'e^{-c_0|x|}$ 在 $|x| \geqslant 1$ 上成立. 因此,

$$|v_\varepsilon(x)| \leqslant Ce^{-c_0|x|}, \quad \forall x \in \mathbb{R}^3$$

关于 $\varepsilon > 0$ 充分小一致成立, 也就是

$$|u_\varepsilon(x)| \leqslant Ce^{-c_0|x-x_\varepsilon|}, \quad \forall x \in \mathbb{R}^3.$$

结论得证. $\square$

### 7.4.3 定理 7.4.1 和定理 7.4.2 的证明

定义

$$w_\varepsilon(x) = u_\varepsilon\left(\frac{x}{\varepsilon}\right), \quad y_\varepsilon = \varepsilon x_\varepsilon.$$

则对任意的 $\varepsilon > 0$, $w_\varepsilon$ 是下面方程的解

$$-i\varepsilon\alpha \cdot \nabla w + a\beta w + V(x)w = f(x, |w|)w, \quad x \in \mathbb{R}^3.$$

因为 $y_\varepsilon$ 是 $|w_\varepsilon|$ 的最大值点, 则由引理 7.4.17 以及引理 7.4.18, 我们有

$$|w_\varepsilon(x)| \leqslant Ce^{-\frac{c_0}{\varepsilon}|x-y_\varepsilon|}, \quad x \in \mathbb{R}^3$$

且当 $\varepsilon \to 0$ 时, 成立 $y_\varepsilon \to \mathscr{A}$. 此外, 从假设

$$\min_\Lambda V < \min_{\partial\Lambda} V,$$

我们能得到 $\delta := \operatorname{dist}(\mathscr{A}, \partial\Lambda) > 0$. 因此, 对充分小的 $\varepsilon > 0$, 如果 $x \notin \Lambda$, 则 $|w_\varepsilon(x)| \leqslant Ce^{-\frac{c_0\delta}{2\varepsilon}} < \xi$. 因此, 对充分小的 $\varepsilon > 0$, 我们有 $f(x, |w_\varepsilon|) = g(|w_\varepsilon|)$, 进而完成定理的证明.

## 7.5 带有竞争位势 Dirac 方程解的集中性

在本节, 我们研究如下带有竞争位势的 Dirac 方程

$$-i\varepsilon\sum_{k=1}^{3}\alpha_k\partial_k u + a\beta u + V(x)u = K(x)f(|u|)u, \quad x \in \mathbb{R}^3. \tag{7.5.1}$$

即考虑下面等价的方程

$$-i\alpha \cdot \nabla u + a\beta u + V_\varepsilon(x)u = K_\varepsilon(x)f(|u|)u, \quad x \in \mathbb{R}^3, \tag{7.5.2}$$

其中 $V_\varepsilon(x) = V(\varepsilon x)$, $K_\varepsilon(x) = K(\varepsilon x)$.

对于非线性项 $f$, 我们假设:

($f_1$) $f \in C(\mathbb{R}^+, \mathbb{R})$, $\lim\limits_{t\to 0^+} f(t) = 0$;

($f_2$) 存在 $p \in (2,3)$, $c_1 > 0$ 使得对 $t \geqslant 0$, 有 $f(t) \leqslant c_1(1 + |t|^{p-2})$;

($f_3$) $f$ 在 $\mathbb{R}^+$ 是严格递增的;

($f_4$) 存在 $\mu > 2$ 使得, 对所有的 $t > 0$, 有 $< \mu F(t) \leqslant f(t)t^2$, 其中 $F(t) = \int_0^t f(s)s\,ds$.

为叙述我们的结果, 首先引入几个记号. 记

$$V_{\min} := \min_{x\in\mathbb{R}^3} V, \qquad \mathcal{V} := \{x \in \mathbb{R}^3 : V(x) = V_{\min}\}, \qquad V_\infty := \liminf_{|x|\to\infty} V(x),$$

$$K_{\max} := \max_{x\in\mathbb{R}^3} K, \qquad \mathcal{K} := \{x \in \mathbb{R}^3 : K(x) = K_{\max}\}, \qquad K_\infty := \limsup_{|x|\to\infty} K(x).$$

我们假设 $f, V$ 满足如下条件.

(A$_0$) $V, K$ 是两个连续有界的函数且满足 $\sup\limits_{x\in\mathbb{R}^3}|V(x)| < a$, $K_{\min} := \inf\limits_{x\in\mathbb{R}^3} K(x)$ $> 0$, 且下面两个假设之一成立:

(A$_1$) $V_{\min} < V_\infty < \infty$, 且存在充分大的 $R > 0$ 以及 $x_1 \in \mathcal{V}$, 使得当 $|x| \geqslant R$ 时, $K(x_1) \geqslant K(x)$;

(A$_2$) $K_{\max} > K_\infty > 0$, 且存在充分大的 $R > 0$ 以及 $x_2 \in \mathcal{K}$, 使得当 $|x| \geqslant R$ 时, $V(x_2) \leqslant V(x)$.

若 (A$_1$) 成立, 我们不妨假设 $K(x_1) = \max\limits_{x\in\mathcal{V}} K(x)$, 且

$$\mathcal{H}_1 = \{x \in \mathcal{V} : K(x) = K(x_1)\} \cup \{x \notin \mathcal{V} : K(x) > K(x_1)\}.$$

若 (A$_2$) 成立, 我们不妨假设 $V(x_2) = \max\limits_{x\in\mathcal{K}} V(x)$, 且

$$\mathcal{H}_2 = \{x \in \mathcal{K} : V(x) = V(x_2)\} \cup \{x \notin \mathcal{K} : V(x) > V(x_2)\}.$$

**注 7.5.1**　注意到, 这里有很多满足条件 (f$_1$)—(f$_4$), 但不是可微的非线性的例子, 例如

$$f(t) = \begin{cases} t^{p-2}, & 0 \leqslant t \leqslant 1, \\ t^\sigma, & t \geqslant 1, \end{cases}$$

其中 $\sigma \in (0, p-2)$.

**注 7.5.2**　注意到, 由 (f$_1$) 和 (f$_2$) 知: 对任意 $\varepsilon > 0$, 存在 $C_\varepsilon > 0$ 使得

$$f(t) \leqslant \varepsilon + C_\varepsilon t^{p-2}, \quad F(t) \leqslant \varepsilon t^2 + C_\varepsilon t^p, \quad \forall t \geqslant 0. \tag{7.5.3}$$

由 (f$_3$) 知

$$F(t) > 0, \quad \frac{1}{2}f(t)t^2 - F(t) > 0, \quad \forall t > 0. \tag{7.5.4}$$

此外, 由 (f$_4$) 可得存在常数 $C_0 > 0$ 使得

$$F(t) \geqslant C_0 t^\mu - \frac{a - |V|_\infty}{4K_{\min}}t^2, \quad \forall t \geqslant 0. \tag{7.5.5}$$

**注 7.5.3**　(1) 显然, $x_1 \in \mathcal{H}_1$ 以及 $x_2 \in \mathcal{H}_2$. 因此, $\mathcal{H}_1$ 和 $\mathcal{H}_2$ 是非空的且是有界的集合.

(2) 若 (A$_1$) 成立以及 $\mathcal{V} \cap \mathcal{K} \neq \varnothing$, 我们能令 $K(x_1) = \max\limits_{x\in\mathcal{V}\cap\mathcal{K}} K(x)$ 以及

$$\mathcal{H}_1 = \{x \in \mathcal{V} \cap \mathcal{K} : K(x) = K(x_1)\},$$

则 $\mathcal{H}_1 = \mathcal{V} \cap \mathcal{K}$.

(3) 若 (A$_1$) 成立以及 $\mathcal{V} \cap \mathcal{K} \neq \varnothing$, 我们能令 $V(x_2) = \min\limits_{x \in \mathcal{V} \cap \mathcal{K}} V(x)$ 以及

$$\mathcal{H}_2 = \{x \in \mathcal{V} \cap \mathcal{K} : V(x) = V(x_2)\},$$

则 $\mathcal{H}_2 = \mathcal{V} \cap \mathcal{K}$.

现在我们陈述我们的主要结论.

**定理 7.5.4** ([37])  设 (f$_1$)—(f$_4$), (A$_0$) 以及 (A$_1$) 成立, 则对充分小的 $\varepsilon > 0$:

(i) 方程 (7.5.1) 有一个基态解 $\omega_\varepsilon$.

(ii) $|\omega_\varepsilon|$ 拥有最大值点 $x_\varepsilon$ 使得在子列意义下, $x_\varepsilon \to x_0$, $\lim\limits_{\varepsilon \to 0} \mathrm{dist}(x_\varepsilon, \mathcal{H}_1) = 0$. 此外, $u_\varepsilon(x) := w_\varepsilon(\varepsilon x + x_\varepsilon)$ 收敛到下面方程的基态解

$$-i\alpha \cdot \nabla u + a\beta u + V(x_0)u = K(x_0)f(|u|)u, \quad x \in \mathbb{R}^3.$$

特别地, 当 $\mathcal{V} \cap \mathcal{K} \neq \varnothing$ 时, 则 $\lim\limits_{\varepsilon \to 0} \mathrm{dist}(x_\varepsilon, \mathcal{V} \cap \mathcal{K}) = 0$ 并且 $v_\varepsilon$ 在 $H^1(\mathbb{R}^3, \mathbb{C}^4)$ 中收敛于下面方程的基态解

$$-i\alpha \cdot \nabla u + a\beta u + V_{\min}u = K_{\max}f(|u|)u, \quad x \in \mathbb{R}^3.$$

(iii) 存在与 $\varepsilon$ 无关的正常数 $C_1, C_2$ 使得

$$|\omega_\varepsilon(x)| \leqslant C_1 e^{-\frac{C_2}{\varepsilon}|x-x_\varepsilon|}, \quad \forall x \in \mathbb{R}^3.$$

**定理 7.5.5** ([37])  假设 (f$_1$)—(f$_4$), (A$_0$) 以及 (A$_2$) 成立, 且 ($\mathcal{H}_2$) 代替 ($\mathcal{H}_1$), 则在定理 7.5.4 中所有的结论都成立.

**注 7.5.6**  在位势函数和非线性项都是 $C^1$ 的情况下, 文献 [32] 也证明了其基态解的存在性以及具有性质 (ii) 和 (iii). 但是, 在我们的这种情况下, 我们考虑位势函数和非线性项仅仅是 $C^0$ 的. 为了获得其相应的结论, 我们将使用 [103] 中的约化方法.

对应于方程 (7.5.2) 的能量泛函定义为

$$\begin{aligned}
\Phi_\varepsilon(u) &= \frac{1}{2}\int_{\mathbb{R}^3} H_0 u \cdot \bar{u}\, dx + \frac{1}{2}\int_{\mathbb{R}^3} V_\varepsilon(x)|u|^2 dx - \int_{\mathbb{R}^3} K_\varepsilon(x) F(|u|) dx \\
&= \frac{1}{2}\left(\|u^+\|^2 - \|u^-\|^2\right) + \frac{1}{2}\int_{\mathbb{R}^3} V_\varepsilon(x)|u|^2 dx - \int_{\mathbb{R}^3} K_\varepsilon(x) F(|u|) dx,
\end{aligned}$$

其中 $u = u^+ + u^- \in E$. 不难验证, $\Phi_\varepsilon \in C^1(E, \mathbb{R})$ 以及对任意的 $u, v \in E$, 我们有

$$\Phi'_\varepsilon(u)v = (u^+ - u^-, v) + \Re\int_{\mathbb{R}^3} V_\varepsilon(x)u \cdot \bar{v}\, dx - \Re\int_{\mathbb{R}^3} K_\varepsilon(x)f(|u|)u \cdot \bar{v}\, dx.$$

此外, 泛函 $\Phi_\varepsilon$ 的临界点对应于方程 (7.4.2) 的解.

为了寻找 $\Phi_\varepsilon$ 的临界点, 定义下面的集合

$$\mathcal{M}_\varepsilon := \{u \in E \setminus E^- : \Phi_\varepsilon'(u)u = 0, \ \Phi_\varepsilon'(u)v = 0, \ \forall v \in E^-\},$$

这个集合首先被 Pankov 在文献 [89] 中引入, 之后被 Szulkin 和 Weth 在文献 [104] 中深入研究, 并且这个集合称为广义的 Nehari 集合. 很自然地, 定义下面的基态能量值

$$c_\varepsilon := \inf_{u \in \mathcal{M}_\varepsilon} \Phi_\varepsilon(u).$$

如果 $c_\varepsilon$ 在 $u \in \mathcal{M}_\varepsilon$ 可达, 则 $u$ 是 $\Phi_\varepsilon$ 的临界点. 因为 $c_\varepsilon$ 是 $\Phi_\varepsilon$ 在 $\mathcal{M}_\varepsilon$ 上的最小水平值, $u$ 称为方程 (7.4.2) 的基态解. 注意到, 此处定义的基态解和前两节定义的不一样. 在不引起混淆的情况下, 都统一称为基态解.

**注 7.5.7**  如果 $u \in E, u \neq 0$ 且 $\Phi_\varepsilon'(u) = 0$, 则从 (7.5.4) 可得

$$\Phi_\varepsilon(u) = \Phi_\varepsilon(u) - \frac{1}{2}\Phi_\varepsilon'(u)u = \int_{\mathbb{R}^3} K_\varepsilon(x)\left(\frac{1}{2}f(|u|)|u|^2 - F(|u|)\right)dx > 0.$$

同时, 对任意的 $u \in E^-$, 我们有

$$\Phi_\varepsilon(u) = -\frac{1}{2}\|u\|^2 + \frac{1}{2}\int_{\mathbb{R}^3} V_\varepsilon(x)|u|^2 dx - \int_{\mathbb{R}^3} K_\varepsilon(x)F(|u|)dx$$
$$\leqslant -\frac{a - |V|_\infty}{2a}\|u\|^2 - \int_{\mathbb{R}^3} K_\varepsilon(x)F(|u|)dx \leqslant 0.$$

因此, $\Phi_\varepsilon$ 的所有的非平凡临界点属于 $E \setminus E^-$, 进而 $\mathcal{M}_\varepsilon$ 包含所有的非平凡的临界点.

对每一个 $u \in E \setminus E^-$, 定义 $\gamma_u : \mathbb{R}^+ \times E^- \to \mathbb{R}$,

$$\gamma_u(t, v) = \Phi_\varepsilon(tu^+ + v),$$

其中 $(t, v) \in \mathbb{R}^+ \times E^-$. 显然, $\gamma_u \in C^1(\mathbb{R}^+ \times E^-, \mathbb{R})$. 注意到

$$\frac{\partial \gamma_u(t, v)}{\partial t} = \Phi_\varepsilon'(tu^+ + v)u^+, \tag{7.5.6}$$

以及

$$\frac{\partial \gamma_u(t, v)}{\partial v}w = \Phi_\varepsilon'(tu^+ + v)w, \quad \forall w \in E^-. \tag{7.5.7}$$

**引理 7.5.8**  $(t, v) \in \mathbb{R}^+ \times E^-$ 是 $\gamma_u$ 的临界点当且仅当 $tu^+ + v \in \mathcal{M}_\varepsilon$.

**证明**  一方面, 如果 $(t, v) \in \mathbb{R}^+ \times E^-$ 是 $\gamma_u$ 的临界点, 也就得

$$\frac{\partial \gamma_u(t, v)}{\partial t} = 0,$$

以及在 $(E^-)'$ 中成立

$$\frac{\partial \gamma_u(t,v)}{\partial v} = 0.$$

由 (7.5.6) 以及 (7.5.7), 我们可得

$$\Phi_\varepsilon'(tu^+ + v)(tu^+ + v) = t\Phi_\varepsilon'(tu^+ + v)u^+ + \Phi_\varepsilon'(tu^+ + v)v = 0.$$

此外, 再次由 (7.5.7) 知

$$\Phi_\varepsilon'(tu^+ + v)w = 0, \quad \forall\, w \in E^-,$$

从而 $tu^+ + v \in \mathcal{M}_\varepsilon$.

另一方面, 如果 $(t,v) \in \mathbb{R}^+ \times E^-$ 且满足 $tu^+ + v \in \mathcal{M}_\varepsilon$, 则

$$\frac{\partial \gamma_u(t,v)}{\partial v}w = \Phi_\varepsilon'(tu^+ + v)w, \quad \forall\, w \in E^-.$$

因此,

$$\Phi_\varepsilon'(tu^+ + v)(tu^+ + v) = 0 \Leftrightarrow t\Phi_\varepsilon'(tu^+ + v)u^+ = 0,$$

这就蕴含了

$$\frac{\partial \gamma_u(t,v)}{\partial t} = 0.$$

因此, $(t,v)$ 是 $\gamma_u$ 的临界点. $\qquad\square$

下面的引理在证明 $\Phi_\varepsilon\big|_{E_u}$ 最大值的唯一性时起着很重要的作用.

**引理 7.5.9**  令 $t \in \mathbb{R}, t \geqslant 0$ 以及 $u,v \in \mathbb{C}^4$, $u \neq tu + v$. 则

$$\Re f(|u|)u \cdot \left(\frac{t^2-1}{2}\bar{u} + t\bar{v}\right) + F(|u|) - F(|tu+v|) < 0.$$

**证明**  定义

$$h(t) := \Re f(|u|)u \cdot \left(\frac{t^2-1}{2}\bar{u} + t\bar{v}\right) + F(|u|) - F(|tu+v|).$$

我们需要证明 $h(t) < 0$. 首先考虑 $u = 0$. 则由假设我们有 $v \neq 0$, 因此由 (7.5.4) 知 $h(t) = -F(|v|) < 0$. 因此, 从现在开始假设 $u \neq 0$. 我们分下面两种情形讨论.

**情形 1**  $\Re(u \cdot (t\bar{u} + \bar{v})) \leqslant 0$. 在这种情形, 再次使用 (7.5.4) 可得

$$\begin{aligned}
h(t) &< \frac{t^2}{2}f(|u|)|u|^2 + \Re t f(|u|)u \cdot \bar{v} - F(|tu+v|)\\
&= -\frac{t^2}{2}f(|u|)|u|^2 + \Re t f(|u|)u \cdot (t\bar{u} + \bar{v}) - F(|tu+v|)\\
&\leqslant -\frac{t^2}{2}f(|u|)|u|^2 - F(|tu+v|) \leqslant 0.
\end{aligned}$$

**情形 2**　$\Re(u \cdot (t\bar{u} + \bar{v})) > 0$. 注意到, 在这种情形下, 我们有

$$h(0) = -\frac{1}{2}f(|u|)|u|^2 + F(|u|) < 0,$$

以及 $\lim\limits_{t \to \infty} h(t) = -\infty$. 因此存在最大值点 $t_0 \geqslant 0$ 使得

$$h(t_0) = \max_{t \geqslant 0} h(t).$$

如果 $t_0 = 0$, 则 $h(t) \leqslant h(0) < 0$, $t \geqslant 0$. 如果 $t_0 > 0$, 则 $h'(t_0) = 0$, 也就是

$$\Re(u \cdot (t_0\bar{u} + \bar{v}))(f(u) - f(|t_0 u + v|)) = 0.$$

因此, 由 $(f_3)$ 可得 $|u| = |t_0 u + v|$, 从而由假设条件可知 $v \neq 0$ 以及 $(t_0^2 - 1)|u|^2 + |v|^2 + 2t_0\Re u \cdot \bar{v} = 0$. 因此,

$$h(t_0) = \frac{t_0^2 - 1}{2}f(|u|)|u|^2 + t_0\Re f(|u|)u \cdot \bar{v} = -\frac{1}{2}f(|u|)|v|^2 < 0.$$

故结论得证.　　　　　　　　　　　　　　　　　　　　　　　　　　□

应用引理 7.5.9, 我们能证明下面的结果.

**引理 7.5.10**　若 $u \in \mathcal{M}_\varepsilon, v \in E^-, t \geqslant 0$ 且 $u \neq tu + v$. 则

$$\Phi_\varepsilon(tu + v) < \Phi_\varepsilon(u).$$

因此, $u$ 是 $\Phi_\varepsilon|_{E_u}$ 的全局最大值点.

**证明**　首先注意到, 对所有的 $w \in E_u$, 我们有 $\Phi_\varepsilon'(u)w = 0$. 因此, 从引理 7.5.9 以及 $(t^2 - 1)u/2 + tv \in E_u$ 可得

$$\Phi_\varepsilon(tu + v) - \Phi_\varepsilon(u)$$
$$= \frac{1}{2}\big[\Re(H_0(tu + v), tu + v)_2 - \Re(H_0 u, u)_2\big] + \frac{1}{2}\int_{\mathbb{R}^3} V_\varepsilon(x)(|tu + v|^2 - |u|^2)dx$$
$$+ \int_{\mathbb{R}^3} \Re K_\varepsilon(x)\big(F(|u|) - F(|tu + v|)\big)dx$$
$$= \int_{\mathbb{R}^3} \Re K_\varepsilon(x)\left[f(|u|)u \cdot \left(\frac{t^2 - 1}{2}\bar{u} + t\bar{v}\right) + F(|u|) - F(|tu + v|)\right]dx$$
$$- \frac{1}{2}\|v\|^2 + \frac{1}{2}\int_{\mathbb{R}^3} V_\varepsilon(x)|v|^2 dx$$
$$\leqslant \int_{\mathbb{R}^3} \Re K_\varepsilon(x)\left[f(|u|)u \cdot \left(\frac{t^2 - 1}{2}\bar{u} + t\bar{v}\right) + F(|u|) - F(|tu + v|)\right]dx - \frac{a - |V|_\infty}{2a}\|v\|^2$$
$$< 0.$$

故结论得证. □

**引理 7.5.11** (i) 存在常数 $\rho, r_* > 0$ 使得 $c_\varepsilon := \inf\limits_{\mathcal{M}_\varepsilon} \Phi_\varepsilon \geqslant \inf\limits_{S_\rho^+} \Phi_\varepsilon \geqslant r_* > 0$.

(ii) 对任意的 $u \in \mathcal{M}_\varepsilon$, 则

$$\|u^+\| \geqslant \max\left\{\sqrt{(2r_*)/(a+|V|_\infty)}, \sqrt{(a-|V|_\infty)/(a+|V|_\infty)}\|u^-\|\right\} > 0.$$

**证明** (i) 对任意的 $u \in S_\rho^+$, 由 (7.5.3),(7.2.4) 以及嵌入定理可得对充分小的 $\rho > 0$, 我们有

$$\begin{aligned}
\Phi_\varepsilon(u) &= \frac{1}{2}\|u\|^2 + \frac{1}{2}\int_{\mathbb{R}^3} V_\varepsilon(x)|u|^2 dx - \int_{\mathbb{R}^3} K_\varepsilon(x)F(|u|)dx\\
&\geqslant \frac{1}{2}\|u\|^2 - \frac{|V|_\infty}{2}\int_{\mathbb{R}^3}|u|^2 dx - \varepsilon\int_{\mathbb{R}^3}|u|^2 dx - C_\varepsilon\int_{\mathbb{R}^3}|u|^p dx\\
&\geqslant \frac{a-|V|_\infty-2\varepsilon}{2a}\|u\|^2 - \tau_p^p C_\varepsilon\|u\|^p\\
&= \frac{a-|V|_\infty-2\varepsilon}{2a}\rho^2 - \tau_p^p C_\varepsilon\rho^p\\
&\geqslant \frac{a-|V|_\infty}{4a}\rho^2,
\end{aligned}$$

这就蕴含了 $\inf\limits_{S_\rho^+}\Phi_\varepsilon \geqslant (a-|V|_\infty)\rho^2/(4a) := r_* > 0$ 对充分小的 $\varepsilon > 0$ 成立. 因此第二个不等式成立. 注意到, 由 $u \in \mathcal{M}_\varepsilon$ 可知 $u^+ \neq 0$. 因此存在 $s > 0$ 使得 $su^+ \in \hat{E}(u) \cap S_\rho^+$. 进而由引理 7.5.10 便有

$$\Phi_\varepsilon(u) = \max_{w \in \hat{E}(u)} \Phi_\varepsilon(u) \geqslant \Phi_\varepsilon(su^+) \geqslant \inf_{S_\rho^+}\Phi_\varepsilon,$$

因此第一个不等式成立.

(ii) 对任意的 $u \in \mathcal{M}_\varepsilon$, 由 (7.5.4) 以及 (7.2.4) 可得

$$\begin{aligned}
r_* \leqslant c_\varepsilon &= \inf_{\mathcal{M}_\varepsilon}\Phi_\varepsilon \leqslant \Phi_\varepsilon(u)\\
&= \frac{1}{2}\|u^+\|^2 - \frac{1}{2}\|u^-\|^2 + \frac{1}{2}\int_{\mathbb{R}^3} V_\varepsilon(x)|u|^2 dx - \int_{\mathbb{R}^3} K_\varepsilon(x)F(|u|)dx\\
&\leqslant \frac{1}{2}\|u^+\|^2 - \frac{1}{2}\|u^-\|^2 + \frac{|V|_\infty}{2}\int_{\mathbb{R}^3}|u|^2 dx\\
&\leqslant \frac{a+|V|_\infty}{2}\|u^+\|^2 - \frac{a-|V|_\infty}{2}\|u^-\|^2,
\end{aligned}$$

这就蕴含着 $\|u^+\| \geqslant \max\{\sqrt{2r_*/(a+|V|_\infty)}, \sqrt{(a-|V|_\infty)/(a+|V|_\infty)}\|u^-\|\}$. □

**引理 7.5.12** 若 $\mathcal{W}$ 是 $E^+ \setminus \{0\}$ 中的紧子集, 则存在 $R_0 > 0$ 使得对每一个 $u \in \mathcal{W}$ 成立

$$\Phi_\varepsilon(w) < 0, \quad \forall w \in E_u \setminus B_{R_0}(0).$$

**证明**　若不然, 则存在序列 $\{u_n\} \subset \mathcal{W}$ 以及 $w_n \in E_{u_n}$ 使得对所有的 $n \in \mathbb{N}$ 都成立 $\Phi_\varepsilon(w_n) \geqslant 0$, 且当 $n \to \infty$ 时, $\|w_n\| \to \infty$. 由 $\mathcal{W}$ 的紧性, 可假设 $u_n \to u \in \mathcal{W}, \|u\| = 1$. 令 $v_n = w_n/\|w_n\| = s_n u_n + v_n^-$, 则

$$0 \leqslant \frac{\Phi_\varepsilon(w_n)}{\|w_n\|^2} = \frac{1}{2}(s_n^2 - \|v_n^-\|^2) + \frac{1}{2}\int_{\mathbb{R}^3} V_\varepsilon(x)|v_n|^2 dx - \int_{\mathbb{R}^3} K_\varepsilon(x)\frac{F(|w_n|)}{|w_n|^2}|v_n|^2 dx$$
$$\leqslant \frac{a+|V|_\infty}{2a}s_n^2 - \frac{a-|V|_\infty}{2a}\|v_n^-\|^2 - K_{\min}\int_{\mathbb{R}^3}\frac{F(|w_n|)}{|w_n|^2}|v_n|^2 dx, \tag{7.5.8}$$

这就蕴含着

$$\frac{a-|V|_\infty}{a+|V|_\infty}\|v_n^-\|^2 \leqslant s_n^2 = 1 - \|v_n^-\|^2. \tag{7.5.9}$$

从而就有

$$0 \leqslant \|v_n^-\|^2 \leqslant \frac{a+|V|_\infty}{2a}, \quad 0 < \left(\frac{a-|V|_\infty}{2a}\right)^{\frac{1}{2}} \leqslant s_n \leqslant 1.$$

因此, 子列意义下, 不妨假设 $s_n \to s > 0, v_n \rightharpoonup v, v_n(x) \to v(x)$ a.e. $x \in \mathbb{R}^3$. 因此 $v = su + v^- \neq 0$. 令 $\Omega := \{x \in \mathbb{R}^3 : v(x) \neq 0\}$. 则 $|\Omega| > 0$. 因此, 对任意的 $x \in \Omega$, 都有 $|w_n(x)| \to \infty$. 因此, 由 Fatou 引理以及 (7.5.5) 可得

$$\int_{\mathbb{R}^3} K_\varepsilon(x)\frac{F(|w_n|)}{|w_n|^2}|v_n|^2 dx \geqslant K_{\min}\int_\Omega \frac{F(|w_n|)}{|w_n|^2}|v_n|^2 dx \to \infty,$$

这就与 (7.5.8) 矛盾. □

注意到, 由 (7.2.4) 知, 下面的估计成立:

$$\frac{a-|V|_\infty}{a}\|u^+\|^2 \leqslant \|u^+\|^2 \pm |V|_\infty|u^+|_2^2 \leqslant \frac{a+|V|_\infty}{a}\|u^+\|^2, \tag{7.5.10}$$

$$\frac{a-|V|_\infty}{a}\|u^-\|^2 \leqslant \|u^-\|^2 \pm |V|_\infty|u^-|_2^2 \leqslant \frac{a+|V|_\infty}{a}\|u^-\|^2. \tag{7.5.11}$$

由 (7.5.10)—(7.5.11),

$$\|u\|_V = \left(\|u\|^2 + |V|_\infty(|u^+|_2^2 - |u^-|_2^2)\right)^{\frac{1}{2}}$$

是在 $E$ 上的一个等价范数, 对应的内积定义为 $(\cdot,\cdot)_V$. 此外

$$\frac{a-|V|_\infty}{a}\|u\|^2 \leqslant \|u\|_V^2 \leqslant \frac{a+|V|_\infty}{a}\|u\|^2.$$

直接计算, 我们有

$$\Phi_\varepsilon(u) = \frac{1}{2}\|u^+\|_V^2 - \frac{1}{2}\|u^-\|_V^2 - \int_{\mathbb{R}^3}\left(\frac{1}{2}(|V|_\infty - V_\varepsilon(x))|u|^2 + K_\varepsilon(x)F(|u|)\right)dx. \tag{7.5.12}$$

**引理 7.5.13** 对任意的 $u \in E \setminus E^-$, 我们有

(i) 集合 $\mathcal{M}_\varepsilon \cap E_u$ 仅仅包含一个点 $\hat{m}_\varepsilon(u) \neq 0$, 这里 $\hat{m}_\varepsilon(u)$ 是 $\Phi_\varepsilon|_{E_u}$ 的全局最大值点. 换句话说, 存在唯一的 $t_\varepsilon > 0$ 以及 $v_\varepsilon \in E^-$ 使得 $\hat{m}_\varepsilon(u) := t_\varepsilon u^+ + v_\varepsilon \in \mathcal{M}_\varepsilon$ 且满足

$$\Phi_\varepsilon(\hat{m}_\varepsilon(u)) = \max_{t \geqslant 0, v \in E^-}\Phi_\varepsilon(tu^+ + v).$$

此外, 如果 $u \in \mathcal{M}_\varepsilon$, 则 $t_\varepsilon = 1$ 以及 $v_\varepsilon = u^-$.

(ii) 存在与 $\varepsilon > 0$ 无关的常数 $T_i = T_i(u^+) > 0 (i = 1, 2, 3)$ 使得 $T_1 \leqslant t_\varepsilon \leqslant T_2$ 以及 $\|v_\varepsilon\| \leqslant T_3$.

**证明** (i) 由引理 7.5.10, 我们只需证明 $\mathcal{M}_\varepsilon \cap E_u \neq \varnothing$. 因为 $E_u = E_{\frac{u^+}{\|u^+\|}}$, 我们不妨假设 $u \in E^+, \|u\| = 1$. 由引理 7.5.12 知, 存在 $R_0 > 0$ 使得对每一个 $u \in \mathcal{W}$ 成立

$$\Phi_\varepsilon(w) < 0, \quad \forall w \in E_u \setminus B_{R_0}(0). \tag{7.5.13}$$

注意到, $\Phi_\varepsilon(tu) > 0$ 对所有充分小的 $t > 0$ 成立. 结合 (7.5.13) 便有 $\Phi_\varepsilon$ 在 $E_u$ 是有界的. 取极大化序列 $\{u_n\} \subset E_u$ 使得

$$\lim_{n\to\infty}\Phi_\varepsilon(u_n) = \beta := \max_{E_u}\Phi_\varepsilon.$$

因为 $0 < \beta < \infty$, 则对所有的 $n \in \mathbb{N}$ 成立 $\|u_n\| \leqslant R_0$. 记 $u_n = t_n u + u_n^-$. 注意到

$$R_0^2 \geqslant \|u_n\|^2 = t_n^2 + \|u_n^-\|^2,$$

这就蕴含着 $\{t_n\} \subset \mathbb{R}^+$ 以及 $\{u_n^-\} \subset E^-$ 都是有界的. 则子列意义下, 我们可假设 $t_n \to t_0$ 以及在 $E^-$ 中 $u_n^- \rightharpoonup u_0^-$. 因此,

$$u_n = t_n u + u_n^- \rightharpoonup t_0 u + u_0^- =: u_0 \in E_u.$$

因此, 由范数的弱下半连续以及 Fatou 引理可得

$$-\Phi_\varepsilon(u_0) = \frac{1}{2}(\|u_0^-\|_V^2 - \|u_0^+\|_V^2) + \int_{\mathbb{R}^3}\left(\frac{1}{2}(|V|_\infty - V_\varepsilon(x))|u_0|^2 + K_\varepsilon(x)F(|u_0|)\right)dx$$

$$\leqslant \liminf_{n\to\infty}\left[\frac{1}{2}(\|u_n^-\|_V^2 - t_n^2\|u\|_V^2)\right.$$

$$\left. + \int_{\mathbb{R}^3}\left(\frac{1}{2}(|V|_\infty - V_\varepsilon(x))|u_n|^2 + K_\varepsilon(x)F(|u_n|)\right)dx\right]$$

$$= \liminf_{n\to\infty} \big( -\Phi_\varepsilon(u_n) \big) = -\beta.$$

则 $\Phi_\varepsilon(u_0) \geqslant \beta$, 进而就有 $\Phi_\varepsilon(u_0) = \beta = \max_{E_u} \Phi_\varepsilon$. 由引理 7.5.10, 我们有 $u_0 \in \mathcal{M}_\varepsilon$. 因此, $u_0 \in \mathcal{M}_\varepsilon \cap E_u$.

(ii) 首先, 引理 7.5.11(ii) 蕴含着

$$t_\varepsilon \|u^+\| \geqslant \sqrt{\frac{2r_*}{a+|V|_\infty}}.$$

则 $t_\varepsilon \geqslant \sqrt{2r_*/(a+\|V\|_\infty)}/\|u^+\| := T_1(u^+)$. 此外, 从 $w_\varepsilon := t_\varepsilon u^+ + v_\varepsilon \in \mathcal{M}_\varepsilon$, (7.5.5) 以及 (7.2.6) 可得

$$\begin{aligned}
0 = \Phi_\varepsilon'(w_\varepsilon)w_\varepsilon &= t_\varepsilon^2\|u^+\|^2 - \|v_\varepsilon\|^2 + \int_{\mathbb{R}^3} V_\varepsilon(x)|w_\varepsilon|^2 dx - \int_{\mathbb{R}^3} K_\varepsilon(x)f(|w_\varepsilon|)|w_\varepsilon|^2 dx\\
&\leqslant t_\varepsilon^2\|u^+\|^2 - \|v_\varepsilon\|^2 + |V|_\infty \int_{\mathbb{R}^3} |w_\varepsilon|^2 dx\\
&\quad - 2K_{\min}C_0\int_{\mathbb{R}^3}|w_\varepsilon|^\mu dx + \frac{a-|V|_\infty}{2}\int_{\mathbb{R}^3}|w_\varepsilon|^2 dx\\
&\leqslant t_\varepsilon^2\|u^+\|^2 - \|v_\varepsilon\|^2 + \frac{a+|V|_\infty}{2}\int_{\mathbb{R}^3}|w_\varepsilon|^2 dx - 2K_{\min}C_0 c_\mu t_\varepsilon^\mu \int_{\mathbb{R}^3}|u^+|^\mu dx\\
&\leqslant t_\varepsilon^2\|u^+\|^2 - \|v_\varepsilon\|^2 + \frac{a+|V|_\infty}{2}\big(t_\varepsilon^2\|u^+\|_2^2 + \|v_\varepsilon\|_2^2\big) - 2K_{\min}C_0 c_\mu t_\varepsilon^\mu \int_{\mathbb{R}^3}|u^+|^\mu dx\\
&\leqslant t_\varepsilon^2\|u^+\|^2 - \|v_\varepsilon\|^2 + \frac{a+|V|_\infty}{2a}\big(t_\varepsilon^2\|u^+\|^2 + \|v_\varepsilon\|^2\big) - 2K_{\min}C_0 c_\mu t_\varepsilon^\mu \int_{\mathbb{R}^3}|u^+|^\mu dx\\
&= \frac{3a+|V|_\infty}{2a}t_\varepsilon^2\|u^+\|^2 - \frac{a-|V|_\infty}{2a}\|v_\varepsilon\|^2 - 2K_{\min}C_0 c_\mu t_\varepsilon^\mu \int_{\mathbb{R}^3}|u^+|^\mu dx,
\end{aligned}$$

这就蕴含着

$$t_\varepsilon \leqslant T_2, \quad \|v_\varepsilon\| \leqslant T_3,$$

其中

$$T_2 = \left( \frac{(3a+|V|_\infty)\|u^+\|^2}{4aK_{\min}C_0 c_\mu \int_{\mathbb{R}^3}|u^+|^\mu dx} \right)^{\frac{1}{\mu-2}}, \quad T_3 = \sqrt{\frac{3a+|V|_\infty}{a-|V|_\infty}}\|u^+\|T_2.$$

从而完成了引理的证明. □

**注 7.5.14** 由引理 7.5.13, 基态能量值 $c_\varepsilon$ 有下面的极小极大刻画

$$c_\varepsilon = \inf_{u\in\mathcal{M}_\varepsilon} \Phi_\varepsilon(u) = \inf_{w\in E\setminus E^-} \max_{u\in E_w} \Phi_\varepsilon(u) = \inf_{w\in E^+\setminus\{0\}} \max_{u\in E_w} \Phi_\varepsilon(u).$$

**引理 7.5.15** $\Phi_\varepsilon$ 在 $\mathcal{M}_\varepsilon$ 上是强制的.

**证明** 若不然, 则存在序列 $\{u_n\} \subset \mathcal{M}_\varepsilon$ 使得 $\|u_n\| \to \infty$ 以及 $\Phi_\varepsilon(u_n) \leqslant d$, 其中 $d \in [r_*, \infty)$ 是某一个常数. 令 $v_n = u_n/\|u_n\|$. 则在子列意义下, 在 $E$ 中 $v_n \rightharpoonup v$ 以及 $v_n(x) \to v(x)$ a.e. $x \in \mathbb{R}^3$. 由引理 7.5.11(ii) 可得

$$\|v_n^+\|^2 = \frac{\|u_n^+\|^2}{\|u_n\|^2} = \frac{\|u_n^+\|^2}{\|u_n^+\|^2 + \|u_n^-\|^2} \geqslant \frac{\|u_n^+\|^2}{\|u_n^+\|^2 + \dfrac{a+|V|_\infty}{a-|V|_\infty}\|u_n^+\|^2} = \frac{a-|V|_\infty}{2a}.$$

$$(7.5.14)$$

由 Lions 集中紧性原理[80, 引理 1.1], $\{v_n^+\}$ 是消失的或非消失的.

假设 $\{v_n^+\}$ 是消失的. 则在 $L^r(\mathbb{R}^3, \mathbb{C}^4)$ 中 $v_n^+ \to 0$ 对任意的 $r \in (2,3)$ 成立, 因此由 (7.5.3) 就可推出 $\int_{\mathbb{R}^3} K_\varepsilon(x)F(|sv_n^+|)dx \to 0$ 对任意的 $s > 0$ 成立. 由 $sv_n^+ \in E_{u_n}$ 对任意的 $s \geqslant 0$ 成立以及引理 7.5.9, (7.5.14) 就可得

$$d \geqslant \Phi_\varepsilon(u_n) \geqslant \Phi_\varepsilon(sv_n^+) = \frac{s^2}{2}\|v_n^+\|^2 + \frac{s^2}{2}\int_{\mathbb{R}^3}V_\varepsilon(x)|v_n^+|^2dx - \int_{\mathbb{R}^3}K_\varepsilon(x)F(|sv_n^+|)dx$$

$$\geqslant \frac{a-|V|_\infty}{2a}s^2\|v_n^+\|^2 - \int_{\mathbb{R}^3}K_\varepsilon(x)F(|sv_n^+|)dx$$

$$\geqslant \left(\frac{a-|V|_\infty}{2a}\right)^2 s^2 - \int_{\mathbb{R}^3}K_\varepsilon(x)F(|sv_n^+|)dx \to \left(\frac{a-|V|_\infty}{2a}\right)^2 s^2.$$

当 $s > 2a\sqrt{d}/(a-|V|_\infty)$ 时, 这就得到矛盾.

因此, $\{v_n^+\}$ 是非消失的, 也就是, 存在常数 $r, \delta > 0$ 以及序列 $\{y_n\} \subset \mathbb{R}^3$ 使得

$$\int_{B_r(y_n)}|v_n^+|^2dx \geqslant \delta.$$

令 $\tilde{v}_n(x) = v_n(x + y_n)$, 则

$$\int_{B_r(0)}|\tilde{v}_n^+|^2dx \geqslant \delta.$$

因此, 子列意义下, 在 $L^2_{\mathrm{loc}}(\mathbb{R}^3, \mathbb{C}^4)$ 我们有 $\tilde{v}_n^+ \to \tilde{v}^+$ 且 $\tilde{v}^+ \neq 0$. 令 $\Omega_1 = \{x \in \mathbb{R}^3 : \tilde{v}(x) \neq 0\}$. 则 $|\Omega_1| > 0$ 以及对任意的 $x \in \Omega_1$, 成立 $|u_n(x+y_n)| = |v_n(x+y_n)|\|u_n\| = |\tilde{v}_n(x)|\|u_n\| \to \infty$. 因此, 由 (7.5.5) 以及 Fatou 引理, 当 $n \to \infty$ 时可得

$$0 \leqslant \frac{\Phi_\varepsilon(u_n)}{\|u_n\|^2} = \frac{1}{2}(\|v_n^+\|^2 - \|v_n^-\|^2) + \frac{1}{2}\int_{\mathbb{R}^3}V_\varepsilon(x)|v_n|^2dx - \int_{\mathbb{R}^3}K_\varepsilon(x)\frac{F(|u_n|)}{\|u_n\|^2}dx$$

$$\leqslant \frac{a+|V|_\infty}{2a}\|v_n^+\|^2 - \frac{a-|V|_\infty}{2a}\|v_n^-\|^2 - K_{\min}\int_{\mathbb{R}^3}\frac{F(|u_n|)}{\|u_n\|^2}dx$$

$$= \frac{a+|V|_\infty}{2a} - \|v_n^-\|^2 - K_{\min}\int_{\Omega_1}\frac{F(|u_n(x+y_n)|)}{|u_n(x+y_n)|^2}|\tilde{v}_n|^2dx \to -\infty,$$

这就得到矛盾. □

**引理 7.5.16** 映射 $\hat{m}_\varepsilon : E^+ \setminus \{0\} \to \mathcal{M}_\varepsilon$ 是连续的, 且 $\hat{m}_\varepsilon|_{S^+}$ 是一个同胚映射, 其逆映射为

$$\breve{m} : \mathcal{M}_\varepsilon \to S^+, \quad \breve{m}(u) = \frac{u^+}{\|u^+\|},$$

其中 $S^+ := \{u \in E^+ : \|u\| = 1\}$.

定义映射 $\hat{\Psi}_\varepsilon : E^+ \setminus \{0\} \to \mathbb{R}$ 以及 $\Psi_\varepsilon : S^+ \to \mathbb{R}$ 如下:

$$\hat{\Psi}_\varepsilon(u) = \Phi_\varepsilon(\hat{m}_\varepsilon(u)), \quad \Psi_\varepsilon = \hat{\Psi}_\varepsilon|_{S^+}.$$

由引理 7.5.16 知此映射是连续的.

正如 [103, 命题 2.9, 推论 2.10], 我们有下面的引理, 为了完整性, 我们简要给出其证明.

**引理 7.5.17** (i) $\hat{\Psi}_\varepsilon \in C^1(E^+ \setminus \{0\}, \mathbb{R})$, 且对任意的 $w, z \in E^+, w \neq 0$, 我们有

$$\hat{\Psi}'_\varepsilon(w)z = \frac{\|\hat{m}_\varepsilon(w)^+\|}{\|w\|} \Phi'_\varepsilon(\hat{m}_\varepsilon(w))z.$$

(ii) $\Psi_\varepsilon \in C^1(S^+, \mathbb{R})$ 且对每一个 $w \in S^+$, 我们有

$$\Psi'_\varepsilon(w)z = \|\hat{m}_\varepsilon(w)^+\| \Phi'_\varepsilon(\hat{m}_\varepsilon(w))z$$

对任意的 $z \in T_w(S^+) = \{v \in E^+ : (w, v) = 0\}$ 成立.

(iii) $\{w_n\}$ 是 $\Psi_\varepsilon$ 的 (PS)-序列当且仅当 $\{\hat{m}_\varepsilon(w_n)\}$ 是 $\Phi_\varepsilon$ 的 (PS)-序列.

(iv) $w \in S^+$ 是 $\Psi_\varepsilon$ 的临界点当且仅当 $\hat{m}_\varepsilon(w) \in \mathcal{M}_\varepsilon$ 是 $\Phi_\varepsilon$ 的临界点. 此外,

$$\inf_{S^+} \Psi_\varepsilon = \inf_{\mathcal{M}_\varepsilon} \Phi_\varepsilon = c_\varepsilon.$$

**证明** (i) 令 $u \in E^+ \setminus \{0\}, z \in E^+$ 且 $\hat{m}_\varepsilon(u) = s_u u + v_u$, 其中 $v_u \in E^-$. 由 $\hat{m}_\varepsilon(u)$ 的最大值性质以及中值定理, 我们有

$$\begin{aligned}
\hat{\Psi}_\varepsilon(u + tz) - \hat{\Psi}_\varepsilon(u) &= \Phi_\varepsilon(s_{u+tz}(u + tz) + v_{u+tz}) - \Phi_\varepsilon(s_u u + v_u) \\
&\leqslant \Phi_\varepsilon(s_{u+tz}(u + tz) + v_{u+tz}) - \Phi_\varepsilon(s_{u+tz}u + v_{u+tz}) \\
&= \Phi'_\varepsilon(s_{u+tz}u + v_{u+tz} + \tau_t s_{u+tz} tz)s_{u+tz}tz, \quad (7.5.15)
\end{aligned}$$

其中 $\tau_t \in (0, 1)$. 类似地, 我们也有

$$\begin{aligned}
\hat{\Psi}_\varepsilon(u + tz) - \hat{\Psi}_\varepsilon(u) &= \Phi_\varepsilon(s_{u+tz}(u + tz) + v_{u+tz}) - \Phi_\varepsilon(s_u u + v_u) \\
&\geqslant \Phi_\varepsilon(s_u(u + tz) + v_u) - \Phi_\varepsilon(s_u u + v_u)
\end{aligned}$$

$$= \Phi_\varepsilon'(s_u u + v_u + \eta_t s_u tz)s_u tz, \tag{7.5.16}$$

其中 $\eta_t \in (0,1)$. 由 $s_u$ 关于 $u$ 的连续性以及 (7.5.15)—(7.5.16), 我们有

$$\hat{\Psi}_\varepsilon'(w)z = s_u \Phi_\varepsilon'(\hat{m}_\varepsilon(w))z = \frac{\|\hat{m}_\varepsilon(w)^+\|}{\|w\|}\Phi_\varepsilon'(\hat{m}_\varepsilon(w))z.$$

(ii) 可从 (i) 得到.

(iii) 注意到, 对每一个 $w \in S^+$, 成立 $E = T_w(S^+) \oplus E(w)$. 令 $u = \hat{m}_\varepsilon(w) \in S \in \mathcal{M}_\varepsilon$, 则

$$\|\Psi_\varepsilon'(w)\| = \sup_{z \in T_w(S^+), \|z\|=1} \Psi_\varepsilon'(w)z = \|u^+\| \sup_{z \in T_w(S^+), \|z\|=1} \Phi_\varepsilon'(u)z = \|u^+\|\|\Phi_\varepsilon'(u)\|,$$

其中最后一个不等式是因为 $\Phi_\varepsilon'(u)v = 0$, $\forall v \in E(w)$ 以及 $E(w)$ 与 $T_w(S^+)$ 是正交的. 由引理 7.5.11 知, 对任意的 $u \in \mathcal{M}_\varepsilon$, 我们有 $\|u^+\| \geqslant \sqrt{2r_*} > 0$. 因此 $\{w_n\}$ 是 $\Psi_\varepsilon$ 的 (PS)-序列当且仅当 $\{u_n\}$ 是 $\Phi_\varepsilon$ 的 (PS)-序列.

(iv) 的证明类似于 (iii), 这里我们将省略其证明. □

### 7.5.1 极限方程

在本节, 我们也将充分利用极限方程的一些性质来证明我们的结论. 由于所定义的基态解和 7.3 节不一样, 所以我们需要重新证明极限方程基态解的存在性以及一些其他的性质. 对任意的 $\mu \in (-a,a)$ 以及 $\nu > 0$, 我们考虑下面的常系数方程

$$-i\alpha \cdot \nabla u + a\beta u + \mu u = \nu f(|u|)u, \quad x \in \mathbb{R}^3,$$

且对应的能量泛函为

$$\mathcal{J}_{\mu\nu}(u) = \frac{1}{2}\left(\|u^+\|^2 - \|u^-\|^2\right) + \frac{\mu}{2}\int_{\mathbb{R}^3}|u|^2 dx - \nu\int_{\mathbb{R}^3}F(|u|)dx.$$

对应泛函 $\mathcal{J}_{\mu\nu}$ 的广义 Nehari 集合定义为

$$\mathcal{M}^{\mu\nu} := \{u \in E \setminus E^- : \mathcal{J}_{\mu\nu}'(u)u = 0, \ \mathcal{J}_{\mu\nu}'(u)v = 0, \ v \in E^-\},$$

以及基态能量值定义为

$$\gamma_{\mu\nu} := \inf_{u \in \mathcal{M}^{\mu\nu\tau}} \mathcal{J}_{\mu\nu}(u).$$

$\gamma_{\mu\nu}$ 和 $\mathcal{M}^{\mu\nu}$ 有类似于 $c_\varepsilon$ 和 $\mathcal{M}_\varepsilon$ 的性质. 因此, 对每一个 $u \in E \setminus E^-$, 存在唯一的 $t_u > 0$ 以及 $v_u \in E^-$ 使得 $t_u u^+ + v_u \in \mathcal{M}^{\mu\nu}$. 定义映射 $\tilde{m}_{\mu\nu\tau} : E^+ \setminus \{0\} \to \mathcal{M}^{\mu\nu}$ 为 $\tilde{m}_{\mu\nu}(u) = t_u u + v_u$ 以及 $m_{\mu\nu} = \tilde{m}_{\mu\nu}|_{S^+}$. 此外, $m_{\mu\nu}$ 的逆映射为 $m_{\mu\nu}^{-1}(u) = u^+/\|u^+\|$. 定义泛函 $\tilde{\Upsilon} : E^+ \setminus \{0\} \to \mathbb{R}$ 为

$$\tilde{\Upsilon}_{\mu\nu}(u) = \mathcal{J}_{\mu\nu}(m_{\mu\nu}(u)), \quad \Upsilon_{\mu\nu} = \tilde{\Upsilon}_{\mu\nu}|_{S^+}.$$

此外, 我们也有

$$\gamma_{\mu\nu} = \inf_{u \in \mathcal{M}^{\mu\nu}} \mathcal{J}_{\mu\nu}(u) = \inf_{w \in E \setminus E^-} \max_{u \in E_w} \mathcal{J}_{\mu\nu}(u) = \inf_{w \in E^+ \setminus \{0\}} \max_{u \in E_w} \mathcal{J}_{\mu\nu}(u) = \inf_{S^+} \Upsilon_{\mu\nu}.$$

**引理 7.5.18**　$\gamma_{\mu\nu}$ 是可达的.

**证明**　如果 $u \in \mathcal{M}^{\mu\nu}$ 满足 $\mathcal{J}_{\mu\nu}(u) = \gamma_{\mu\nu}$, 则

$$\Upsilon_{\mu\nu}(m_{\mu\nu}^{-1}(u)) = \mathcal{J}_{\mu\nu}(m_{\mu\nu} m_{\mu\nu}^{-1}(u)) = \mathcal{J}_{\mu\nu}(u) = \gamma_{\mu\nu} = \inf_{S^+} \Upsilon_{\mu\nu}.$$

也就是, $m_{\mu\nu}^{-1}(u)$ 是 $\Upsilon_{\mu\nu}$ 的极小元, 从而是 $\Upsilon_{\mu\nu}$ 的临界点. 因此, 类似于引理 7.5.17, 可知 $u$ 是 $\mathcal{J}_{\mu\nu}$ 的临界点. 因此, 我们仅需证明存在极小元 $u \in \mathcal{M}^{\mu\nu}$ 使得 $\mathcal{J}_{\mu\nu}(u) = \gamma_{\mu\nu}$. 事实上, 由 Ekeland 变分原理[112], 存在序列 $\{w_n\} \subset S^+$ 使得当 $n \to \infty$ 时, $\Upsilon_{\mu\nu}(w_n) \to \gamma_{\mu\nu}, \Upsilon'_{\mu\nu}(w_n) \to 0$. 令 $u_n = m_{\mu\nu}(w_n)$, 则由 $m_{\mu\nu}$ 的定义可知 $u_n \in \mathcal{M}^{\mu\nu}, \forall n \in \mathbb{N}$. 类似于引理 7.5.17 知, 当 $n \to \infty$ 时, $\mathcal{J}_{\mu\nu}(u_n) \to \gamma_{\mu\nu}, \mathcal{J}'_{\mu\nu}(u_n) \to 0$. 此外, 由引理 7.5.15 知, $\{u_n\}$ 在 $E$ 中是有界的. 因此, 由 $\mathcal{J}_{\mu\nu}$ 平移变换下是不变的, 我们不难验证 $\gamma_{\mu\nu}$ 是可达的. □

下面的引理描述了对于不同参数 $\mu \in (-a,a)$ 和 $\nu > 0$ 之间基态能量值的比较, 这对证明解的存在性是非常重要的.

**引理 7.5.19**　设 $\mu_j \in (-a,a), \nu_j > 0, j = 1,2$ 且 $\mu_1 \leqslant \mu_2, \nu_1 \geqslant \nu_2$, 则 $\gamma_{\mu_1\nu_1} \leqslant \gamma_{\mu_2\nu_2}$. 此外, 如果有一个不等式严格成立, 则 $\gamma_{\mu_1\nu_1} < \gamma_{\mu_2\nu_2}$.

**证明**　令 $u \in \mathcal{M}^{\mu_2\nu_2}$ 使得

$$\gamma_{\mu_2\nu_2} = \mathcal{J}_{\mu_2\nu_2}(u) = \max_{t \geqslant 0, v \in E^-} \mathcal{J}_{\mu_2\nu_2}(tu^+ + v^-).$$

令 $t_0 \geqslant 0, v_0 \in E^-$ 使得 $u_0 := t_0 u^+ + v_0$ 且满足 $\mathcal{J}_{\mu_1\nu_1}(u_0) = \max_{t \geqslant 0, v \in E^-} \mathcal{J}_{\mu_1\nu_1}(tu^+ + v^-)$. 则

$$\begin{aligned}\gamma_{\mu_2\nu_2} = \mathcal{J}_{\mu_2\nu_2}(u) &\geqslant \mathcal{J}_{\mu_2\nu_2}(u_0) \\ &= \mathcal{J}_{\mu_1\nu_1}(u_0) + \frac{\mu_2 - \mu_1}{2} \int_{\mathbb{R}^3} |u_0|^2 dx + (\nu_1 - \nu_2) \int_{\mathbb{R}^3} F(|u_0|) dx \\ &\geqslant \gamma_{\mu_1\nu_1}.\end{aligned}$$

从而完成了引理的证明. □

### 7.5.2　基态解的存在性

在本节, 我们将证明方程 (7.5.2) 基态解的存在性. 注意到, 对任意的 $x_1 \in \mathcal{V}$, 令 $\tilde{V}(x) = V(x + x_1)$ 以及 $\tilde{K}(x) = K(x + x_1)$. 显然, 若 $\tilde{u}(x)$ 是下面方程的解

$$-i\alpha \cdot \nabla \tilde{u} + a\beta\tilde{u} + \tilde{V}(\varepsilon x)\tilde{u} = \tilde{K}(\varepsilon x)f(|\tilde{u}|)\tilde{u}, \quad x \in \mathbb{R}^3,$$

则 $u(x) = \tilde{u}(x - x_1)$ 是 (7.5.2) 的解. 不失一般性, 我们可假设

$$x_1 = 0 \in \mathcal{V},$$

因此

$$V(0) = V_{\min} \text{ 且当 } |x| \geqslant R \text{ 时, 有 } \kappa := K(0) \geqslant K(x).$$

**引理 7.5.20**　$\limsup\limits_{\varepsilon \to 0} c_\varepsilon \leqslant \gamma_{V_{\min}\kappa}$.

**证明**　设 $w$ 是 $\mathcal{J}_{V_{\min}\kappa}$ 的一个基态解, 即 $w \in \mathcal{M}^{V_{\min}\kappa}$, $\mathcal{J}_{V_{\min}\kappa}(w) = \gamma_{V_{\min}\kappa}$ 且 $\mathcal{J}'_{V_{\min}\kappa}(w) = 0$. 则存在 $t_\varepsilon > 0$ 以及 $v_\varepsilon \in E^-$ 使得 $w_\varepsilon = t_\varepsilon w^+ + v_\varepsilon \in \mathcal{M}_\varepsilon$. 由引理 7.5.13(ii), 可假设 $t_\varepsilon \to t_0 > 0$ 以及在 $E^-$ 中, $v_\varepsilon \to v$. 因为 $w_\varepsilon \in \mathcal{M}_\varepsilon$, 我们有

$$\Phi'_\varepsilon(w_\varepsilon)w^+ = 0, \quad \Phi'_\varepsilon(w_\varepsilon)\varphi = 0, \quad \forall \varphi \in E^-,$$

结合 $w_\varepsilon$ 在 $E^-$ 中弱收敛到 $t_0 w^+ + v$, 我们就有

$$\mathcal{J}'_{V_{\min}\kappa}(t_0 w^+ + v)w^+ = 0, \quad \mathcal{J}'_{V_{\min}\kappa}(t_0 w^+ + v)\varphi = 0, \quad \forall \varphi \in E^-,$$

这就蕴含着 $t_0 w^+ + v \in \mathcal{M}^{V_{\min}\kappa}$. 此外, $w$ 也属于 $\mathcal{M}^{V_{\min}\kappa}$. 因此, 引理 7.5.13 就蕴含了 $t_0 w^+ + v = w$, 进而有 $t_0 = 1, v = w^-$ 以及 $w_\varepsilon$ 在 $E$ 中弱收敛到 $w$.

断言 $w_\varepsilon$ 在 $E$ 中收敛到 $w$. 记 $z_\varepsilon = w - w_\varepsilon, l_\varepsilon(t) = \Phi_\varepsilon(w_\varepsilon + tz_\varepsilon)$, 则

$$\Phi_\varepsilon(w) - \Phi_\varepsilon(w_\varepsilon) = l_\varepsilon(1) - l_\varepsilon(0) = \int_0^1 \Phi'_\varepsilon(w_\varepsilon + sz_\varepsilon)z_\varepsilon ds$$

$$= \Re \int_{\mathbb{R}^3} \left( H_0 w_\varepsilon + V_\varepsilon(x)w_\varepsilon - K_\varepsilon(x)f(|w_\varepsilon|)w_\varepsilon \right) \cdot z_\varepsilon dx$$

$$+ \int_0^1 \Re \int_{\mathbb{R}^3} \left( H_0 sz_\varepsilon + V_\varepsilon(x)sz_\varepsilon + K_\varepsilon(x)f(|w_\varepsilon|)w_\varepsilon \right) \cdot z_\varepsilon dx ds$$

$$- \int_0^1 \Re \int_{\mathbb{R}^3} K_\varepsilon(x)f(|w_\varepsilon + sz_\varepsilon|)(w_\varepsilon + sz_\varepsilon) \cdot z_\varepsilon dx ds. \quad (7.5.17)$$

重设 $z_\varepsilon$ 为 $z_\varepsilon = w - w_\varepsilon = (1 - t_\varepsilon)w^+ + (w^- - v_\varepsilon)$, 其中 $w^- - v_\varepsilon \in E^-$. 因为 $t_\varepsilon \to 1, \{w_\varepsilon\}$ 是有界的以及 $w_\varepsilon \in \mathcal{M}_\varepsilon$, 则

$$\Re \int_{\mathbb{R}^3} \left( H_0 w_\varepsilon + V_\varepsilon(x)w_\varepsilon - K_\varepsilon(x)f(|w_\varepsilon|)w_\varepsilon \right) \cdot z_\varepsilon dx$$

$$= \Phi'_\varepsilon(w_\varepsilon)z_\varepsilon = (1 - t_\varepsilon)\Phi'_\varepsilon(w_\varepsilon)w^+ + \Phi'_\varepsilon(w_\varepsilon)(w^- - v_\varepsilon) = o_\varepsilon(1). \quad (7.5.18)$$

注意到

$$\int_0^1 \int_{\mathbb{R}^3} \left( H_0 sz_\varepsilon + V_\varepsilon(x)sz_\varepsilon \right) \cdot z_\varepsilon dx ds = \frac{1}{2} \int_{\mathbb{R}^3} \left( H_0 z_\varepsilon + V_\varepsilon(x)z_\varepsilon \right) \cdot z_\varepsilon dx. \quad (7.5.19)$$

由 (7.5.17)—(7.5.19) 可得

$$\int_{\mathbb{R}^3} K_\varepsilon(x) F(|w|) dx - \int_{\mathbb{R}^3} K_\varepsilon(x) F(|w_\varepsilon|) dx$$

$$= \int_0^1 \Re \int_{\mathbb{R}^3} K_\varepsilon(x) f(|w_\varepsilon + s z_\varepsilon|)(w_\varepsilon + s z_\varepsilon) \cdot z_\varepsilon dx ds$$

$$= \Phi_\varepsilon(w_\varepsilon) - \Phi_\varepsilon(w) + \frac{1}{2} \int_{\mathbb{R}^3} \left( H_0 z_\varepsilon + V_\varepsilon(x) z_\varepsilon \right) \cdot z_\varepsilon dx$$

$$+ \Re \int_{\mathbb{R}^3} K_\varepsilon(x) f(|w_\varepsilon|) w_\varepsilon \cdot z_\varepsilon dx + o_\varepsilon(1). \tag{7.5.20}$$

类似地, 我们也有

$$\int_{\mathbb{R}^3} \kappa F(|w|) dx - \int_{\mathbb{R}^3} \kappa F(|w_\varepsilon|) dx$$

$$= \mathcal{J}_{V_{\min}\kappa}(w_\varepsilon) - \mathcal{J}_{V_{\min}\kappa}(w) - \frac{1}{2} \int_{\mathbb{R}^3} \left( H_0 z_\varepsilon + V_{\min} z_\varepsilon \right) \cdot z_\varepsilon dx$$

$$+ \Re \int_{\mathbb{R}^3} \kappa f(|w|) w \cdot z_\varepsilon dx + o_\varepsilon(1). \tag{7.5.21}$$

直接计算, 有

$$\Phi_\varepsilon(u) = \mathcal{J}_{V_{\min}\kappa}(u) + \frac{1}{2} \int_{\mathbb{R}^3} \left( V_\varepsilon(x) - V_{\min} \right) |u|^2 dx + \int_{\mathbb{R}^3} \left( \kappa - K_\varepsilon(x) \right) F(|u|) dx.$$

因此,

$$\left( \Phi_\varepsilon(w_\varepsilon) - \mathcal{J}_{V_{\min}\kappa}(w_\varepsilon) \right) - \left( \Phi_\varepsilon(w) - \mathcal{J}_{V_{\min}\kappa}(w) \right)$$

$$= \frac{1}{2} \int_{\mathbb{R}^3} \left( V_\varepsilon(x) - V_{\min} \right) (|w_\varepsilon|^2 - |w|^2) dx + \int_{\mathbb{R}^3} \left( \kappa - K_\varepsilon(x) \right) \left( F(|w_\varepsilon|) - F(|w|) \right) dx.$$

将 (7.5.20), (7.5.21) 代入上式可得

$$\int_{\mathbb{R}^3} H_0 z_\varepsilon \cdot z_\varepsilon dx + \frac{1}{2} \int_{\mathbb{R}^3} \left( V_\varepsilon(x) + V_{\min} \right) |z_\varepsilon|^2 dx$$

$$+ \frac{1}{2} \int_{\mathbb{R}^3} (V_\varepsilon(x) - V_{\min})(|w_\varepsilon|^2 - |w|^2) dx$$

$$+ \Re \int_{\mathbb{R}^3} K_\varepsilon(x) f(|w_\varepsilon|) w_\varepsilon \cdot z_\varepsilon dx - \Re \int_{\mathbb{R}^3} \kappa f(|w|) w \cdot z_\varepsilon dx = o_\varepsilon(1). \tag{7.5.22}$$

不难验证

$$\int_{\mathbb{R}^3} \left( V_\varepsilon(x) - V_{\min} \right) (|w_\varepsilon|^2 - |w|^2) dx$$

$$= \int_{\mathbb{R}^3} \big(V_\varepsilon(x) - V_{\min}\big)|z_\varepsilon|^2 dx - 2\Re \int_{\mathbb{R}^3} \big(V_\varepsilon(x) - V_{\min}\big)w \cdot z_\varepsilon dx$$

$$= \int_{\mathbb{R}^3} \big(V_\varepsilon(x) - V_{\min}\big)|z_\varepsilon|^2 dx + o_\varepsilon(1), \tag{7.5.23}$$

以及

$$\Re \int_{\mathbb{R}^3} \kappa f(|w|) w \cdot z_\varepsilon dx = o_\varepsilon(1). \tag{7.5.24}$$

因此, 由 (7.5.22)—(7.5.24) 就可得

$$\int_{\mathbb{R}^3} H_0 z_\varepsilon \cdot z_\varepsilon dx + \int_{\mathbb{R}^3} V_\varepsilon(x)|z_\varepsilon|^2 dx + \Re \int_{\mathbb{R}^3} K_\varepsilon(x) f(|w_\varepsilon|) w_\varepsilon \cdot z_\varepsilon dx = o_\varepsilon(1). \tag{7.5.25}$$

此外, 由 (7.2.4) 以及 $z_\varepsilon^+$ 在 $E$ 中收敛到 0 可得

$$\int_{\mathbb{R}^3} H_0 z_\varepsilon \cdot z_\varepsilon dx + \int_{\mathbb{R}^3} V_\varepsilon(x)|z_\varepsilon|^2 dx \leqslant \frac{a + |V|_\infty}{a} \|z_\varepsilon^+\|^2 - \frac{a - |V|_\infty}{a} \|z_\varepsilon^-\|^2$$

$$= -\frac{a - |V|_\infty}{a} \|z_\varepsilon^-\|^2 + o_\varepsilon(1). \tag{7.5.26}$$

因此, 由 (7.5.25)—(7.5.26) 以及 Fatou 引理可得

$$\Re \int_{\mathbb{R}^3} K_\varepsilon(x) f(|w_\varepsilon|) w_\varepsilon \cdot z_\varepsilon dx = \Re \int_{\mathbb{R}^3} K_\varepsilon(x) f(|w_\varepsilon|) w_\varepsilon \cdot (w - w_\varepsilon) dx$$

$$= \int_{\mathbb{R}^3} K_\varepsilon(x) f(|w|)|w|^2 dx - \int_{\mathbb{R}^3} K_\varepsilon(x) f(|w_\varepsilon|)|w_\varepsilon|^2 dx + o_\varepsilon(1) \leqslant o_\varepsilon(1).$$

因此, $\|z_\varepsilon^-\| \leqslant o_\varepsilon(1)$, 从而就有 $z_\varepsilon$ 在 $E$ 中收敛到 0, 进而可知上面的断言成立. 因此, 从 $w_\varepsilon \in \mathcal{M}_\varepsilon$ 就有

$$\limsup_{\varepsilon \to 0} c_\varepsilon \leqslant \limsup_{\varepsilon \to 0} \Phi_\varepsilon(w_\varepsilon) = \mathcal{J}_{V_{\min}\kappa}(w) = \gamma_{V_{\min}\kappa}.$$

故结论得证. $\qquad\qquad\qquad\qquad\qquad\qquad\qquad\qquad\qquad\qquad\qquad\qquad\qquad\qquad\quad\Box$

**引理 7.5.21** 对充分小的 $\varepsilon > 0$, $c_\varepsilon$ 是可达的.

**证明** 类似于引理 7.5.19, 我们仅需证明存在极小元 $u_\varepsilon \in \mathcal{M}_\varepsilon$ 使得 $\Phi_\varepsilon(u_\varepsilon) = c_\varepsilon$. 事实上, 由 Ekeland 变分原理[112], 存在序列 $\{w_n\} \subset S^+$ 使得当 $n \to \infty$ 时, $\Psi_\varepsilon(w_n) \to c_\varepsilon, \Psi_\varepsilon'(w_n) \to 0$. 令 $u_n = \hat{m}_\varepsilon(w_n)$, 则由 $\hat{m}_\varepsilon$ 的定义可知 $u_n \in \mathcal{M}_\varepsilon, \forall n \in \mathbb{N}$. 由引理 7.5.17 知, 当 $n \to \infty$ 时, $\Phi_\varepsilon(u_n) \to c_\varepsilon, \Phi_\varepsilon'(u_n) \to 0$. 此外, 由引理 7.5.15 知, $\{u_n\}$ 在 $E$ 中是有界的. 不妨假设在 $E$ 中, $u_n \rightharpoonup u_\varepsilon$, 则由 $\Phi_\varepsilon$(参看 [40]) 弱序列连续性, 我们有 $\Phi_\varepsilon'(u_\varepsilon) = 0$. 若 $u_\varepsilon \neq 0$, 不难验证 $\Phi_\varepsilon(u_\varepsilon) = c_\varepsilon$. 接下来我们将证明对充分小的 $\varepsilon > 0$, 有 $u_\varepsilon \neq 0$. 若不然, 即假设存在序列满足

$\varepsilon_j \to 0$ 且 $u_{\varepsilon_j} = 0$，则在 $E$ 中 $u_n \rightharpoonup 0$，在 $L^t_{\mathrm{loc}}(\mathbb{R}^3, \mathbb{C}^4)$ 中 $u_n \to 0$，$t \in [1,3)$ 以及 $u_n(x) \to 0$ a.e. $x \in \mathbb{R}^3$.

由假设 $(A_1)$，选取 $\mu \in (V_{\min}, V_\infty)$ 且考虑下面的辅助泛函

$$\Phi^{\mu\kappa}_{\varepsilon_j}(u) = \frac{1}{2}\big(\|u^+\|^2 - \|u^-\|^2\big) + \frac{1}{2}\int_{\mathbb{R}^3} V^\mu_\varepsilon(x)|u|^2 dx - \int_{\mathbb{R}^3} K^\kappa_\varepsilon(x)F(|u|)dx,$$

其中 $V^\mu_\varepsilon(x) = \max\{\mu, V_\varepsilon(x)\}, K^\kappa_\varepsilon(x) = \min\{\kappa, K_\varepsilon(x)\}$. 设 $t_{u_n} > 0, v_{u_n} \in E^-$ 使得 $t_{u_n}u_n^+ + v_{u_n} \in \mathcal{M}^{\mu\kappa}_{\varepsilon_j}$，其中 $\mathcal{M}^{\mu\kappa}_{\varepsilon_j}$ 是对应于 $\Phi^{\mu\kappa}_{\varepsilon_j}$ 的广义 Nehari 集合.

接下来，我们断言：$\{t_{u_n}\}$ 和 $\{v_{u_n}\}$ 都是有界的. 事实上，如果 $\{t_{u_n}\}$ 是无界的，也就是存在序列 $t_n \to \infty (n \to \infty)$. 由引理 7.5.11 知，$\|u_n^+\| \geqslant \sqrt{2r_*/(a + |V|_\infty)} > 0$. 因此，类似于引理 7.5.15，存在 $y_n \in \mathbb{R}^3$ 以及常数 $r, \delta > 0$ 使得

$$\int_{B_r(y_n)} |u_n^+|^2 dx \geqslant \delta, \quad \forall n \in \mathbb{N}.$$

因为 $\{u_n\}$ 是有界的且 $\inf\limits_{x \in \mathbb{R}^3} K(x) = K_{\min} > 0$，则

$$t^2_{u_n}\|u_n^+\|^2 - \|v_{u_n}\|^2 + \int_{\mathbb{R}^3} V_\varepsilon(x)|t_{u_n}u_n^+ + v_{u_n}|^2 dx$$

$$= \int_{\mathbb{R}^3} K_\varepsilon(x)f(|t_{u_n}u_n^+ + v_{u_n}|)|t_{u_n}u_n^+ + v_{u_n}|^2 dx$$

$$\geqslant C\int_{\mathbb{R}^3} |t_{u_n}u_n^+ + v_{u_n}|^\mu dx - \frac{a - |V|_\infty}{2}\int_{\mathbb{R}^3} |t_{u_n}u_n^+ + v_{u_n}|^2 dx$$

$$\geqslant Ct^\mu_{u_n}\int_{\mathbb{R}^3} |u_n^+|^\mu dx - \frac{a - |V|_\infty}{2}\int_{\mathbb{R}^3} |t_{u_n}u_n^+ + v_{u_n}|^2 dx$$

$$\geqslant Ct^\mu_{u_n}\int_{B_r(y_n)} |u_n^+|^\mu dx - \frac{a - |V|_\infty}{2}\int_{\mathbb{R}^3} |t_{u_n}u_n^+ + v_{u_n}|^2 dx$$

$$\geqslant C't^\mu_{u_n}\int_{B_r(y_n)} |u_n^+|^2 dx - \frac{a - |V|_\infty}{2}\int_{\mathbb{R}^3} |t_{u_n}u_n^+ + v_{u_n}|^2 dx.$$

因此

$$C't^\mu_{u_n}\int_{B_r(y_n)} |u_n^+|^2 dx \leqslant \frac{a + |V|_\infty}{2}\int_{\mathbb{R}^3} |t_{u_n}u_n^+ + v_{u_n}|^2 dx + t^2_{u_n}\|u_n^+\|^2 - \|v_{u_n}\|^2$$

$$\leqslant \frac{3a + |V|_\infty}{2a}t^2_{u_n}\|u_n^+\|^2 - \frac{a - |V|_\infty}{2a}\|v_{u_n}\|^2$$

$$\leqslant \frac{3a + |V|_\infty}{2a}t^2_{u_n}\|u_n^+\|^2,$$

这就蕴含着 $t_{u_n}$ 在 $\mathbb{R}^+$ 中是有界的，同时可得 $v_{u_n}$ 在 $E^-$ 上也是有界的. 故在子列意义下，当 $n \to \infty$ 时，我们可假设在 $E^-$ 中 $v_{u_n} \rightharpoonup v$ 以及 $t_{u_n} \to t_0$，其中 $t_0 \geqslant 0$.

因此, 在 $E$ 中, $t_{u_n} u_n^+ + v_{u_n} \rightharpoonup v$, 在 $L_{\mathrm{loc}}^q(\mathbb{R}^3, \mathbb{C}^4)$ 中, $t_{u_n} u_n^+ + v_{u_n} \to 0$ 对任意的 $q \in [1,3)$ 成立.

再次由假设 $(\mathrm{A_1})$ 知, 集合 $O_\varepsilon := \{x \in \mathbb{R}^3 : V_\varepsilon(x) < \mu\}$ 是有界集合. 因此,

$$\int_{\mathbb{R}^3} \left(V_{\varepsilon_j}^\mu(x) - V(\varepsilon_j x)\right) |t_{u_n} u_n^+ + v_{u_n}|^2 dx = \int_{O_{\varepsilon_j}} \left(\mu - V(\varepsilon_j x)\right) |t_{u_n} u_n^+ + v_{u_n}|^2 dx = o_n(1).$$
(7.5.27)

类似地, 因为 $\{x \in \mathbb{R}^3 : K_\varepsilon(x) \geqslant \kappa\}$ 是有界集且 $f$ 是次临界增长的, 我们有

$$\int_{\mathbb{R}^3} \left(K(\varepsilon_j x) - K_{\varepsilon_j}^\kappa(x)\right) F(|t_{u_n} u_n^+ + v_{u_n}|) dx = o_n(1).$$
(7.5.28)

因此, 由 (7.5.27)—(7.5.28) 以及 $\Phi_{\varepsilon_j}(t_{u_n} u_n^+ + v_{u_n}) \leqslant \Phi_{\varepsilon_j}(u_n)$ 就有

$$\begin{aligned}
c_{\varepsilon_j}^{\mu\kappa} &\leqslant \Phi_{\varepsilon_j}^{\mu\kappa}(t_{u_n} u_n^+ + v_{u_n}) \\
&= \Phi_{\varepsilon_j}(t_{u_n} u_n^+ + v_{u_n}) + \frac{1}{2} \int_{\mathbb{R}^3} \left(V_\varepsilon^\mu(x) - V(\varepsilon_j x)\right) |t_{u_n} u_n^+ + v_{u_n}|^2 dx \\
&\quad + \int_{\mathbb{R}^3} \left(K(\varepsilon_j x) - K_{\varepsilon_j}^\kappa(x)\right) F(|t_{u_n} u_n^+ + v_{u_n}|) dx \\
&= \Phi_{\varepsilon_j}(t_{u_n} u_n^+ + v_{u_n}) + o_n(1) \leqslant \Phi_{\varepsilon_j}(u_n) + o_n(1) = c_{\varepsilon_j},
\end{aligned}$$

其中 $c_{\varepsilon_j}^{\mu\kappa}$ 是对应于 $\Phi_{\varepsilon_j}^{\mu\kappa}$ 的基态能量值. 注意到, 由注 7.5.14 知 $\gamma_{\mu\kappa} \leqslant c_{\varepsilon_j}^{\mu\kappa}$, 从而有 $\gamma_{\mu\kappa} \leqslant c_{\varepsilon_j}$. 由引理 7.5.20, 令 $\varepsilon_j \to 0$ 就有

$$\gamma_{\mu\kappa} \leqslant \gamma_{V_{\min}\kappa},$$

这与 $\gamma_{V_{\min}\kappa} < \gamma_{\mu\kappa}$ 矛盾. 因此, 对充分小的 $\varepsilon > 0$, $c_\varepsilon$ 是可达的. $\qquad\square$

类似于文献 [61, 命题 3.2] 中的迭代讨论, 不难得到下面的引理, 我们也可参看文献 [35, 引理 3.19] 以及 [118, 引理 4.1].

**引理 7.5.22** 对充分小的 $\varepsilon > 0$, 设 $u_\varepsilon$ 是在引理 7.5.21 中所得到的 $\Phi_\varepsilon$ 的基态解. 则对任意的 $q \geqslant 2, u_\varepsilon \in W^{1,q}(\mathbb{R}^3, \mathbb{C}^4)$ 且满足 $\|u_\varepsilon\|_{W^{1,q}} \leqslant C_q$, 其中 $C_q$ 仅仅与 $q$ 有关. 特别地, 对任意的 $q > 3$ 以及 $y \in \mathbb{R}^3$, 存在仅仅与 $q$ 有关的正常数 $C > 0$ 使得

$$|u_\varepsilon(y)| \leqslant C \|u_\varepsilon\|_{W^{1,q}(B_1(y))}.$$

### 7.5.3 基态解的集中性和收敛性

本节的目的是致力于证明基态解的集中行为, 首先我们将证明下面的引理.

**定理 7.5.23** 设 $u_\varepsilon$ 是由引理 7.5.21 所给出的, 则 $|u_\varepsilon|$ 有一个全局最大值点 $y_\varepsilon$, 使得当 $\varepsilon \to 0$ 时, 在子列意义下, $\varepsilon y_\varepsilon \to x_0$ 并且 $\lim\limits_{\varepsilon \to 0} \mathrm{dist}(\varepsilon y_\varepsilon, \mathcal{H}_1) = 0$, 记

$v_\varepsilon(x) := u_\varepsilon(x + y_\varepsilon)$, 则 $v_\varepsilon$ 在 $H^1(\mathbb{R}^3, \mathbb{C}^4)$ 中收敛于下面方程的基态解

$$-i\alpha \cdot \nabla u + a\beta u + V(x_0)u = K(x_0)f(|u|)u, \quad x \in \mathbb{R}^3.$$

特别地, 如果当 $\mathcal{V} \cap \mathcal{K} \neq \varnothing$ 时, 则 $\lim\limits_{\varepsilon \to 0} \mathrm{dist}(\varepsilon y_\varepsilon, \mathcal{V} \cap \mathcal{K}) = 0$ 并且 $v_\varepsilon$ 在 $H^1(\mathbb{R}^3, \mathbb{C}^4)$ 收敛于下面方程的基态解

$$-i\alpha \cdot \nabla u + a\beta u + V_{\min}u = K_{\max}f(|u|)u, \quad x \in \mathbb{R}^3.$$

**引理 7.5.24**   存在 $\varepsilon^* > 0$ 使得, 对任意的 $\varepsilon \in (0, \varepsilon^*)$, 存在 $\{y_\varepsilon'\} \subset \mathbb{R}^3$ 以及 $R', \delta' > 0$ 使得

$$\int_{B_{R'}(y_\varepsilon')} |u_\varepsilon|^2 dx \geqslant \delta'.$$

**证明**   若不然, 即当 $j \to \infty$ 时, 存在序列 $\varepsilon_j \to 0$, 使得对任意 $R > 0$,

$$\lim_{j \to \infty} \sup_{y \in \mathbb{R}^3} \int_{B_R(y)} |u_{\varepsilon_j}|^2 dx = 0.$$

因此, 由 Lions 集中紧性原理[80, 引理 1.1] 可知, 对任意的 $2 < q < 3$, 在 $L^q(\mathbb{R}^3, \mathbb{C}^4)$ 中我们有 $u_{\varepsilon_j} \to 0$. 因此, 由 $K$ 的有界性以及 (7.5.3) 可知, 当 $j \to \infty$ 时, 我们有

$$\int_{\mathbb{R}^3} K(\varepsilon_j x)F(|u_{\varepsilon_j}|)dx \to 0, \quad \int_{\mathbb{R}^3} K(\varepsilon_j x)f(|u_{\varepsilon_j}|)|u_{\varepsilon_j}|^2 dx \to 0.$$

这就蕴含着

$$\begin{aligned}
\Phi_{\varepsilon_j}(u_{\varepsilon_j}) &= \Phi_{\varepsilon_j}(u_{\varepsilon_j}) - \frac{1}{2}\Phi_{\varepsilon_j}'(u_{\varepsilon_j})u_{\varepsilon_j} \\
&= \int_{\mathbb{R}^3} K(\varepsilon_j x)\left(\frac{1}{2}f(|u_{\varepsilon_j}|)|u_{\varepsilon_j}|^2 - F(|u_{\varepsilon_j}|)\right)dx \to 0.
\end{aligned}$$

这与 $\Phi_{\varepsilon_j}(u_{\varepsilon_j}) = c_{\varepsilon_j} \geqslant r_* > 0$ 矛盾. □

令 $\{y_\varepsilon\} \subset \mathbb{R}^3$ 是 $|u_\varepsilon|$ 的最大值点, 也就是

$$|u_\varepsilon(y_\varepsilon)| = \max_{x \in \mathbb{R}^3} |u_\varepsilon(x)|, \quad \varepsilon \in (0, \varepsilon^*).$$

我们断言存在与 $\varepsilon$ 无关的常数 $\theta_0 > 0$ 使得

$$|u_\varepsilon(y_\varepsilon)| \geqslant \theta_0, \quad \forall \varepsilon \in (0, \varepsilon^*).$$

若不然, 即当 $\varepsilon \to 0$ 时, 我们有 $|u_\varepsilon(y_\varepsilon)| \to 0$. 则由引理 7.5.24, 当 $\varepsilon \to 0$ 时,

$$0 < \delta' \leqslant \int_{B_{R'}(y_\varepsilon')} |u_\varepsilon|^2 dx \leqslant C|u_\varepsilon(y_\varepsilon)|^2 \to 0.$$

这就得到矛盾. 因此从上面的断言, 存在 $R > R' > 0$ 以及 $\delta > 0$ 使得

$$\int_{B_R(y_\varepsilon)} |u_\varepsilon|^2 dx \geqslant \delta.$$

设 $v_\varepsilon(x) := u_\varepsilon(x + y_\varepsilon)$, 则 $v_\varepsilon$ 满足

$$-i\alpha \cdot \nabla v_\varepsilon + a\beta v_\varepsilon + \hat{V}_\varepsilon(x)v_\varepsilon = \hat{K}_\varepsilon(x)f(|v_\varepsilon|)v_\varepsilon, \tag{7.5.29}$$

且相应的能量泛函满足

$$
\begin{aligned}
\mathcal{E}_\varepsilon(v_\varepsilon) &= \frac{1}{2}\|v_\varepsilon^+\|^2 - \frac{1}{2}\|v_\varepsilon^-\|^2 + \frac{1}{2}\int_{\mathbb{R}^3} \hat{V}_\varepsilon(x)|v_\varepsilon|^2 dx - \int_{\mathbb{R}^3} \hat{K}_\varepsilon(x)F(|v_\varepsilon|)dx \\
&= \mathcal{J}_\varepsilon(v_\varepsilon) - \frac{1}{2}\mathcal{J}_\varepsilon'(v_\varepsilon)v_\varepsilon \\
&= \frac{1}{2}\int_{\mathbb{R}^3} \hat{K}_\varepsilon(x)[f(|v_\varepsilon|)|v_\varepsilon|^2 - 2F(|v_\varepsilon|)]dx \\
&= \Phi_\varepsilon(u_\varepsilon) - \frac{1}{2}\Phi_\varepsilon'(u_\varepsilon)u_\varepsilon = \Phi_\varepsilon(u_\varepsilon) = c_\varepsilon,
\end{aligned}
$$

其中 $\hat{V}_\varepsilon(x) = V(\varepsilon(x + y_\varepsilon))$, $\hat{K}_\varepsilon(x) = K(\varepsilon(x + y_\varepsilon))$. 此外由 $v_\varepsilon$ 的有界性, 我们可设在 $E$ 中 $v_\varepsilon \rightharpoonup u$, 在 $L_{\mathrm{loc}}^t(\mathbb{R}^3)$ 中 $v_\varepsilon \to u$, $t \in [1,3)$ 且 $u \neq 0$.

由假设 $(\mathbf{A}_0)$, 当 $\varepsilon \to 0$ 时, 我们可设 $V_\varepsilon(y_\varepsilon) \to V_0$ 且 $K_\varepsilon(y_\varepsilon) \to K_0$.

**引理 7.5.25** $u$ 是下面方程的基态解

$$-i\alpha \cdot \nabla u + a\beta u + V_0 u = K_0 f(|u|)u, \quad x \in \mathbb{R}^3. \tag{7.5.30}$$

**证明** 由 (7.5.29) 知, 对任意的 $\varphi \in C_0^\infty(\mathbb{R}^3, \mathbb{C}^4)$, 有

$$0 = \lim_{\varepsilon \to 0} \Re \int_{\mathbb{R}^3} \left(-i\alpha \cdot \nabla v_\varepsilon + a\beta v_\varepsilon + \hat{V}_\varepsilon(x)v_\varepsilon - \hat{K}_\varepsilon(x)f(|v_\varepsilon|)v_\varepsilon\right) \cdot \varphi dx. \tag{7.5.31}$$

因为 $V, K$ 是连续且有界的, 我们有

$$\Re \int_{\mathbb{R}^3} \hat{V}_\varepsilon(x)v_\varepsilon \cdot \varphi dx \to \Re \int_{\mathbb{R}^3} V_0 u \cdot \varphi dx,$$

$$\Re \int_{\mathbb{R}^3} \hat{K}_\varepsilon(x)f(|v_\varepsilon|)v_\varepsilon \cdot \varphi dx \to \Re \int_{\mathbb{R}^3} K_0 f(|u|)u \cdot \varphi dx,$$

结合 (7.5.31) 就有

$$-i\alpha \cdot \nabla u + a\beta u + V_0 u = K_0 f(|u|)u, \quad x \in \mathbb{R}^3,$$

也就是, $u$ 是 (7.5.30) 的解且能量为

$$
\begin{aligned}
\mathcal{J}_{V_0 K_0}(u) &= \frac{1}{2}\|u^+\|^2 - \frac{1}{2}\|u^-\|^2 + \frac{1}{2}V_0 \int_{\mathbb{R}^3} |u|^2 dx - K_0 \int_{\mathbb{R}^3} F(|u|) dx \\
&= \mathcal{J}_{V_0 K_0}(u) - \frac{1}{2}\mathcal{J}'_{V_0 K_0}(u)u \\
&= \frac{1}{2}K_0 \int_{\mathbb{R}^3} [f(|u|)|u|^2 - 2F(|u|)] dx \\
&\geqslant \gamma_{V_0 K_0}.
\end{aligned}
$$

由 Fatou 引理以及引理 7.5.20 的证明, 我们有

$$
\begin{aligned}
\gamma_{V_0 K_0} &\leqslant \frac{1}{2}K_0 \int_{\mathbb{R}^3} [f(|u|)|u|^2 - 2F(|u|)] dx \\
&\leqslant \liminf_{\varepsilon \to 0} \left[ \frac{1}{2} \int_{\mathbb{R}^3} \hat{K}_\varepsilon(x)[f(|v_\varepsilon|)|v_\varepsilon|^2 - 2F(|v_\varepsilon|)] dx \right] \\
&= \liminf_{\varepsilon \to 0} \mathcal{E}_\varepsilon(v_\varepsilon) \\
&\leqslant \limsup_{\varepsilon \to 0} \Phi_\varepsilon(u_\varepsilon) \\
&\leqslant \gamma_{V_0 K_0}.
\end{aligned}
$$

因此,

$$
\lim_{\varepsilon \to 0} \mathcal{E}_\varepsilon(v_\varepsilon) = \lim_{\varepsilon \to 0} c_\varepsilon = \mathcal{J}_{V_0 K_0}(u) = \gamma_{V_0 K_0}. \tag{7.5.32}
$$

即 $u$ 是极限问题 (7.5.30) 的基态解. □

**引理 7.5.26** $\{\varepsilon y_\varepsilon\}$ 是有界的.

**证明** 若不然, 在子列意义下, 我们可假设 $|\varepsilon y_\varepsilon| \to \infty$, 由 $V(\varepsilon y_\varepsilon) \to V_0$ 知, $V(0) = V_{\min}$, $K(\varepsilon y_\varepsilon) \to K_0$ 以及当 $|x| \geqslant R$ 时, 成立 $\kappa = K(0) \geqslant K(x)$, 我们可得 $V_0 > V_{\min}$ 且 $K_0 \leqslant \kappa$. 因此由引理 7.5.19 知 $\gamma_{V_0 K_0} > \gamma_{V_{\min}\kappa}$. 另一方面, 由 (7.5.32) 以及引理 7.5.20 知, $c_\varepsilon \to \gamma_{V_0 K_0} \leqslant \gamma_{V_{\min}\kappa}$, 这就得到一个矛盾, 因此, $\{\varepsilon y_\varepsilon\}$ 是有界的. 这就完成了引理的证明. □

由引理 7.5.26, 当 $\varepsilon \to 0$ 时, 在子列意义下, 我们可假设 $\varepsilon y_\varepsilon \to x_0$, 则 $V_0 = V(x_0), K_0 = K(x_0)$ 且 (7.5.30) 变为

$$
-i\alpha \cdot \nabla u + a\beta u + V(x_0)u = K(x_0)f(|u|)u,
$$

其中 $u$ 是其基态解.

**引理 7.5.27** $\lim_{\varepsilon \to 0} \text{dist}(\varepsilon y_\varepsilon, \mathcal{H}_1) = 0$.

**证明** 我们只需证明 $x_0 \in \mathcal{H}_1$. 如不然, 即 $x_0 \notin \mathcal{H}_1$, 则由假设 $(A_1)$ 以及引理 7.5.19, 我们易证 $\gamma_{V(x_0)K(x_0)} > \gamma_{V_{\min}k}$. 因此, 由引理 7.5.20, 我们有

$$\lim_{\varepsilon \to 0} c_\varepsilon = \gamma_{V(x_0)K(x_0)} > \gamma_{V_{\min}k} \geqslant \lim_{\varepsilon \to 0} c_\varepsilon,$$

这是不可能的. $\square$

**引理 7.5.28** 对任意 $q \geqslant 2$, $v_\varepsilon$ 在 $W^{1,q}(\mathbb{R}^3, \mathbb{C}^4)$ 中收敛于 $u$.

**证明** 首先, 正如文献 [32] 中的讨论, 我们能证明在 $H^1(\mathbb{R}^3, \mathbb{C}^4)$ 中 $v_\varepsilon \to u$. 此外, 从引理 7.5.22 可知, 对任意的 $q \geqslant 2$ 以及充分小的 $\varepsilon > 0$, 我们有 $v_\varepsilon$ 在 $W^{1,q}(\mathbb{R}^3, \mathbb{C}^4)$ 中是有界的. 因此, Hölder 不等式蕴含着, 当 $\varepsilon \to 0$ 时,

$$|v_\varepsilon - u|_q^q \leqslant |v_\varepsilon - u|_2^{\frac{q}{q-1}} |v_\varepsilon - u|_{2q}^{\frac{q(q-2)}{q-1}} \leqslant C|v_\varepsilon - u|_2^{\frac{q}{q-1}} \to 0.$$

类似地, 当 $\varepsilon \to 0$ 时

$$|\nabla v_\varepsilon - \nabla u|_q^q \to 0.$$

因此, 对任意的 $q \geqslant 2$, $v_\varepsilon$ 在 $W^{1,q}(\mathbb{R}^3, \mathbb{C}^4)$ 中收敛到 $u$. $\square$

### 7.5.4 衰减估计

**引理 7.5.29** 当 $|x| \to \infty$ 时, $v_j(x) \to 0$ 关于 $j$ 一致成立.

**证明** 若不然, 则由引理 7.5.22 可得, 存在 $r_0 > 0$ 及 $x_j \in \mathbb{R}^3$ 且 $|x_j| \to \infty$ 使得 $r_0 \leqslant |v_j(x_j)| \leqslant C\|v_j\|_{W^{1,q}(B_1(x_j))} \to 0$. 因此, 由引理 7.5.28, 当 $j \to \infty$ 时

$$r_0 \leqslant C\|v_j\|_{W^{1,q}(B_1(x_j))} \leqslant C\|v_j - u\|_{W^{1,q}} + C\|u\|_{W^{1,q}(B_1(x_j))} \to 0,$$

这就得到矛盾. $\square$

**引理 7.5.30** 存在 $C, c > 0$ 使得, 对任意的 $x \in \mathbb{R}^3$,

$$|v_j(x)| \leqslant Ce^{-c|x|}$$

关于 $j \in \mathbb{N}$ 一致成立.

**证明** 首先, 从 $(f_1)$ 以及引理 7.5.29 可知, 存在充分大的常数 $\rho_0 > 0$ 使得

$$\hat{K}_j(x) f(|v_j(x)|) \leqslant K_{\max} f(|v_j(x)|) \leqslant \frac{a - |V|_\infty}{2}, \quad |x| \geqslant \frac{\rho_0}{2} \tag{7.5.33}$$

关于 $j \in \mathbb{N}$ 一致成立, 其中 $\hat{K}_j(x) = \hat{K}_{\varepsilon_j}(x)$. 不失一般性, 假设 $\rho_0 \geqslant 12$, 则当 $\rho \geqslant \rho_0$ 时, 有 $[\rho/2] - 1 \geqslant \rho/3$. 对 $\rho \geqslant \rho_0$ 以及 $m \in \mathbb{N}$, 令

$$D_m = \left\{ x \in \mathbb{R}^3 : |x| \geqslant \frac{\rho}{2} + m \right\},$$

以及 $\eta_m$ 是一个截断函数且满足 $0 \leqslant \eta_m(t) \leqslant 1, |\eta_m'(t)| \leqslant 2, \forall t$ 以及

$$\eta_m(t) = \begin{cases} 0, & t \leqslant \rho/2 + m, \\ 1, & t \geqslant \rho/2 + m + 1. \end{cases}$$

令 $\phi_m(x) = \eta_m(|x|), x \in \mathbb{R}^3$. 由 (7.5.29), $v_j$ 满足下面的方程

$$H_0 v_j = -\hat{V}_j(x)v_j + \hat{K}_j(x)f(|v_j|)v_j, \tag{7.5.34}$$

其中 $\hat{V}_j(x) = \hat{V}_{\varepsilon_j}(x)$. 使用 $H_0(v_j\phi_m)$ 在 (7.5.34) 作为检验函数, 我们有

$$\Re(H_0 v_j, H_0(v_j\phi_m))_2 = \Re(-\hat{V}_j(x)v_j + \hat{K}_j(x)f(|v_j|)v_j, H_0(v_j\phi_m))_2. \tag{7.5.35}$$

我们断言

$$\Re(H_0 v_j, H_0(v_j\phi_m))_2 = \Re\int_{\mathbb{R}^3} \left[ |\nabla v_j|^2 \phi_m + a^2|v_j|^2\phi_m + \sum_{k=1}^3 \partial_k v_j \cdot \partial_k\phi_m v_j \right]dx. \tag{7.5.36}$$

事实上, 因为 $H_0$ 是在 $L^2(\mathbb{R}^3, \mathbb{C}^4)$ 上的自伴算子以及 $H_0^2 = -\Delta u + a^2$(参见 [15]), 对任意的 $\varphi \in C_0^\infty(\mathbb{R}^3, \mathbb{C}^4)$, 我们有

$$\Re(H_0\varphi, H_0(\varphi\phi_m))_2 = \Re(H_0^2\varphi, \varphi\phi_m)_2 = \Re(-\Delta\varphi + a^2\varphi, \varphi\phi_m)_2$$
$$= \Re\int_{\mathbb{R}^3} \left[ |\nabla\varphi|^2\phi_m + a^2|\varphi|^2\phi_m + \sum_{k=1}^3 \partial_k\varphi \cdot \partial_k\phi_m\varphi \right]dx.$$

因为 $C_0^\infty(\mathbb{R}^3, \mathbb{C}^4)$ 在 $H^1(\mathbb{R}^3, \mathbb{C}^4)$ 中是稠密的, 故断言 (7.5.36) 成立. 显然,

$$\Re(-\hat{V}_j(x)v_j + \hat{K}_j(x)f(|v_j|)v_j) \cdot \left( -i\sum_{k=1}^3 \partial_k\phi_m\alpha_k v_j \right) = 0,$$

结合 (7.5.34) 可得

$$\Re(-\hat{V}_j(x)v_j + \hat{K}_j(x)f(|v_j|)v_j, H_0(v_j\phi_m))_2$$
$$= \Re\int_{\mathbb{R}^3} \left( -\hat{V}_j(x)v_j + \hat{K}_j(x)f(|v_j|)v_j \right) \cdot \left( \phi_m H_0 v_j - i\sum_{k=1}^3 \partial_k\phi_m\alpha_k v_j \right)dx$$
$$= \Re\int_{\mathbb{R}^3} \left( -\hat{V}_j(x)v_j + \hat{K}_j(x)f(|v_j|)v_j \right) \cdot \left( -\hat{V}_j(x)v_j + \hat{K}_j(x)f(|v_j|)v_j \right)\phi_m dx$$
$$= \int_{\mathbb{R}^3} \left( \hat{V}_j(x) - \hat{K}_j(x)f(|v_j|) \right)^2 |v_j|^2\phi_m dx. \tag{7.5.37}$$

由 (7.5.35)—(7.5.37), 我们有

$$\int_{\mathbb{R}^3} [|\nabla v_j|^2 \phi_m + a^2 |v_j|^2 \phi_m - (\hat{V}_j(x) - \hat{K}_j(x) f(|v_j|))^2 |v_j|^2 \phi_m] dx$$

$$= -\Re \int_{\mathbb{R}^3} \sum_{k=1}^{3} \partial_k v_j \cdot \partial_k \phi_m v_j dx \leqslant \int_{\mathbb{R}^3} |\nabla v_j| |v_j| |\nabla \phi_m| dx.$$

结合 $\phi_m$ 的定义, Young 不等式以及 (7.5.33) 就有

$$\int_{D_{m+1}} \left( |\nabla v_j|^2 + \frac{(a - |V|_\infty)^2}{2} |v_j|^2 \right) dx \leqslant \int_{D_m \backslash D_{m+1}} \left( |\nabla v_j|^2 + |v_j|^2 \right) dx,$$

这就蕴含着

$$\int_{D_{m+1}} \left( |\nabla v_j|^2 + |v_j|^2 \right) dx \leqslant C_1 \int_{D_m \backslash D_{m+1}} \left( |\nabla v_j|^2 + |v_j|^2 \right) dx,$$

其中 $C_1 = 1/\min\{1, (a - |V|_\infty)^2/2\}$. 令

$$A_m = \int_{D_m} \left( |\nabla v_j|^2 + |v_j|^2 \right) dx.$$

因此 $A_{m+1} \leqslant \varrho A_m$, 其中 $\varrho = C_1/(1 + C_1) < 1$. 因此, 从 $v_j$ 在 $H^1(\mathbb{R}^3, \mathbb{C}^4)$ 的有界性可知

$$A_m \leqslant A_0 \varrho^m \leqslant C_2 \varrho^m = C_2 e^{m \ln \varrho}.$$

令 $m = [\rho/2] - 1$, 则由 $\rho_0$ 的选取, 我们有 $m = [\rho/2] - 1 \geqslant \rho/3$ 以及

$$\int_{|x| \geqslant \rho - 1} \left( |\nabla v_j|^2 + |v_j|^2 \right) dx \leqslant A_m \leqslant C e^{m \ln \varrho} \leqslant C e^{\frac{\rho}{3} \ln \varrho}. \tag{7.5.38}$$

因此, 对任意的 $q > 3$, 由引理 7.5.22 以及 Hölder 不等式可得

$$\int_{|x| \geqslant \rho_0 - 1} |v_j|^q dx \leqslant \left( \int_{|x| \geqslant \rho_0 - 1} |v_j|^2 dx \right)^{\frac{q}{2(q-1)}} \left( \int_{|x| \geqslant \rho_0 - 1} |v_j|^{2q} dx \right)^{\frac{q-2}{2(q-1)}}$$

$$\leqslant C_q' \left( \int_{|x| \geqslant \rho_0 - 1} |v_j|^2 dx \right)^{\frac{q}{2(q-1)}}. \tag{7.5.39}$$

类似地,

$$\int_{|x| \geqslant \rho_0 - 1} |\nabla v_j|^q dx \leqslant C_q'' \left( \int_{|x| \geqslant \rho_0 - 1} |\nabla v_j|^2 dx \right)^{\frac{q}{2(q-1)}}. \tag{7.5.40}$$

因此, 由 (7.5.38)—(7.5.40) 可知, 对任意的 $q > 3$,

$$\|v_j\|_{W^{1,q}(|x|\geqslant \rho_0-1)} \leqslant C_q''' \left( \int_{|x|\geqslant \rho_0-1} \left(|\nabla v_j|^2 + |v_j|^2\right) dx \right)^{\frac{1}{2(q-1)}} \leqslant C_q e^{-c_q\rho},$$

其中 $c_q, C_q$ 是与 $j$ 和 $\rho$ 无关的数. 因此, 由引理 7.5.22, 对任意的 $\rho \geqslant \rho_0, x \in \mathbb{R}^3$ 且满足 $|x| = \rho$, 我们有

$$|v_j(x)| \leqslant C_q^* e^{-c_q|x|}.$$

最后, 引理 7.5.22 以及 Sobolev 嵌入定理就蕴含了 $v_j$ 在 $L^\infty$ 中是一致有界的, 因此 $|v_j(x)| \leqslant Ce^{-c|x|}, \forall |x| \leqslant \rho_0$. 从而就有

$$|v_j(x)| \leqslant Ce^{-c|x|}, \quad \forall x \in \mathbb{R}^3$$

关于 $j \in \mathbb{N}$ 一致成立.                                                                   □

### 7.5.5 定理 7.5.4 的证明

定义 $\omega_j(x) := u_j(x/\varepsilon_j)$, 则 $\omega_j$ 是方程 (7.5.1) 的基态解, $x_{\varepsilon_j} := \varepsilon_j y_j$ 是 $|\omega_j|$ 的最大值点且由定理 7.5.23, 我们知定理 7.5.4(i), (ii) 成立. 此外,

$$|\omega_j(x)| = \left|u_j\left(\frac{x}{\varepsilon_j}\right)\right| = \left|v_j\left(\frac{x}{\varepsilon_j} - y_j\right)\right| \leqslant Ce^{-c|\frac{x}{\varepsilon_j}-y_j|} = Ce^{-\frac{c}{\varepsilon_j}|x-\varepsilon_j y_j|} = Ce^{-\frac{c}{\varepsilon_j}|x-x_j|}.$$

因此, 这就完成了定理 7.5.4 的证明.

## 7.6 自旋流形上的 Dirac 方程

自旋流形是指具有自旋结构的黎曼流形, 其中的 Dirac 算子及 Dirac 方程的解通常是黎曼几何中的重要研究对象. 本节内容我们抛砖引玉, 介绍自旋流形上用强不定变分理论研究 Dirac 方程的初步工作. 我们从 Dirac 算子的定义出发, 根据不同情形下 Dirac 算子的性质建立适当的变分旋量场空间. 在紧致无边流形上, 刻画了非线性 Dirac 方程解的分歧现象; 在具有光滑边界的紧致流形上, 研究了非线性 Dirac 方程的 Chiral 边值问题, 给出了问题可解的判定条件.

### 7.6.1 Dirac 算子

设 $(M, g)$ 是光滑、紧致且可定向的黎曼流形, $g$ 为其黎曼度量, $TM$ 代表 $M$ 上的切丛, 固定 $M$ 上一点 $p \in M$, 点 $p$ 处的切空间 $T_pM$ 同构于 $m$ 维的欧氏空间 $\mathbb{R}^m$, 记为 $V = T_pM$.

**Clifford 代数**  考察切空间 $V$ 上的张量代数. 对任意 $k \geqslant 1$, $V^k$ 表示 $V$ 的 $k$ 阶张量积, 例如

$$V^1 = V, \ V^2 = V \otimes V, \ V^3 = V \otimes V \otimes V, \ \cdots, \ V^k = V \otimes \cdots \otimes V.$$

张量积空间 $V^k$ 是实数域上的向量空间, 令

$$\mathcal{J}(V) = \sum_{k=1}^{\infty} \oplus V^k.$$

利用张量乘法 "$\otimes$", $\mathcal{J}(V)$ 成为实数域 $\mathbb{R}$ 上的结合代数, 被称为切空间 $V = T_z M$ 上的一个张量代数. 记 $I(V, g)$ 为所有具有形式 $x \otimes x + g(x, x) \cdot 1$ 的元素所生成的理想, 其中 $x \in V$. 则切空间 $V$ 上的 Clifford 代数被定义为

$$Cl_m = \mathcal{J}(V)/I(V, g),$$

$Cl_m$ 仍是一个具有单位元的实数域 $\mathbb{R}$ 上的结合代数. 设 $(e_1, e_2, \cdots, e_m)$ 是 $V$ 的一组正交基, 则 $Cl_m$ 的一组基为

$$\{e_{i_1} \cdot e_{i_2} \cdot \cdots \cdot e_{i_k} : 1 \leqslant i_1 < i_2 < \cdots < i_k \leqslant m\}.$$

由此可见, $\dim(Cl_m) = 2^m$. 事实上, Clifford 代数 $Cl_m$ 同构于切空间的外形式空间 $\Lambda^* V$, 成立如下同构对应:

$$\Lambda^* V \longrightarrow Cl_m : \ e_{i_1} \wedge \cdots \wedge e_{i_k} \longrightarrow e_{i_1} \cdot \cdots \cdot e_{i_k}.$$

Clifford 代数 $Cl_m$ 的乘法运算关于切空间 $V$ 中的任意元素 $x, y$, 满足关系式

$$x \cdot y + y \cdot x = -2g(x, y) \cdot 1.$$

设 $(e_1, \cdots, e_m)$ 是 $V$ 的一组正交基, 那么 $(-e_1, \cdots, -e_m)$ 也是 $V$ 的一组正交基, 令

$$\alpha : \ Cl_m \longrightarrow Cl_m,$$

$$e_{i_1} \cdot \cdots \cdot e_{i_k} \longrightarrow (-e_{i_1}) \cdot \cdots \cdot (-e_{i_k}) = (-1)^k e_{i_1} \cdot \cdots \cdot e_{i_k}.$$

不难看出, $\alpha^2 = \mathrm{id}$, 不妨设

$$Cl^0 = \{\sigma \in Cl_m : \alpha(\sigma) = \sigma\}, \quad Cl^1 = \{\sigma \in Cl_m : \alpha(\sigma) = -\sigma\},$$

则 $Cl_m = Cl^0 \oplus Cl^1$. 特别地, $Cl^0$ 被称为 $Cl_m$ 的偶部, $Cl^1$ 为奇部.

**Spin 群**　记 $Cl_m^*$ 为 $Cl_m$ 中所有关于代数乘法 "·" 有逆元的元素所组成的集合, 即

$$Cl_m^* = \{\sigma \in Cl_m : \exists\, \sigma^{-1} \in Cl_m \text{ s.t. } \sigma \cdot \sigma^{-1} = \sigma^{-1} \cdot \sigma = 1\}.$$

则 $Cl_m^*$ 关于代数乘法 "·" 形成一乘法群. 记

$$\mathrm{Pin}(m) = \{x_1 \cdot \cdots \cdot x_k :\ x_j \in V,\ g(x_j, x_j) = 1,\ 1 \leqslant j \leqslant k,\ 1 \leqslant k \leqslant m\}.$$

那么 $\mathrm{Pin}(m)$ 是 $Cl_m^*$ 的一个子群, 而 Spin 群被定义为

$$\mathrm{Spin}(m) = \mathrm{Pin}(m) \cap Cl^0.$$

由于 $Cl^0$ 中的元素是偶数个切向量乘积之后的线性组合, 因此 $\mathrm{Spin}(m)$ 是由偶数个单位切向量关于群乘法 "·" 所生成的 $Cl_m^*$ 的一个子群, 即可等价定义为

$$\mathrm{Spin}(m) = \{x_1 \cdot \cdots \cdot x_{2l} : x_j \in V,\ g(x_j, x_j) = 1,\ 1 \leqslant j \leqslant 2l,\ l \in \mathbb{Z}^+\}.$$

对任意元素 $\sigma = x_1 \cdot \cdots \cdot x_{2l} \in \mathrm{Spin}(m)$, 我们有 $\sigma^{-1} = x_{2l} \cdot \cdots \cdot x_1$.

在群乘法 "·" 的意义下, 成立关系式: $\mathrm{Spin}(m) \subset Cl_m^* \subseteq \mathbb{C}l_m$. 另一方面, $\mathrm{Spin}(m)$ 是 $m$ 维特殊正交群 $\mathrm{SO}(m)$ 的二重覆盖. 事实上, 任取 $\sigma \in Cl_m^*$, $y \in V \simeq \mathbb{R}^m$, 记

$$\mathrm{Ad}_\sigma : Cl_m \longrightarrow Cl_m, \quad y \longrightarrow \sigma \cdot y \cdot \sigma^{-1}.$$

令 $\sigma \in \mathrm{Spin}(m)$, 由 $\mathrm{Spin}(m)$ 的等价定义, 不妨设 $\sigma = x_1 \cdot \cdots \cdot x_{2l}$, 那么

$$\mathrm{Ad}_\sigma(y) = (x_1 \cdot \cdots \cdot x_{2l}) \cdot y \cdot (x_{2l} \cdot \cdots \cdot x_1) = \mathrm{Ad}_{x_1} \circ \cdots \circ \mathrm{Ad}_{x_{2l}}(y).$$

因为映射 $\mathrm{Ad}_{x_k}$ 都是欧氏空间 $\mathbb{R}^m$ 的一个反射, 所以 $\mathrm{Ad}_{x_1} \circ \cdots \circ \mathrm{Ad}_{x_{2l}}$ 是偶数个反射的复合. 由 Cartan-Dieudonné 定理可知, $\mathrm{SO}(m)$ 中的每个元素都是偶数个 $\mathbb{R}^m$ 的反射的复合, 因此 $\mathrm{Ad}_{x_1} \circ \cdots \circ \mathrm{Ad}_{x_{2l}} \in \mathrm{SO}(m)$, 并且下面的线性映射是满射:

$$\mathrm{Ad}|_{\mathrm{Spin}(m)} : \mathrm{Spin}(m) \longrightarrow \mathrm{SO}(m).$$

不妨记 $\mathrm{Ad} = \mathrm{Ad}|_{\mathrm{Spin}(m)}$, 则成立短正合列:

$$0 \longrightarrow \mathbb{Z}_2 \longrightarrow \mathrm{Spin}(m) \overset{\mathrm{Ad}}{\longrightarrow} \mathrm{SO}(m) \longrightarrow 1.$$

值得注意的是, 当 $m = 2$ 时, $\mathrm{Ad} : \mathrm{Spin}(m) \to \mathrm{SO}(m)$ 为 $\mathrm{Spin}(m)$ 到 $\mathrm{SO}(m)$ 的二重覆盖映射: 当 $m \geqslant 3$ 时, $\mathrm{Ad} : \mathrm{Spin}(m) \to \mathrm{SO}(m)$ 为 $\mathrm{Spin}(m)$ 到 $\mathrm{SO}(m)$ 的万有覆盖映射.

**Spin 表示** 首先记 $\mathbb{C}l_m$ 为 $Cl_m$ 的复化, 即成立 $\mathbb{C}l_m = Cl_m \otimes_{\mathbb{R}} \mathbb{C}$. 复化后的 Clifford 代数 $\mathbb{C}l_m$ 具有如下的分类: 当 $m = 2k$ 时,

$$\mathbb{C}l_{2k} \simeq M_2(\mathbb{C}) \otimes \cdots \otimes M_2(\mathbb{C}) \simeq \operatorname{End}_{\mathbb{C}}(\mathbb{C}^2 \otimes \cdots \otimes \mathbb{C}^2) = \operatorname{End}_{\mathbb{C}}(\mathbb{C}^{2^k}),$$

当 $m = 2k + 1$ 时,

$$\mathbb{C}l_{2k+1} \simeq M_2(\mathbb{C}) \otimes \cdots \otimes M_2(\mathbb{C}) \oplus M_2(\mathbb{C}) \otimes \cdots \otimes M_2(\mathbb{C}) \simeq \operatorname{End}_{\mathbb{C}}(\mathbb{C}^{2^k}) \oplus \operatorname{End}_{\mathbb{C}}(\mathbb{C}^{2^k}).$$

若记 $\mathbb{S} = \mathbb{C}^{2^k}$, 那么由上述 $\mathbb{C}l_m$ 的同构关系式可得 $\mathbb{C}l_m$ 的表示映射

$$\rho : \mathbb{C}l_m \to \operatorname{End}_{\mathbb{C}}(\mathbb{S}).$$

特别地, 当 $m = 2k + 1$ 为奇数时, $\mathbb{C}l_{2k+1} \simeq \operatorname{End}_{\mathbb{C}}(\mathbb{S}) \oplus \operatorname{End}_{\mathbb{C}}(\mathbb{S})$, 则 $\mathbb{C}l_{2k+1}$ 的表示映射为同构映射与将 $\operatorname{End}_{\mathbb{C}}(\mathbb{S}) \oplus \operatorname{End}_{\mathbb{C}}(\mathbb{S})$ 投影到第一个直和分量的投影映射的复合, 即表示映射仍可以记为: $\rho : \mathbb{C}l_m \to \operatorname{End}_{\mathbb{C}}(\mathbb{S})$.

由于 $\operatorname{Spin}(m) \subset Cl_m^* \subset \mathbb{C}l_m$, 将 $\rho$ 限制到自旋群 $\operatorname{Spin}(m)$ 上, 将得到群 $\operatorname{Spin}(m)$ 的表示映射

$$\rho|_{\operatorname{Spin}(m)} : \operatorname{Spin}(m) \to \operatorname{Aut}(\mathbb{S}),$$

并称之为自旋表示. 在自旋表示的意义下, 线性空间 $\mathbb{S}$ 称为旋量空间, $\mathbb{S}$ 中的元素则称为旋量. 由于后面不再出现 Clifford 代数表示, 因此我们仍然用符号 $\rho$ 来替代自旋表示 $\rho|_{\operatorname{Spin}(m)}$.

**自旋结构** 记 $\operatorname{SO}(TM)$ 为 $M$ 上的正交标架主丛, $\{U_\alpha, \phi_\alpha\}_{\alpha \in I}$ 为坐标图卡, 则 $\operatorname{SO}(TM)$ 的转移函数 $g_{\alpha\beta} : U_\alpha \cap U_\beta \to \operatorname{SO}(m)$ 满足以下条件:

$$g_{\alpha\alpha}(x) = \operatorname{id}_{\operatorname{SO}(m)}, \quad \forall x \in U_\alpha,$$

$$g_{\alpha\beta}(x) g_{\beta\alpha}(x) = \operatorname{id}_{\operatorname{SO}(m)}, \quad \forall x \in U_\alpha \cap U_\beta,$$

$$g_{\alpha\beta}(x) g_{\beta\gamma}(x) g_{\gamma\alpha}(x) = \operatorname{id}_{\operatorname{SO}(m)}, \quad \forall x \in U_\alpha \cap U_\beta \cap U_\gamma.$$

基于覆盖映射 $\operatorname{Ad} : \operatorname{Spin}(m) \to \operatorname{SO}(m)$ 及正交标架丛 $\operatorname{SO}(TM)$, 定义流形 $M$ 上的新纤维丛, 记为 $\operatorname{Spin}(TM)$:

$$
\begin{array}{ccc}
\operatorname{Spin}(TM) & & \\
{\scriptstyle \operatorname{Ad}}\downarrow & \searrow {\scriptstyle \operatorname{Spin}(m)} & \\
\operatorname{SO}(TM) & \xrightarrow[\operatorname{SO}(m)]{} & M
\end{array}
$$

在 $M$ 上任意一点处, Ad 均表示覆盖映射 Ad: $\mathrm{Spin}(m) \to \mathrm{SO}(m)$. 若合理地选取坐标图卡 $\{U_\alpha, \phi_\alpha\}_{\alpha \in I}$ 中 $M$ 的覆盖集 $\{U_\alpha\}_{\alpha \in I}$, 那么转移函数 $g_{\alpha\beta}$ 就可以被提升为纤维丛 $\mathrm{Spin}(TM)$ 的转移函数, 记为 $\tilde{g}_{\alpha\beta}$, 且满足

$$\tilde{g}_{\alpha\beta}(x) = \mathrm{id}_{\mathrm{Spin}(m)}, \quad \forall x \in U_\alpha.$$

进一步地, 如果 $M$ 的第二 Stiefel-Whitney 类 $\omega_2(M) \in H^2(M, \mathbb{Z}_2)$ 消失, 即 $\omega_2(M) = 0$ 时, 转移函数 $\tilde{g}_{\alpha\beta}$ 将满足闭链循环性质:

$$\tilde{g}_{\alpha\beta}(x)\tilde{g}_{\beta\alpha}(x) = \mathrm{id}_{\mathrm{Spin}(m)}, \quad \forall x \in U_\alpha \cap U_\beta,$$

$$\tilde{g}_{\alpha\beta}(x)\tilde{g}_{\beta\gamma}(x)\tilde{g}_{\gamma\alpha}(x) = \mathrm{id}_{\mathrm{Spin}(m)}, \quad \forall x \in U_\alpha \cap U_\beta \cap U_\gamma.$$

那么, $\tilde{g}_{\alpha\beta}$ 满足主丛转移函数的全部性质, $\mathrm{Spin}(TM)$ 成为 $M$ 上的一个主丛. 此时称 $M$ 上的正交主丛 $\mathrm{SO}(TM)$ 可以被提升为自旋主丛 $\mathrm{Spin}(TM)$, 即 $M$ 具有自旋结构.

**Dirac 丛**　我们将 Dirac 算子赖以良好定义的旋量丛结构称为 Dirac 丛.

首先考虑乘积空间 $\mathrm{Spin}(TM) \times \mathbb{S}$, 通过自旋表示映射 $\rho: \mathrm{Spin}(m) \to \mathrm{Aut}(\mathbb{S})$, 定义自旋群 $\mathrm{Spin}(m)$ 的左作用: 对任意的 $\sigma \in \mathrm{Spin}(m)$ 及 $(\xi, \varphi) \in \mathrm{Spin}(TM) \times \mathbb{S}$, 令

$$\sigma \cdot (\xi, \varphi) = (\xi \cdot \sigma^{-1}, \rho(\sigma)\varphi).$$

基于 $\mathrm{Spin}(m)$ 群作用, 对乘积空间 $\mathrm{Spin}(TM) \times \mathbb{S}$ 中的任意两个元素, 定义如下等价关系:

$$(\xi, \varphi) \sim (\xi', \varphi') \Longleftrightarrow \exists\, \sigma \in \mathrm{Spin}(m) \text{ s.t. } (\xi', \varphi') = \sigma \cdot (\xi, \varphi).$$

利用上式的等价关系, 定义其对应的商空间为

$$\mathrm{Spin}(TM) \times_\rho \mathbb{S} = (\mathrm{Spin}(TM) \times \mathbb{S})/\sim,$$

称 $\mathbb{S}M = \mathrm{Spin}(TM) \times_\rho \mathbb{S}$ 为自旋流形 $M$ 上的旋量丛.

**Hermitian 内积**　已知旋量空间 $\mathbb{S}$ 是一个具有 Hermitian 内积的线性空间, 因此可以自然地定义旋量丛上的 Hermitian 内积为

$$\langle \cdot, \cdot \rangle : C^\infty(M, \mathbb{S}M) \times C^\infty(M, \mathbb{S}M) \to C^\infty(M, \mathbb{C}),$$

$$\psi \otimes \varphi \to \langle \psi, \varphi \rangle,$$

其中对于任意 $p \in M$, 都有 $\langle \psi, \varphi \rangle_z := \langle \psi_z, \varphi_z \rangle$, 其中 $\langle \psi_z, \varphi_z \rangle$ 表示点 $p$ 处的旋量空间 $\mathbb{S}$ 上的内积.

**Gamma 作用**  我们定义映射 $\gamma$ 如下：

$$\gamma : \mathbb{C}l_m \otimes \mathbb{S} \to \mathbb{S}, \quad \gamma(\sigma \otimes \varphi) = \rho(\sigma) \cdot \varphi,$$

它规定了 $\mathbb{C}l_m$ 中元素与其表示空间 $\mathbb{S}$ 中元素的相互作用. 我们称 Hermitian 内积 $\langle \cdot, \cdot \rangle$ 与 Gamma 作用 $\gamma$ 融洽, 意味着对任给的 $x \in V \subset \mathbb{C}l_m$, $\varphi_1, \varphi_2 \in \mathbb{S}$, 成立下面的关系式：

$$\langle \varphi_1, \varphi_2 \rangle = \langle \gamma(x)\varphi_1, \gamma(x)\varphi_2 \rangle.$$

自然地延伸到向量场与旋量场之间的相互作用, 仍记为 $\gamma$, 若 $X \in TM$ 是任给向量场, $\psi \in \mathbb{S}M$ 为旋量场, 成立

$$\langle \gamma(X)\phi, \psi \rangle + \langle \phi, \gamma(X)\psi \rangle = 0.$$

事实上, 任意一点 $p \in M$ 处, 与切空间 $V = T_pM$ 相关的旋量空间上的内积与 $\gamma$ 融洽即可. 任取 $x = X(p) \in T_pM = V$, 不妨假定 $\|x\|^2 = g(x,x) = 1$, $\varphi_1, \varphi_2 \in \mathbb{S}$, 则 $\langle \varphi_1, \varphi_2 \rangle = \langle \gamma(x)\varphi_1, \gamma(x)\varphi_2 \rangle$, 那么

$$\langle \gamma(x)\varphi_1, \varphi_2 \rangle = \left\langle \gamma\left(x \cdot \frac{x}{\|x\|}\right) \cdot \varphi_1, \gamma\left(\frac{x}{\|x\|}\right) \cdot \varphi_2 \right\rangle$$
$$= \frac{1}{\|x\|^2} \langle \gamma(x \cdot x)\varphi_1, \gamma(x)\varphi_2 \rangle$$
$$= \langle \gamma(x \cdot x)\varphi_1, \gamma(x)\varphi_2 \rangle$$
$$= -\langle \varphi_1, \gamma(x)\varphi_2 \rangle,$$

其中最后一个等号成立是因为根据 $x \cdot y + y \cdot x = g(x,y) \cdot 1$, 可知 $x \cdot x = -1$.

**Spin 联络**  设 $\{e_1, \cdots, e_m\}$ 是 $(M, g)$ 上的一组规范正交基, $\Gamma^i_{jk}$ 是 TM 上 Levi-Civita 联络的 Christoffel 符号, 那么定义 Spin 联络 1-形式为

$$\omega(e_k) := \frac{1}{4} \sum_{i,j=1}^m \Gamma^i_{jk} \gamma(e_j)\gamma(e_i),$$

那么对任意 $\psi \in \mathbb{S}M$,

$$\nabla\psi_k = \frac{1}{4} \sum_{i,j=1}^m \Gamma^i_{jk} \gamma(e_i) \cdot \gamma(e_j) \cdot \psi_k.$$

已知 $\Gamma^i_{jk} = g(\nabla e_i, e_j)$, 因此

$$\nabla^s\psi_k = \frac{1}{4} \sum_{i,j=1}^m g(\nabla e_i, e_j)\gamma(e_i) \cdot \gamma(e_j) \cdot \psi_k,$$

其中 $g(\nabla e_i, e_j)$ 中的 $\nabla$ 为 $TM$ 上的 Levi-Civita 联络.

此时, 我们在旋量丛 $\mathbb{S}M$ 上定义了 Hermitian 内积、Gamma 作用及 Spin 联络. 如果三者之间相互融洽, 即满足如下关系式

$$\langle \gamma(X)\phi, \psi \rangle + \langle \phi, \gamma(X)\psi \rangle = 0,$$

$$X\langle \psi, \varphi \rangle = \langle \nabla_X \psi, \varphi \rangle + \langle \psi, \nabla_X \varphi \rangle,$$

$$\nabla_X(\gamma(Y)\psi) = \gamma(\nabla_X Y)\psi + \gamma(Y)\nabla_X \psi,$$

其中 $X, Y \in \mathrm{TM}$, $\phi, \psi \in \mathbb{S}M$, 则称 $\mathbb{S}M$ 为 Dirac 丛.

**Dirac 算子的定义**　设 $\sharp: T^*M \to TM$ 是余切空间 $T^*M$ 到切空间 $TM$ 的同构映射, 那么

$$C^\infty(M, \mathbb{S}M) \xrightarrow{\nabla} C^\infty(M, T^*M \otimes \mathbb{S}M) \xrightarrow{\sharp \otimes \mathrm{id}} C^\infty(M, TM \otimes \mathbb{S}M)$$
$$\xrightarrow{\gamma} C^\infty(M, \mathbb{S}M),$$

其中 $C^\infty(M, \mathbb{S}M)$ 为 $M$ 上的光滑旋量场集, 用符号 $D$ 表示 Dirac 算子, 任取 $\psi \in C^\infty(M, \mathbb{S}M)$, 则 Dirac 算子 $D$ 可定义为

$$D\psi = \gamma \circ (\sharp \otimes \mathrm{id}) \circ \nabla \psi.$$

特别地, 如果取定一组正交基 $\{e_1, \cdots, e_m\}$, 那么 Dirac 算子的作用可以表示为

$$D\psi = \sum_{j=1}^{m} \gamma(e_j)\nabla_{e_j}^s \psi, \quad \psi \in C^\infty(M, \mathbb{S}M).$$

### 7.6.2　分歧现象

在紧致无边的自旋流形 $(M, g)$ 上考虑方程

$$\mu D\psi(x) = \psi(x) + h(\psi(x)), \quad x \in M. \tag{7.6.1}$$

设映射 $h$ 是一位势算子, 换言之, 存在实值连续可微函数 $H$ 使得成立 $\nabla_\psi H(\psi) = h(\psi)$.

首先考虑如下非线性问题:

($H_1$) $H(\theta) = 0$, $H(\psi) \geqslant 0$, $\forall \psi \in C^1(M, \mathbb{S}(M))$.

($H_2$) 存在正数 $\alpha, \beta$ 满足 $1 < \beta < \alpha \leqslant (m+1)/(m-1)$ 及常数 $C_1, C_2 > 0$ 使得

$$C_1|\psi|^\beta \leqslant |\nabla_\psi H(\psi)| \leqslant C_2|\psi|^\alpha.$$

**定理 7.6.1** ([58])  设 $0 \notin \sigma(D)$. 设 $h \in C^1(\mathbb{S}M)$ 及 $H$ 满足 $(H_1)$, $(H_2)$. 则对任何 $1/\mu_k \in \sigma(D)$, $k \in \mathbb{Z}$, $(\mu_k, \theta)$ 是 (7.6.1) 的分歧点. 精确地,

(i) 若 $\mu_k > 0$, 则 $\mu_k$ 有右邻域 $\Lambda$;

(ii) 若 $\mu_k < 0$, 则 $\mu_k$ 有左邻域 $\Lambda$,

使得对任意的 $\mu \in \Lambda \setminus \{\mu_k\}$, 方程 (7.6.1) 在 $\theta$ 附近至少有两个不同的非平凡解属于 $H^{\frac{1}{2}}(M, \mathbb{S}M)$.

其次考虑下述非线性问题:

$(h_1)$ 存在 $0 < \alpha < 1$ 以及 $a > 0, b > 0$ 使得 $|h(\psi)| \leqslant a|\psi|^\alpha + b$;

$(h_2)$ 假设 $\mu \in \mathbb{R}$, $\mu \neq 0$, 对任意的收敛序列 $\{\omega_n\} \subset \ker(\mu D - I)$, $\omega_n \to \omega$, $\|\omega\| = 1$, 任意的有界序列 $\{\varphi_n\} \subset \ker(\mu D - I)^\perp$, 以及任意的无界正数序列 $\{t_n\} \subset \mathbb{R}$, 都成立:

$$\liminf_{n \to \infty} \int_M h(t_n\omega_n + \varphi_n)\omega dx > 0.$$

**定理 7.6.2** ([58])  设 $0 \notin \sigma(D)$, $k \in \mathbb{Z}$. 若 $1/\mu_k \in \sigma(D)$, $h$ 全连续, 在旋量场空间 $H^{\frac{1}{2}}(M, \mathbb{S}M)$ 中, $h(\psi) = o(\|\psi\|)$ ($\|\psi\| \to \infty$). 则 $(\mu_k, \infty)$ 是 (7.6.1) 在无穷远处的一个分歧点. 此外, 若 $h$ 满足 $(h_1)$ 和 $(h_2)$, 则 $\mu_k$ 有右邻域 $\Lambda$ 使得, 任给 $\mu \in \Lambda \setminus \{\mu_k\}$, (7.6.1) 至少有一个非平凡解 $\psi_\mu$ 使得 $\|\psi_\mu\| \to \infty$ ($\mu \to \mu_k$).

**注 7.6.3**  两个主要定理刻画了在 Dirac 算子 $D$ 的每一个特征值处, 零解和无穷远点附近都会发生解的分歧现象.

限于篇幅, 我们仅仅给出定理 7.6.1 的证明, 定理 7.6.2 的证明可参见原文献.

**变分框架**  记 $M$ 上的所有光滑旋量场构成的空间为 $C^\infty(M, \mathbb{S}M)$, 定义如下形式的内积:

$$(\psi, \varphi)_2 = \int_M \langle \psi, \varphi \rangle d\mu, \quad \forall \psi, \varphi \in C^\infty(M, \mathbb{S}M),$$

其相应的范数记为 $|\cdot|_2 = (\cdot, \cdot)_2^{\frac{1}{2}}$, 那么

$$L^2(M, \mathbb{S}M) = \overline{C^\infty(M, \mathbb{S}M)}^{|\cdot|_2}.$$

与前面章节一样, 记 $\sigma(D)$ 为 Dirac 算子 $D$ 的谱, 由于 $D$ 是 $L^2(M, \mathbb{S}M)$ 中的自伴算子, 因此, $\sigma(D) \subset \mathbb{R}$, 并且它的任意元素均为 Dirac 算子 $D$ 的有限重的特征值. 具体来讲, $\sigma(D)$ 中的元素按照其大小关系有如下的排列关系:

$$-\infty < \cdots \leqslant \lambda_{-2} \leqslant \lambda_{-1} < 0 < \lambda_1 \leqslant \lambda_2 \leqslant \cdots < \infty.$$

不妨假设上述排序关系按照特征值的重数来计, 也就是说, 若 $\lambda_j \in \sigma(D)$ 的重数是 $n$, 则 $\lambda_j$ 在排序关系中将出现 $n$ 次. $D$ 的所有特征子空间直和将构成 $L^2(M, \mathbb{S}M)$

的正交分解:
$$L^2(M,\mathbb{S}(M)) = \overline{\bigoplus_{\lambda_j \in \sigma(D)} \ker(D - \lambda_j I)}.$$

特别地, 对任意 $\lambda_j$, $D\psi_j = \lambda_j \psi_j$, 则 $D$ 的所有特征旋量 $\{\psi_j\}_{j\in\mathbb{Z}\setminus\{0\}}$ 将构成空间 $L^2(M,\mathbb{S}M)$ 的一组完备正交基. 我们固定 $\lambda_k \in \sigma(D)$, 算子 $(D - \lambda_k I)$ 也是 $L^2(M,\mathbb{S}M)$ 上的自伴算子, 且

$$(D - \lambda_k I)\psi_j = (\lambda_j - \lambda_k)\psi_j, \qquad \forall j \in \mathbb{Z} \setminus \{0\}.$$

由此, 我们可以对 $L^2(M,\mathbb{S}M)$ 的完备正交基 $\{\psi_j\}_{j\in\mathbb{Z}\setminus\{0\}}$ 作一分解

$$\{\psi_j\}_{j\in\mathbb{Z}\setminus\{0\}} = \{\psi_j^-\}_{\lambda_j<\lambda_k} \cup \{\psi_j^0\}_{\lambda_j=\lambda_k} \cup \{\psi_j^+\}_{\lambda_j>\lambda_k},$$

其中 $\psi_j^-, \psi_j^0, \psi_j^+$ 满足

$$(D - \lambda_k)\psi_j^- = (\lambda_j - \lambda_k)\psi_j^-, \quad 若 \ \lambda_j - \lambda_k < 0,$$
$$(D - \lambda_k)\psi_j^+ = (\lambda_j - \lambda_k)\psi_j^+, \quad 若 \ \lambda_j - \lambda_k > 0,$$

而 $\psi_j^0$ 为特征值 $\lambda_k$ 对应的特征旋量, 即 $(D - \lambda_k)\psi_j^0 = 0$.

下面定义一个无界算子 $|D - \lambda_k|^{\frac{1}{2}} : L^2(M,\mathbb{S}(M)) \to L^2(M,\mathbb{S}(M))$, 任取 $\psi = \sum a_j \psi_j \in L^2(M,\mathbb{S}(M))$, 令

$$|D - \lambda_k|^{\frac{1}{2}}\psi = \sum_{j\in\mathbb{Z}\setminus\{0\}} |\lambda_j - \lambda_k|^{\frac{1}{2}} a_j \psi_j.$$

我们用 $H^{\frac{1}{2}}(M,\mathbb{S}(M))$ 来表示算子 $|D - \lambda_k|^{\frac{1}{2}}$ 在 $L^2(M,\mathbb{S}M)$ 中的定义域, 并给出如下判别准则:

$$\psi = \sum a_j \psi_j \in H^{\frac{1}{2}}(M,\mathbb{S}(M)) \iff \sum |\lambda_j - \lambda_k| \cdot |a_j|^2 < \infty.$$

在空间 $H^{\frac{1}{2}}(M,\mathbb{S}(M))$ 上定义内积:

$$(\psi,\varphi)_{\frac{1}{2},2} := \left(|D - \lambda_k|^{\frac{1}{2}}\psi, \ |D - \lambda_k|^{\frac{1}{2}}\varphi\right)_2 + (\psi,\varphi)_2,$$

其中 $(\cdot,\cdot)_2$ 表示 $L^2(M,\mathbb{S}(M))$ 的内积 $(\cdot,\cdot)_2$. 称内积空间 $(H^{\frac{1}{2}}(M,\mathbb{S}(M)), \|\cdot\|_{\frac{1}{2},2})$ 为 $H^{\frac{1}{2}}$ 旋量场空间. 事实上, 它与 Sobolev 空间 $W^{\frac{1}{2},2}(M,\mathbb{S}(M))$ 等距同构, 因此可以得到连续嵌入关系式:

$$H^{\frac{1}{2}}(M,\mathbb{S}(M)) \hookrightarrow L^p(M,\mathbb{S}(M)), \quad 其中 \ 1 \leqslant p \leqslant \frac{2m}{m-1},$$

并且当 $1 \leqslant p < 2m/(m-1)$ 时, 上面的连续嵌入还是紧嵌入.

另外, 关于范数 $\|\cdot\| = \|\cdot\|_{\frac{1}{2},2} = (\cdot,\cdot)_{\frac{1}{2},2}$, 我们有下面一些估计式:

$$\|\psi^+\|^2 = \sum_{\lambda_j > \lambda_k} (\lambda_j - \lambda_k + 1)|a_j|^2, \quad \text{其中 } \psi^+ = \sum_{\lambda_j > \lambda_k} a_j \psi_j^+,$$

$$\|\psi^-\|^2 = \sum_{\lambda_j < \lambda_k} (\lambda_k - \lambda_j + 1)|a_j|^2, \quad \text{其中 } \psi^- = \sum_{\lambda_j < \lambda_k} a_j \psi_j^-.$$

因此, 由上述表达式可以推出

$$c_k\|\varphi\|^2 \geqslant |\varphi|_2, \quad \forall \varphi \notin \ker(D - \lambda_k),$$

其中

$$c_k = \max\left\{\frac{1}{1 + |\lambda_j - \lambda_k|} : \lambda_j \neq \lambda_k\right\},$$

并且值得注意的是 $0 < c_k < 1$.

在定理主要证明之前, 我们首先介绍两个主要的分析工具, 分别是: Lyapunov-Schmidt 约化以及 Gromoll-Meyer 对.

**Lyapunov-Schmidt 约化** 令 $\lambda = 1/\mu$, 则方程 (7.6.1) 等价于

$$D\psi = \lambda\psi + \lambda h(\psi). \tag{7.6.2}$$

对于任意固定的 $\lambda_k \in \sigma(D)$, 设 $X = \ker(D - \lambda_k I)$, 由于 $\lambda_k$ 是 $D$ 的有限重特征值, 因此可以假设 $\dim X = n$. 令 $X^\perp$ 表示 $X$ 在 $H^{\frac{1}{2}}(M,\mathbb{S}M)$ 中的正交补空间. 用 $P$, $P^\perp$ 分别表示 $H^{\frac{1}{2}}(M,\mathbb{S}M)$ 到 $X$, $X^\perp$ 的正交投影映射. 那么 (7.6.2) 将等价于下面两个方程

$$D\omega_1 = \lambda\omega_1 + \lambda Ph(\omega_1 + \omega_2), \quad D\omega_2 = \lambda\omega_2 + \lambda P^\perp h(\omega_1 + \omega_2),$$

其中 $\psi = \omega_1 + \omega_2, \omega_1 \in X, \omega_2 \in X^\perp$. 我们定义

$$F(\lambda,\omega_1,\omega_2) = (D - \lambda I)\omega_2 - \lambda P^\perp h(\omega_1 + \omega_2).$$

$F$ 是定义在 $\mathbb{R} \times X \times X^\perp$ 上的连续可微泛函, 且 $F(\lambda_k,0,0) = 0$. $F$ 关于其第二个变量 $\omega_2$ 在点 $(\lambda_k,0,0)$ 处的 Fréchet 微分 $F_{\omega_2}(\lambda_k,0,0) = D - \lambda_k I$ 是从 $X^\perp$ 到 $X^\perp$ 的同胚映射.

由 $F$ 的性质可知满足隐函数定理的条件, 因此存在点 $(\lambda_k,0) \in \mathbb{R} \times X$ 的邻域 $\mathcal{O}$, 以及映射 $\varphi \in C^1(\mathcal{O}, X^\perp)$, 使得在 $(\lambda_k,0,0) \in \mathbb{R} \times X \times X^\perp$ 附近:

$$F(\lambda,\omega_1,\varphi(\lambda,\omega_1)) = 0, \quad \forall (\lambda,\omega_1) \in \mathcal{O}.$$

用符号 $\omega$ 替代 $\omega_1$, 则上述情况下 $\omega_2 = \varphi(\lambda, \omega)$, 此时求解方程 (7.6.2) 就等价于求解方程

$$D\omega = \lambda\omega + \lambda Ph(\omega + \varphi(\lambda, \omega)).$$

当 $(\lambda, \omega)$ 属于 $(\lambda_k, \theta)$ 的一个小邻域时, 我们有

$$\varphi(\lambda, \omega) = \lambda(D - \lambda I)^{-1}P^{\perp}h(\omega + \varphi).$$

由于 $h(\omega + \varphi) = o(\|\omega + \varphi\|)$, 不难看出

$$\varphi(\lambda, \omega) = o(\|\omega + \varphi\|), \quad \|\omega + \varphi\| \to 0.$$

由此得到 $\varphi$ 关于变量 $\omega$ 的估计式

$$\varphi(\lambda, \omega) = o(\|\omega\|), \quad \|\omega\| \to 0.$$

对任意 $\lambda \in \mathbb{R}$, 下面泛函的临界点即为方程 (7.6.2) 的解:

$$\mathcal{L}_{\lambda}(\psi) = \frac{1}{2}\int_M (D\psi, \psi)dx - \frac{\lambda}{2}\int_M (\psi, \psi)dx - \lambda\int_M H(\psi)dx.$$

如果 $\psi$ 是 $\mathcal{L}_{\lambda}$ 的一个临界点, 应用 Lyapunov-Schmidt 约化过程, 记 $\psi = \omega + \varphi$, 其中 $\omega \in X$, $\varphi \in X^{\perp}$, $\mathcal{L}_{\lambda}$ 将转化为新的泛函:

$$\mathcal{J}_{\lambda}(\omega) = \frac{\lambda_k - \lambda}{2}\|\omega\|^2 + \frac{1}{2}\int_M (\varphi, (D - \lambda I)\varphi)dx - \lambda\int_M H(\omega + \varphi)dx,$$

$\mathcal{J}_{\lambda} \in C^2(X, \mathbb{R})$ 且 $\mathcal{J}_{\lambda}$ 在 $\omega = \theta$ 附近的临界点即为方程的解. 对任意 $\lambda \in \mathbb{R}$ 且 $\lambda \neq 0$, $\omega = \theta$ 都是 $\mathcal{J}_{\lambda}$ 的平凡临界点.

选取 $\Omega \subset X$ 为 $\theta \in X$ 的紧邻域, 则 $\mathcal{J}_{\lambda} \in C^2(\Omega, \mathbb{R})$. 要刻画原点 $(\mu_k, 0)$ 处的分歧现象, 我们只需分析当 $\lambda$ 靠近 $\lambda_k = 1/\mu_k \in \sigma(D)$ 时, $\mathcal{J}_{\lambda}(\cdot)$ 的临界点在 $\Omega$ 中的分布状况.

**Gromoll-Meyer 对**　设 $\lambda \in \mathbb{R}$ 且 $\lambda \neq 0$ 时, 首先给出 Gromoll-Meyer 对的定义.

**定义 7.6.4** ([25])　令 $K_{\lambda}$ 是 $\mathcal{J}_{\lambda}$ 的临界点集, $S_{\lambda} \subset K_{\lambda}$. 集合对 $(W, W_-)$ 如果满足:

(1) $W$ 是 $S_{\lambda}$ 的一个闭邻域, 满足中值性质: 任取 $t_1 < t_2$ 满足 $\eta(t_i) \in W$, $i = 1, 2$, 使得任意 $t \in [t_1, t_2]$ 都有 $\eta(t) \in W$, 其中 $\eta(t)$ 关于 $V$ 下降流. 对某些常数 $c$, $W \cap K_{\lambda} = S_{\lambda}$, $W \cap (\mathcal{J}_{\lambda})_c = \varnothing$;

(2) $W_- := \{x \in W \mid \eta(t, x) \notin W, \ \forall t > 0\}$ 是 $W$ 中的闭集;

(3) $W_-$ 分段子流形, 且下降流 $\eta$ 与 $W_-$ 横截,

则 $(W, W_-)$ 就被称为 $S_\lambda$ 关于 $\mathcal{J}_\lambda$ 的伪梯度向量场 $V$ 的 Gromoll-Meyer 对.

**动态孤立临界点集** 设 $S_\lambda \subset K_\lambda$, 如果存在 $S_\lambda$ 的闭邻域 $\mathcal{O}_\lambda$ 以及 $\mathcal{J}_\lambda$ 的正则值 $a_1, a_2$, 满足

$$\mathcal{O}_\lambda \subset \mathcal{J}_\lambda^{-1}([a_1, a_2]) \quad \text{且} \quad \overline{\bigcup_{t \in \mathbb{R}} \eta(\mathcal{O}_\lambda, t)} \cap K_\lambda \cap \mathcal{J}_\lambda^{-1}([a_1, a_2]) = S_\lambda,$$

其中 $\eta$ 仍为关于 $\mathcal{J}_\lambda$ 的伪梯度向量场 $V$ 的下降流, 则称 $S_\lambda$ 是 $\mathcal{J}_\lambda$ 的动态孤立临界点集.

选取 $c$ 为 $\mathcal{J}_\lambda$ 的某个孤立临界水平, 则存在 $\varepsilon > 0$ 使得 $[c-\varepsilon, c+\varepsilon] \setminus \{c\}$ 中不含其他临界值. 可以验证, $S_\lambda = K_\lambda \cap \mathcal{J}_\lambda^{-1}(c)$ 是一个动态孤立临界点集. 下面我们说明, 对任意固定的 $\lambda_k \in \sigma(D)$, $S_{\lambda_k} = \{\theta\}$ 是 $\mathcal{J}_{\lambda_k}$ 的动态孤立临界点集.

首先考虑 $\lambda_k > 0$ 的情况. 由空间分解 $H^{\frac{1}{2}} = X^- \oplus X \oplus X^+$, 我们有

$$\varphi(\lambda_k, \omega) = \varphi^-(\lambda_k, \omega) + \varphi^+(\lambda_k, \omega), \quad \varphi^-(\lambda_k, \omega) \in X^-, \quad \varphi^+(\lambda_k, \omega) \in X^+.$$

为了简化符号, 分别简记为 $\varphi, \varphi^+$ 和 $\varphi^-$, 代入 $\mathcal{J}_{\lambda_k}$ 得

$$\begin{aligned}
\mathcal{J}_{\lambda_k}(\omega) &= \frac{1}{2} \int_M (\varphi, (D - \lambda_k I)\varphi) dx - \lambda_k \int_M H(\omega + \varphi) dx \\
&\leqslant \frac{1}{2} \left( \|\varphi^+\|^2 - |\varphi^+|_2^2 + |\varphi^-|_2^2 - \|\varphi^-\|^2 \right) - \lambda_k C_1 \int_M |\omega + \varphi|^{\beta+1} dx \\
&\leqslant \frac{1}{2} \|\varphi^+\|^2 + \frac{1}{2} |\varphi^-|_2^2 - \lambda_k C_1 \int_M |\omega + \varphi|^{\beta+1} dx \\
&\leqslant C\|\varphi\|^2 - \lambda_k C_1 \int_M |\omega + \varphi|^{\beta+1} dx.
\end{aligned}$$

下面我们分别估计 $\|\varphi\|^2$ 和 $\int_M |\omega + \varphi|^{\beta+1} dx$. 已知 $\varphi$ 满足方程 $(D - \lambda_k I)\varphi = \lambda_k P^\perp h(\omega + \varphi)$, 因此, 一方面我们有

$$\begin{aligned}
\int_M ((D - \lambda_k I)\varphi, \varphi^+ - \varphi^-) dx &= \lambda_k \int_M P^\perp h(\omega + \varphi)(\varphi^+ - \varphi^-) dx \\
&\leqslant \lambda_k \left( \int_M |P^\perp h(\omega + \varphi)|^2 dx \right)^{\frac{1}{2}} \cdot \left( \int_M |\varphi^+ - \varphi^-|^2 dx \right)^{\frac{1}{2}} \\
&\leqslant \lambda_k |P^\perp h(\omega + \varphi)|_2 \cdot |\varphi^+ - \varphi^-|_2 \leqslant \lambda_k |h(\omega + \varphi)|_2 \cdot |\varphi^+ - \varphi^-|_2,
\end{aligned}$$

以及

$$|h(\omega + \varphi)|_2 = \left( \int_M |h(\omega + \varphi)|^2 \right)^{\frac{1}{2}} \leqslant C_2 \left( \int_M |\omega + \varphi|^{2\alpha} dx \right)^{\frac{1}{2\alpha} \cdot \alpha} = C_2 |\omega + \varphi|_{2\alpha}^\alpha.$$

因此,

$$\int_M \big((D - \lambda_k I)\varphi, \varphi^+ - \varphi^-\big)dx \leqslant \lambda_k C_2 |\omega + \varphi|_{2\alpha}^\alpha \cdot |\varphi^+ - \varphi^-|_2$$

$$\leqslant C\big(|\omega|_{2\alpha}^\alpha + |\varphi|_{2\alpha}^\alpha\big) \cdot \big(|\varphi^+|_2 + |\varphi^-|_2\big) \leqslant C\|\omega\|^\alpha \cdot \|\varphi\| + C\|\varphi\|^{\alpha+1}.$$

另一方面,

$$\int_M \big((D - \lambda_k I)\varphi, \varphi^+ - \varphi^-\big)dx = \|\varphi\|^2 - |\varphi|_2^2 \geqslant (1 - c_k)\|\varphi\|^2.$$

由于 $|\varphi|_2^2 \leqslant c_k\|\varphi\|^2$ 且 $c_k < 1$, 由以上两个方面得

$$(1 - c_k)\|\varphi\| \leqslant C\|\omega\|^\alpha + C\|\varphi\|^\alpha.$$

结合在 $\omega = \theta$ 处 $\varphi = \varphi(\lambda_k, \omega) = o(\|\omega\|)$, 可知 $\|\varphi\| \leqslant C\|\omega\|^\alpha$. 这时, 我们得到

$$\mathcal{J}_{\lambda_k}(\omega) \leqslant C\|\varphi\|^2 - \lambda_k C_1 \int_M |\omega + \varphi|^{\beta+1}dx \leqslant C\|\omega\|^{2\alpha} - \lambda_k C_1 |\omega + \varphi|_{\beta+1}^{\beta+1}.$$

因为 $\varphi = \varphi(\lambda_k, \omega) = o(\|\omega\|)$, 所以对任意给定的 $\varepsilon > 0$, 存在 $\delta > 0$ 使得

$$\|\varphi\| < \varepsilon\|\omega\|, \quad \forall \|\omega\| < \delta.$$

由连续嵌入 $H^{\frac{1}{2}} \hookrightarrow L^{\beta+1}$ 知, 存在常数 $\gamma$ 使得 $|\varphi|_{\beta+1} \leqslant \gamma\|\varphi\| \leqslant \varepsilon \cdot \gamma\|\omega\|$; 由 $\dim X$ 有限可知, 存在常数 $C_3$ 使得 $|\omega|_{\beta+1} \leqslant C_3\|\omega\|$. 因此,

$$|\omega + \varphi|_{\beta+1} \geqslant |\omega|_{\beta+1} - |\varphi|_{\beta+1} \geqslant C_3\|\omega\| - \varepsilon\gamma\|\omega\| \geqslant \frac{1}{4}C_3\|\omega\|,$$

从而

$$\mathcal{J}_{\lambda_k}(\omega) \leqslant C\|\omega\|^{2\alpha} - C_4\|\omega\|^{\beta+1},$$

其中常数 $C_4$ 依赖于 $C_1$, $C_3$ 和 $\lambda_k$, 由于 $\alpha > \beta > 1$, 因此当 $\|\omega\| \to 0$ 时, 我们有

$$\mathcal{J}_{\lambda_k}(\omega) < 0.$$

由此可知 $\omega = \theta$ 即为 $\mathcal{J}_{\lambda_k}$ 的孤立局部极大值点.

当 $\lambda_k < 0$ 时, 将 $\mathcal{J}_{\lambda_k}$ 替换为 $-\mathcal{J}_{\lambda_k}$, 与上述过程类似可以证明 $\omega = \theta$ 为 $\mathcal{J}_{\lambda_k}$ 的孤立局部极小值点.

如果 $\Omega \subset X$ 选得适当小, 使得 $\omega = \theta$ 是 $\mathcal{J}_{\lambda_k}$ 在 $\Omega$ 中唯一的极值点, 则 $c = 0$ 是定义在 $\Omega$ 上的 $\mathcal{J}_{\lambda_k}$ 的孤立临界水平, 从而 $S_{\lambda_k} = \{\theta\}$ 为 $\mathcal{J}_{\lambda_k}$ 的动态孤立临界点集.

**引理 7.6.5** 在 $\Omega \subset X$ 中, 存在动态孤立的临界点集 $S_{\lambda_k} = \{\theta\}$ 关于 $\mathcal{J}_{\lambda_k}$ 的伪梯度向量场 $d\mathcal{J}_{\lambda_k}$ 的 Gromoll-Meyer 对.

**证明** 选取适当小的 $r > 0$ 使得 $\omega = \theta$ 是 $B_r(\theta) = \{\omega \in \Omega : \|\omega\| \leqslant r\}$ 中唯一的临界点. 由于 $\Omega \subset X$ 是有限维空间中的有界集, 因此 $\mathcal{J}_{\lambda_k}$ 满足 (PS)-条件. 从而可取

$$\kappa = \inf_{\omega \in B_r \backslash B_{\frac{r}{2}}} \|d\mathcal{J}_k(\omega)\| > 0.$$

选取 $\xi$ 满足 $0 < \xi < \kappa/(2r)$, 对任意 $\omega \in B_r$, 令 $f(\omega) = \mathcal{J}_{\lambda_k}(\omega) + \xi\|\omega\|^2$, 定义

$$W = \mathcal{J}_{\lambda_k}^{-1}[-\gamma, \gamma] \cap f_\sigma, \quad W_- = \mathcal{J}_k^{-1}(-\gamma) \cap W.$$

设 $\varepsilon > 0$ 使得 $c = 0$ 是区间 $[-\varepsilon, \varepsilon]$ 内唯一的临界值, 我们要求上式中的 $\gamma, \sigma$ 满足下列条件:

$$0 < \gamma < \min\left\{\varepsilon, \frac{3\xi r}{8}\right\}, \quad \frac{\xi r^2}{4} + \gamma < \sigma < \xi r^2 - \gamma,$$

$$B_{\frac{r}{2}} \cap \mathcal{J}_{\lambda_k}^{-1}[-\gamma, \gamma] \subset W \subset B_r \cap \mathcal{J}_{\lambda_k}^{-1}[-\varepsilon, \varepsilon], \tag{7.6.3}$$

$$\mathcal{J}_{\lambda_k}^{-1}[-\gamma, \gamma] \cap f^{-1}(\sigma) \subset B_r \backslash B_{\frac{r}{2}},$$

$$(df(\omega), d\mathcal{J}_{\lambda_k}(\omega)) > 0, \quad \forall \omega \in B_r \backslash \mathrm{int} B_{\frac{r}{2}}.$$

首先来说明 $W$ 满足中值性质. 设 $\eta \in C([0,1] \times \Omega, \Omega)$ 是关于梯度场 $d\mathcal{J}_{\lambda_k}$ 的下降流, 不妨设 $\eta(0), \eta(t) \in W$, 需要证明对任意 $s \in [0,t]$ 有 $\eta(s) \in W$. 令

$$T = \sup\{s \in [0,t] : \eta(\tau) \in W, 0 < \tau \leqslant s\}.$$

反设 $T < t$, 由于 $\mathcal{J}_{\lambda_k} \circ \eta(\cdot)$ 在 $[0,t]$ 上单调递减, 因此

$$-\gamma \leqslant \mathcal{J}_{\lambda_k}(\eta(t)) \leqslant \mathcal{J}_{\lambda_k}(\eta(T)) \leqslant \mathcal{J}_{\lambda_k}(\eta(0)) \leqslant \gamma. \tag{7.6.4}$$

由 (7.6.3) 及 $T$ 的定义知, $\eta(T) \in B_r \backslash \mathrm{int}(B_{\frac{r}{2}})$, 那么

$$(f \circ \eta)' = -(d\mathcal{J}_{\lambda_k}(\eta(T)), df(\eta(T))) < 0. \tag{7.6.5}$$

由 (7.6.4), (7.6.5) 以及 $f(\eta(T)) \leqslant \sigma$ 可知, 存在 $T$ 的右小邻域, 使得对任意 $\tau \in \Lambda$, $\tau < t$, 我们有

$$\eta(\tau) \in \mathcal{J}_{\lambda_k}^{-1}[-\gamma, \gamma], \quad \eta(\tau) \in f_\sigma,$$

而上式与 $T$ 的定义矛盾, 因此 $T \geqslant t$, 从而 $W$ 满足中值性质.

接下来证明 $W_- = \{\omega \in W : \eta(t, \omega) \notin W, \forall t > 0\}$ 是 $W$ 中的闭集. 令 $W^- = \{\omega \in W : \eta(t, \omega) \notin W, \forall t > 0\}$. 不难验证 $W^- \subset \partial W$ 以及

$$\partial W = W_- \cup (\mathcal{J}_{\lambda_k}^{-1}(\gamma) \cap \mathrm{int}(f_\sigma)) \cup (f^{-1}(\sigma) \cap (W \backslash W_-)),$$

$$\mathcal{J}_{\lambda_k}^{-1}(\gamma) \cap \mathrm{int}(f_\sigma) \cap W^- = \varnothing.$$

那么

$$\omega \in (f^{-1}(\sigma) \cap (W \setminus W_-)) \implies \omega \in B_r \setminus \mathrm{int}(B_{\frac{r}{2}}).$$

再由 $\omega \notin W_-$ 的事实可知

$$(f \circ \eta)'(0, \omega) = -(d\mathcal{J}_{\lambda_k}(\omega), df(\omega)) < 0,$$

$$f(\eta(0, \omega)) = f(\omega) = \sigma.$$

因此, 我们有

$$\omega \notin W^- \quad \text{且} \quad (f^{-1}(\sigma) \cap (W \setminus W_-)) \cap W^- = \varnothing.$$

从而 $W^- \subset W_-$. 另一方面, $W_- \subset W^-$. 因此, $W^- = W_-$. 　　　　□

**临界群**　给定数域 $F$, $J$ 及其孤立临界点 $p$, 设 $c = J(p)$. 则临界点 $p$ 的第 $q$ 个临界群定义为

$$C_q(J, p; F) = H_q(J_c \cap \mathcal{O}_p, (J_c \setminus \{p\}) \cap \mathcal{O}_p; F).$$

这里 $H_q(A, B)$ 是关于拓扑集合对 $(A, B)$ 在数学 $F$ 上的第 $q$ 个相对奇异同调群. $\mathcal{O}_p$ 是只包含唯一临界点 $p$ 的邻域.

当 $\lambda_k > 0$ 时, 已知 $\omega = \theta$ 是 $\mathcal{J}_{\lambda_k}$ 的孤立局部极大值点, 则

$$C_q(\mathcal{J}_{\lambda_k}, \theta; F) = \begin{cases} F, & q = n, \\ 0, & q \neq n. \end{cases}$$

简单记为 $C_*(\mathcal{J}_{\lambda_k}, \theta; F) = \delta_{*,n} F$. 同样, 当 $\lambda_k < 0$ 时, $\omega = \theta$ 是 $\mathcal{J}_{\lambda_k}$ 的孤立局部极小值点, $C_*(\mathcal{J}_{\lambda_k}, \theta; F) = \delta_{*,0} F$.

利用单点集 $\{\theta\}$ 的 Gromoll-Meyer 对与其临界群之间的关系, 可知

$$H_*(W, W_-; F) = C_*(\mathcal{J}_{\lambda_k}, \theta; F) = \begin{cases} \delta_{*,n} F, & \lambda_k > 0, \\ \delta_{*,0} F, & \lambda_k < 0. \end{cases}$$

另外, Gromoll-Meyer 对还有保持轻微扰动不变的性质, 具体如下.

**引理 7.6.6**　已知 $(W, W_-)$ 是 $S_{\lambda_k} = \{\theta\}$ 的 Gromoll-Meyer 对. 令 $K_\lambda$ 为 $\mathcal{J}_\lambda$ 的临界点集, $S_\lambda = W \cap K_\lambda$. 则存在 $\lambda_k$ 的邻域 $I_k \subset \mathbb{R}$, 使得每个 $\lambda \in I_k \setminus \{\lambda_k\}$, $(W, W_-)$ 也是 $S_\lambda$ 关于泛函 $\mathcal{J}_\lambda$ 某个伪梯度场的 Gromoll-Meyer 对.

**证明** 选取 $\varepsilon > 0$ 适当小, 则存在 $\delta > 0$ 使得

$$|\lambda - \lambda_k| \leqslant \delta \implies \|\mathcal{J}_\lambda - \mathcal{J}_{\lambda_k}\|_{C^1(W)} \leqslant \varepsilon.$$

对于足够小的 $\varepsilon$, 存在与 $\lambda$ 有关的常数 $r_2 > r_1 > 0$ 使得 $B(\theta, r_1) \subset B(\theta, r_2) \subset \mathrm{int}W$ 且

$$\varpi = \inf\{\|d\mathcal{J}_\lambda(\omega)\| : \omega \in W \setminus B(\theta, r_1)\} > 0.$$

由于 $\omega \in W \setminus B(\theta, r_1)$ 时, $\|d\mathcal{J}_\lambda(\omega)\| > 0$, 因此不难看出

$$S_\lambda = W \cap K_\lambda \subset B(\theta, r_1).$$

定义截断函数 $\rho \in C^1(\Omega, \mathbb{R})$ 满足 $0 \leqslant \rho \leqslant 1$ 以及

$$\rho(w) = \begin{cases} 1, & \omega \in \overline{B(\theta, r_1)}, \\ 0 \leqslant \rho \leqslant 1, & \omega \in \overline{B(\theta, r_2)} \setminus B(\theta, r_1), \\ 0, & 其他. \end{cases}$$

令

$$V(\omega) = \frac{4}{3}[\rho(\omega)d\mathcal{J}_\lambda + (1 - \rho(\omega))d\mathcal{J}_{\lambda_k}].$$

取 $0 < \varepsilon < \varpi/4$, 则对 $\omega \in W \setminus B(\theta, r_1)$, 我们有

$$\begin{aligned} \|V(\omega)\| &\leqslant \frac{4}{3}\rho(\omega)\|d\mathcal{J}_\lambda(\omega)\| + \frac{4}{3}(1 - \rho(\omega))\|d\mathcal{J}_{\lambda_k}(\omega)\| \\ &\leqslant \frac{4}{3}\|d\mathcal{J}_\lambda(\omega)\| + \varepsilon \\ &\leqslant 2\|d\mathcal{J}_\lambda(\omega)\|, \end{aligned}$$

以及

$$(V(\omega), d\mathcal{J}_\lambda(\omega)) \geqslant \frac{4}{3}\|d\mathcal{J}_\lambda(\omega)\|^2 - \frac{4}{3}\varepsilon\|d\mathcal{J}_\lambda(\omega)\| \geqslant \|d\mathcal{J}_\lambda(\omega)\|^2.$$

如果 $\omega \in B(\theta, r_1)$, 则 $V(\omega) = 4d\mathcal{J}_\lambda(\omega)/3$. 因此 $V(\omega)$ 是 $\mathcal{J}_\lambda$ 的伪梯度向量场.

由于在 $W \setminus B(\theta, r_2)$ 上, $V(\omega) = 4d\mathcal{J}_{\lambda_k}(\omega)/3$, 且 $(W, W_-)$ 是与 $\mathcal{J}_{\lambda_k}$ 有关的 Gromoll-Meyer 对, 下降梯度流 $\eta_\lambda$ 在 $B(\theta, r_2)$ 之外与 $\eta_{\lambda_k}$ 保持一致, 因此关于 $\eta_\lambda$, $W$ 满足中值性质. 另外, 当 $\lambda$ 变化时, $W_-$ 保持不变. 因此, 由以上论述可知 $(W, W_-)$ 是 $S_\lambda$ 的关于伪梯度向量场 $V(\omega)$ 的 Gromoll-Meyer 对. $\square$

**证明** [定理 7.6.1 的证明] 首先考虑 $\lambda_k > 0$ 的情况. 回忆 $\mathcal{J}_\lambda(\omega)$ 的表达式, 由于 $\lambda$ 趋于 $\lambda_k$ 且 $\omega$ 趋于 $0$ 时, $\varphi(\lambda, \omega) = o(\|\omega\|)$, 因此 $\mathcal{J}_\lambda(\omega)$ 在零点附近的主项是 $(\lambda_k - \lambda)\|\omega\|^2/2$.

对 $\mu > \mu_k > 0$, $\lambda = 1/\mu < 1/\mu_k = \lambda_k, \omega = \theta$ 是 $\mathcal{J}_\lambda$ 的孤立极小值点, 其 Morse 指标 $\mathrm{ind}(\mathcal{J}_\lambda) = 0$. 那么 $C_*(\mathcal{J}_\lambda, \theta) = \delta_{*,0} F$.

对 $0 < \mu < \mu_k$, $\lambda = 1/\mu > 1/\mu_k = \lambda_k$, $\theta$ 是 $\mathcal{J}_\lambda$ 的孤立极大值点, 其 Morse 指标 $\mathrm{ind}(\mathcal{J}_\lambda) = n$. 则 $C_*(\mathcal{J}_\lambda, \theta) = \delta_{*,n} F$.

已知 $(W, W_-)$ 是 $S_k = \{\theta\}$ 的 Gromoll-Meyer 对, 且 $H_*(W, W_-; F) = \delta_{*,n} F$. 由引理 7.6.6 知, 当 $\lambda$ 趋于 $\lambda_k$ 时, $(W, W_-)$ 也是 $S_\lambda$ 的 Gromoll-Meyer 对, 因此

$$H_*(W, W_-; F) \neq C_*(\mathcal{J}_\lambda, \theta), \quad \forall \lambda < \lambda_k,$$

这意味着 $W$ 中包含 $\mathcal{J}_\lambda$ 的非平凡临界点 $\omega_\lambda$.

由于 $\mathcal{J}_{\lambda_k}(\theta) = 0$ 且 $\theta$ 是孤立的局部极大值点, 那么存在 $\varepsilon > 0$ 以及 $\hat{r} > 0$ 使得

$$\mathcal{J}_{\lambda_k}(\omega) \leqslant -2\varepsilon, \quad \forall \omega \in \partial B_{\hat{r}}(\theta) \subset W.$$

泛函族 $\{\mathcal{J}_\lambda\}$ 关于 $\lambda$ 连续, 因此对于充分靠近 $\lambda_k$ 的 $\lambda$ 来说任意 $\omega \in B_{\hat{r}}(\theta)$, 成立 $\mathcal{J}_\lambda(\omega) \leqslant -\varepsilon$. 然而当 $\omega \to \theta$ 时,

$$\mathcal{J}_\lambda(\omega) = \frac{\lambda_k - \lambda}{2} \|\omega\|^2 + o(\|\omega\|^2).$$

因此, 如果 $\lambda < \lambda_k$ 且 $\|\omega\| \neq 0$ 充分小, 则 $\mathcal{J}_\lambda(\omega) > 0$. 特别地, 存在 $\rho \in (0, \hat{r})$ 使得

$$\mathcal{J}_\lambda(\omega) \geqslant \frac{\lambda_k - \lambda}{4} \rho^2 > 0, \quad \forall \omega \in \partial B_\rho(\theta).$$

由以上论述, 我们不妨假设 $\omega_\lambda \in B_{\hat{r}}(\theta)$ 是泛函 $\mathcal{J}_\lambda$ 的一个局部极大值点, 若 $\omega_\lambda$ 非孤立, 则集合 $W$ 包含 $\mathcal{J}_\lambda$ 的无穷多临界点, 定理结论自然成立.

若 $\omega_\lambda$ 是孤立极大值点, 则临界群 $C_*(\mathcal{J}_\lambda, \omega_\lambda) = \delta_{*,n} F$. 令 $\deg(d\mathcal{J}_\lambda, W, \theta)$ 代表 $d\mathcal{J}_\lambda$ 在 $W$ 中的 Leray-Schauder 度, 用 $\mathrm{index}(d\mathcal{J}_\lambda, \omega_\lambda)$ 表示孤立临界点 $\omega_\lambda$ 的指标, 则由 Leray-Schauder 度与 Gromoll-Meyer 对以及临界群之间的关系可知

$$\deg(d\mathcal{J}_\lambda, W, \theta) = \sum_{q=0}^{\infty} (-1)^q \mathrm{rank} H_q(W, W_-),$$

以及

$$\mathrm{index}(d\mathcal{J}_\lambda, \omega_\lambda) = \sum_{q=0}^{\infty} (-1)^q \mathrm{rank} C_q(\mathcal{J}_\lambda, \omega_\lambda).$$

由此可得

$$\deg(d\mathcal{J}_\lambda, W, \theta) = (-1)^n,$$

$$\mathrm{index}(d\mathcal{J}_\lambda, \omega_\lambda) = (-1)^n, \quad \mathrm{index}(d\mathcal{J}_\lambda, \theta) = (-1)^0.$$

显然, $\deg(d\mathcal{J}_\lambda, W, \theta) \neq \text{index}(d\mathcal{J}_\lambda, \theta) + \text{index}(d\mathcal{J}_\lambda, \omega_\lambda)$. 由拓扑度理论, 我们得到 $\mathcal{J}_\lambda$ 在 $W$ 中的第二个非平凡临界点.

对于 $\lambda_k = 1/\mu_k \in \sigma(D)$ 且 $\lambda_k < 0$ 的情况, 若 $\lambda > \lambda_k$, $H_*(W, W_-; F) \neq C_*(\mathcal{J}_\lambda, \theta)$, 可知 $\mathcal{J}_\lambda$ 在 $W$ 中存在非平凡临界点仍记作 $\omega_\lambda$. 通过与上述类似的分析方法, 我们选 $\omega_\lambda$ 是个极小点, 则 $C_*(\mathcal{J}_\lambda, \omega_\lambda) = \delta_{*,0}F$. 经过比对, 可知

$$\deg(d\mathcal{J}_\lambda, W, \theta) \neq \text{index}(d\mathcal{J}_\lambda, \theta) + \text{index}(d\mathcal{J}_\lambda, \omega_\lambda).$$

由此得到第二个非平凡临界点. □

### 7.6.3 边值问题

在具有光滑边界的自旋流形 $(M, \partial M)$ 上, 与 Dirac 方程相适应的边界条件通常有四种类型, 若令 $B$ 表示边界算子, $N$ 表示 $\partial M$ 上的单位外法向量场, 那么

- APS 边界条件中 $B = B_{\text{APS}} : L^2(\mathbb{S}M) \to L^2(\mathbb{S}M)$ 是平方可积旋量场到 Dirac 算子正定旋量子空间的正交投影;
- Chiral 边界条件中 $B = B_{\text{CHI}} = (\text{id} - N \cdot G)/2$, 其中 $G$ 是 Chiral 算子;
- $J$-边界条件中 $B = B_J = (\text{id} - N \cdot J)/2$, $J$ 是满足特定条件的映射;
- MIT-bag 边界条件中 $B = B_{\text{MIT}} = (\text{id} - i \cdot N)/2$, 其中 $i$ 是虚数单位.

事实上, 四类边界条件最初均来源于几何学家和物理学家以旋量及 Dirac 方程作为工具解决重要的几何或物理问题的过程. 例如, 以 Atiyah, Patodi, Singer 命名的 APS 边界条件, 是借助 Dirac 算子研究带边流形上的指标定理时提出的; Hawking 及其合作者在证明黑洞的正质量猜想时, 通过线性 Dirac 方程的解来构造黑洞时空的能量, 在黑洞边界上提出 Chiral 边值条件使得线性方程可解; 后来在更多的有关正质量定理的应用中, 人们还提出了 $J$-边界条件; MIT 的物理学家在研究被限制在有限区域内半自旋粒子的运动规律时, 希望粒子的波函数在区域边界上满足一定条件, 后来被称为 MIT-bag 边界条件. 基于 Dirac 方程和旋量方法的重要性, 与 Dirac 方程边值问题相关的数学理论成了数学家们关心的热点问题, 近些年来, 通过研究线性 Dirac 方程的边值问题, 数学家们对不同边值条件下 Dirac 算子的性质得到较为丰富的结果.

从分析的角度出发, 非线性 Dirac 边值问题的可解性是仍有待研究的课题, 我们以 Chiral 边值问题为例, 研究带边流形上非线性 Dirac 方程的 Chiral 边值问题, 给出解存在的判定条件. 考虑:

$$\begin{cases} P\psi = h(\psi), & \text{在 } M \text{ 上}, \\ B_{\text{CHI}}\psi = 0, & \text{在 } \partial M \text{ 上}, \end{cases} \tag{7.6.6}$$

其中非线性项 $h : \mathbb{S}M \to \mathbb{S}M$ 是工作空间 $(E, \|\cdot\|)$ 上的位势算子, 即存在 $E$ 上的实值连续可微函数 $H : E \to \mathbb{R}$ 使得 $\nabla_\psi H(\psi) = h(\psi)$. 另外, 假设

($h_1$) $h \in C^1(E, E)$;

($h_2$) 若 $|\psi| \to 0$, $|h(\psi)| = o(|\psi|)$;

($h_3$) 存在常数 $C > 0$ 及 $2 < p < 2m/(m-1) = 3$ 使得 $|h(\psi)| \leqslant C|\psi|^{p-1}$;

($h_4$) 对某些常数 $\theta > 2$ 以及所有的 $\psi \in E$, 成立 (AR) 条件, 即 $0 < \theta H(\psi) \leqslant \langle h(\psi), \psi \rangle$;

($h_5$) 存在适当小的常数 $\delta > 0$, 使得对每个满足 $\|\psi\| \geqslant \delta$ 的 $\psi \in E$ 以及 $\omega \in E$, 都有不等式:

$$\frac{h'(\psi)\omega \cdot \omega}{\|\omega\|^2} > \frac{1}{\mu(M)}.$$

**注 7.6.7**　为与无边流形上的 Dirac 算子 $D$ 有所区别, 这里用符号 $P$ 表示带边流形上的 Dirac 算子.

**定理 7.6.8** ([59])　设 $h$ 满足条件 ($h_1$)—($h_5$), 则问题 (7.6.6) 在空间 $E$ 中至少存在一个解.

**定理 7.6.9** ([59])　设 $h$ 满足条件 ($h_1$)—($h_5$), 且 $h(\psi)$ 关于 $\psi$ 是奇映射, 即 $h(-\psi) = -h(\psi)$, 则问题在空间 $E$ 中有无穷多个解, 记为 $\{\pm\psi_k\}_{k=1}^{\infty}$, 当 $k \to \infty$ 时, $\Phi(\pm\psi_k) = c_k \to \infty$.

这里我们也仅仅给出定理 7.6.8 的证明.

**Chiral 边界条件**　首先考察 Dirac 丛 $\mathbb{S}M$ 上的线性算子 $G : \mathrm{End}_{\mathbb{C}}(\mathbb{S}M) \to \mathrm{End}_{\mathbb{C}}(\mathbb{S}M)$, 对任意向量场 $X \in TM$ 及旋量场 $\psi, \varphi \in C^{\infty}(M, \mathbb{S}M)$, 如果 $G$ 满足下面四个条件:

$$G^2 = \mathrm{id}, \quad \langle G\psi, G\varphi \rangle = \langle \psi, \varphi \rangle, \quad \nabla_X^s(G\psi) = G\nabla_X^s\psi, \quad \gamma(X)G\psi = -G\gamma(X)\psi.$$

那么线性算子 $G$ 被称为 $\mathbb{S}M$ 上的 Chiral 算子. 例如, 若 $\widetilde{M}$ 是一个 4 维的自旋洛伦兹流形, $M$ 是 $\widetilde{M}$ 的紧致类空超曲面, 则 $M$ 可以看作是一个 3 维的紧致自旋黎曼流形. 不妨假设 $M$ 具有光滑边界和正的标量曲率. 记 $T$ 为洛仑兹流形 $\widetilde{M}$ 的类时向量场, 则不难验证 $G = \gamma(T)$ 满足四个条件, 是 $\mathbb{S}M$ 上的一个 Chiral 算子.

设流形 $M$ 上存在 Chiral 算子 $G$, 记 $N$ 为 $M$ 的边界 $\partial M$ 上的单位法向量场, 令

$$F : C^{\infty}(\partial M, \mathbb{S}\partial M) \to C^{\infty}(\partial M, \mathbb{S}\partial M), \quad F := \gamma(N)G = \gamma(N)\gamma(T).$$

那么, 由于边界法向量场 $N$ 的局部特性, $F$ 是定义在 $\partial M$ 的旋量丛上的局部算子, 且成立如下关系式:

$$\langle F\phi, \psi \rangle = \langle \gamma(N)G\phi, \psi \rangle = \langle \gamma^2(N)G\phi, \gamma(N)\psi \rangle = -\langle G\phi, \gamma(N)\psi \rangle = \langle \phi, F\psi \rangle,$$

$$F \cdot G + G \cdot F = \gamma(N)G \cdot G + G \cdot \gamma(N) \cdot G = \gamma(N)G \cdot G - \gamma(N)G \cdot G = 0,$$

$$F^2 = \gamma(N)G \cdot \gamma(N)G = -\gamma(N)G^2\gamma(N) = -\gamma(N) \cdot \gamma(N) = \mathrm{id}.$$

由 $\langle F\phi, \psi \rangle = \langle \phi, F\psi \rangle$ 可知, 算子 $F$ 关于 Hermitian 内积 $\langle \cdot, \cdot \rangle$ 自伴; 由 $F^2 = \mathrm{id}$ 可知算子 $F$ 有两个特征值, 分别是 $+1$ 和 $-1$, 其对应的特征空间为

$$\Gamma_+ = \{\phi \in C^\infty(\partial M, \mathbb{S}\partial M) : F\phi = \phi\},$$

$$\Gamma_- = \{\phi \in C^\infty(\partial M, \mathbb{S}\partial M) : F\phi = -\phi\}.$$

现在考虑 Chiral 边界条件: $\forall \psi \in C^\infty(\partial M, \mathbb{S}\partial M)$, $B_{\mathrm{CHI}}\psi|_{\partial M} = 0$. 算子 $B_{\mathrm{CHI}}$ 定义如下:

$$B_{\mathrm{CHI}} = \frac{1}{2}(\mathrm{id} - F) = \frac{1}{2}(\mathrm{id} - \gamma(N)G).$$

基于算子 $F$ 的自伴性, 算子 $B_{\mathrm{CHI}}$ 仍是关于 Hermitian 内积 $\langle \cdot, \cdot \rangle$ 的自伴算子, 且 Chiral 边界条件可以被等价地表达为

$$B_{\mathrm{CHI}}\psi|_{\partial M} = 0 \iff \psi \in C^\infty(M, SM) \text{ 且 } \psi|_{\partial M} \in \Gamma_+.$$

**注 7.6.10** 为了与无边流形上的 Dirac 算子有所区别, 我们用符号 $P$ 来表示在边界上满足 Chiral 条件的 Dirac 算子.

在光滑旋量场空间 $C^\infty(M, \mathbb{S}M)$ 上定义如下内积:

$$(\psi, \varphi)_2 = \int_M \langle \psi, \varphi \rangle d\mu, \quad \forall \psi, \varphi \in C^\infty(M, \mathbb{S}M),$$

其相应的范数记为 $|\cdot|_2 = (\cdot, \cdot)_2^{\frac{1}{2}}$, 那么可定义:

$$L^2(M, \mathbb{S}M) = \overline{C^\infty(M, \mathbb{S}M)}^{|\cdot|_2}.$$

在边界上, 我们同样可定义

$$(\omega, \phi)_{L^2(\partial M)} = \int_{\partial M} \langle \omega, \phi \rangle d\mu_{\partial M}, \quad \forall \omega, \phi \in C^\infty(\partial M, \mathbb{S}\partial M),$$

以及

$$L^2(\partial M, \mathbb{S}\partial M) = \overline{C^\infty(\partial M, \mathbb{S}\partial M)}^{\|\cdot\|_{L^2(\partial M)}}.$$

令

$$L^2\Gamma_+ = \overline{L^2(\partial M, \mathbb{S}\partial M) \cap \Gamma_+}, \quad L^2\Gamma_- = \overline{L^2(\partial M, \mathbb{S}\partial M) \cap \Gamma_-},$$

则可知 $L^2(\partial M, \mathbb{S}\partial M) = L^2\Gamma_+ \oplus L^2\Gamma_-$.

在 $C^\infty(M, \mathbb{S}M)$ 上定义另一内积如下:

$$(\psi, \varphi)_{H^1} = (\psi, \varphi)_2 + (\nabla\psi, \nabla\varphi)_2, \quad \forall \psi, \varphi \in C^\infty(M, \mathbb{S}M),$$

其相应的范数记为 $\|\cdot\|_{H^1} = (\cdot,\cdot)_{H^1}^{\frac{1}{2}}$, 那么 $H^1(M,\mathbb{S}M) = \overline{C^\infty(M,\mathbb{S}M)}^{\|\cdot\|_{H^1}}$. 由于 Dirac 算子 $P$ 是一阶微分算子, 可延拓为

$$P : H^1(M,\mathbb{S}M) \to L^2(M,\mathbb{S}M), \quad P|_{\partial M} : H^1(M,\mathbb{S}M) \to L^2(\partial M,\mathbb{S}\partial M),$$

延拓后的算子 $P$ 的定义域为

$$\mathcal{D}(P) = \{\psi \in H^1(M,\mathbb{S}M) : \psi|_{\partial M} \in L^2\Gamma_+\}.$$

这时, 在 Chiral 边界条件 $B_{\mathrm{CHI}}\psi|_{\partial M} = 0$ 下的 Dirac 算子 $P$ 在集合 $\mathcal{D}(P) \subset H^1(M,\mathbb{S}M)$ 上可以被良好定义. 对任意的 $\psi,\varphi \in \mathcal{D}(P)$, 由 Lichnerowitz 公式可知

$$\int_M \langle P\psi,\varphi\rangle d\mu - \int_M \langle\psi,P\varphi\rangle d\mu = -\int_{\partial M} \langle\gamma(N)\psi,\varphi\rangle d\mu_\partial,$$

这里 $N$ 仍然表示边界 $\partial M$ 的单位法向量场. 由于在边界 $\partial M$ 上

$$B_{\mathrm{CHI}}\psi = 0 \implies \gamma(N)G\psi = \psi,$$

因此, 限制在边界 $\partial M$ 上时, 我们有下列反对称表达式

$$\langle\gamma(N)\psi,\varphi\rangle = \langle\psi,G\varphi\rangle = \langle\gamma(N)\psi,\gamma(N)G\varphi\rangle = -\langle\gamma(N)\psi,\varphi\rangle,$$

这意味着在边界 $\partial M$ 上 $\langle\gamma(N)\psi,\varphi\rangle = 0$. 则

$$(P\psi,\varphi)_2 = (\psi,P\varphi)_2.$$

进一步可验证 $P$ 是 $L^2(M,\mathbb{S}M)$ 上的自伴算子, 且其定义域为 $\mathcal{D}(P)$.

**变分框架** 仍然记 $\sigma(P)$ 为算子 $P$ 的谱集, $P$ 是自伴算子, $\sigma(P) \subset \mathbb{R}$, 具体地,

$$\sigma(P) = \{\lambda_k^{\mathrm{CHI}} : k \in \mathbb{Z}\} \quad \text{且} \quad \lim_{k\to\pm\infty} \lambda_k^{\mathrm{CHI}} = \pm\infty.$$

事实上, 在满足 Chiral 边值条件的情况下, $\sigma(P)$ 还可以由 Friedrich 不等式给出下界估计, 即

$$\left(\lambda_k^{\mathrm{CHI}}\right)^2 \geqslant \frac{m}{4(m-1)} \inf_M R, \quad \forall k \in \mathbb{Z},$$

其中 $R$ 为自旋流形 $M$ 的数量曲率. 若 $M$ 具有正的数量曲率, 那么 $0 \notin \sigma(P)$.

算子 $P^2$ 被称为 Laplace-Dirac 算子, 其算子谱

$$\sigma(P^2) = \{(\lambda_k^{\mathrm{CHI}})^2 : k \in \mathbb{Z}\} = \{\zeta_n : n \in \mathbb{N}\},$$

这里 $0 < \zeta_1 \leqslant \zeta_2 \leqslant \cdots$ 且当 $n \to \infty$ 时, $\zeta_n \to \infty$. 为了简化符号, 我们将上一小节中 Dirac 算子 $P$ 的定义域 $\mathcal{D}(P)$ 简写为 $\mathcal{D}$. 在 $\mathcal{D}$ 上定义双线性映射:

$$(\psi, \varphi)_{\mathcal{D}} = (P\psi, P\varphi)_2, \quad \forall \psi, \varphi \in \mathcal{D}.$$

由于 $P$ 在 $L^2(M, \mathbb{S}M)$ 中自伴且 $\inf \sigma(P^2) > 0$, 因此

$$(P\psi, P\varphi)_2 = (P^2\psi, \varphi)_2 > 0,$$

说明 $(\psi, \varphi)_{\mathcal{D}}$ 在 $\mathcal{D}$ 上正定, 可作为 $\mathcal{D}$ 上的内积. 事实上, 令 $\|\cdot\|_{\mathcal{D}} = (\cdot, \cdot)_{\mathcal{D}}^{\frac{1}{2}}$, 则线性空间 $(\mathcal{D}, \|\cdot\|_{\mathcal{D}})$ 是一个 Hilbert 空间.

**引理 7.6.11** ([62]) 存在常数 $C_0 \in [1, \infty]$ 使得以下不等式成立:

$$\|\psi\|_{H^1}^2 \leqslant C_0 |P\psi|_2^2, \quad \forall \psi \in \mathcal{D}.$$

显然, $|P\psi|_2^2 = (\psi, \psi)_{\mathcal{D}}$, 说明 $(\mathcal{D}, \|\cdot\|_{\mathcal{D}})$ 可连续嵌入 $H^1(M, \mathbb{S}M)$. 已知 $\mathcal{D} \subset C^\infty(M, \mathbb{S}M)$ 在 $L^2(M, \mathbb{S}M)$ 中稠密, 由 Dirac 算子的谱, 空间 $L^2(M, \mathbb{S}M)$ 具有如下形式的正交分解

$$L^2(M, \mathbb{S}M) = L^+(M, \mathbb{S}M) \oplus L^-(M, \mathbb{S}M),$$

其中直和分量空间的选取方式为

$$(P\psi, \psi)_2 \geqslant \lambda_1^{\mathrm{CHI}} |\psi|_2^2, \quad \forall \psi \in L^+(M, \mathbb{S}M) \cap \mathcal{D},$$

$$(P\psi, \psi)_2 \leqslant \lambda_{-1}^{\mathrm{CHI}} |\psi|_2^2, \quad \forall \psi \in L^-(M, \mathbb{S}M) \cap \mathcal{D}.$$

令 $|P|$ 为 Dirac 算子 $P$ 的绝对值算子, 则 $|P|$ 仍然在 $L^2(M, \mathbb{S}M)$ 上有定义, 且其谱为

$$\sigma(|P|) = \{|\lambda_k^{\mathrm{CHI}}| : k \in \mathbb{Z}\} = \{\tau_n : n \in \mathbb{N}\}.$$

用 $|P|^{\frac{1}{2}}$ 表示算子 $|P|$ 的平方根, 则 $|P|^{\frac{1}{2}}$ 的谱为

$$\sigma(|P|^{\frac{1}{2}}) = \{|\lambda_k^{\mathrm{CHI}}|^{\frac{1}{2}} : k \in \mathbb{Z}\} = \{\varsigma_n : n \in \mathbb{N}\},$$

其定义域 $\mathcal{D}(|P|^{\frac{1}{2}})$ 简记为 $E$, 即 $E = \mathcal{D}(|P|^{\frac{1}{2}})$. 在线性空间 $E$ 上定义如下双线性型:

$$(\psi, \varphi) = (|P|^{\frac{1}{2}}\psi, |P|^{\frac{1}{2}}\varphi)_2, \quad \forall \psi, \varphi \in E,$$

令 $\|\cdot\| = (\cdot, \cdot)^{\frac{1}{2}}$, 则 $(E, \|\cdot\|)$ 是一个 Hilbert 空间.

由空间 $L^2(M, \mathbb{S}M)$ 的正交分解, 我们令

$$E^+ = E \cap L^+(M, \mathbb{S}M), \quad E^- = E \cap L^-(M, \mathbb{S}M),$$

则得到 Hilbert 空间 $E$ 的正交分解:

$$E = E^+ \oplus E^-.$$

事实上, 函数空间的插值理论也可以推广到旋量场空间, 因此, Hilbert 空间 $E$ 还有插值形式的表达式: $E = [\mathcal{D}, L^2]_{\frac{1}{2}}$, 这里 $[\cdot, \cdot]_{\frac{1}{2}}$ 为插值算符. 由于 $\mathcal{D}$ 可以连续地嵌入 $H^1(M, \mathbb{S}M)$ 中, 因此成立嵌入关系

$$E = [\mathcal{D}, L^2]_{\frac{1}{2}} \hookrightarrow [H^1, L^2]_{\frac{1}{2}} = H^{\frac{1}{2}}(M, \mathbb{S}M).$$

由以上论述, 我们得到下面的嵌入引理.

**引理 7.6.12** 当 $1 \leqslant p \leqslant 2m/(m-1) = 3$ 时, $E$ 连续嵌入空间 $L^p(M, \mathbb{S}M)$ 并且当 $1 \leqslant p < 2m/(m-1) = 3$ 时, $E$ 到 $L^p(M, \mathbb{S}M)$ 的连续嵌入还是紧嵌入.

注意到, 求解边值问题 (7.6.6) 的解可转化为求解如下泛函的临界点:

$$\Phi(\psi) = \frac{1}{2} \int_M \langle P\psi, \psi \rangle d\mu - \int_M H(\psi) d\mu = \frac{1}{2}\|\psi^+\|^2 - \frac{1}{2}\|\psi^-\|^2 - \int_M H(\psi) d\mu.$$

由于 $H$ 连续可微, 因此 $\Phi \in C^1(E, \mathbb{R})$.

同样地, 类似于 7.2 节, 任意固定 $\varphi \in E^+ \setminus \{0\}$, 定义 $E$ 的子空间如下:

$$E_\varphi = \mathbb{R}^+\varphi \oplus E^-.$$

下面的引理可参看 [59], 也可类似于引理 7.5.10 的讨论.

**引理 7.6.13** 当 $h$ 满足假设条件 $(h_1)$—$(h_5)$ 时, $\Phi$ 在子空间 $E_\varphi$ 中有唯一的极大值点.

由引理 7.6.13, 定义如下集合 $\mathcal{O}$ 与映射 $\alpha$:

$$\mathcal{O} = \{\omega \in E_\varphi : \forall \varphi \in E^+ \setminus \{0\}, \ \Phi(\omega) = \max_{\psi \in E_\varphi} \Phi(\psi)\},$$

$$\alpha : E^+ \setminus \{0\} \to \mathcal{O}, \ \Phi(\alpha(\varphi)) = \max_{\psi \in E_\varphi} \Phi(\psi).$$

**引理 7.6.14** ([59]) 映射 $\alpha : E^+ \setminus \{0\} \to \mathcal{O} \subset E$ 是一个连续映射.

接下来定义 $\Phi$ 的约化泛函为

$$\Psi : E^+ \setminus \{0\} \to \mathbb{R} \ \text{使得} \ \Psi(\varphi) = \Phi(\alpha(\varphi)), \quad \forall \varphi \in E^+ \setminus \{0\}.$$

事实上, 利用 $\alpha(\varphi) \in E_\varphi$ 的唯一性, 不难看出, 当 $t > 0$ 时, 对 $\psi = t\varphi$ 成立 $\alpha(\psi) = \alpha(\varphi)$. 因此, 将 $\alpha$ 限制在 $S^+ \subset E^+ \setminus \{0\}$ 时, $\alpha$ 仍是 $S^+$ 上的连续映射. 故 $\Psi$ 可简化为

$$\Psi : S^+ \to \mathbb{R}, \quad \Psi(\varphi) = \Phi(\alpha(\varphi)).$$

**命题 7.6.15** ([59])　$\Psi \in C^1(S^+, \mathbb{R})$, 且对 $z \in T_\varphi S^+ = \{v \in E^+ : (\varphi, z) = 0\}$, 我们有

$$\Psi'(\varphi)z = \|\alpha^+(\varphi)\| \cdot \Phi'\big(\alpha(\varphi)\big)z.$$

由命题 7.6.15, 考察 $\Psi$ 的临界点 $\varphi \in S^+$, 若满足 $\|\alpha(\varphi)^+\| > 0$, 则 $\alpha(\varphi) \in E$ 是原泛函 $\Phi$ 的临界点.

**引理 7.6.16**　对于任意常数 $c > 0$, 约化泛函 $\Psi$ 满足 $(PS)_c$-条件.

**证明**　设 $\{\varphi_n\}$ 是 $\Psi$ 的一个 $(PS)_c$-序列, 即

$$\Psi(\varphi_n) \to c > 0, \quad \Psi'(\varphi_n) \to 0.$$

令 $\omega_n = \alpha(\varphi_n)$, 我们希望 $\{\omega_n\}$ 是 $\Phi$ 的 $(PS)_c$-序列. 事实上,

$$\Phi(\omega_n) = \Phi(\alpha(\varphi_n)) = \Psi(\varphi_n) \to c,$$

$$\|\alpha^+(\varphi_n)\| \cdot \|\Phi'(\omega_n)\| = \|\Psi'(\varphi_n)\| \to 0.$$

若当 $n \to \infty$ 时, $\|\alpha^+(\varphi_n)\| \nrightarrow 0$, 那么 $\|\Phi'(\omega_n)\| \to 0$, 从而 $\{\omega_n\}$ 是原泛函 $\Phi$ 的 $(PS)_c$-序列. 因此, 我们首先证明存在不依赖于 $n$ 的常数 $\delta > 0$ 使得 $\|\alpha^+(\varphi_n)\| > \delta$. 考虑

$$\begin{aligned}
c + o_n(1) = \Phi\big(\alpha(\varphi_n)\big) &= \frac{1}{2} \int_M \langle P\alpha(\varphi_n), \alpha(\varphi_n) \rangle d\mu - \int_M H(\alpha(\varphi_n)) d\mu \\
&= \frac{1}{2} \|\alpha^+(\varphi_n)\|^2 - \frac{1}{2} \|\alpha^-(\varphi_n)\|^2 - \int_M H(\alpha(\varphi_n)) d\mu \\
&\leqslant \frac{1}{2} \|\alpha^+(\varphi_n)\|^2.
\end{aligned}$$

令 $\delta = \sqrt{c}$, 那么对充分大的 $n$, $\|\alpha^+(\varphi_n)\| > \delta$.

下面证明 $\{\omega_n\} \subset E$ 有界. 若不然, 则当 $n \to \infty$ 时, $\|\omega_n\| \to \infty$. 令

$$v_n = \frac{\omega_n}{\|\omega_n\|}, \quad \|v_n\| = 1.$$

则存在 $v \in E$ 且 $\|v\| = 1$ 使得 $v_n \rightharpoonup v$ 在 $E$ 中弱收敛, 由 $E = E^+ \oplus E^-$, 我们有

$$v_n = v_n^+ + v_n^-, \quad v_n^+ \in E^+, \quad v_n^- \in E^-,$$

$$v = v^+ + v^-, \quad v^+ \in E^+, \quad v^- \in E^-,$$

且分别有 $v_n^+ \rightharpoonup v^+$ 和 $v_n^- \rightharpoonup v^-$. 由 $v_n \rightharpoonup v$ 以及 $E$ 紧嵌入 $L^2(M, \mathbb{S}M)$ 可知, $v_n(x) \to v(x)$ a.e. $x \in M$. 因而,

$$\frac{|\omega_n(x)|}{\|\omega_n\|} = |v_n(x)| \to |v(x)| > 0, \quad \forall x \in \Omega,$$

$$|\omega_n(x)| = |v_n(x)| \cdot \|\omega_n\| \to \infty, \quad \forall\, x \in \Omega.$$

由 (AR) 条件, 对 $\theta > 2$, 成立 $|H(\omega_n)| \geqslant C|\omega_n|^\theta$. 那么,

$$
\begin{aligned}
0 \leqslant \frac{\Phi(\omega_n)}{\|\omega_n\|^2} &= \frac{1}{2}\|v_n^+\|^2 - \frac{1}{2}\|v_n^-\|^2 - \int_M \frac{H(\omega_n)}{\|\omega_n\|^2} d\mu \\
&= \frac{1}{2}\|v_n^+\|^2 - \frac{1}{2}\|v_n^-\|^2 - \int_M \frac{H(\omega_n)}{|\omega_n|^2} \cdot v_n^2 d\mu \to -\infty,
\end{aligned}
$$

这就得到矛盾. 因此 $\{\omega_n\} = \{\alpha(\varphi_n)\}$ 有界.

接下来怎样证明在空间 $L^2(M, \mathbb{S}M)$ 中, $v \neq 0$? 事实上, 我们有

$$|v|_2 = |v^+|_2 + |v^-|_2 \geqslant |v^+|_2,$$

只需证明 $|v^+|_2 > 0$ 即可. 若不然, 即 $|v^+|_2 = 0$, 则 $v^+(x) = 0$ a.e. $x \in M$. 给定充分小的 $\varepsilon > 0$ 以及充分大的 $n$, 我们有

$$c + \varepsilon \geqslant \Phi(\omega_n) \geqslant \Phi(sv_n^+) = \frac{1}{2}s^2\|v_n^+\|^2 - \int_M H(x, sv_n^+) d\mu.$$

又由于

$$0 < c \leftarrow \Phi(\omega_n) \leqslant \frac{1}{2}\|\omega_n^+\|^2 - \frac{1}{2}\|\omega_n^-\|^2 \implies \|v_n^+\|^2 \geqslant \|v_n^-\|^2,$$

$$\|v_n^+\| + \|v_n^-\| = \|v_n\| = 1 \implies \|v_n^+\|^2 \geqslant \frac{1}{4}, \quad \forall\, n.$$

因此, 当 $n \to \infty$ 时,

$$c + \varepsilon \geqslant \frac{1}{8}s^2 - \int_M H(x, sv_n^+) d\mu \to \frac{1}{8}s^2.$$

故当 $s$ 充分大时, 这就得到矛盾. 因此在 $L^2(M, \mathbb{S}M)$ 中 $v \neq 0$.

由 $\{\omega_n\}$ 有界, 存在 $\omega \in E$ 使得 $\omega_n \rightharpoonup \omega$. 考虑

$$
\begin{aligned}
\|(\omega_n - \omega)^+\|^2 &= \Phi'(\omega_n)(\omega_n - \omega)^+ - \Phi'(\omega)(\omega_n - \omega)^+ \\
&\quad + \int_M \big(h(\omega_n) - h(\omega)\big) \cdot (\omega_n - \omega)^+ d\mu.
\end{aligned}
$$

由 $\Phi'$ 的弱序列连续性知, $\Phi'(\omega) = 0$. 由 (h$_2$), (h$_3$), 存在 $\varepsilon > 0$ 使得 $|h(\omega)| \leqslant \varepsilon|\omega| + C|\omega|^{p-1}$. 由于 $E$ 到 $L^2(M, \mathbb{S}M)$ 有紧嵌入, $\{\omega_n\}$ 在 $L^2(M, \mathbb{S}M)$ 中有界, 则

$\{\omega_n(x)\}$ 在流形 $M$ 上一致有界. 存在正常数 $C_1, C_2$ 使得

$$\|(\omega_n - \omega)^+\|^2 \leqslant \varepsilon \|(\omega_n - \omega)^+\| + \int_M \varepsilon(|\omega_n| + |\omega|)|(\omega_n - \omega)^+|d\mu$$

$$+ C \int_M (|\omega_n|^{p-1} + |\omega|^{p-1})|(\omega_n - \omega)^+|d\mu$$

$$\leqslant \varepsilon \|(\omega_n - \omega)^+\| + \varepsilon \cdot C_1 \cdot \|(\omega_n - \omega)^+\| + C_2 \cdot |(\omega_n - \omega)^+|_2$$

$$\leqslant \varepsilon \cdot (1 + C_1) \cdot \|(\omega_n - \omega)^+\| + C_2 \cdot |(\omega_n - \omega)^+|_2.$$

故当 $n \to \infty$ 时,

$$|(\omega_n - \omega)^+|_2 \to 0 \Longrightarrow \|(\omega_n - \omega)^+\| \to 0.$$

类似地, 我们也有 $\|(\omega_n - \omega)^-\| \to 0$. 从而 $\|\omega_n - \omega\| \to 0$ 以及

$$\|\omega_n^+\|^2 \geqslant 2\Phi(\omega_n) \to 2c > 0 \implies \|\omega^+\| = \lim_{n \to \infty} \|\omega_n^+\| > 0.$$

由此可知, $\omega \in E$ 且 $\omega \neq 0$.

最后, 定义如下映射:

$$\beta : \overline{\mathcal{O}} \to E^+ \quad \text{使得} \quad \beta(\omega) = \frac{\omega^+}{\|\omega^+\|}, \quad \forall \omega \in \overline{\mathcal{O}}.$$

因此, $\beta(\omega) \in S^+$ 且 $\|\beta(\omega)\| = 1$. 注意到, 任给 $\omega_1, \omega_2 \in \overline{\mathcal{O}}$, 我们有

$$\|\beta(\omega_1) - \beta(\omega_2)\| = \left\| \frac{\omega_1^+}{\|\omega_1^+\|} - \frac{\omega_2^+}{\|\omega_2^+\|} \right\|$$

$$= \left\| \frac{\omega_1^+}{\|\omega_1^+\|} - \frac{\omega_2^+}{\|\omega_1^+\|} + \frac{\omega_2^+}{\|\omega_1^+\|} - \frac{\omega_2^+}{\|\omega_2^+\|} \right\|$$

$$\leqslant \frac{\|\omega_1^+ - \omega_2^+\|}{\|\omega_1^+\|} + \frac{|\|\omega_2^+\| - \|\omega_1^+\|| \cdot \|\omega_2^+\|}{\|\omega_1^+\| \cdot \|\omega_2^+\|}$$

$$\leqslant 2 \frac{\|\omega_1 - \omega_2\|}{\|\omega_1^+\|}.$$

因此, 若序列 $\{\omega_n\} \subset \overline{\mathcal{O}}$ 满足 $\omega_n \to \omega$, 则 $\omega \in \overline{\mathcal{O}}$ 以及

$$\|\beta(\omega_n) - \beta(\omega)\| \leqslant \frac{2\|\omega_n - \omega\|}{\|\omega_n^+\|} \leqslant \sqrt{\frac{2}{c}} \|\omega_n - \omega\| \to 0.$$

由映射 $\alpha$ 与 $\beta$ 的定义, 不难看出

$$\beta(\omega_n) = \beta(\alpha(\varphi_n)) = \frac{\alpha^+(\varphi_n)}{\|\alpha^+(\varphi_n)\|} = \varphi_n.$$

因此, 在 $S^+$ 上, $\varphi_n \to \beta(\omega)$. 从而对任意常数 $c > 0$, $\Psi$ 满足 $(\text{PS})_c$-条件.          □

**引理 7.6.17**    泛函 $\Psi$ 有一个下界 $c_0 > 0$.

**证明**    对任意 $\varphi \in S^+$, $\Psi(\varphi)$ 是泛函 $\Phi$ 在空间 $E_\varphi$ 中的极大值. 令 $s > 0$, 则

$$\Phi(s\varphi) = \frac{1}{2}s^2 - \int_M H(s\varphi)d\mu.$$

当 $s \to 0$ 时, $\|s\varphi\| = s \cdot \|\varphi\| \to 0$, 从而 $|s\varphi|_2 \to 0$. 因此, $s\varphi(x) \to 0$ a.e. $x \in M$. 再由 $H(s\varphi) = o(|s\varphi|^2)$ 知, 存在 $\varepsilon > 0$ 使得 $H(x, s\varphi) \leqslant \varepsilon |s\varphi|^2$. 则

$$\Phi(s\varphi) \geqslant \frac{1}{2}s^2 - \frac{1}{2}s^2 \cdot \varepsilon \cdot C \geqslant \frac{1}{4}s^2,$$

不妨设 $\varepsilon \cdot C < 1/2$. 选取充分小的常数 $s_0 > 0$ 使得

$$\inf_{\varphi \in S^+} \Psi(\varphi) = \inf_{\varphi \in S^+} \Phi(\alpha(\varphi)) \geqslant \Phi(s_0\varphi) \geqslant \frac{1}{4}s_0^2 > 0.$$

令 $c_0 = s_0^2/4$, 则 $c_0 > 0$ 即为泛函 $\Psi$ 的下界.          □

**证明**    [定理 7.6.8 的证明]    由上述几个引理, 约化泛函 $\Psi \in C^1(S^+, \mathbb{R})$ 满足 $(\text{PS})_c$-条件并且下有界. 由 Ekeland 变分原理知

$$c = \inf_{\varphi \in S^+} \Psi(\varphi)$$

是 $\Psi$ 的临界值, 因此 $\Psi$ 在 $S^+$ 上具有非平凡的临界点 $\varphi$. 从而 $\alpha(\varphi) \in E$ 是 $\Phi$ 的非平凡临界点是方程 (7.6.6) 的解.          □

# 参 考 文 献

[1] 丁彦恒. 变分原理—自然法则//席南华. 数学所讲座 2013. 北京: 科学出版社, 2015.

[2] 尤承业. 基础拓扑学讲义. 北京: 北京大学出版社, 1997.

[3] 张恭庆, 林源渠. 泛函分析讲义 (上、下册). 北京: 北京大学出版社, 2001.

[4] 丁彦恒. 强不定问题的变分方法. 中国数学: 数学, 2017, 47(7): 779-810.

[5] Ackermann N. On a periodic Schrödinger equation with nonlocal superlinear part. Math. Z., 2004, 248(2): 423-443.

[6] Ackermann N. A nonlinear superposition principle and multibump solutions of periodic Schrödinger equations. J. Funct. Anal., 2006, 234(2): 277-320.

[7] Alama S, Li Y. Existence of solutions for semilinear elliptic equations with indefinite linear part. Journal of Differential Equations, 1992, 96(1): 89-115.

[8] Alama S, Li Y. On "multibump" bound states for certain semilinear elliptic equations. Indiana Univ. Math., 1992, 41(4): 983-1026.

[9] Ambrosetti A, Rabinowitz P H. Dual variational methods in critical point theory and applications. Journal of Functional Analysis, 1973, 14: 349-381.

[10] Arioli G, Szulkin A. Homoclinic solutions of Hamiltonian systems with symmetry. Journal of Differential Equations, 1999, 158(2): 291-313.

[11] Balabane M, Cazenave T, Douady A, et al. Existence of excited states for a nonlinear Dirac field. Comm. Math. Phys., 1988, 119(1): 153-176.

[12] Bartsch T. Infinitely many solutions of a symmetric Dirichlet problem. Nonlinear Anal., 1993, 20(10): 1205-1216.

[13] Bartsch T. Topological Methods for Variational Problems with Symmetries. Volume 1560 of Lecture Notes in Mathematics. Berlin: Springer-Verlag, 1993.

[14] Bartsch T, Ding Y. On a nonlinear Schrödinger equation with periodic potential. Math. Ann., 1999, 313(1): 15-37.

[15] Bartsch T, Ding Y. Solutions of nonlinear Dirac equations. Journal of Differential Equations, 2006, 226(1): 210-249.

[16] Bartsch T, Ding Y. Homoclinic solutions of an infinite-dimensional Hamiltonian system. Math. Z., 2002, 240(2): 289-310.

[17] Bartsch T, Ding Y. Deformation theorems on non-metrizable vector spaces and applications to critical point theory. Math. Nachr., 2006, 279(12): 1267-1288.

[18] Benci V, Rabinowitz P H. Critical point theorems for indefinite functionals. Invent. Math., 1979, 52(3): 241-273.

[19] Besov O V, Il'in V P, Nikol'skii S M. Integral Representations of Functions and Embedding Theorems. Moscow: Nauka, 1975.

[20] Brézis H, Nirenberg L. Characterizations of the ranges of some nonlinear operators and applications to boundary value problems. Ann. Scuola Norm. Sup. Pisa Cl. Sci., 1978, 5(2): 225-326.

[21] Buffoni B, Jeanjean L, Stuart C. Existence of a nontrivial solution to a strongly indefinite semilinear equation. Proc. Amer. Math. Soc., 1993, 119(1): 179-186.

[22] Cazenave T, Vázquez L. Existence of localized solutions for a classical nonlinear Dirac field. Comm. Math. Phys., 1986, 105(1): 35-47.

[23] Chabrowski J, Szulkin A. On a semilinear Schrödinger equation with critical Sobolev exponent. Proc. Amer. Math. Soc., 2002, 130(1): 85-93.

[24] Chang K C. Critical Point Theory and its Applications. Shanghai: Shanghai Sci. Techn, 1986.

[25] Chang K C. Infinite Dimensional Morse Theory and Multiple Solution Problems. Volume 6 of Progress in Nonlinear Differential Equations and their Applications. Boston: Birkhäuser, 1993.

[26] Chen W, Yang M, Ding Y. Homoclinic orbits of first order discrete Hamiltonian systems with super linear terms. Sci. China. Math., 2011, 12: 2583-2596.

[27] Clément P, Felmer P, Mitidieri E. Homoclinic orbits for a class of infinite-dimensional Hamiltonian systems. Ann. Scuola Norm. Sup. Pisa Cl. Sci., 1997, 24(2): 367-393.

[28] Costa D G, Tehrani H. On a class of asymptotically linear elliptic problems in $\mathbb{R}^N$. Journal of Differential Equations, 2001, 173(2): 470-494.

[29] Dautray R, Lions J L. Mathematical Analysis and Numerical Methods for Science and Technology. Volume 3 of Spectral Theory and Applications. Berlin: Springer-Verlag, 1990.

[30] Ding Y. Semi-classical ground states concentrating on the nonlinear potential for a Dirac equation. Journal of Differential Equations, 2010, 249(5): 1015-1034.

[31] Ding Y, Lin F. Semiclassical states of Hamiltonian system of Schrödinger equations with subcritical and critical nonlinearities. Partial Differential Equations, 2006, 19(3): 232-255.

[32] Ding Y, Liu X. Semi-classical limits of ground states of a nonlinear Dirac equation. Journal of Differential Equations, 2012, 252(9): 4962-4987.

[33] Ding Y, Ruf B. Solutions of a nonlinear Dirac equation with external fields. Arch. Ration. Mech. Anal., 2008, 190(1): 57-82.

[34] Ding Y, Wei J. Stationary states of nonlinear Dirac equations with general potentials. Rev. Math. Phys., 2008, 20(8): 1007-1032.

[35] Ding Y, Wei J, Xu T. Existence and concentration of semi-classical solutions for a nonlinear Maxwell-Dirac system. J. Math. Phys., 2013, 54(6): 061505, 33.

[36] Ding Y, Xu T. Localized concentration of semi-classical states for nonlinear Dirac equations. Arch. Ration. Mech. Anal., 2015, 216(2): 415-447.

[37] Ding Y, Yu Y. The concentration beavior of ground state solutions for nonlinear Dirac equation. Nonlinear Anal., 2020, 195: 111738.

[38] Ding Y. Deformation in locally convex topological linear spaces. Sci. China Ser. A, 2004, 47(5): 687-710.

[39] Ding Y. Multiple homoclinics in a Hamiltonian system with asymptotically or super linear terms. Commun. Contemp. Math., 2006, 8(4): 453-480.

[40] Ding Y. Variational Methods for Strongly Indefinite Problems. Volume 7 of Interdisciplinary Mathematical Sciences. Singapore: World Scientific, 2007.

[41] Ding Y, Girardi M. Infinitely many homoclinic orbits of a Hamiltonian system with symmetry. Nonlinear Anal., 1999, 38(3): 391-415.

[42] Ding Y, Guo Q. Homoclinic solutions for an anomalous diffusion system. J. Math. Anal. Appl., 2018, 466(1): 860-879.

[43] Ding Y, Jeanjean L. Homoclinic orbits for a nonperiodic Hamiltonian system. Journal of Differential Equations, 2007, 237(2): 473-490.

[44] Ding Y, Lee C. Periodic solutions of Hamiltonian systems. SIAM J. Math. Anal., 2000, 32(3): 555-571.

[45] Ding Y, Lee C. Multiple solutions of Schrödinger equations with indefinite linear part and super or asymptotically linear terms. Journal of Differential Equations, 2006, 222(1): 137-163.

[46] Ding Y, Lee C, Zhao F. Semiclassical limits of ground state solutions to Schrödinger systems. Calc. Var. Partial Differential Equations, 2014, 51(3-4): 725-760.

[47] Ding Y, Li S. The existence of infinitely many periodic solutions to Hamiltonian systems in a symmetric potential well. Ricerche Mat., 1995, 44(1): 163-172.

[48] Ding Y, Li S. Homoclinic orbits for first order Hamiltonian systems. J. Math. Anal. Appl., 1995, 189(2): 585-601.

[49] Ding Y, Li S. Some existence results of solutions for the semilinear elliptic equations on $\mathbf{R}^N$. Journal of Differential Equations, 1995, 119(2): 401-425.

[50] Ding Y, Lin F. Solutions of perturbed Schrödinger equations with critical nonlinearity. Calc. Var. Partial Differential Equations, 2007, 30: 231-249.

[51] Ding Y, Luan S. Multiple solutions for a class of nonlinear Schrödinger equations. Journal of Differential Equations, 2004, 207(2): 423-457.

[52] Ding Y, Luan S, Willem M. Solutions of a system of diffusion equations. J. Fixed Point Theory Appl., 2007, 2(1): 117-139.

[53] Ding Y, Ruf B. Existence and concentration of semiclassical solutions for Dirac equations with critical nonlinearities. SIAM J. Math. Anal., 2012, 44(6): 3755-3785.

[54] Ding Y, Szulkin A. Bound states for semilinear Schrödinger equations with sign-changing potential. Calc. Var. Partial Differential Equations, 2007, 29(3): 397-419.

[55] Ding Y, Wei J. Semiclassical states for nonlinear Schrödinger equations with sign-changing potentials. Functional Analysis, 2007, 2: 546-572.

[56] Ding Y, Willem M. Homoclinic orbits of a Hamiltonian system. Z. Angew. Math. Phys., 1999, 50(5): 759-778.

[57] Ding Y, Xu T. Concentrating patterns of reaction-diffusion systems: A variational approach. Trans. Amer. Math. Soc., 2017, 369(1): 97-138.

[58] Ding Y, Li J, Xu T. Bifurcation on compact spin manifold. Calc. Var. Partial Differential Equations, 2016, 55(4): 1-17.

[59] Ding Y, Li J. A boundary value problem for the nonlinear Dirac equation on compact spin manifold. Calc. Var. Partial Differential Equations, 2018, 57(3): 1-16.

[60] Edmunds D E, Evans W D. Spectral Theory and Differential Operators. Oxford: Oxford University Press, 2018.

[61] Esteban M, Séré E. Stationary states of the nonlinear Dirac equation: A variational approach. Comm. Math. Phys., 1995, 171(2): 323-350.

[62] Farinelli S, Schwarz S. On the spectrum of the Dirac operator under boundary conditions. Geom. Phys., 1998, 28: 67-84.

[63] Figueiredo G M, Ding Y. Strongly indefinite functionals and multiple solutions of elliptic systems. Trans. Amer. Math. Soc., 2003, 355(7): 2973-2989.

[64] Figueiredo G M, Pimenta M T. Existence of ground state solutions to Dirac equations with vanishing potentials at infinity. Journal of Differential Equations, 2017, 262(1): 486-505.

[65] Finkelstein R, Fronsdal C, Kaus P. Nonlinear spinor field. Phys. Rev., 1956, 103: 1571-1579.

[66] Finkelstein R, Lelevier R, Ruderman M. Nonlinear spinor fields. Phys. Rev., 1951, 83: 326-332.

[67] Gilbarg G, Trudinger N. Elliptic Partial Differential Equations of Second Order. Berlin: Springer, 1983.

[68] Van Heerden F A. Homoclinic solutions for a semilinear elliptic equation with an asymptotically linear nonlinearity. Calc. Var. Partial Differential Equations, 2004, 20(4): 431-455.

[69] Heinz H P, Küpper T, Stuart C A. Existence and bifurcation of solutions for nonlinear perturbations of the periodic Schrödinger equation. Journal of Differential Equations, 1992, 100(2): 341-354.

[70] Hislop P D, Sigal I M. Introduction to Spectral Theory. Volume 113 of Applied Mathematical Sciences. New York: Springer-Verlag, 1996.

[71] Hofer H, Wysocki K. First order elliptic systems and the existence of homoclinic orbits in Hamiltonian systems. Math. Ann., 1990, 288(3): 483-503.

[72] Ivanenko D. Notes to thepry of induction via particle. Zh. Eksp. Teor. Eiz., 1938: 260-266.

[73] Jeanjean L. Solutions in spectral gaps for a nonlinear equation of Schrödinger type. Journal of Differential Equations, 1994, 112(1): 53-80.

[74] Jeanjean L. On the existence of bounded Palais-Smale sequences and application to a Landesman-Lazer-type problem set on $\mathbb{R}^N$. Proc. Roy. Soc. Edinburgh Sect. A, 1999, 129: 787-809.

[75] Jeanjean L, Tanaka K. Singularly perturbed elliptic problems with superlinear or asymptotically linear nonlinearities. Calc. Var. Partial Differential Equations, 2004, 21(3): 287-318.

[76] Kato T. Perturbation Theory for Linear Operators. Berlin: Springer-Verlag, 1995.

[77] Kryszewski W, Szulkin A. Generalized linking theorem with an application to a semilinear Schrödinger equation. Adv. Differential Equations, 1998, 3(3): 441-472.

[78] Li G, Szulkin A. An asymptotically periodic Schrödinger equation with indefinite linear part. Commun. Contemp. Math., 2002, 4(4): 763-776.

[79] Lieberman G M. Second Order Parabolic Differential Equations. Singapore: World Scientific, 1996.

[80] Lions P L. The concentration-compactness principle in the calculus of variations. The locally compact case. II. Ann. Inst. H. Poincaré Anal. Non Linéaire, 1984, 1(4): 223-283.

[81] Long Y. Index Theory for Symplectic Paths with Applications. Volume 207 of Progress in Mathematics. Basel: Birkhäuser, 2002.

[82] Maini P K, Painter K J, Chau H. Spatial pattern formation in chemical and biological systems. Journal of the Chemical Society, Faraday Transactions, 1997, 93: 3601-3610.

[83] Merle F. Existence of stationary states for nonlinear Dirac equations. Journal of Differential Equations, 1988, 74(1): 50-68.

[84] Michael E. A note on paracompact spaces. Proc. Amer. Math. Soc., 1953, 4: 831-838.

[85] Ramos M, Tavares H. Solutions with multiple spike patterns for an elliptic system. Calc. Var. Partial Differential Equations, 2008, 31: 1-25.

[86] Ramos M, Yang J. Spike-layered solutions for an elliptic system with Neumann boundary conditions. Trans. Amer. Math. Soc., 2005, 357: 3265-3284.

[87] Murray J. Mathematical Biology. Berlin: Springer-Verlag, 1989.

[88] Nagasawa M. Schrödinger Equations and Diffusion Theory. Volume 86 of Monographs in Mathematics. Basel: Birkhäuser, 1993.

[89] Pankov A. Periodic nonlinear Schrödinger equation with application to photonic crystals. Milan J. Math., 2005, 73: 259-287.

[90] Del Pino M, Felmer P L. Local mountain passes for semilinear elliptic problems in unbounded domains. Calc. Var. Partial Differential Equations, 1996, 4(2): 121-137.

[91] Rabinowitz P H. Minimax Methods in Critical Point Theory with Applications to Differential Equations. Providence, Rhode Island: American Mathematical Society, 1986.

[92] Reed M, Simon B. Methods of Modern Mathematical Physics. IV. Analysis of Operators. New York, London: Academic Press, 1978.

[93] Reed M, Simon B. Methods of Modern Mathematical Physics. III. New York, London: Academic Press, 1979.

[94] Reed M, Simon B. Methods of Modern Mathematical Physics. I. 2nd ed. New York: Academic Press, 1980.

[95] Rothe F. Global Solutions of Reaction-Diffusion Systems. Volume 1072 of Lecture Notes in Mathematics. Berlin: Springer-Verlag, 1984.

[96] Séré E. Existence of infinitely many homoclinic orbits in Hamiltonian systems. Math. Z., 1992, 209(1): 27-42.

[97] Séré E. Looking for the Bernoulli shift. Ann. Inst. H. Poincaré Anal. Non Linéaire, 1993, 10(5): 561-590.

[98] Simon B. Schrödinger semigroups. Bull. Amer. Math. Soc. (N.S.), 1982, 7(3): 447-526.

[99] Smirnov Y M. On normally disposed sets of normal spaces. Mat. Sbornik N.S., 1951, 29(71): 173-176.

[100] Soler M. Classical, stable, nonlinear spinor field with positive rest energy. Phy. Rev. D, 1970, 1(10): 2766-2769.

[101] Stein E M. Singular Integrals And Differentiability Properties of Functions. Princeton Mathematical Series, No. 30. Princeton: Princeton University Press, 1970.

[102] Struwe M. Variational Methods. 3rd ed. Berlin: Springer-Verlag, 2000.

[103] Szulkin A, Weth T. Ground state solutions for some indefinite variational problems. Funct. Anal., 2009, 257(12): 3802-3822.

[104] Szulkin A, Weth T. The Method of Nehari Manifold. Somerville: Int. Press, 2010: 597-632.

[105] Szulkin A, Zou W. Homoclinic orbits for asymptotically linear Hamiltonian systems. Funct. Anal., 2001, 187(1): 25-41.

[106] Tanaka K. Homoclinic orbits in a first order superquadratic Hamiltonian system: Convergence of subharmonic orbits. Journal of Differential Equations, 1991, 94(2): 315-339.

[107] Thaller B. The Dirac Equation. Berlin: Springer-Verlag, 1992.

[108] Triebel H. Interpolation Theory, Function Spaces, Differential Operators. Volume 18 of North-Holland Mathematical Library. Amsterdam, New York: North-Holland Publishing Co., 1978.

[109] Troestler C, Willem M. Nontrivial solution of a semilinear Schrödinger equation. Comm. Partial Differential Equations, 1996, 21(9-10): 1431-1449.

[110] Turing A M. The chenical basis of morphogenesis. Philos. Trans. R. Soc. London Ser. B, 1952, 237: 37-72.

[111] Wang Z, Zhang X. An infinite sequence of localized semiclassical bound states for nonlinear Dirac equations. Calc. Var. Partial Differential Equations, 2018, 57(2): Art. 56, 30.

[112] Willem M. Minimax Theorems. Volume 24 of Progress in Nonlinear Differential Equations and their Applications. Boston: Birkhäuser, 1996.

[113] Willem M, Zou W. On a Schrödinger equation with periodic potential and spectrum point zero. Indiana. Univ. Math., 2003, 52(1): 109-132.

[114] Wu Z, Yin J, Wang C. Elliptic & Parabolic Equations. Hackensack: World Scientific Publishing Co. Pte. Ltd., 2006.

[115] Yang M, Chen W, Ding Y. Solutions of a class of Hamiltonian elliptic systems in $\mathbb{R}^N$. J. Math. Anal. Appl., 2010, 362(2): 338-349.

[116] Zelati V C, Ekeland I, Séré E. A variational approach to homoclinic orbits in Hamiltonian systems. Math. Ann., 1990, 288(1): 133-160.

[117] Zelati V C, Rabinowitz P H. Homoclinic type solutions for a semilinear elliptic PDE on $\mathbb{R}^N$. Comm. Pure. Appl. Math., 1992, 45(10): 1217-1269.

[118] Zhang X. On the concentration of semiclassical states for nonlinear Dirac equations. Discrete Contin. Dyn. Syst., 2018, 38(11): 5389-5413.

[119] Zhao F, Ding Y. On Hamiltonian elliptic systems with periodic or non-periodic potentials. Journal of Differential Equations, 2010, 249(12): 2964-2985.